HISTOIRE NATURELLE

QUADRUPÈDES, OISEAUX, SERPENTS, POISSONS
ET CÉTACÉS

1re SÉRIE GRAND IN-8°

Le condor.

HISTOIRE NATURELLE

EXTRAITE

DE BUFFON

ET

DE LACÉPÈDE

QUADRUPÈDES, OISEAUX, SERPENTS, POISSONS ET CÉTACÉS

AVEC

DE NOMBREUSES ILLUSTRATIONS DANS LE TEXTE

TOURS

ALFRED MAME ET FILS, ÉDITEURS

M DCCC XC

HISTOIRE NATURELLE

LA NATURE

Avec quelle magnificence la nature ne brille-t-elle point sur la terre! Une lumière pure, s'étendant de l'orient au couchant, dore successivement les hémisphères de ce globe; un élément transparent et léger l'environne; une chaleur douce et féconde anime, fait éclore tous les germes de la vie; des eaux vives et salutaires servent à leur entretien, à leur accroissement; des éminences distribuées dans le milieu des terres arrêtent les vapeurs de l'air, rendent ses sources intarissables et toujours nouvelles; des cavités immenses faites pour les recevoir partagent les continents : l'étendue de la mer est aussi grande que celle de la terre; ce n'est pas un élément froid et stérile, c'est un nouvel empire aussi riche, aussi peuplé que le premier. Le doigt de Dieu a marqué leurs confins; si la mer anticipe sur les plages de l'occident, elle laisse à découvert celles de l'orient; cette masse immense d'eau, inactive par elle-même, suit les impressions des mouvements célestes : elle se balance par des oscillations régulières de flux et de reflux, elle s'élève et s'abaisse avec l'astre de la nuit, elle s'élève encore plus lorsqu'il concourt avec l'astre du jour, et que tous deux, réunissant leurs forces dans le temps des équinoxes, causent les grandes marées : notre correspondance avec le ciel n'est nulle part mieux marquée.

De ces mouvements constants et généraux résultent des mouvements variables et particuliers, des transports de terre, des dépôts qui forment au fond des eaux des éminences semblables à celles que nous voyons sur la surface de la terre, des courants qui, suivant la direction de ces chaînes de montagnes, leur donnent une figure dont les angles se correspondent, et, coulant au milieu des ondes comme les eaux coulent sur la terre, sont, en effet, les fleuves de la mer.

NATURE SAUVAGE

La nature est le trône extérieur de la magnificence divine; l'homme qui la contemple, qui l'étudie, s'élève par degrés au trône intérieur de la toute-puissance; fait pour adorer le Créateur, il commande à toutes les créatures; vassal du ciel, roi de la terre, il l'ennoblit, la peuple et l'enrichit; il établit entre les êtres vivants l'ordre, la subordination, l'harmonie; il embellit la nature même, il la cultive, l'étend et la polit, en élague le chardon et la ronce, y multiplie le raisin et la rose. Voyez ces plages désertes, ces tristes contrées où l'homme n'a jamais résidé, couvertes, ou plutôt hérissées de bois épais et noirs dans toutes les parties élevées; des arbres sans écorce et sans cime, courbés, rompus, tombant de vétusté; d'autres, en plus grand nombre, gisant au pied des premiers, pour pourrir sur des monceaux déjà pourris, étouffent, ensevelissent les germes prêts à éclore. La nature, qui partout ailleurs brille par sa jeunesse, paraît ici dans la décrépitude; la terre, surchargée par le poids, surmontée par les débris de ces productions, n'offre, au lieu d'une verdure florissante, qu'un espace encombré, traversé de vieux arbres chargés de plantes parasites, de lichens, d'agarics, fruits impurs de la corruption; dans toutes les parties basses, des eaux mortes et croupissantes faute d'être conduites pour être dirigées; des terrains fangeux, qui, n'étant ni solides ni liquides, sont inabordables, et demeurent également inutiles aux habitants de la terre et des eaux; des marécages qui, couverts de plantes aquatiques et fétides, ne nourrissent que des insectes vénéneux et servent de repaire aux animaux immondes. Entre ces marais infects qui occupent les lieux bas, et les forêts décrépites qui couvrent les terres élevées, s'étendent des espèces de landes, des savanes qui n'ont rien de commun avec nos prairies; les mauvaises herbes y surmontent, y étouffent les bonnes; ce n'est point ce gazon fin qui semble faire le duvet de la terre; ce n'est point cette pelouse émaillée qui annonce sa brillante fécondité; ce sont des végétaux agrestes, des herbes épineuses, entrelacées les unes dans les autres, qui semblent moins tenir à la terre qu'elles ne tiennent entre elles, et qui, se desséchant et repoussant successivement les unes sur les autres, forment une bourre grossière, épaisse de plusieurs pieds. Nulle route, nulle communication, nul vestige d'intelligence dans ces lieux sauvages: l'homme obligé de suivre les sentiers de la bête farouche, s'il veut les parcourir; contraint de veiller sans cesse pour éviter d'en devenir la proie, effrayé du silence même de ces profondes solitudes, rebrousse chemin, et dit: La nature brute est hideuse et mourante; c'est moi, moi seul qui peux la rendre agréable et vivante : desséchons ces marais, animons ces eaux mortes en les faisant couler, formons-en des ruisseaux, des canaux; employons cet élément actif et dévorant qu'on nous avait caché et que nous ne devons qu'à nous-mêmes; mettons le feu à cette bourre superflue, à ces vieilles forêts déjà à moitié consommées; achevons de détruire avec le fer ce que le feu n'aura pu consumer: bientôt, au lieu du jonc, du nénuphar, dont le crapaud composait son venin, nous verrons paraître la renoncule, le trèfle, les herbes douces et salutaires; des troupeaux d'animaux bondissants fouleront cette terre jadis impraticable; ils y trouveront une subsistance abondante, une pâture toujours renaissante; ils se multiplieront pour se multiplier encore. Servons-nous de ces nouveaux aides pour achever notre ouvrage; que le bœuf, soumis au joug, emploie ses forces et le poids de sa masse à sillonner la terre; qu'elle rajeunisse par la culture; une culture nouvelle va sortir de nos mains.

NATURE CULTIVÉE

Qu'elle est belle cette nature cultivée! que par les soins de l'homme elle est brillante et pompeusement parée! il en fait lui-même le principal ornement, il en est la production la plus noble; en se multipliant il en multiplie le germe le plus précieux; elle-même aussi semble se multiplier avec lui; il met au jour par son art tout ce qu'elle recélait dans son sein. Que de trésors ignorés! que de richesses nouvelles! Les fleurs, les fruits, les grains perfectionnés, multipliés à l'infini; les espèces utiles d'animaux transportées, propagées, augmentées sans nombre; les espèces nuisibles réduites, confinées, reléguées; l'or, et le fer plus nécessaire que l'or, tirés des entrailles de la terre; les torrents contenus, les fleuves dirigés, resserrés; la mer même soumise, reconnue, traversée d'un hémisphère à l'autre; la terre accessible partout, partout rendue aussi vivante que féconde; dans les vallées de riantes prairies, dans les plaines de riches pâturages ou des moissons encore plus riches; les collines chargées de vignes et de fruits, leurs sommets couronnés d'arbres utiles et de jeunes forêts; les déserts devenus des cités habitées par un peuple immense, qui, circulant sans cesse, se répand de ses centres jusqu'aux extrémités; des routes ouvertes et fréquentées, des communications établies partout, comme autant de témoins de la force et de l'union de la société; mille autres monuments de puissance et de gloire démontrent assez que l'homme, maître du domaine de la terre, en a changé, renouvelé la surface entière, et que de tout temps il partage l'empire avec la nature.

NATURE DÉGÉNÉRÉE

Cependant il ne règne que par droit de conquête; il jouit plutôt qu'il ne possède, il ne conserve que par des soins toujours renouvelés; s'ils cessent, tout languit, tout s'altère, tout change, tout rentre sous la main de la nature : elle reprend ses droits, efface les ouvrages de l'homme, couvre de poussière et de mousse ses plus fastueux monuments, les détruit avec le temps, et ne lui laisse que le regret d'avoir perdu par sa faute ce que ses ancêtres avaient conquis par leurs travaux. Ces temps où l'homme perd son domaine, ces siècles de barbarie pendant lesquels tout périt, sont toujours préparés par la guerre, et arrivent avec la disette et la dépopulation. L'homme, qui ne peut que par le nombre, qui n'est fort que par la réunion, qui n'est heureux que par la paix, a la fureur de s'armer pour son malheur, et de combattre pour sa ruine; excité par son insatiable avidité, aveuglé par l'ambition encore plus insatiable, il renonce aux sentiments d'humanité, tourne ses forces contre lui-même, cherche à s'entre-détruire, se détruit en effet; et après ces jours de sang et de carnage, lorsque la fumée de la gloire s'est dissipée, il voit d'un œil triste la terre dévastée, les arts ensevelis, les nations dispersées, les peuples affaiblis, son propre bonheur ruiné et sa puissance réelle anéantie.

L'AIR

L'air, encore plus léger, plus fluide que l'eau, obéit aussi à un plus grand nombre de puissances; l'action éloignée du soleil et de la lune, l'action immédiate de la mer; celle de la chaleur, qui le raréfie; celle du froid, qui le condense, y causent des agitations continuelles : les vents sont ses courants; ils poussent, ils assemblent les nuages, ils produisent des météores, et transportent au-dessus de la surface aride des continents terrestres les vapeurs humides des plages maritimes; ils déterminent les orages, répandent et distribuent les pluies fécondes et les rosées bienfaisantes; ils troublent les mouvements de la mer, ils agitent la surface mobile des eaux, arrêtent ou précipitent les courants, les font rebrousser, soulèvent les flots, excitent les tempêtes; la mer irritée s'élève vers le ciel, et vient en mugissant se briser contre des digues inébranlables qu'avec tous ses efforts elle ne peut ni détruire ni surmonter.

LA TERRE

Ce globe immense nous offre à sa surface des hauteurs, des profondeurs, des plaines, des mers, des marais, des fleuves, des cavernes, des gouffres, des volcans; et à la première inspection nous ne découvrons en tout cela aucune régularité, aucun ordre. Si nous pénétrons dans son intérieur, nous y voyons des métaux, des minéraux, des pierres, des bitumes, des sables, des terres, des eaux, et des matières de toute espèce, placées comme au hasard et sans aucune règle apparente; en examinant avec plus d'attention, nous voyons des montagnes affaissées, des rochers fendus et brisés, des contrées englouties, des îles nouvelles, des terrains submergés, des cavernes comblées; nous trouvons des matières pesantes souvent posées sur des matières légères, des corps durs environnés de substances molles, des choses sèches, humides, chaudes, froides, solides, friables, toutes mêlées et dans une espèce de confusion qui ne nous présente d'autre image que celle d'un amas de débris et d'un monde en ruine.

LA MER

La première chose qui se présente, c'est l'immense quantité d'eau qui couvre la plus grande partie du globe; ces eaux occupent toujours les parties les plus basses, elles sont aussi toujours de niveau, elles tendent perpétuellement à l'équilibre et au repos : cependant nous les voyons agitées par une forte puissance, qui, s'opposant à la tranquillité de cet élément, lui imprime un mouvement périodique et réglé, soulève et abaisse alternativement les flots, et fait un balancement de la masse totale des mers en les remuant jusqu'à la plus grande profondeur. Nous savons que ce mouvement est de tous les temps, et qu'il durera autant que la lune et le soleil, qui en sont les causes.

Considérant ensuite le fond de la mer, nous y remarquons autant d'inégalités que sur la surface de la terre; nous y trouvons des hauteurs, des vallées, des plaines, des profondeurs, des rochers, des terrains de toute espèce; nous voyons que toutes les îles ne sont que les sommets de vastes montagnes, dont le pied et les racines sont couverts de l'élément liquide; nous y trouvons d'autres sommets de montagnes qui sont presque à fleur d'eau; nous y remarquons des courants rapides qui semblent se soustraire au mouvement général : on les voit se porter quelquefois constamment dans la même direction, quelquefois rétrograder et ne jamais excéder leurs limites, qui paraissent aussi invariables que celles qui bornent les efforts des fleuves de la terre. Là sont ces contrées orageuses où les vents en fureur précipitent la tempête, où la mer et le ciel également agités se choquent et se confondent; ici sont des mouvements intestins, des bouillonnements, des trombes, et des agitations extraordinaires causées par des volcans dont la bouche submergée vomit le feu du sein des ondes, et pousse jusqu'aux nues une épaisse vapeur mêlée d'eau, de soufre et de bitume. Plus loin je vois ces gouffres dont on n'ose approcher, qui semblent attirer les vaisseaux pour les engloutir; au delà j'aperçois ces vastes plaines toujours calmes et tranquilles; mais tout aussi dangereuses, où les vents n'ont jamais exercé leur empire, où l'art du nautonier devient inutile, où il faut rester et périr : enfin, portant les yeux jusqu'aux extrémités du globe, je vois ces glaces énormes qui se détachent des continents des pôles, et viennent, comme des montagnes flottantes, voyager et se fondre jusque dans les régions tempérées.

Voilà les principaux objets que nous offre le vaste empire de la mer : des milliers d'habitants de différentes espèces en peuplent toute l'étendue; les uns couverts d'écailles légères en traversent avec rapidité les différents pays; d'autres chargés d'une épaisse coquille se traînent pesamment et marquent avec lenteur leur route sur le sable; d'autres, à qui la nature a donné des nageoires en forme d'ailes, s'en servent pour s'élever et se soutenir dans les airs; d'autres enfin, à qui tout mouvement a été refusé, croissent et vivent attachés aux rochers : tous trouvent dans cet élément leur pâture. Le fond de la mer produit abondamment des plantes, des mousses, et des végétations encore plus singulières; le terrain de la mer est de sable, de gravier, souvent de vase, quelquefois de terre ferme, de coquillages, de rocher, et partout il ressemble à la terre que nous habitons.

DIFFÉRENCE ENTRE LE NOUVEAU CONTINENT ET L'ANCIEN

Les montagnes (de l'Amérique) étant les plus hautes de la terre, et se trouvant opposées de face à la direction du vent d'est, arrêtent, condensent toutes les vapeurs de l'air, et produisent par conséquent une quantité infinie de sources vives, qui par leur réunion forment bientôt des fleuves, les plus grands de la terre : il y a donc beaucoup plus d'eaux courantes dans le nouveau continent que dans l'ancien, proportionnellement à l'espace; et cette quantité d'eau se trouve encore prodigieusement augmentée par le défaut d'écoulement; les hommes n'ayant ni borné les torrents, ni dirigé les fleuves, ni séché les marais, les eaux stagnantes couvrent des terres immenses, augmentent encore l'humidité de l'air et en diminuent la chaleur; d'ailleurs la terre étant partout en friche et couverte dans toute son étendue d'herbes grossières, épaisses et touffues, elle ne s'échauffe, ne se sèche jamais; la transpiration de tant de végétaux, pressés les uns contre les autres, ne produit que des exhalaisons humides et malsaines; la nature, cachée sous ses vieux vêtements, ne montra jamais de parure nouvelle dans ces tristes contrées; n'étant ni caressée ni cultivée par l'homme, jamais elle n'avait ouvert son sein bienfaisant; jamais la terre n'avait vu sa surface dorée de ces riches épis qui font notre opulence et sa fécondité. Dans cet état d'abandon tout languit, tout se corrompt, tout s'étouffe; l'air et la terre, surchargés de vapeurs humides et nuisibles ne peuvent s'épurer ni profiter des influences de l'astre de la vie; le soleil darde inutilement ses rayons les plus vifs sur cette masse froide, elle est hors d'état de répondre à son ardeur; elle ne produira que des êtres humides, des plantes, des reptiles, des insectes, et ne pourra nourrir que des hommes froids et des animaux faibles.

LES VOLCANS

Les montagnes ardentes qu'on appelle *volcans* renferment dans leur sein le soufre, le bitume et les matières qui servent d'aliments au feu souterrain, dont l'effet, plus violent que celui de la foudre et du tonnerre, a de tout temps étonné, effrayé les hommes et désolé la terre. Un volcan est un canon d'un volume immense, dont l'ouverture a souvent plus d'une demi-lieue; cette large bouche à feu vomit des torrents de fumée et de flammes, des fleuves de bitume, de soufre et de métal fondu, des nuées de cendres et de pierres; et quelquefois elle lance à plusieurs lieues de distance des masses de rochers énormes, et que toutes les forces humaines réunies ne pourraient pas mettre en mouvement; l'embrasement est si terrible, et la quantité des matières ardentes, fondues, calcinées, vitrifiées que la montagne rejette est si abondante, qu'elles enterrent les villes, les forêts, couvrent les campagnes de cent et de deux cents pieds d'épaisseur, et forment quelquefois des collines et des montagnes qui ne sont que des monceaux de ces matières entassées. L'action de ce feu est si grande, la force de l'explosion est si violente, qu'elle produit par sa réaction des secousses assez fortes pour ébranler et faire trembler la terre, agiter la mer, renverser les montagnes, détruire les villes et les édifices les plus solides, à des distances même très considérables.

L'HOMME

Tout marque dans l'homme, même à l'extérieur, sa supériorité sur tous les êtres vivants; il se soutient droit et élevé, son attitude est celle du commandement, sa tête regarde le ciel, et présente une face auguste sur laquelle est imprimé le caractère de sa dignité; l'image de l'homme y est peinte par la physionomie; l'excellence de sa nature perce à travers les organes matériels, et anime d'un feu divin les traits de son visage; son port majestueux, sa démarche ferme et hardie annoncent sa noblesse et son rang; il ne touche à la terre que par ses extrémités les plus éloignées; il ne la voit que de loin, et semble la dédaigner; les bras ne lui sont pas donnés pour servir de piliers d'appui à la masse de son corps, sa main ne doit pas fouler la terre, et perdre par des frottements réitérés la finesse du toucher, dont elle est le principal organe; les bras et la main sont faits pour servir à des usages plus nobles, pour exécuter les ordres de la volonté, pour saisir les choses éloignées, pour écarter les obstacles, pour prévenir les rencontres et le choc de ce qui pourrait nuire, pour embrasser et retenir ce qui peut plaire, pour le mettre à la portée des autres sens.

Lorsque l'âme est tranquille, toutes les parties du visage sont dans un état de repos; leur proportion, leur union, leur ensemble, marquent encore assez la douce harmonie des pensées, et répondent au calme de l'intérieur; mais lorsque l'âme est agitée, la face humaine devient un tableau vivant où les passions sont rendues avec autant de délicatesse que d'énergie, où chaque mouvement de l'âme est exprimé par un trait, chaque action par un caractère, dont l'impression vive et prompte devance la volonté, nous décèle et rend au dehors par des signes pathétiques les images de nos secrètes agitations.

C'est surtout dans les yeux qu'elles se peignent et qu'on peut les reconnaître : l'œil appartient à l'âme plus qu'aucun autre organe; il semble y toucher et participer à tous ses mouvements; il en exprime les passions les plus vives et les émotions les plus tumultueuses, comme les mouvements les plus doux et les sentiments les plus délicats; il les rend dans toute leur force, dans toute leur pureté, tels qu'ils viennent de naître; il les transmet par des traits rapides qui portent dans une autre âme le feu, l'action, l'image de celle dont ils parlent; l'œil reçoit et réfléchit en même temps la lumière de la pensée et la chaleur du sentiment; c'est le sens de l'esprit et la langue de l'intelligence.

LES SENS

Les sens sont des espèces d'instruments dont il faut apprendre à se servir : celui de la vue, qui paraît être le plus noble et le plus admirable, est en même temps le moins sûr et le plus illusoire; ses sensations ne produiraient que des jugements faux, s'ils n'étaient à tout moment rectifiés par le témoignage du toucher; celui-ci est le sens solide, c'est la pierre de touche et la mesure de tous les autres sens, c'est le seul qui soit absolument essentiel à l'animal; c'est celui qui est universel et qui est répandu dans toutes les parties de son corps : cependant ce sens même n'est pas encore parfait dans l'enfant au moment de sa naissance; il donne, à la vérité, des signes de douleur par ses gémissements et ses cris; mais il n'a encore aucune expression pour marquer le plaisir; il ne commence à rire qu'au bout de quarante jours, c'est aussi le temps auquel il commence à pleurer : car auparavant les cris et les gémissements ne sont pas accompagnés de larmes. Il ne paraît donc aucun signe des passions sur le visage du nouveau-né; les parties de la face n'ont pas même toute la consistance et tout le ressort nécessaires à cette espèce d'expression des sentiments de l'âme : toutes les autres parties du corps, encore faibles et délicates, n'ont que des mouvements incertains et mal assurés; il ne peut pas se tenir debout, ses jambes et ses cuisses sont encore pliées par l'habitude qu'il a contractée dans le sein de sa mère, il n'a pas la force d'étendre les bras ou de saisir quelque chose avec la main; si on l'abandonnait, il resterait couché sur le dos sans pouvoir se retourner.

En réfléchissant sur ce que nous venons de dire, il paraît que la douleur que l'enfant ressent dans les premiers temps, et qu'il exprime par des gémissements, n'est qu'une sensation corporelle semblable à celle des animaux, qui gémissent aussi dès qu'ils sont nés, et que les sensations de l'âme ne commencent à se manifester qu'au bout de quarante jours; car le rire et les larmes sont des produits de deux sensations intérieures, qui toutes deux dépendent de l'action de l'âme. La première est une émotion agréable qui ne peut naître qu'à la vue ou par le souvenir d'un objet connu, et aimé et désiré; l'autre est un ébranlement considérable, mêlé d'attendrissement et d'un retour sur nous-mêmes; tous deux sont des passions qui supposent des connaissances, des comparaisons et des réflexions : aussi le rire et les pleurs sont-ils des signes particuliers à l'espèce humaine pour exprimer le plaisir ou la douleur de l'âme, tandis que les cris, les mouvements, et les autres signes des douleurs et des plaisirs du corps sont communs à l'homme et à la plupart des animaux.

L'excellence des sens vient de la nature, mais l'art et l'habitude peuvent leur donner aussi un plus grand degré de perfection; il ne faut pour cela que les exercer souvent et longtemps sur les mêmes objets : un peintre, accoutumé à considérer attentivement les formes, verra d'un premier coup d'œil une infinité de nuances et de différences qu'un autre homme ne pourra saisir qu'avec beaucoup de temps, et que même il ne pourra peut-être saisir. Un musicien dont l'oreille est continuellement exercée à l'harmonie sera vivement choqué d'une dissonance; une voix fausse, un son aigre l'offensera, le blessera; son oreille est un instrument qu'un son discordant démonte et désaccorde. L'œil du peintre est un tableau où les nuances les plus légères sont senties, où les traits les plus délicats sont tracés. On perfectionne aussi les sens et même l'appétit des animaux : on apprend aux oiseaux à répéter des paroles et des chants; on augmente l'ardeur d'un chien pour la chasse en lui faisant curée.

Mais cette excellence des sens et la perfection même qu'on peut leur donner n'ont des effets bien sensibles que dans l'animal ; il nous paraîtra d'autant plus actif et plus intelligent que ses sens seront meilleurs ou plus perfectionnés. L'homme, au contraire, n'en est pas plus raisonnable, pas plus spirituel, pour avoir beaucoup exercé son oreille et ses yeux. On ne voit pas que des personnes qui ont les sens obtus, la vue courte, l'oreille dure, l'odorat détruit ou insensible, aient moins d'esprit que les autres : preuve évidente qu'il y a dans l'homme quelque chose de plus qu'un sens intérieur animal ; celui-ci n'est qu'un organe matériel, semblable à l'organe des sens extérieurs, et qui n'en diffère que parce qu'il a la propriété de conserver les ébranlements qu'il a reçus ; l'âme de l'homme, au contraire, est un sens supérieur, une substance spirituelle, entièrement différente, par son essence et par son action, de la nature des sens extérieurs.

PROPORTIONS DU CORPS HUMAIN

On n'a rien observé de parfaitement exact dans le détail des proportions du corps humain; non seulement les mêmes parties du corps n'ont pas les mêmes dimensions proportionnelles dans deux personnes différentes, mais souvent dans la même personne une partie n'est pas exactement semblable à la partie correspondante : par exemple, souvent le bras ou la jambe du côté droit n'a pas exactement les mêmes dimensions que le bras ou la jambe du côté gauche, etc. Il a donc fallu des observations répétées pendant longtemps pour trouver un milieu entre ces différences, afin d'établir au juste les dimensions des parties du corps humain, et de donner une des proportions qui font ce qu'on appelle la belle nature : ce n'est pas par la comparaison du corps d'un homme avec celle d'un autre homme, ou par des mesures actuellement prises sur un grand nombre de sujets, qu'on a pu acquérir cette connaissance; c'est par les efforts qu'on a faits pour imiter et copier exactement la nature, c'est à l'art du dessin que l'on doit tout ce que l'on peut savoir en ce genre; le sentiment et le goût ont fait ce que la mécanique ne pouvait faire; on a quitté la règle et le compas pour s'en tenir au coup d'œil ; on a réalisé sur le marbre toutes les formes, tous les contours de toutes les parties du corps humain, et on a mieux connu la nature par la représentation que par la nature même ; dès qu'il y a eu des statues, on a mieux jugé de leur perfection en les voyant qu'en les mesurant. C'est par un grand exercice de l'art du dessin, et par un sentiment exquis, que les grands statuaires sont parvenus à faire sentir aux autres hommes les justes proportions des ouvrages de la nature; les anciens ont fait de si belles statues, que, d'un commun accord, on les a regardées comme la représentation exacte du corps humain le plus parfait. Ces statues, qui n'étaient que des copies de l'homme, sont devenues des originaux, parce que ces copies n'étaient pas faites d'après un seul individu, mais d'après l'espèce humaine entière bien observée, et si bien vue, qu'on n'a pu trouver aucun homme dont le corps fût aussi bien proportionné que ces statues : c'est donc sur ces modèles que l'on a pris les mesures du corps humain.

LES NÈGRES

Quoique les nègres aient peu d'esprit, ils ne laissent pas d'avoir beaucoup de sentiments; ils sont gais ou mélancoliques, laborieux ou fainéants, amis ou ennemis, selon la manière dont on les traite : lorsqu'on les nourrit bien et qu'on ne les maltraite pas, ils sont contents, joyeux, prêts à tout faire, et la satisfaction de leur âme est peinte sur le visage; mais quand on les traite mal, ils prennent le chagrin fort à cœur et périssent quelquefois de mélancolie. Ils sont donc fort sensibles aux bienfaits et aux outrages, et ils portent une haine mortelle contre ceux qui les ont maltraités; lorsque, au contraire, ils s'affectionnent à un maître, il n'y a rien qu'ils ne fussent capables de faire pour lui marquer leur zèle et leur dévouement. Ils sont naturellement compatissants et même tendres pour leurs enfants, pour leurs amis, pour leurs compatriotes; ils partagent volontiers le peu qu'ils ont avec ceux qu'ils voient dans le besoin, sans même les connaître autrement que par leur indigence. Ils ont donc, comme on le voit, le cœur excellent; ils ont le germe de toutes les vertus. Je ne puis écrire leur histoire sans m'attendrir sur leur état : ne sont-ils pas assez malheureux d'être réduits à la servitude, d'être obligés de toujours travailler sans pouvoir jamais rien acquérir? Faut-il encore les excéder, les frapper, et les traiter comme des animaux? L'humanité se révolte contre ces traitements odieux que l'avidité du gain a mis en usage, et qu'elle renouvellerait peut-être tous les jours, si nos lois n'avaient pas mis un frein à la brutalité des maîtres, et resserré les limites de la misère de leurs esclaves. On les force de travail, on leur épargne la nourriture, même la plus commune; ils supportent, dit-on, très aisément la faim; pour vivre trois jours il ne leur faut que la portion d'un Européen pour un repas; quelque peu qu'ils mangent ou qu'ils dorment, ils sont toujours également durs, également forts au travail. Comment des hommes à qui il reste quelque sentiment d'humanité veulent-ils adopter ces maximes, en faire un préjugé, et chercher à légitimer par ces raisons les excès que la soif de l'or leur fait commettre!

INFLUENCE DU CLIMAT SUR LE PHYSIQUE

La couleur de la peau, des cheveux et des yeux varie par la seule influence du climat : les autres changements, tels que ceux de la taille, de la forme des traits et de la qualité des cheveux, ne me paraissent pas dépendre de cette seule cause; car dans la race des nègres, lesquels, comme l'on sait, ont pour la plupart la tête couverte d'une laine crépue, le nez épaté, les lèvres épaisses, on trouve des nations entières avec de longs et vrais cheveux, avec des traits réguliers; et si l'on comparait dans la race des blancs le Danois au Kalmouk, où seulement le Finlandais au Lapon, dont il est si voisin, on trouverait entre eux autant de différence, pour les traits et la taille, qu'il y en a dans la race des noirs; par conséquent il faut admettre pour ces altérations, qui sont plus profondes que les premières, quelques autres causes réunies avec celles du climat: la plus générale et la plus directe est la qualité de la nourriture; c'est principa-

Nègres indigènes du Kidi.

lement par les aliments que l'homme reçoit l'influence de la terre qu'il habite; celle de l'air et du ciel agit plus superficiellement; et tandis qu'elle altère la surface la plus extérieure en changeant la couleur de la peau, la nourriture agit sur la forme intérieure par ses propriétés, qui sont constamment relatives à celles de la terre qui la produit. On voit dans le même pays des différences marquées entre les hommes qui en occupent les hauteurs et ceux qui demeurent dans les lieux bas; les habitants de la montagne sont toujours mieux faits, plus vifs et plus beaux que ceux de la vallée; à plus forte raison dans les climats où les herbes, les fruits, les grains et la chair des animaux sont de qualité et même de substances différentes, les hommes qui s'en nourrissent doivent devenir différents. Ces impressions ne se font pas subitement, ni même dans l'espace de quelques années; il faut du temps pour que l'homme reçoive la teinture du ciel, et il en faut encore plus pour que la terre lui transmette ses qualités; et il a fallu des siècles, joints à un usage toujours constant des mêmes nourritures, pour influer sur la forme des traits, sur la grandeur du corps, sur la substance des cheveux, et produire ces altérations intérieures qui, s'étant ensuite perpé-

Guerriers cafres.

tuées par la génération, sont devenues les caractères généraux et constants auxquels on reconnait les races et même les nations différentes qui composent le genre humain.

ALIMENTS DE L'HOMME

L'homme sait user en maître de sa puissance sur les animaux : il a choisi ceux dont la chair flatte son goût, il en a fait des esclaves domestiques, il les a multipliés plus que la nature ne l'aurait fait, il en a formé des troupeaux nombreux; et par les soins qu'il prend de les faire naître, il semble avoir acquis le droit de les immoler. Mais il étend ce droit bien au delà de ses besoins; car indépendamment de ces espèces qu'il s'est assujetties et dont il dispose à son gré, il fait aussi la guerre aux animaux sauvages, aux oiseaux, aux poissons; il ne se borne pas même à ceux du climat qu'il habite, il va chercher au loin, et jusqu'au milieu des mers, de nouveaux mets, et la nature entière semble suffire à peine à son intempérance et à l'inconstante variété de ses appétits : l'homme consomme, engloutit lui seul plus de chair que tous les animaux ensemble n'en dévorent; il est donc le plus grand destructeur, et c'est plus par abus que par nécessité : au lieu de jouir modérément des biens qui lui sont offerts, au lieu de les dispenser avec équité, au lieu de réparer à mesure qu'il détruit, de renouveler lorsqu'il anéantit, l'homme riche met toute sa gloire à consommer, toute sa grandeur à perdre en un jour à sa table plus de biens qu'il n'en faudrait pour faire subsister plusieurs familles ; il abuse également et des animaux et des hommes, dont le reste demeure affamé, languit dans la misère, et ne travaille que pour satisfaire à l'appétit immodéré et à la vanité encore plus insatiable de cet homme, qui, détruisant les autres par la disette, se détruit lui-même par les excès.

Cependant l'homme pourrait, comme l'animal, vivre de végétaux ; la chair,

Guerriers de l'île Ombai.

qui paraît si analogue à la chair, n'est pas une nourriture meilleure que les graines ou le pain ; ce qui fait la vraie nourriture, celle qui contribue à la nutrition, au développement, à l'accroissement et à l'entretien du corps, n'est pas cette matière brute qui compose à nos yeux la texture de la chair ou de l'herbe, mais ce sont les molécules organiques que l'une et l'autre contiennent, puisque le bœuf en paissant l'herbe acquiert autant de chair que l'homme ou que les animaux qui ne vivent que de chair et de sang : la seule différence réelle qu'il y ait entre ces aliments, c'est qu'à volume égal la chair, le blé, les graines contiennent beaucoup plus de molécules organiques que l'herbe, les feuilles, les racines, et les autres parties des plantes, comme nous nous en sommes assuré en observant les infusions de ces différentes matières : en sorte que l'homme et les animaux dont l'estomac et les intestins n'ont pas assez de capacité pour admettre un très grand volume d'aliments, ne pourraient pas prendre assez d'herbe pour en tirer la quantité de molécules organiques nécessaire à leur nutrition ; et c'est par cette raison que l'homme et les animaux qui n'ont qu'un estomac ne peuvent vivre que de chair ou de graine, qui dans un petit volume contiennent une très grande quantité de ces molécules organiques nutritives, tandis que le bœuf et les autres animaux ruminants, qui ont plusieurs estomacs, dont l'un est d'une très grande capacité, et qui par conséquent peuvent se remplir d'un grand volume d'herbe, en tirent assez de molécules organiques pour se nourrir, croître et multiplier. La quantité compense ici la qualité de la nourriture, mais le fond en est le même; c'est la même matière, ce sont les mêmes molécules organiques qui nourrissent le bœuf, l'homme et tous les animaux.

HOMO DUPLEX

L'homme intérieur est double; il est composé de deux principes différents par leur nature et contraires par leur action. L'âme, ce principe spirituel, ce principe de toute connaissance, est toujours en opposition avec cet autre principe animal et purement matériel : le premier est une lumière pure qu'accompagnent le calme et la sérénité, une source salutaire dont émanent la science, la raison, la sagesse; l'autre est une fausse lueur qui ne brille que par la tempête et dans l'obscurité, un torrent impétueux qui roule et entraîne à sa suite les passions et les erreurs.

Le principe animal se développe le premier; comme il est purement matériel, et qu'il consiste dans la durée des ébranlements et le renouvellement des impressions formées dans notre sens intérieur matériel par des objets analogues ou contraires à nos appétits, il commence à agir dès que le corps peut sentir de la douleur ou du plaisir; il nous détermine le premier et aussitôt que nous pouvons faire usage de nos sens. Le principe spirituel se manifeste plus tard; il se développe, il se perfectionne au moyen de l'éducation ; c'est par la communication des pensées d'autrui que l'enfant en acquiert et devient lui-même pensant et raisonnable, et sans cette communication il ne serait que stupide ou fantasque, selon le degré d'inaction ou d'activité de son sens intérieur matériel.

Considérons un enfant lorsqu'il est en liberté et loin de l'œil de ses maîtres; nous pouvons juger de ce qui se passe au dedans de lui par le résultat de ses actions extérieures : il ne pense ni ne réfléchit à rien, il suit indifféremment toutes les routes du plaisir, il obéit à toutes les impressions des objets extérieurs, il s'agite sans raison, il s'amuse comme les jeunes animaux à courir, à exercer son corps; il va, vient et revient sans dessein, sans projet; il agit sans ordre et sans suite : mais bientôt rappelé par la voix de ceux qui lui ont appris à penser, il se compose, il dirige ses actions, et donne des preuves qu'il a conservé les pensées qu'on lui a communiquées. Le principe matériel domine donc dans l'enfance et il continuerait de dominer et d'agir presque seul pendant toute la vie, si l'éducation ne venait à développer le principe spirituel et à mettre l'âme en exercice.

Il est aisé, en rentrant en soi-même, de reconnaître l'existence de ces deux principes; il y a des instants dans la vie, il y a même des heures, des jours, des saisons où nous pouvons juger, non seulement de la certitude de leur existence, mais aussi de leur contrariété d'action. Je veux parler de ces temps d'ennui, d'indolence, de dégoût, où nous ne pouvons nous déterminer à rien, où nous voulons ce que nous ne faisons pas, et faisons ce que nous ne voulons pas; de cet état ou de cette maladie à laquelle on a donné le nom de vapeurs, état où se trouvent si souvent les hommes oisifs, et même les hommes qu'aucun travail ne commande. Si nous nous observons dans cet état, notre *moi* nous paraîtra divisé en deux personnes, dont la première, qui représente la faculté raisonnable, blâme ce que fait la seconde, mais n'est pas assez forte pour s'y opposer efficacement et la vaincre : au contraire, cette dernière étant formée de toutes les illusions de nos sens et de notre imagination, elle contraint, elle enchaîne, et souvent elle accable la première, et nous fait agir contre ce que nous pensons, ou nous force à l'inaction, quoique nous ayons la volonté d'agir.

L'HOMME EN SOCIÉTÉ

Parmi les hommes, la société dépend moins des convenances physiques que des relations morales. L'homme a d'abord mesuré sa force et sa faiblesse, il a comparé son ignorance et sa curiosité; il a senti que seul il ne pouvait suffire ni satisfaire par lui-même à la multiplicité de ses besoins; il a reconnu l'avantage qu'il aurait à renoncer à l'usage illimité de sa volonté pour acquérir un droit sur la volonté des autres; il a réfléchi sur l'idée du bien et du mal, il l'a gravée au fond de son cœur à la faveur de la lumière naturelle qui lui a été départie par la bonté du Créateur; il a vu que la solitude n'était pour lui qu'un état de danger et de guerre, il a recherché la sûreté et la paix dans la société, il y a porté ses forces et ses lumières pour les augmenter en les réunissant à celles des autres : cette réunion est de l'homme l'ouvrage le meilleur; c'est de sa raison l'usage le plus sage. En effet, il n'est tranquille, il n'est fort, il n'est grand, il ne commande à l'univers que parce qu'il a su se commander à lui-même, se dompter, se soumettre et s'imposer des lois : l'homme, en un mot, n'est homme que parce qu'il a su se réunir à l'homme.

LES ANIMAUX

EMPIRE DE L'HOMME SUR LES ANIMAUX

L'empire de l'homme sur les animaux est un empire légitime qu'aucune révolution ne peut détruire; c'est l'empire de l'esprit sur la matière; c'est non seulement un droit de nature, un pouvoir fondé sur des lois inaltérables, mais c'est encore un don de Dieu par lequel l'homme peut reconnaître à tout instant l'excellence de son être; car ce n'est pas parce qu'il est le plus parfait, le plus fort ou le plus adroit des animaux qu'il leur commande : s'il n'était que le premier du même ordre, les seconds se réuniraient pour lui disputer l'empire; mais c'est par sa supériorité de nature que l'homme règne et commande; il pense, et dès lors il est le maître des êtres qui ne pensent point.

Il est maître des corps bruts, qui ne peuvent opposer à sa volonté qu'une lourde résistance ou qu'une inflexible dureté, que sa main sait toujours surmonter et vaincre en les faisant agir les uns contre les autres; il est maître des végétaux, que par son industrie il peut augmenter, diminuer, renouveler, dénaturer, détruire ou multiplier à l'infini; il est maître des animaux, parce que non seulement il a comme eux du mouvement et du sentiment, mais qu'il a de plus la lumière de la pensée, qu'il connaît les fins et les moyens, qu'il sait diriger ses actions, concerter ses opérations, mesurer ses mouvements, vaincre la force par l'esprit, et la vitesse par l'emploi du temps.

Cependant parmi les animaux les uns paraissent être plus ou moins familiers, plus ou moins sauvages, plus ou moins doux, plus ou moins féroces : que l'on compare la docilité et la soumission du chien avec la fierté et la férocité du tigre; l'un paraît être l'ami de l'homme, et l'autre son ennemi. Son empire sur les animaux n'est donc pas absolu : combien d'espèces savent se soustraire à sa puissance par la rapidité de leur vol, par la légèreté de leur course, par l'obscurité de leurs retraites, par la distance que met entre eux et l'homme l'élément qu'ils habitent! combien d'autres espèces lui échappent par leur seule petitesse! et enfin combien y en a-t-il qui, bien loin de reconnaître leur souverain, l'attaquent à force ouverte, sans parler de ces insectes qui semblent l'insulter par leurs piqûres, de ces serpents dont la morsure porte le poison et la mort, et de tant d'autres bêtes immondes, incommodes, inutiles, qui semblent n'exister que pour former la nuance entre le mal et le bien, et faire sentir à l'homme combien depuis sa chute il est peu respecté!

C'est qu'il faut distinguer l'empire de Dieu du domaine de l'homme : Dieu, créateur des êtres, est seul maître de la nature; l'homme ne peut rien sur les produits de la création; il ne peut rien sur les mouvements des corps célestes, sur les révolutions de ce globe qu'il habite; il ne peut rien sur les animaux, les végétaux, les minéraux en général; il ne peut rien sur les espèces, il ne peut que sur les individus; car les espèces en général et la matière en bloc appartiennent à la nature, ou plutôt la constituent : tout se passe, se suit, se succède, se renouvelle et se meut par une puissance irrésistible; l'homme, entraîné lui-même par le torrent des temps, ne peut rien sur sa propre durée; lié par son corps à la matière, enveloppé dans le tourbillon des êtres, il est forcé de subir la loi commune : il obéit à la même puissance, et, comme tout le reste, il naît, croît et périt.

Mais le rayon divin dont l'homme est animé l'ennoblit et l'élève au-dessus de tous les êtres matériels; cette substance spirituelle, loin d'être sujette à la matière, a le droit de la faire obéir, et, quoiqu'elle ne puisse pas commander à la nature entière, elle domine tous les êtres particuliers : Dieu, source unique de toute lumière et de toute intelligence, régit l'univers et les espèces entières avec une puissance infinie; l'homme, qui n'a qu'un rayon de cette intelligence, n'a de même qu'une puissance limitée à de petites portions de matière, et n'est maître que des individus.

C'est donc par les talents de l'esprit, et non par la force et par les autres qualités de la matière, que l'homme a su subjuguer les animaux : dans les premiers temps ils devaient être tous également indépendants; l'homme, devenu criminel et féroce, était peu propre à les apprivoiser; il a fallu du temps pour les approcher, pour les reconnaître, pour les choisir, pour les dompter? il a fallu qu'il fût civilisé lui-même pour savoir instruire et commander, et l'empire sur les animaux, comme tous les autres empires, n'a été fondé qu'après la société.

C'est d'elle que l'homme tient sa puissance; c'est par elle qu'il a perfectioné sa raison, exercé son esprit et réuni ses forces. Auparavant l'homme était peut-être l'animal le plus sauvage et le moins redoutable de tous : nu, sans armes et sans abri, la terre n'était pour lui qu'un vaste désert peuplé de monstres, dont souvent il devenait la proie; et, même longtemps après, l'histoire nous dit que les premiers héros n'ont été que des destructeurs de bêtes.

Mais lorsque avec le temps l'espèce humaine s'est étendue, multipliée, répandue, et qu'à la faveur des arts et de la société l'homme a pu marcher en force pour conquérir l'univers, il a fait reculer peu à peu les bêtes féroces, il a purgé la terre de ces animaux gigantesques dont nous trouvons encore les ossements énormes; il a détruit ou réduit à un petit nombre d'individus les espèces voraces et nuisibles; il a opposé les animaux aux animaux, et, subjuguant les uns par adresse, domptant les autres par la force, ou les écartant par le nombre, et les attaquant tous par des moyens raisonnés, il est parvenu à se mettre en sûreté et à établir un empire qui n'est borné que par les lieux inacessibles, les solitudes reculées, les sables brûlants, les montagnes glacées, les cavernes obscures, qui servent de retraite au petit nombre d'espèces d'animaux indomptables.

COMPARAISON DE L'HOMME ET DE L'ANIMAL

En comparant l'homme avec l'animal, on trouvera dans l'un et dans l'autre un corps, une matière organisée, des sens, de la chair et du sang, du mouvement et une infinité de choses semblables; mais toutes ces ressemblances sont extérieures, et ne suffisent pas pour nous faire prononcer que la nature de l'homme est semblable à celle de l'animal; pour juger de la nature de l'un et de l'autre il faudrait connaître les qualités intérieures de l'animal aussi bien que nous connaissons les nôtres; et comme il n'est pas possible que nous ayons jamais connaissance de ce qui se passe à l'intérieur de l'animal, comme nous ne saurons jamais de quel ordre, de quelle espèce peuvent être ses sensations relativement à celles de l'homme, nous ne pouvons juger que par les effets, nous ne pouvons que comparer les résultats des opérations naturelles de l'un et de l'autre.

Voyons donc ces résultats, en commençant par avouer toutes les ressemblances particulières, et en n'examinant que les différences, même les plus générales. On conviendra que le plus stupide des hommes suffit pour conduire le plus spirituel des animaux; il le commande et le fait servir à ses usages, et c'est moins par force et par adresse que par supériorité de nature, et parce qu'il a un projet raisonné, un ordre d'action et une suite de moyens par lesquels il contraint l'animal à lui obéir; car nous ne voyons pas que les animaux qui sont plus forts et plus adroits commandent aux autres et les fassent servir à leur usage; les plus forts mangent les plus faibles; mais cette action ne suppose qu'un besoin, un appétit, qualités fort différentes de celle qui peut produire une suite d'actions dirigées vers le même but. Si les animaux étaient doués de cette faculté, n'en verrions-nous pas quelques-uns prendre l'empire sur les autres, et les obliger à leur chercher leur nourriture, à les veiller, à les garder, à les soulager lorsqu'ils sont malades ou blessés? Or il n'y a parmi tous les animaux aucune marque de cette subordination, aucune apparence que quelqu'un d'entre eux connaisse ou sente la supériorité de sa nature sur celle des autres, par conséquent on doit penser qu'ils sont, en effet, tous de même nature, et en même temps on doit conclure que celle de l'homme est non seulement fort au-dessus de celle de l'animal, mais qu'elle est aussi tout à fait différente.

L'homme rend par un signe extérieur ce qui se passe au dedans de lui; il communique sa pensée par la parole; ce signe est commun à toute l'espèce humaine; l'homme sauvage parle comme l'homme policé, et tous deux parlent naturellement, et parlent pour se faire entendre : aucun des animaux n'a ce signe de la pensée; ce n'est pas, comme on le croit communément, faute d'organes; la langue du singe a paru aux anatomistes aussi parfaite que celle de l'homme : le singe parlerait donc s'il pensait; si l'ordre de ses pensées avait quelque chose de commun avec les nôtres, il parlerait notre langue; et en supposant qu'il n'eût que des pensées de singe, il parlerait aux autres singes. Mais on ne les a jamais vus s'entretenir ou discourir ensemble; ils n'ont donc pas même un ordre, une suite de pensées à leur façon, bien loin d'en avoir de semblables aux nôtres; il ne se passe à leur intérieur rien de suivi, rien d'ordonné, puisqu'ils n'expriment rien par des signes combinés et arrangés; ils n'ont donc pas la pensée même au plus petit degré.

Il est si vrai que ce n'est pas faute d'organes que les animaux ne parlent pas, qu'on en connaît de plusieurs espèces auxquels on apprend à prononcer des mots et même à répéter des phrases assez longues; et peut-être y en aurait-il un grand nombre d'autres auxquels on pourrait, si l'on voulait s'en donner la peine, faire articuler quelques sons; mais jamais on n'est parvenu à leur faire naître l'idée que ces mots expriment; ils semblent ne les répéter, et même ne les articuler, que comme un écho ou une machine artificielle les répéterait ou les articulerait; ce ne sont pas les puissances mécaniques ou les organes matériels, mais c'est la puissance intellectuelle, c'est la pensée qui leur manque.

C'est donc parce qu'une langue suppose une suite de pensées que les animaux n'en ont aucune; car, quand même on voudrait leur accorder quelque chose de semblable à nos premières appréhensions et à nos sensations les plus grossières et les plus machinales, il paraît certain qu'ils sont incapables de former cette association d'idées qui seule peut produire la réflexion, dans laquelle cependant consiste l'essence de la pensée; c'est parce qu'ils ne peuvent joindre ensemble aucune idée, qu'ils ne pensent ni ne parlent; c'est par la même raison qu'ils n'inventent et ne perfectionnent rien. S'ils étaient doués de la puissance de réfléchir, même au plus petit degré, ils seraient capables de quelque espèce de progrès, ils acquerraient plus d'industrie; les castors d'aujourd'hui bâtiraient avec plus d'art et de solidité que ne bâtissaient les premiers castors; l'abeille perfectionnerait encore tous les jours la cellule qu'elle habite; car si on suppose que cette cellule est aussi parfaite qu'elle peut l'être, on donne à cet insecte plus d'esprit que nous n'en avons, on lui accorde une intelligence supérieure à la nôtre, par laquelle il apercevrait tout d'un coup le dernier point de perfection auquel il doit porter son ouvrage, tandis que nous-mêmes ne voyons jamais clairement ce point, et qu'il nous faut beaucoup de réflexions, de temps et d'habitude pour perfectionner le moindre de nos arts.

D'où peut venir cette uniformité dans tous les ouvrages des animaux? Pourquoi chaque espèce ne fait-elle jamais que la même chose, de la même façon? Et pourquoi chaque individu ne la fait-il pas mieux ni plus mal qu'un autre individu? Y a-t-il de plus forte preuve que leurs opérations ne sont que des résultats mécaniques et purement matériels? Car, s'ils avaient la moindre étincelle de la lumière qui nous éclaire, on trouverait au moins de la variété, si l'on ne voyait pas de la perfection dans leurs ouvrages; chaque individu de la même espèce ferait quelque chose d'un peu différent de ce qu'aurait fait un autre individu; mais non, tous travaillent sur le même modèle; l'ordre de leurs actions est tracé dans l'espèce entière, il n'appartient point à l'individu, et si l'on voulait attribuer une âme aux animaux, on serait obligé à n'en faire qu'une pour chaque espèce, à laquelle chaque individu participerait également; cette âme serait donc nécessairement divisible : par conséquent elle serait matérielle et fort différente de la nôtre.

Car pourquoi mettons-nous, au contraire, tant de diversité et de variété dans nos productions et dans nos ouvrages? Pourquoi l'imitation servile nous coûte-t-elle plus qu'un nouveau dessein? C'est parce que notre âme est à nous, qu'elle est indépendante de celle d'un autre, que nous n'avons rien de commun avec notre espèce que la matière de notre corps, et que ce n'est, en effet, que par les dernières de nos facultés que nous ressemblons aux animaux.

Si les sensations intérieures appartenaient à la matière et dépendaient des organes corporels, ne verrions-nous pas parmi les animaux de même espèce, comme parmi les hommes, des différences marquées dans leurs ouvrages? Ceux qui seraient le mieux organisés ne feraient-ils pas leurs nids, leurs cellules ou leurs coques d'une manière plus solide, plus élégante, plus commode? et si quelqu'un avait plus de génie qu'un autre, pourrait-il ne le pas manifester de cette façon? Or tout cela n'arrive pas et n'est jamais arrivé; le plus ou moins de perfection des organes corporels n'influe donc pas sur la nature des sensations intérieures : n'en doit-on pas conclure que les animaux n'ont point de sensations de cette espèce, qu'elles ne peuvent appartenir à la matière ni dépendre, pour leur nature, des organes corporels? Ne faut-il pas, par conséquent, qu'il y ait en nous une substance différente de la matière, qui soit le sujet et la cause qui produit et reçoit ces sensations.

Mais ces preuves de l'immortalité de notre âme peuvent s'étendre encore plus loin. Nous avons dit que la nature marche toujours et agit en tout par degrés imperceptibles et par nuances; cette vérité, qui d'ailleurs ne souffre aucune exception, se dément ici tout à fait; il y a une distance infinie entre les facultés de l'homme et celles du plus parfait animal : preuve évidente que l'homme est d'une différente nature, que seul il fait une classe à part, de laquelle il faut descendre en parcourant un espace infini avant d'arriver à celle des animaux; car, si l'homme était de l'ordre des animaux, il y aurait dans la nature un certain nombre d'êtres moins parfaits que l'homme et plus parfaits que l'animal, par lesquels on descendrait insensiblement et par nuance de l'homme au singe; mais cela n'est pas : on passe tout d'un coup de l'être pensant à l'être matériel, de la puissance intellectuelle à la force mécanique de l'ordre et du dessein au mouvement aveugle, de la réflexion à l'appétit.

En voilà plus qu'il n'en faut pour nous démontrer l'excellence de notre nature, et la distance immense que la bonté du Créateur a mise entre l'homme et la bête. L'homme est un être raisonnable, l'animal est un être sans raison; et comme il n'y a point de milieu entre le positif et le négatif, comme il n'y a point d'êtres intermédiaires entre l'être raisonnable et l'être sans raison, il est évident que l'homme est d'une nature entièrement différente de celle de l'animal, qu'il ne lui ressemble que par l'extérieur, et que le juger par cette ressemblance matérielle, c'est se laisser tromper par l'apparence, et fermer volontairement les yeux à la lumière, qui doit nous la faire distinguer de la réalité.

AMITIÉ DANS L'HOMME COMPARÉE A L'ATTACHEMENT DANS LES ANIMAUX

L'amitié suppose la puissance de réfléchir : c'est de tous les attachements le plus digne de l'homme et le seul qui ne le dégrade point; l'amitié n'émane que de la raison, l'impression des sens n'y fait rien; c'est l'âme de son ami qu'on aime, et pour aimer une âme il faut en avoir une, il faut en avoir fait usage, l'avoir connue, l'avoir comparée et trouvée de niveau à ce que l'on peut connaître de celle d'un autre ; l'amitié suppose donc non seulement le principe de la reconnaissance, mais l'exercice actuel et réfléchi de ce principe.

Ainsi l'amitié n'appartient qu'à l'homme, et l'attachement peut appartenir aux animaux : le sentiment seul suffit pour qu'ils s'attachent aux gens qu'ils voient souvent, à ceux qui les soignent, qui les nourrissent, etc.; le seul sentiment suffit encore pour qu'ils s'attachent aux objets dont ils sont forcés de s'occuper. L'attachement des mères pour leurs petits ne vient que de ce qu'elles ont été fort occupées à les porter, à les produire, et qu'elles le sont encore à les allaiter; et si dans les oiseaux les pères semblent avoir quelque attachement pour leurs petits, et paraissent en prendre soin comme les mères, c'est qu'ils se sont occupés comme elles de la construction du nid, c'est qu'ils l'ont habité avec leurs femelles; au lieu que dans les autres espèces d'animaux où il n'y a point de nid, point d'ouvrages à faire en commun, les pères ne sont pères que comme on l'était à Sparte, ils n'ont aucun souci de leur postérité.

QUALITÉS DES ANIMAUX

L'orgueil et l'ambition des animaux tiennent à leur courage naturel, c'est-à-dire au sentiment qu'ils ont de leur force, de leur agilité, etc. Les grands dédaignent les petits et semblent mépriser leur audace insultante : on augmente même par l'éducation ce sang-froid, cet à-propos de courage; on augmente aussi leur ardeur, on leur donne de l'éducation par l'exemple, car ils sont susceptibles et capables de tout, excepté de raison : en général les animaux peuvent apprendre à faire mille fois tout ce qu'ils ont fait une fois, à faire de suite ce qu'ils ne faisaient que par intervalles, à faire pendant longtemps ce qu'ils ne faisaient que pendant un instant, à faire volontiers ce qu'ils ne faisaient d'abord que par force, à faire par habitude ce qu'ils ont fait une fois par hasard, à faire d'eux-mêmes ce qu'ils voient faire aux autres. L'imitation est de tous les résultats de la machine animale le plus admirable; c'en est le modèle le plus délicat et le plus étendu; c'est ce qui copie de plus près la pensée; et quoique la cause en soit dans les animaux purement matérielle et mécanique; c'est par ses effets qu'ils nous étonnent davantage. Les hommes n'ont jamais plus admiré les singes que quand ils les ont vus imiter les actions humaines. En effet, il n'est point trop aisé de distinguer certaines copies de certains originaux; il y a si peu de gens d'ailleurs qui voient nettement combien il y a de distance entre faire et contrefaire, que les singes doivent être pour le gros du genre humain des êtres étonnants, humiliants au point qu'on ne peut guère trouver mauvais qu'on ait donné sans hésiter plus d'esprit au singe, qui contrefait et copie l'homme, qu'à l'homme (si peu rare parmi nous) qui ne fait ni ne copie rien.

Cependant les singes sont tout au plus des gens à talent que nous prenons pour des gens d'esprit; quoiqu'ils aient l'art de nous imiter, ils n'en sont pas moins de la nature des bêtes, qui toutes ont plus ou moins le talent de l'imitation. A la vérité, dans presque tous les animaux ce talent est borné à l'espèce même, et ne s'étend point au delà de l'imitation de leurs semblables; au lieu que le singe, qui n'est pas plus de notre espèce que nous ne sommes de la sienne, ne laisse pas de copier quelques-unes de nos actions, mais c'est parce qu'il nous ressemble à quelques égards, c'est parce qu'il est extérieurement à peu près conformé comme nous; et cette ressemblance grossière suffit pour qu'il puisse se donner des mouvements et même des suites de mouvements semblables aux nôtres, pour qu'il puisse, en un mot, nous imiter grossièrement : en sorte que tous ceux qui ne jugent des choses que par l'extérieur trouvent ici comme ailleurs du dessein, de l'intelligence et de l'esprit, tandis qu'en effet il n'y a que des rapports de figure, de mouvement et d'organisation.

C'est par les rapports de mouvement que le chien prend les habitudes de son maître; c'est par les rapports de figure que le singe contrefait les gestes humains; c'est par les rapports d'organisation que le serin repète des airs de musique et que le perroquet imite le signe le moins équivoque de la pensée, la parole, qui met à l'extérieur autant de différence entre l'homme et l'homme qu'entre l'homme et la bête, puisqu'elle exprime dans les uns la lumière et la supériorité de l'esprit, qu'elle ne laisse apercevoir dans les autres qu'une confusion d'idées obscures ou empruntées, et que dans l'imbécile ou le perroquet elle marque le dernier degré de stupidité, c'est-à-dire l'impossibilité où ils sont tous deux de produire intérieurement la pensée, quoiqu'il ne leur manque aucun des organes nécessaires pour la rendre au dehors.

Il est aisé de prouver encore mieux que l'imitation n'est qu'un effet mécanique, un résultat purement machinal, dont la perfection dépend de la vivacité avec laquelle le sens intérieur matériel reçoit les impressions des objets, et la facilité de les rendre au dehors par la similitude et la souplesse des organes extérieurs. Les gens qui ont les sens exquis, délicats, faciles à ébranler, et les membres obéissants, agiles et flexibles, sont, toutes choses égales d'ailleurs, les meilleurs acteurs, les meilleurs pantomimes, les meilleurs singes : les enfants, sans y songer, prennent les habitudes du corps, empruntent les gestes, imitent les manières de ceux avec qui ils vivent; ils sont aussi très portés à répéter et à contrefaire. La plupart des jeunes gens les plus vifs et les moins pensants, qui ne voient que par les yeux du corps, saisissent cependant merveilleusement le ridicule des figures; toute forme bizarre les affecte, toute représentation les frappe, toute nouveauté les émeut : l'impression en est si forte, qu'ils représentent eux-mêmes, ils racontent avec enthousiasme, ils copient facilement et avec grâce; ils ont donc supérieurement le talent de l'imitation, qui suppose l'organisation la plus parfaite, les dispositions du corps les plus heureuses, et auquel rien n'est plus opposé qu'une forte dose de bon sens.

Ainsi parmi les hommes ce sont ordinairement ceux qui réfléchissent le moins qui ont le plus ce talent de l'imitation; il n'est donc pas surprenant qu'on le trouve dans les animaux, qui ne réfléchissent point du tout; ils doivent même l'avoir à un plus haut degré de perfection, parce qu'ils n'ont rien qui s'y oppose, parce qu'ils n'ont aucun principe par lequel ils puissent avoir la volonté d'être différents les uns des autres. C'est par notre âme que nous différons entre nous; c'est par notre âme que nous sommes nous; c'est d'elle que vient la diversité de nos caractères et la variété de nos actions; les animaux, au contraire, qui n'ont point d'âme, n'ont point le *moi* qui est le principe de la différence, la cause qui constitue la personne; ils doivent donc, lorsqu'ils se ressemblent par l'organisation, ou qu'ils sont de la même espèce, se copier tous, faire tous les mêmes choses et de la même façon, s'imiter, en un mot, beaucoup plus parfaitement que les hommes ne peuvent s'imiter les uns les autres; et par conséquent ce talent d'imitation, bien loin de supposer de l'esprit et de la pensée dans les animaux, prouve, au contraire, qu'ils en sont absolument privés.

C'est par la même raison que l'éducation des animaux, quoique fort courte, est toujours heureuse; ils apprennent en très peu de temps presque tout ce que savent leurs père et mère, et c'est par l'imitation qu'ils l'apprennent; ils ont donc non seulement l'expérience qu'ils peuvent acquérir par le sentiment, mais ils profitent encore, par le moyen de l'imitation, de l'expérience que les autres ont acquise.

EFFETS DE LA PEUR SUR LES ANIMAUX

Un jeune animal, tranquille habitant des forêts, qui tout à coup entend le son éclatant du cor, ou le bruit subit et nouveau d'une arme à feu, tressaille, bondit et fuit par la seule violence de la secousse qu'il vient d'éprouver. Cependant, si ce bruit est sans effet, s'il cesse, l'animal reconnait d'abord le silence ordinaire de la nature; il se calme, s'arrête et regagne à pas égaux sa paisible retraite. Mais l'âge et l'expérience le rendront bientôt circonspect et timide, dès qu'à l'occasion d'un bruit pareil il se sera senti blessé, atteint ou poursuivi : ce sentiment de peine ou cette sensation de douleur se conserve dans son intérieur, et lorsque le bruit se fait encore entendre, elle se renouvelle, et, se combinant avec l'ébranlement actuel, elle produit un sentiment durable, une passion subsistante, une vraie peur; l'animal fuit, et fuit de toutes ses forces; il fuit très loin, il fuit longtemps, il fuit toujours, puisque souvent il abandonne à jamais son séjour ordinaire.

La peur est donc une passion dont l'animal est susceptible, quoiqu'il n'ait pas nos craintes raisonnées ou prévues. Il en est de même de l'horreur, de la colère, de l'amour, quoiqu'il n'ait ni nos aversions réfléchies, ni nos haines durables, ni nos amitiés constantes. L'animal a toutes ces passions premières; elles ne supposent aucune connaissance, aucune idée, et ne sont fondées que sur l'expérience du sentiment, c'est-à-dire sur la répétition des actes de douleur ou de plaisir; et le renouvellement des sensations intérieures du même genre. La colère, ou, si l'on veut, le courage naturel se remarque dans les animaux qui sentent leurs forces, c'est-à-dire qui les ont éprouvées, mesurées, et trouvées supérieures à celles des autres; la peur est le partage des faibles; mais le sentiment d'amour leur appartient à tous.

SENTIMENT CHEZ LES ANIMAUX

Les animaux sont-ils bornés aux seules passions que nous venons de décrire? La peur, la colère, l'horreur, l'amour et la jalousie sont-elles les seules affections durables qu'ils puissent éprouver? Il me semble qu'indépendamment de ces passions, dont le sentiment naturel ou plutôt l'expérience du sentiment rend les animaux susceptibles, ils ont encore des passions qui leur sont communiquées et qui viennent de l'éducation, de l'exemple, de l'imitation et de l'habitude; ils ont leur espèce d'amitié, leur espèce d'orgueil, leur espèce d'ambition; et quoiqu'on puisse déjà s'être assuré, par ce que nous avons dit, que dans toutes les opérations et dans tous les actes qui émanent de leurs passions il n'entre ni réflexion, ni pensée, ni même aucune idée, cependant, comme les habitudes dont nous parlons sont celles qui semblent supposer quelque degré d'intelligence, et que c'est ici où la nuance entre eux et nous est la plus délicate et la plus difficile à saisir, ce doit être aussi celle que nous devons examiner avec le plus de soin.

Y a-t-il rien de comparable à l'attachement du chien pour la personne de son maître? On en a vu mourir sur le tombeau qui la renfermait; mais (sans vouloir citer les prodiges ni les héros d'aucun genre) quelle fidélité à accompagner, quelle constance à suivre, quelle attention à défendre son maître! Quel empressement à rechercher ses caresses! quelle docilité à lui obéir! quelle patience à souffrir sa mauvaise humeur et des sentiments souvent injustes! quelle douceur et quelle humilité pour tâcher de rentrer en grâce! que de mouvements, que d'inquiétudes, que de chagrins s'il est absent! que de joie lorsqu'il le retrouve! A tous ces traits peut-on méconnaître l'amitié? se marque-t-elle même parmi nous par des caractères aussi énergiques?

Il en est de cette amitié comme de celle d'une femme pour son serin, d'un enfant pour son jouet, etc.; toutes deux sont aussi peu réfléchies, toutes deux ne sont qu'un sentiment aveugle; celui de l'animal est seulement plus naturel, parce qu'il est fondé sur le besoin, tandis que l'autre n'a pour objet qu'un insipide amusement auquel l'âme n'a point de part.

PRÉVOYANCE DES ANIMAUX

Mais si les animaux sont dépourvus d'entendement, d'esprit et de mémoire, s'ils sont privés de toute intelligence, si toutes leurs facultés dépendent de leurs sens, s'ils sont bornés à l'exercice et à l'expérience du sentiment seul, d'où peut venir cette espèce de prévoyance qu'on remarque dans quelques-uns d'entre eux? Le seul sentiment peut-il faire qu'ils ramassent des vivres pendant l'été pour subsister pendant l'hiver? Ceci ne suppose-t-il pas une comparaison des temps, une notion de l'avenir, une inquiétude raisonnée? Pourquoi trouve-t-on à la fin de l'automne, dans le trou d'un mulot, assez de glands pour le nourrir jusqu'à l'été suivant? Pourquoi cette abondante récolte de cire et de miel dans les ruches? Pourquoi les fourmis font-elles des provisions? Pourquoi les oiseaux feraient-ils des nids, s'ils ne savaient pas qu'ils en auront besoin pour y déposer leurs œufs et y élever leurs petits, etc.; et tant d'autres faits particuliers que l'on raconte de la prévoyance des renards, qui cachent leur gibier dans différents endroits pour le retrouver au besoin et s'en nourrir pendant plusieurs jours; de la subtilité raisonnée des hiboux, qui savent ménager leur provision de souris en leur coupant les pattes pour les empêcher de fuir; de la pénétration merveilleuse des abeilles, qui savent d'avance que leur reine doit pondre dans un tel temps tel nombre d'œufs d'une certaine espèce, dont il doit sortir des vers de mouches mâles, et tel nombre d'œufs d'une autre espèce qui doivent produire les mouches neutres, et qui, en conséquence de cette connaissance de l'avenir, construisent tel nombre d'alvéoles plus grands pour les premières, et tel autre nombre d'alvéoles plus petits pour les secondes, etc. etc.?

Il n'est pas étonnant que l'homme, qui se connaît si peu lui-même, qui confond si souvent ses sensations et ses idées, qui distingue si peu le produit de son âme de celui de son cerveau, se compare aux animaux, et n'admette entre eux et lui qu'une nuance, indépendante d'un peu plus ou d'un peu moins de perfection dans les organes; il n'est pas étonnant qu'il les fasse raisonner, s'entendre et se déterminer comme lui, et qu'il leur attribue non seulement les qualités qu'il a, mais encore celles qui lui manquent. Mais que l'homme s'examine, s'analyse et s'approfondisse, il reconnaîtra bientôt la faiblesse de son être, il sentira l'existence de son âme, il cessera de s'avilir, et verra d'un coup d'œil la distance infinie que l'Être suprême a mise entre les bêtes et lui.

Dieu seul connaît le passé, le présent et l'avenir; il est de tous les temps, et voit dans tous les temps. L'homme, dont la durée est de si peu d'instants, ne voit que ces instants; mais une puissance vive, immortelle, compare ces instants, les distingue, les ordonne; c'est par elle qu'il connaît le présent, qu'il juge du passé, et qu'il prévoit l'avenir. Otez à l'homme cette lumière divine, vous effacez, vous obscurcissez son être, il ne restera que l'animal, il ignorera le passé, ne soupçonnera pas l'avenir, et ne saura même pas ce que c'est que le présent.

QUADRUPÈDES

ANIMAUX DOMESTIQUES

LE CHEVAL

La plus noble conquête que l'homme ait jamais faite est celle de ce fier et fougueux animal, qui partage avec lui les fatigues de la guerre et la gloire des combats : aussi intrépide que son maître, le cheval voit le péril et l'affronte; il se fait au bruit des armes, il l'aime, il le cherche et s'anime de la même ardeur : il partage aussi ses plaisirs; à la chasse, aux tournois, à la course, il brille, il étincelle. Mais, docile autant que courageux, il ne se laisse point emporter à son feu; il sait réprimer ses mouvements : non seulement il fléchit sous la main de celui qui le guide, mais il semble consulter ses désirs, et, obéissant toujours aux impressions qu'il en reçoit, il se précipite, se modère ou s'arrête; c'est une créature qui renonce à son être pour n'exister que par la volonté d'un autre; qui sait même la prévenir; qui, par la promptitude et la précision de ses mouvements, l'exprime et l'exécute; qui sent autant qu'on le désire, et ne rend qu'autant qu'on veut; qui, se livrant sans réserve, ne se refuse à rien, sert de toutes ses forces, s'excède, et même meurt pour mieux obéir.

Voilà le cheval dont les talents sont développés, dont l'art a perfectionné les qualités naturelles, qui, dès le premier âge, a été soigné et ensuite exercé, dressé au service de l'homme : c'est par la perte de sa liberté que commence son éducation, et c'est par la contrainte qu'elle s'achève. L'esclavage ou la domesticité de ces animaux sont même si universelle, si ancienne, que nous ne les voyons que rarement dans leur état naturel : ils sont toujours couverts de harnais dans leurs travaux; on ne les délivre jamais de tous leurs liens, même dans les temps de repos : et si on les laisse quelquefois errer en liberté dans les pâturages, ils y portent toujours les marques de la servitude, et souvent les empreintes cruelles du travail et de la douleur; la bouche est déformée par les plis que le mors a produits; les flancs sont entamés par des plaies, ou sillonnés de cicatrices faites par l'éperon; la corne des pieds est traversée par des clous. L'attitude du corps est encore gênée par l'impression subsistante des entraves habituelles; on les en délivrerait en vain; ils n'en seraient pas plus libres : ceux même dont l'esclavage est le plus doux, qu'on ne nourrit, qu'on n'entretient que pour le luxe et la magnificence, et dont les chaînes dorées servent moins à leur parure qu'à la vanité de leur maître, sont encore plus déshonorés par l'élégance de leur toupet, par les tresses de leurs crins, par l'or et la soie dont on les couvre, que par les fers qui sont sous leurs pieds.

La nature est plus belle que l'art; et, dans un être animé, la liberté des mouvements fait la belle nature. Voyez ces chevaux qui se sont multipliés dans les contrées de l'Amérique espagnole, et qui vivent en chevaux libres : leur démarche, leur course, leurs sauts, ne sont ni gênés ni mesurés; fiers de leur indépendance, ils fuient la présence de l'homme, ils dédaignent ses soins, ils cherchent et trouvent eux-mêmes la nourriture qui leur convient; ils errent, ils

Le cheval.

bondissent en liberté dans les prairies immenses, où ils cueillent les productions nouvelles d'un printemps toujours nouveau; sans habitation fixe, sans autre abri que celui d'un ciel serein, ils respirent un air plus pur que celui de ces palais voûtés où nous les renfermons, en pressant les espaces qu'ils doivent occuper : aussi ces chevaux sauvages sont-ils beaucoup plus forts, plus légers, plus nerveux que la plupart des chevaux domestiques; ils ont ce que donnent la nature, la force et la noblesse; les autres n'ont que ce que l'art peut donner, l'adresse et l'agrément.

La nature de ces animaux n'est point féroce, ils sont seulement fiers et sauvages. Quoique supérieurs par la force à la plupart des autres animaux, jamais ils ne les attaquent; et s'ils en sont attaqués, ils les dédaignent, les écartent, ou les écrasent. Ils vont aussi par troupes et se réunissent pour le seul plaisir d'être ensemble; car ils n'ont aucune crainte, mais ils prennent de l'attachement les uns pour les autres. Comme l'herbe et les végétaux suffisent à leur nourriture, qu'ils ont abondamment de quoi satisfaire leur appétit, et qu'ils n'ont aucun goût pour la chair des animaux, ils ne leur font point la guerre, ils ne se la font point entre eux, ils ne se disputent point pour leur subsistance; ils n'ont jamais occasion de ravir une proie ou de s'arracher un bien, sources ordinaires de querelles et de combats parmi les autres animaux carnassiers : ils vivent donc en paix, parce que leurs appétits sont simples et modérés, et qu'ils ont assez pour ne rien envier.

Tout cela peut se remarquer dans les jeunes chevaux qu'on élève ensemble et qu'on mène en troupeaux; ils ont les mœurs douces et les qualités sociables; leur force et leur ardeur ne se marquent ordinairement que par des signes d'émulation; ils cherchent à se devancer à la course, à se faire et même s'animer au péril en se défiant à traverser une rivière, sauter un fossé; et ceux qui dans ces exercices naturels donnent l'exemple, ceux qui d'eux-mêmes vont les premiers, sont les plus généreux, les meilleurs, et souvent les plus dociles et les plus souples lorsqu'ils sont une fois domptés.

Ces animaux sont naturellement doux et très disposés à se familiariser avec l'homme et à s'attacher à lui : aussi n'arrive-t-il jamais qu'aucun d'eux quitte nos maisons pour se retirer dans les forêts ou dans les déserts; ils marquent, au contraire, beaucoup d'empressement pour revenir au gîte, où cependant ils ne trouvent qu'une nourriture grossière, et toujours la même, et ordinairement mesurée sur l'économie beaucoup plus que sur leur appétit; mais la douceur de l'habitude leur tient lieu de ce qu'ils perdent d'ailleurs : après avoir été excédés de fatigue, le lieu du repos est un lieu de délices; ils le sentent de loin, ils savent le reconnaître au milieu des plus grandes villes, et semblent préférer en tout l'esclavage à la liberté; ils se font même une seconde nature des habitudes auxquelles on les a forcés ou soumis, puisqu'on a vu des chevaux abandonnés dans les bois hennir continuellement pour se faire entendre, accourir à la voix des hommes, et en même temps maigrir et dépérir en peu de temps, quoiqu'ils eussent abondamment de quoi varier leur nourriture et satisfaire leur appétit.

Leurs mœurs viennent donc presque en entier de leur éducation, et cette éducation suppose des soins et des peines que l'homme ne prend pour aucun autre animal, mais dont il est dédommagé par les services continuels que lui rend celui-ci. Dès le temps du premier âge on a soin de séparer les poulains de leur mère : on les laisse teter pendant cinq, six ou tout au plus sept mois; car l'expérience a fait voir que ceux qu'on laisse teter dix ou onze mois ne valent pas ceux qu'on sèvre plus tôt, quoiqu'ils prennent ordinairement plus de chair et de corps : après ces six ou sept mois de lait, on les sèvre pour leur faire prendre une nourriture plus solide que le lait; on leur donne du son deux fois par jour et un peu de foin, dont on augmente la quantité à mesure qu'ils avancent en âge, et on les garde dans l'écurie tant qu'ils marquent de l'inquiétude pour retourner à leur mère; mais lorsque cette inquiétude est passée, on les laisse sortir par le beau temps, et on les conduit aux pâturages; seulement il faut prendre garde de les laisser paître à jeun; il faut leur donner le son et les faire boire une heure avant de les mettre à l'herbe, et ne jamais les exposer au grand froid ni à la pluie. Ils passent de cette façon le premier hiver : au mois de mai suivant, non seulement on leur permettra de pâturer tous les jours, mais on les laissera coucher à l'air dans les pâturages pendant tout l'été et jusqu'à la fin d'octobre, en observant seulement de ne pas leur laisser paître les regains; s'ils s'accoutumaient à cette herbe trop fine, ils se dégoûteraient du foin, qui doit cependant faire leur principale nourriture pendant le second hiver avec du son mêlé d'orge ou d'avoine moulus : on les conduit de cette façon, en les laissant pâturer le jour pendant l'hiver, et la nuit pendant l'été, jusqu'à l'âge de quatre ans, qu'on les retire du pâturage pour les nourrir à l'herbe sèche. Ce changement de nourriture demande quelques précautions : on ne leur donnera pendant les premiers huit jours que de la paille, et on fera bien de leur faire prendre quelques breuvages contre les vers, que les mauvaises digestions d'une herbe trop crue peuvent avoir produits.

Le mors et l'éperon sont deux moyens qu'on a imaginés pour les obliger à recevoir le commandement : le mors pour la précision, et l'éperon pour la promptitude des mouvements. La bouche ne paraissait pas destinée par la nature à recevoir d'autres impressions que celles du goût et de l'appétit; cependant elle est d'une si grande sensibilité dans le cheval, que c'est à la bouche, par préférence à l'œil et à l'oreille, qu'on s'adresse pour transmettre au cheval les signes de la volonté; le moindre mouvement ou la plus petite pression du mors suffit pour avertir et déterminer l'animal, et cet organe de sentiment n'a d'autre défaut que celui de sa perfection même; sa trop grande sensibilité veut être ménagée, car, si on en abuse, on gâte la bouche du cheval en la rendant insensible à l'impression du mors. Les sens de la vue et de l'ouïe ne seraient pas sujets à une telle altération et ne pourraient être émoussés de cette façon; mais apparemment on a trouvé des inconvénients à commander aux chevaux par ces organes, et il est vrai que les signes transmis par le toucher font beaucoup plus d'effet sur les animaux en général que ceux qui leur sont transmis par l'œil ou par l'oreille. D'ailleurs la situation des chevaux par rapport à celui qui les monte ou qui les conduit rend les yeux presque inutiles à cet effet, puisqu'ils ne voient que devant eux, et que ce n'est qu'en tournant la tête qu'ils pourraient apercevoir les signes qu'on leur ferait; et quoique l'oreille soit un sens par lequel on les anime et on les conduit souvent, il paraît qu'on a restreint et laissé aux chevaux grossiers l'usage de cet organe, puisqu'au manège, qui est le lieu de la plus parfaite éducation, l'on ne parle presque point aux chevaux, et qu'il ne faut pas même qu'il paraisse qu'on les conduise. En effet, lorsqu'ils sont bien dressés, la moindre pression des cuisses, le plus léger mouvement du mors suffit pour les diriger; l'éperon est même inutile, ou du moins on ne s'en sert que pour les forcer à faire des mouvements violents; et lorsque, par l'ineptie du cavalier, il arrive qu'en donnant de l'éperon il retient la bride, le cheval, se trouvant excité d'un côté et retenu de l'autre, ne peut que se cabrer en faisant un bond sans sortir de sa place.

La tête du cheval doit être sèche et menue sans être trop longue; les oreilles peu distantes, petites, droites, immobiles, étroites, déliées et bien plantées sur le haut de la tête; le front étroit et un peu convexe, les salières remplies, les paupières minces; les yeux clairs, vifs, pleins de feu, assez gros et avancés à fleur de tête; la prunelle grande, la ganache décharnée et peu épaisse, le nez un peu arqué, les naseaux bien ouverts et bien fendus, la cloison du nez mince, les lèvres déliées, la bouche médiocrement fendue, le garrot élevé et tranchant; les épaules sèches, plates et peu serrées; le dos égal, uni, insensiblement arqué sur la longueur, et relevé des deux côtés de l'épine, qui doit paraître enfoncée; les flancs pleins et courts, la croupe ronde et bien fournie, la hanche bien garnie, le tronçon de la queue épais et ferme; les bras et les cuisses gros et charnus, le genou rond en devant, le jarret ample et évidé, lés canons minces sur le devant et larges sur les côtés, le nerf bien détaché, le boulet menu, le fanon peu garni, le paturon gros et d'une médiocre longueur, la couronne peu élevée; la corne noire, unie et luisante; le sabot haut, les quartiers ronds, les talons larges et médiocrement élevés, la fourchette menue et maigre, et la sole épaisse et concave.

La durée de la vie des chevaux est, comme dans toutes les autres espèces d'animaux, proportionnée à la durée du temps de leur accroissement. L'homme, qui est quatorze ans à croître, peut vivre six ou sept fois autant de temps, c'est-à-dire quatre-vingt-dix ou cent ans. Le cheval dont l'accroissement se fait en quatre ans, peut vivre six ou sept fois autant, c'est-à-dire vingt-cinq ou trente ans. Les exemples qui pourraient être contraires à cette règle sont si rares, qu'on ne doit pas même les regarder comme une exception dont on puisse tirer des conséquences; et comme les gros chevaux prennent leur entier accroissement en moins de temps que les chevaux fins, ils vivent aussi moins de temps, et sont vieux dès l'âge de quinze ans.

Les chevaux arabes sont les plus beaux que l'on connaisse en Europe; ils sont plus grands et plus étoffés que les barbes, et tout aussi bien faits : mais comme il en vient rarement en France, les écuyers n'ont pas d'observations détaillées de leurs perfections et de leurs défauts.

L'ANE

A considérer cet animal, même avec des yeux attentifs et dans un assez grand détail, il paraît n'être qu'un cheval dégénéré; la parfaite similitude de conformation dans le cerveau, les poumons, l'estomac, le conduit intestinal, le cœur, le foie, les autres viscères, la grande ressemblance du corps, des jambes, des pieds, et du squelette en entier, semblent fonder cette opinion. L'on pourrait attribuer les légères différences qui se trouvent entre ces deux animaux à l'influence très ancienne du climat, à la nourriture, et à la succession fortuite de plusieurs générations de petits chevaux sauvages à demi dégénérés, qui peu à peu auraient encore dégénéré davantage, se seraient ensuite dégradés autant qu'il est possible, et auraient à la fin produit à nos yeux une espèce nouvelle et constante, ou plutôt une succession d'individus semblables, tous constamment viciés de la même façon, et assez différents des chevaux pour pouvoir être regardés comme formant une autre espèce. Ce qui paraît favoriser cette idée, c'est que les chevaux varient beaucoup plus que les ânes par la couleur de leur poil, qu'ils sont par conséquent plus anciennement domestiques, puisque tous les animaux domestiques varient par la couleur beaucoup plus que les animaux sauvages de la même espèce; que la plupart des chevaux sauvages dont parlent les voyageurs sont de petite taille, et ont, comme les ânes, le poil gris, la queue nue, hérissée à l'extrémité, et qu'il y a des chevaux sauvages, et même des chevaux domestiques, qui ont la raie noire sur le dos, et d'autres caractères qui les rapprochent encore des ânes sauvages et domestiques. D'autre côté, si l'on considère la différence du tempérament, du naturel, des mœurs, du résultat, en un mot, de l'organisation de ces deux animaux, et surtout l'impossibilité de les mêler pour en faire une espèce commune, ou même une espèce intermédiaire qui puisse se renouveler, on paraît encore mieux fondé à croire que ces deux animaux sont chacun d'une espèce aussi ancienne l'une que l'autre, et originairement aussi essentiellement différentes qu'elles le sont aujourd'hui; d'autant que l'âne ne laisse pas de différer matériellement du cheval par la petitesse de sa taille, la grosseur de la tête, la longueur des oreilles, la dureté de la peau, la nudité de la queue, la forme de la croupe, et aussi par les dimensions des parties qui en sont voisines, par la voix, l'appétit, la manière de boire, etc. L'âne et le cheval viennent-ils donc originairement de la même souche? Sont-

L'âne.

ils, comme le disent les nomenclateurs, de la même *famille?* ou ne sont-ils pas et n'ont-ils pas toujours été des animaux différents?

Non, l'âne est un âne, et ce n'est point un cheval dégénéré, un cheval à queue nue; il n'est ni étranger, ni intrus, ni bâtard; il a, comme tous les autres animaux, sa famille, son espèce et son rang; son sang est pur; et quoique sa noblesse soit moins illustre, elle est tout aussi bonne, tout aussi ancienne que celle du cheval. Pourquoi donc tant de mépris pour cet animal si bon, si patient, si sobre, si utile? Les hommes mépriseraient-ils jusque dans les animaux ceux qui les servent trop bien et à peu de frais? On donne au cheval de l'éducation, on le soigne, on l'instruit, on l'exerce, tandis que l'âne, abandonné à la grossièreté du dernier des valets, ou à la malice des enfants, bien loin d'acquérir, ne peut que perdre par son éducation; et s'il n'avait pas un grand fonds de bonnes qualités, il les perdrait, en effet, par la manière dont on le traite : il est le jouet, le plastron, le bardeau des rustres, qui le conduisent le bâton à la main, qui le frappent, le surchargent, l'excèdent sans précautions, sans ménagement. On ne fait pas attention que l'âne serait par lui-même, et pour nous, le premier, le plus beau, le mieux fait, le plus distingué des animaux, si dans le monde il n'y avait pas le cheval. Il est le second au lieu d'être le premier, et par cela seul il semble n'être plus rien. C'est la comparaison qui le dégrade : on le regarde, on le juge, non pas en lui-même, mais relativement au cheval : on oublie qu'il est âne, qu'il a toutes les qualités de sa nature, tous les dons attachés à son espèce; et on ne pense qu'à la figure et aux qualités du cheval, qui lui manquent, et qu'il ne doit pas avoir.

Il est de son naturel aussi humble, aussi patient, aussi tranquille que le cheval est fier, ardent, impétueux : il souffre avec constance, et peut-être avec courage, les châtiments et les coups. Il est sobre et sur la quantité et sur la qualité de la nourriture : il se contente des herbes les plus dures et les plus désagréables, que le cheval et les autres animaux lui laissent et dédaignent. Il est fort délicat sur l'eau; il ne veut boire que de la plus claire et aux ruisseaux qui lui sont connus. Il boit aussi sobrement qu'il mange, et n'enfonce point du tout son nez dans l'eau, par la peur que lui fait, dit-on, l'ombre de ses oreilles. Comme l'on ne prend pas la peine de l'étriller, il se roule souvent sur le gazon, sur les chardons, sur la fougère; et, sans se soucier beaucoup de ce qu'on lui fait porter, il se couche pour se rouler toutes les fois qu'il le peut, et semble par là reprocher à son maître le peu de soin qu'on prend de lui; car il ne se vautre pas comme le cheval, dans la fange et dans l'eau; il craint même de se mouiller les pieds et se détourne pour éviter la boue : aussi a-t-il la jambe plus sèche et plus nette que le cheval. Il est susceptible d'éducation, et l'on en a vu d'assez bien dressés pour faire curiosité de spectacle. Dans sa première jeunesse, il est gai, et même assez joli : il a de la légèreté et de la gentillesse; mais il la perd bientôt, soit par l'âge, soit par les mauvais traitements, et il devient lent, indocile et têtu.

Il s'attache à son maître, quoiqu'il en soit ordinairement maltraité : il le sent de loin, et le distingue de tous les autres hommes; il reconnaît aussi les lieux qu'il a coutume d'habiter, les chemins qu'il a fréquentés. Il a les yeux bons, l'odorat admirable, l'oreille excellente, ce qui a encore contribué à le faire mettre au rang des animaux timides, qui ont tous, à ce que l'on prétend, l'ouïe très fine, et les oreilles longues. Lorsqu'on le surcharge, il le marque en inclinant la tête et baissant les oreilles. Lorsqu'on le tourmente trop, il ouvre la bouche et retire les lèvres d'une manière très désagréable, ce qui lui donne l'air moqueur et dérisoire. Si on lui couvre les yeux, il reste immobile; et lorsqu'il est couché sur le côté, si l'on lui place la tête de manière que l'œil soit appuyé sur la terre, et qu'on couvre l'autre œil avec une pierre ou un morceau de bois, il restera dans cette situation sans faire aucun mouvement et sans se secouer pour se relever. Il marche, il trotte et il galope comme le cheval; mais tous ces mouvements sont petits et beaucoup plus lents. Quoiqu'il puisse d'abord courir avec assez de vitesse, il ne peut fournir qu'une petite carrière pendant un petit espace de temps; et quelque allure qu'il prenne, si on le presse il est bientôt rendu.

Le lait d'ânesse est un remède éprouvé et spécifique pour certains maux, et l'usage de ce remède s'est conservé depuis les Grecs jusqu'à nous.

Comme la peau de l'âne est très dure et très élastique, on l'emploie utilement à différents usages : on en fait des cribles, des tambours, et de très bons souliers; on en fait du gros parchemin pour les tablettes de poche, que l'on enduit d'une couche légère de plâtre. C'est aussi avec le cuir de l'âne que les Orientaux font le sagri, que nous appelons *chagrin*. Il y a apparence que les os, comme la peau de cet animal, sont aussi plus durs que les os des autres animaux, puisque les anciens en faisaient des flûtes, et qu'ils les trouvaient plus sonnantes que tous les autres os.

L'âne est peut-être de tous les animaux celui qui, relativement à son volume, peut porter le plus grand poids; et comme il ne coûte presque rien à nourrir, et qu'il ne demande, pour ainsi dire, aucun soin, il est d'une grande utilité à la campagne, au moulin, etc. Il peut aussi servir de monture: toutes ses allures sont douces, et il bronche moins que le cheval. On le met souvent à la charrue dans les pays où le terrain est léger, et son fumier est un excellent engrais pour les terres fortes et humides.

LE BŒUF, LA VACHE

Le bœuf ne convient pas autant que le cheval, l'âne, le chameau, etc., pour porter des fardeaux; la forme de son dos et de ses reins le démontre; mais la grosseur de son cou et la largeur de ses épaules indiquent assez qu'il est propre à tirer et à porter le joug: c'est aussi de cette manière qu'il tire le plus avantageusement; et il est singulier que cet usage ne soit pas général, et que dans des provinces entières on l'oblige à tirer par les cornes: la seule raison qu'on ait pu m'en donner, c'est que quand il est attelé par les cornes, on le conduit plus aisément; il a la tête très forte, et il ne laisse pas de tirer assez bien de cette façon, mais avec beaucoup moins d'avantage que quand il tire par les épaules. Il semble avoir été fait pour la charrue; la masse de son corps, la lenteur de ses mouvements, le peu de hauteur de ses jambes, tout, jusqu'à sa tranquillité et à sa patience dans le travail, semble concourir à le rendre propre à la culture des champs, et plus capable qu'aucun autre de vaincre la résistance constante et toujours nouvelle que la terre oppose à ses efforts. Le cheval, quoique peut-être aussi fort que le bœuf, est moins propre à cet ouvrage: il est trop élevé sur ses jambes; ses mouvements sont trop grands, trop brusques; et d'ailleurs il s'impatiente et se rebute trop aisément; on lui ôte même toute sa légèreté, toute la souplesse de ses mouvements, toute la grâce de son attitude et de sa démarche, lorsqu'on le réduit à ce travail pesant, pour lequel il faut plus de constance que d'ardeur, plus de masse que de vitesse, et plus de poids que de ressort.

On peut aussi faire servir la vache à la charrue, et quoiqu'elle ne soit pas aussi forte que le bœuf, elle ne laisse pas de le remplacer souvent. Mais lorsqu'on veut l'employer à cet usage, il faut avoir l'attention de l'assortir, autant qu'on le peut, avec un bœuf de sa taille et de sa force, ou avec une autre vache, afin de conserver l'égalité du trait et de maintenir le soc en équilibre entre ces deux puissances: moins elles sont inégales, et plus le labour de la terre en est régulier. Au reste, on emploie souvent six et jusqu'à huit bœufs dans les terrains fermes, et surtout dans les friches, qui se lèvent par grosses mottes et par quartiers, au lieu que deux vaches suffisent pour labourer les terrains meubles et sablonneux. On peut aussi, dans ces terrains légers, pousser à chaque fois le sillon beaucoup plus loin que dans les terrains forts. Les anciens avaient borné à une longueur de cent vingt pas la plus grande étendue du sillon que le bœuf devait tracer par une continuité non interrompue d'efforts et de mouvements; après quoi, disaient-ils, il faut cesser de l'exciter, et le laisser reprendre haleine pendant quelques moments avant que de poursuivre le même sillon ou d'en commencer un autre. Mais les anciens faisaient leurs délices de l'agriculture, et mettaient leur gloire à labourer eux-mêmes, ou du moins à favoriser le labour, à épargner la peine du cultivateur et du bœuf; et parmi nous ceux qui

La vache.

jouissent le plus des biens de cette terre sont ceux qui savent le moins estimer, encourager, soutenir l'art de la culture.

Les animaux les plus pesants et les plus paresseux ne sont pas ceux qui dorment le plus profondément et le plus longtemps. Le bœuf dort, mais d'un sommeil court et léger; il se réveille au moindre bruit. Il se couche ordinairement sur le côté gauche; et le rein ou le rognon de ce côté gauche est toujours plus gros et plus chargé de graisse que le rognon du côté droit.

Les bœufs, comme les autres animaux domestiques, varient par la couleur: cependant le poil roux paraît être le plus commun; et plus il est rouge, plus il est estimé. On fait aussi cas du poil noir, et on prétend que les bœufs sous poil bai durent longtemps; que les bruns durent moins et se rebutent de bonne heure; que les gris, les pommelés et les blancs ne valent rien pour le travail, et ne sont propres qu'à être engraissés. Mais de quelque couleur que soit le poil du bœuf, il doit être luisant, épais et doux au toucher; car s'il est rude, mal uni, ou dégarni, on a raison de supposer que l'animal souffre, ou du moins qu'il n'est pas d'un fort tempérament. Un bon bœuf pour la charrue ne doit être ni trop gras ni trop maigre; il doit avoir la tête courte et ramassée, les oreilles grandes, bien velues et bien unies, les cornes fortes, luisantes et de moyenne grandeur, le front large, les yeux gros et noirs, le mufle gros et camus, les naseaux bien ouverts, les dents blanches et égales, les lèvres noires, le cou charnu, les épaules grosses et pesantes, la poitrine large, le *fanon*, c'est-à-dire la peau du devant pendante jusque sur les genoux, les reins fort larges, le ventre spacieux et tombant, les flancs grands; les hanches longues, la croupe épaisse, les jambes et les cuisses grosses et nerveuses, le dos droit et plein, la queue pendante jusqu'à terre et garnie de poils touffus et fins, les pieds fermes, le cuir grossier et maniable, les muscles élevés, et l'ongle court et large. Il faut aussi qu'il soit sensible à l'aiguillon, obéissant à la voix et bien dressé. Mais ce n'est que peu à peu, et en s'y prenant de bonne heure, qu'on peut accoutumer le bœuf à porter le joug volontiers et à se laisser conduire aisément. Dès l'âge de deux ans et demi, ou trois ans au plus tard, il faut commencer à l'apprivoiser et à le subjuguer : si l'on attend plus tard, il devient indocile et souvent indomptable : la patience, la douceur, et même les caresses, sont les seuls moyens qu'il faut employer; la force et les mauvais traitements ne serviraient qu'à le rebuter pour toujours. Il faut donc lui frotter le corps, le caresser, lui donner de temps en temps de l'orge bouillie, des fèves concassées, et d'autres nourritures de cette espèce, dont il est le plus friand, et toutes mêlées de sel, qu'il aime beaucoup. En même temps on lui liera souvent les cornes; quelques jours après on le mettra au joug; et on lui fera traîner la charrue avec un autre bœuf de la même taille et qui sera tout dressé; on aura soin de les attacher ensemble à la mangeoire, de les mener de même au pâturage, afin qu'ils se connaissent et s'habituent à n'avoir que des mouvements communs, et l'on n'emploiera jamais l'aiguillon dans les commencements, il ne servirait qu'à le rendre plus intraitable. Il faudra aussi le ménager et ne le faire travailler qu'à petites reprises, car il se fatigue beaucoup tant qu'il n'est pas tout à fait dressé; et, par la même raison, on le nourrira plus largement alors que dans les autres temps.

La nourriture et le soin sont à peu près les mêmes et pour la vache et pour le bœuf; cependant la vache à lait exige des attentions particulières, tant pour la bien choisir que pour la bien conduire. On dit que les vaches noires sont celles qui donnent le meilleur lait, et que les blanches sont celles qui en donnent le plus; mais de quelque poil que soit la vache à lait, il faut qu'elle soit en bonne chair, qu'elle ait l'œil vif et la démarche légère, qu'elle soit jeune, et que son lait soit, s'il se peut, abondant et de bonne qualité; on la traira deux fois par jour en été, et une fois seulement en hiver; et si l'on veut augmenter la quantité du lait, il n'y aura qu'à la nourrir avec des aliments plus succulents que de l'herbe.

Le bon lait n'est ni trop épais ni trop clair : sa consistance doit être telle, que lorsqu'on en prend une petite goutte, elle conserve sa rondeur sans couler. Il doit aussi être d'un beau blanc; celui qui tire sur le jaune ou sur le bleu ne vaut rien. Sa saveur doit être douce, sans aucune amertume et sans âcreté; il faut aussi qu'il soit de bonne odeur ou sans odeur. Il est meilleur au mois de mai et pendant l'été que pendant l'hiver; il n'est parfaitement bon que quand la vache est en bon âge et en bonne santé : le lait des jeunes génisses est trop clair; celui des vieilles vaches est trop sec, et pendant l'hiver il est trop épais. Ces différentes qualités du lait sont relatives à la quantité plus ou moins grande de parties butyreuse, caséeuse et séreuse qui le composent.

Les vaches et les bœufs aiment beaucoup le vin, le vinaigre, le sel; ils dévorent avec avidité une salade assaisonnée. En Espagne et dans quelques autres pays, on met auprès du jeune veau à l'étable une de ces pierres qu'on appelle *salègres*, et qu'on trouve dans les mines de sel gemme: il lèche cette pierre salée pendant tout le temps que sa mère est au pâturage; ce qui excite si fort l'appétit ou la soif, qu'au moment où la vache arrive, le jeune veau se jette à la mamelle, en tire avec avidité beaucoup de lait, s'engraisse et croît bien plus vite que ceux auxquels on ne donne point de sel. C'est par la même raison que quand les bœufs ou les vaches sont dégoûtés, on leur donne de l'herbe trempée dans du vinaigre ou saupoudrée d'un peu de sel : on peut leur en donner aussi lorsqu'ils se portent bien et que l'on veut exciter leur appétit pour les engraisser en peu de temps. C'est ordinairement à l'âge de dix ans qu'on les met à l'engrais : si l'on attend plus tard, on est moins sûr de réussir, et leur chair n'est pas si bonne. On peut les engraisser en toutes saisons; mais l'été est celle qu'on préfère, parce que l'engrais se fait à moins de frais, et qu'en commençant au mois de mai ou de juin, on est presque sûr de les voir gras avant la fin d'octobre. Dès qu'on voudra les engraisser, on cessera de les faire travailler; on les fera boire beaucoup plus souvent, on leur donnera des nourritures succulentes en abondance, quelquefois mêlées d'un peu de sel, et on les laissera ruminer à loisir et dormir à l'étable pendant les grandes chaleurs : en moins de quatre ou cinq mois ils deviendront si gras, qu'ils auront de la peine à marcher, et qu'on ne pourra les conduire au loin qu'à très petites journées.

LE MOUTON, LA BREBIS

La brebis est absolument sans ressource et en défense. Les moutons sont encore plus timides que les brebis; c'est par la crainte qu'ils se rassemblent si souvent en troupeaux; le moindre bruit extraordinaire suffit pour qu'ils se précipitent et se serrent les uns contre les autres; et cette crainte est accompagnée de la plus grande stupidité, car ils ne savent pas fuir le danger : ils semblent même ne pas sentir l'incommodité de leur situation; ils restent où ils se trouvent, à la pluie, à la neige; ils y demeurent opiniâtrément, et, pour les obliger à changer de lieu et à prendre une route, il leur faut un chef qu'on instruit à marcher le premier, et dont ils suivent tous les mouvements pas à pas. Ce chef demeurerait lui-même, avec le reste du troupeau, sans mouvement dans la même place, s'il n'était chassé par le berger ou excité par le chien commis à leur garde, lequel sait, en effet, veiller à leur sûreté, les défendre, les diriger, les séparer, les rassembler et leur communiquer les mouvements qui leur manquent.

Ce sont donc, de tous les animaux quadrupèdes, les plus stupides; ce sont ceux qui ont le moins de ressource et d'instinct. Les chèvres, qui leur ressemblent à tant d'autres égards, ont beaucoup plus de sentiment; elles savent se conduire, elles évitent les dangers, elles se familiarisent aisément avec les nouveaux objets; au lieu que la brebis ne sait ni fuir ni s'approcher : quelque besoin qu'elle ait de secours, elle ne vient point à l'homme aussi volontiers que la chèvre; et, ce qui, dans les animaux, paraît être le dernier degré de la timidité ou de l'insensibilité, elle se laisse enlever son agneau sans le défendre, sans s'irriter, sans résister, et sans marquer sa douleur par un cri différent du bêlement ordinaire.

Mais cet animal si chétif en lui-même, si dépourvu de sentiment, si dénué de qualités intérieures, est pour l'homme l'animal le plus précieux, celui dont l'utilité est la plus immédiate et la plus étendue : seul il peut suffire aux besoins de première nécessité; il fournit tout à la fois de quoi se nourrir et se vêtir, sans compter les avantages particuliers que l'on sait tirer du suif, du lait, de la

La brebis.

peau et même des boyaux, des os, et du fumier de cet animal, auquel il semble que la nature n'ait, pour ainsi dire, rien accordé en propre, rien donné que pour le rendre à l'homme.

L'instinct est d'autant plus sûr qu'il est plus machinal, et, pour ainsi dire, plus inné : le jeune agneau cherche lui-même dans un nombreux troupeau, trouve et saisit la mamelle de sa mère sans jamais se méprendre. L'on dit aussi que les moutons sont sensibles aux douceurs du chant, qu'ils paissent avec plus d'assiduité, qu'ils se portent mieux, qu'ils engraissent au son du chalumeau, que la musique a pour eux des attraits; mais l'on dit encore plus souvent, et avec plus de fondement, qu'elle sert au moins à charmer l'ennui du berger, et que c'est à ce genre de vie oisive et solitaire que l'on rapporte l'origine de cet art.

Ces animaux, dont le naturel est si simple, sont aussi d'un tempérament très faible; ils ne peuvent marcher longtemps; les voyages les affaiblissent et les exténuent; dès qu'ils courent, ils palpitent et sont bientôt essoufflés; la grande chaleur, l'ardeur du soleil, les incommodent autant que l'humidité, le froid et la neige; ils sont sujets à un grand nombre de maladies, dont la plupart sont contagieuses ; la surabondance de la graisse les fait quelquefois mourir, et toujours elle empêche les brebis de produire; elles mettent bas difficilement, elles avortent fréquemment, et demandent plus de soin qu'aucun des autres animaux domestiques.

Les gens qui veulent former un troupeau, et en tirer du profit, achètent des brebis et des moutons de l'âge de dix-huit mois ou deux ans. On peut en mettre cent sous la conduite d'un seul berger; s'il est vigilant et aidé d'un bon chien, il en perdra peu. Il doit les précéder lorsqu'il les conduit aux champs, et les accoutumer à entendre sa voix, à le suivre, sans s'arrêter et sans s'écarter dans les blés, dans les vignes, dans les bois et dans les terres cultivées, où ils ne manqueraient pas de causer du dégât. Les coteaux et les plaines élevées au-dessus des collines sont les lieux qui leur conviennent le mieux : on évite de les mener paître dans les endroits bas, humides et marécageux. On les nourrit pendant l'hiver, à l'étable, de son, de navets, de foin, de paille, de luzerne, de sainfoin, de feuilles d'orme, de frêne, etc. On ne laisse pas de les faire sortir tous les jours, à moins que le temps ne soit fort mauvais; mais c'est plutôt pour les promener que pour les nourrir; et dans cette mauvaise saison on ne les conduit aux champs que sur les dix heures du matin : on les y laisse pendant quatre ou cinq heures, après quoi on les fait boire et on les ramène vers les trois heures après midi. Au printemps et en automne, au contraire, on les fait sortir aussitôt que le soleil a dissipé la gelée ou l'humidité, et on ne les ramène qu'au soleil couchant.

Tous les ans on fait la tonte de la laine des moutons, des brebis et des agneaux : dans les pays chauds, où l'on ne craint pas de mettre l'animal tout à fait à nu, l'on ne coupe pas la laine, mais on l'arrache, et on en fait souvent deux récoltes par an; en France, et dans les climats plus froids, on se contente de la couper une fois par an, avec de grands ciseaux, et on laisse aux moutons une partie de leur toison, afin de les garantir de l'intempérie du climat. C'est au mois de mai que se fait cette opération, après les avoir bien lavés, afin de rendre la laine aussi nette qu'elle peut l'être : au mois d'avril il fait encore trop froid; et si l'on attendait les mois de juin et juillet, la laine ne croîtrait pas assez pendant le reste de l'été pour les garantir du froid pendant l'hiver. La laine des moutons est ordinairement plus abondante et meilleure que celle des brebis.

Comme la laine blanche est plus estimée que la noire, on détruit presque partout avec soin les agneaux noirs ou tachés; cependant il y a des endroits où presque toutes les brebis sont noires, et partout on voit souvent naître d'un bélier blanc et d'une brebis blanche des agneaux noirs. En France il n'y a que des moutons blancs, bruns, noirs ou tachés; en Espagne il y a des moutons roux ; en Écosse il y en a de jaunes; mais ces différences et ces variétés dans la couleur sont encore plus accidentelles que les différences et les variétés des races, qui ne viennent cependant que de la différence de la nourriture et de l'influence du climat.

LE BOUC, LA CHÈVRE

Quoique les espèces dans les animaux soient toutes séparées par un intervalle que la nature ne peut franchir, quelques-unes semblent se rapprocher par un si grand nombre de rapports, qu'il ne reste, pour ainsi dire, entre elles que l'espace nécessaire pour tirer la ligne de séparation, et lorsque nous comparons ces espèces voisines, et que nous les considérons relativement à nous, les unes se présentent comme des espèces de première utilité, et les autres semblent n'être que des espèces auxiliaires, qui pourraient, à bien des égards, remplacer les

Le bouc, la chèvre.

premières et nous servir aux mêmes usages. L'âne pourrait presque remplacer le cheval; et de même, si l'espèce de la brebis venait à nous manquer, celle de la chèvre pourrait y suppléer. La chèvre fournit du lait comme la brebis, et même en plus grande abondance; elle donne aussi du suif en quantité; son poil, quoique plus rude que la laine, sert à faire de très bonnes étoffes; sa peau vaut mieux que celle du mouton; la chair du chevreau approche assez de celle de l'agneau, etc. Ces espèces auxiliaires sont plus agrestes, plus robustes que les espèces principales : l'âne et la chèvre ne demandent pas autant de soin que le cheval et la brebis; partout ils trouvent à vivre et broutent également des plantes de toute espèce, les herbes grossières, les arbrisseaux chargés d'épines : ils sont moins affectés de l'intempérie du climat, ils peuvent mieux se passer du secours de l'homme : moins ils nous appartiennent, plus ils semblent appartenir à la nature; et au lieu d'imaginer que ces espèces subalternes n'ont été produites que par la dégénération des espèces premières, au lieu de regarder l'âne comme un cheval dégénéré, il y aurait plus de raison de dire que le cheval est un âne perfectionné; que la brebis n'est qu'une espèce de chèvre plus délicate que nous avons soignée, perfectionnée, propagée pour notre utilité; et qu'en général les espèces les plus parfaites, surtout dans les animaux domestiques, tirent leur origine de l'espèce moins parfaite des animaux sauvages qui en approche le plus, la nature seule ne pouvant faire autant que la nature et l'homme réunis.

La chèvre a de sa nature plus de sentiment et de ressource que la brebis; elle vient à l'homme volontiers, elle se familiarise aisément, elle est sensible aux caresses et capable d'attachement; elle est aussi plus forte, plus légère, plus agile et moins timide que la brebis; elle est vive, capricieuse et vagabonde. Ce n'est qu'avec peine qu'on la conduit et qu'on peut la réduire en troupeau; elle aime à s'écarter dans les solitudes, à grimper sur les lieux escarpés, à se placer et même à dormir sur la pointe des rochers et sur le bord des précipices : elle est robuste, aisée à nourrir; presque toutes les herbes lui sont bonnes, et il y en a peu qui l'incommodent.

Elle ne craint pas, comme la brebis, la trop grande chaleur; elle dort au soleil, et s'expose volontiers à ses rayons les plus vifs, sans en être incommodée, et sans que cette ardeur lui cause ni étourdissement ni vertiges : elle ne s'effraye point des orages, ne s'impatiente pas à la pluie; mais elle paraît être sensible à la rigueur du froid. L'inconstance de son naturel se marque par l'irrégularité de ses actions : elle marche, elle s'arrête, elle court, elle bondit, elle saute, s'approche, s'éloigne, se montre, se cache ou fuit, comme par caprice et sans autre cause déterminante que celle de la vivacité bizarre de son sentiment intérieur; et toute la souplesse des organes, tout le nerf du corps suffisent à peine à la pétulance et à la rapidité des mouvements qui lui sont naturels.

Communément les boucs et les chèvres ont des cornes; cependant il y a, quoique en moindre nombre, des chèvres et des boucs sans cornes. Ils varient aussi beaucoup par la couleur du poil. On dit que les blanches et celles qui n'ont point de cornes sont celles qui donnent le plus de lait, et que les noires sont les plus fortes et les plus robustes de toutes. Ces animaux, qui ne coûtent presque rien à nourrir, ne laissent pas de faire un produit assez considérable; on en vend la chair, le suif, le poil et la peau. Leur lait est plus sain et meilleur que celui de la brebis : il est d'usage dans la médecine; il se caille aisément, et l'on en fait de très bons fromages. Comme il ne contient que peu de parties butyreuses, l'on ne doit pas en séparer la crème.

LE COCHON

De tous les quadrupèdes, le cochon paraît être l'animal le plus brut : les imperfections de la forme semblent influer sur le naturel; toutes ses habitudes sont grossières, tous ses goûts sont immondes; toutes ses sensations se réduisent à une gourmandise brutale, qui lui fait dévorer indistinctement tout ce qui se présente, et même sa progéniture au moment qu'elle vient de naître. Sa voracité dépend apparemment du besoin continuel qu'il a de remplir la grande capacité de son estomac, et la grossièreté de ses appétits, de l'hébétation des sens du goût et du toucher. La rudesse du poil, la dureté de la peau, l'épaisseur de la graisse, rendent ces animaux peu sensibles aux coups : l'on a vu des souris se loger sur leur dos, et leur manger le lard et la peau sans qu'ils parussent le sentir. Ils ont donc le toucher fort obtus, et le goût aussi grossier que le toucher : leurs autres sens sont bons; les chasseurs n'ignorent pas que les sangliers voient, entendent et sentent de fort loin, puisqu'ils sont obligés, pour les surprendre, de les attendre en silence pendant la nuit, et de se placer au-dessous du vent pour dérober à leur odorat les émanations qui les frappent de loin, et toujours assez vivement pour leur faire sur-le-champ rebrousser chemin.

Le cochon.

Ces animaux aiment beaucoup les vers de terre et certaines racines, comme celles de la carotte sauvage : c'est pour trouver ces vers et pour couper ces racines qu'ils fouillent la terre avec leurs boutoirs. Le sanglier, dont la hure est plus longue et plus forte que celle du cochon, fouille plus profondément; il fouille aussi presque toujours en ligne droite dans le même sillon, au lieu que le cochon fouille çà et là, et plus légèrement. Comme il fait beaucoup de dégât, il faut l'éloigner des terrains cultivés, et ne le mener que dans les bois et sur les terres qu'on laisse reposer.

Par un de ces préjugés ridicules que la seule superstition peut faire subsister, les mahométans sont privés de cet animal utile : on leur a dit qu'il était immonde; ils n'osent donc ni le toucher ni s'en nourrir. Les Chinois, au contraire, ont beaucoup de goût pour la chair du cochon : ils élèvent de nombreux troupeaux; c'est leur nourriture la plus ordinaire, et c'est ce qui les a empêchés, dit-on, de recevoir la loi de Mahomet. Ces cochons de la Chine, qui sont aussi de Siam et de l'Inde, sont un peu différents de ceux de l'Europe; ils sont plus petits, ils ont les jambes beaucoup plus courtes; leur chair est plus blanche et plus délicate : on les connaît en France, et quelques personnes en élèvent : ils se mêlent et produisent avec les cochons de la race commune. Les nègres élèvent aussi une grande quantité de cochons; et, quoiqu'il y en ait peu chez les Maures et dans tous les pays habités par les mahométans, on trouve en Afrique et en Asie des sangliers aussi abondamment qu'en Europe.

Ces animaux n'affectent donc point un climat particulier; seulement il paraît que dans les pays froids le sanglier, en devenant animal domestique, a plus dégénéré que dans les pays chauds. Un degré de température suffit pour changer leur couleur : les cochons sont communément blancs dans nos provinces septentrionales de la France, et même en Vivarais, tandis que dans la province du Dauphiné, qui en est très voisine, ils sont tous noirs; ceux du Languedoc, de Provence, d'Espagne, d'Italie, des Indes, de la Chine et de l'Amérique, sont aussi de la même couleur. Le cochon de Siam ressemble plus que le cochon de France au sanglier. Un des signes les plus évidents de la dégénération sont les oreilles; elles deviennent d'autant plus souples, d'autant plus molles, plus inclinées et plus pendantes, que l'animal est plus altéré, ou, si l'on veut, plus adouci par l'éducation et par l'état de domesticité; et, en effet, le cochon domestique a les oreilles beaucoup moins raides, beaucoup plus longues et plus inclinées que le sanglier, qu'on doit regarder comme le modèle de l'espèce.

LE CHIEN

La grandeur de la taille, l'élégance de la forme, la force du corps, la liberté des mouvements, toutes les qualités extérieures, ne sont pas ce qu'il y a de plus noble dans un être animé : et comme nous préférons dans l'homme l'esprit à la figure, le courage à la force, les sentiments à la beauté, nous jugeons aussi que les qualités intérieures sont ce qu'il y a de plus relevé dans l'animal; c'est par elles qu'il diffère de l'automate, qu'il s'élève au-dessus du végétal, et s'approche de nous : c'est le sentiment qui ennoblit son être, qui le régit, qui le vivifie, qui commande aux organes, rend les membres actifs, fait naître le désir, et donne à la matière le mouvement progressif, la volonté, la vie.

La perfection de l'animal dépend donc de la perfection du sentiment; plus il est étendu, plus l'animal a de facultés et de ressources, plus il existe, plus il a de rapports avec le reste de l'univers : et lorsque le sentiment est délicat, exquis; lorsqu'il peut encore être perfectionné par l'éducation, l'animal devient digne d'entrer en société avec l'homme; il sait concourir à ses desseins, veiller à sa sûreté, l'aider, le défendre, le flatter; il sait, par ses services assidus, par des caresses réitérées, se concilier son maître, le captiver, et de son tyran se faire un protecteur.

Le chien, indépendamment de la beauté de sa forme, de la vivacité, de la force, de la légèreté, a par excellence toutes les qualités intérieures qui peuvent lui attirer les regards de l'homme. Un naturel ardent, colère, même féroce et sanguinaire, rend le chien sauvage redoutable à tous les animaux, et cède dans le chien domestique aux sentiments les plus doux, au plaisir de s'attacher et au désir de plaire; il vient en rampant mettre aux pieds de son maître son courage, sa force, ses talents; il attend ses ordres pour en faire usage; il le consulte, il l'interroge, il le supplie; un coup d'œil suffit, il entend les signes de sa volonté. Sans avoir, comme l'homme, la lumière de la pensée, il a toute la chaleur du sentiment; il a de plus que lui la fidélité, la constance dans ses affections : nulle ambition, nul intérêt, nul désir de vengeance, nulle crainte que celle de déplaire; il est tout zèle, tout ardeur et tout obéissance. Plus sensible au souvenir des bienfaits qu'à celui des outrages, il ne se rebute pas par les mauvais traitements, il les subit, les oublie ou ne s'en souvient que pour s'attacher da-

Le chien.

vantage; loin de s'irriter ou de fuir, il s'expose de lui-même à de nouvelles épreuves; il lèche cette main, instrument de douleur, qui vient de le frapper; il ne lui oppose que la plainte, et la désarme enfin par la patience et la soumission.

Plus docile que l'homme, plus souple qu'aucun des animaux, non seulement le chien s'instruit en peu de temps, mais même il se conforme aux mouvements, aux manières, à toutes les habitudes de ceux qui les commandent : il prend le ton de la maison qu'il habite; comme les autres domestiques, il est dédaigneux chez les grands, et rustre à la campagne. Toujours empressé pour son maître et prévenant pour ses seuls amis, il ne fait aucune attention aux gens indifférents, et se déclare contre ceux qui par état ne sont faits que pour importuner; il les connaît aux vêtements, à la voix, à leurs gestes, et les empêche d'approcher. Lorsqu'on lui a confié pendant la nuit la garde de la maison, il devient plus fier et quelquefois féroce; il veille, fait la ronde; il sent de loin les étrangers; et pour peu qu'ils s'arrêtent ou tentent de franchir les barrières, il s'élance, s'oppose, et, par des aboiements réitérés, des efforts et des cris de colère, il donne l'alarme, avertit et combat : aussi furieux contre les hommes de proie que contre les animaux carnassiers, il se précipite sur eux, les blesse, les déchire, leur ôte ce qu'ils s'efforçaient d'enlever; mais, content d'avoir vaincu, il se repose sur les dépouilles, n'y touche pas, même pour satisfaire son appétit, et donne en même temps des exemples de courage, de tempérance et de fidélité.

On sentira de quelle importance cette espèce est dans l'ordre de la nature, en supposant un instant qu'elle n'eût jamais existé. Comment l'homme aurait-il pu, sans le secours du chien, conquérir, dompter, réduire en esclavage les autres animaux? comment pourrait-il encore aujourd'hui découvrir, chasser, détruire les bêtes sauvages et nuisibles? Pour se mettre en sûreté et pour se rendre maître de l'univers vivant, il a fallu commencer par se faire un parti parmi les animaux, se concilier avec douceur et par des caresses ceux qui se sont trouvés capables de s'attacher et d'obéir, afin de les opposer aux autres. Le premier art de l'homme a donc été l'éducation du chien, et le fruit de cet art la conquête et la possession paisible de la terre.

La plupart des animaux ont plus d'agilité, plus de vitesse, plus de force et même plus de courage que l'homme : la nature les a mieux munis, mieux armés. Ils ont aussi les sens, et surtout l'odorat plus parfaits. Avoir gagné une espèce courageuse et docile comme celle du chien, c'est avoir acquis de nouveaux sens et les facultés qui nous manquent. Les machines, les instruments que nous avons imaginés pour perfectionner nos autres sens, pour en augmenter l'étendue, n'approchent pas, même pour l'utilité, de ces machines toutes faites que la nature nous présente, et qui, en suppléant à l'imperfection de notre odorat, nous ont fourni de grands et éternels moyens de vaincre et de régner : et le chien, fidèle à l'homme, conservera toujours une portion de l'empire, un degré de supériorité sur les autres animaux; il leur commande, il règne lui-même à la tête d'un troupeau ; il s'y fait mieux entendre que la voix du berger : la sûreté, l'ordre et la discipline sont les fruits de sa vigilance et de son activité ; c'est un peuple qui lui est soumis, qu'il conduit, qu'il protège, et contre lequel il n'emploie jamais la force que pour y maintenir la paix. Mais c'est surtout à la guerre, c'est contre les animaux ennemis ou indépendants qu'éclate son courage, et que son intelligence se déploie tout entière : les talents naturels se réunissent ici aux qualités acquises. Dès que le bruit des armes se fait entendre, dès que le son du cor ou la voix du chasseur a donné le signal d'une guerre prochaine, brûlant d'une ardeur nouvelle, le chien marque sa joie par les plus vifs transports ; il annonce par ses mouvements et par ses cris l'impatience de combattre et le désir de vaincre : marchant ensuite en silence, il cherche à reconnaître le pays, à découvrir, à surprendre l'ennemi dans son fort; il recherche ses traces, il les suit pas à pas, et par ses accents différents indique le temps, la distance, l'espèce et même l'âge de celui qu'il poursuit.

Intimidé, pressé, désespérant de trouver son salut dans la fuite, l'animal se sert aussi de toutes ses facultés, il oppose la ruse à la sagacité. Jamais les ressources de l'instinct ne furent plus admirables; pour faire perdre sa trace, il va, vient et revient sur ses pas; il fait des bonds, il voudrait se détacher de la terre et supprimer les espaces : il franchit d'un saut les routes, les haies ; passe à la nage les ruisseaux, les rivières; mais toujours poursuivi, et ne pouvant anéantir son corps, il cherche à en mettre un autre à sa place; il va lui-même troubler le repos d'un voisin plus jeune et moins expérimenté, le faire lever, marcher, fuir avec lui; et lorsqu'ils ont confondu leurs traces, lorsqu'il croit l'avoir substitué à sa mauvaise fortune, il le quitte plus brusquement encore qu'il ne l'a joint, afin de le rendre seul l'objet et la victime de l'ennemi trompé.

Mais le chien, par cette supériorité que donnent l'exercice et l'éducation, par cette finesse de sentiment qui n'appartient qu'à lui, ne perd pas l'objet de sa poursuite, il démêle les points communs, délie les nœuds du fil tortueux qui seul peut y conduire; il voit de l'odorat tous les détours du labyrinthe, toutes les fausses routes où l'on a voulu l'égarer, et loin d'abandonner l'ennemi pour un indifférent, après avoir triomphé de la ruse, il s'indigne, il redouble d'ardeur, arrive enfin, l'attaque, et, le mettant à mort, étanche dans le sang sa soif et sa haine.

Et de même que de tous les animaux le chien est celui dont le naturel est le plus susceptible d'impression, et se modifie le plus aisément par les causes morales, il est aussi de tous celui dont la nature est le plus sujette aux variétés et aux altérations causées par les influences physiques : le tempérament, les facultés, les habitudes du corps varient prodigieusement; la forme même n'est pas constante : dans le même pays, un chien est très différent d'un autre chien, et l'espèce est, pour ainsi dire, toute différente d'elle-même dans les différents climats. De là cette confusion, ce mélange et cette variété de races si nombreuses, qu'on ne peut en faire l'énumération; de là ces différences si marquées pour la grandeur de la taille, la figure du corps et l'allongement du museau, la forme de la tête, la longueur et la direction des oreilles et de la queue, la couleur, la qualité, la quantité du poil, etc., en sorte qu'il ne reste rien de constant, rien de commun à ces animaux que la conformité de l'organisation intérieure; néanmoins il est évident que tous les chiens, quelque différents, quelque variés qu'ils soient, ne font qu'une seule et même espèce.

Les chiens qui ont été abandonnés dans les solitudes de l'Amérique, et qui vivent en chiens sauvages depuis cent cinquante ou deux cents ans, quoique originaires de races altérées, puisqu'ils sont provenus de chiens domestiques, ont dû, pendant ce long espace de temps, se rapprocher, au moins en partie, de leur forme primitive. Cependant les voyageurs nous disent qu'ils ressemblent à nos lévriers; ils disent la même chose des chiens sauvages ou devenus sauvages au Congo, qui, comme ceux de l'Amérique, se rassemblent par troupes pour faire la guerre aux tigres, aux lions, etc. Mais d'autres, sans comparer les chiens sauvages de Saint-Domingue aux lévriers, disent seulement qu'ils ont pour l'ordinaire la tête plate et longue, le museau effilé, l'air sauvage, le corps mince et décharné; qu'ils sont très légers à la course; qu'ils chassent en perfection; qu'ils s'apprivoisent aisément en les prenant tout petits. Ainsi ces chiens sauvages sont extrêmement maigres et légers; et comme le lévrier ne diffère d'ailleurs qu'assez peu du mâtin ou du chien que nous appelons *chien de berger,* on peut croire que ces chiens sauvages sont plutôt de cette espèce que de vrais lévriers, parce que d'autre côté les anciens voyageurs ont dit que les chiens naturels du Canada avaient des oreilles droites comme des renards et ressemblaient aux mâtins de médiocre grandeur de nos villageois, c'est-à-dire à nos chiens de berger; que ceux des sauvages des Antilles avaient aussi la tête et les oreilles fort longues et approchaient de la forme des renards; que les Indiens du Pérou n'avaient pas toutes les espèces de chiens que nous avons en Europe; qu'ils en avaient seulement de grands et de petits qu'ils appelaient *alco;* que ceux de l'isthme de l'Amérique étaient laids, qu'ils avaient le poil rude et long, ce qui suppose aussi des oreilles droites.

On peut donc déjà présumer avec quelque vraisemblance que le chien de berger est de tous les chiens celui qui approche le plus de la race primitive de cette espèce, puisque dans tous les pays habités par des hommes sauvages, ou même à demi civilisés, les chiens ressemblent à cette sorte de chiens plus qu'à aucune autre; que dans le continent entier du nouveau monde il n'y en avait pas d'autres; qu'on les retrouve seuls de même au nord et au midi de notre continent, et qu'en France, où on les appelle communément *chiens de Brie*, et dans les autres climats tempérés, ils sont encore en grand nombre. Si l'on considère aussi que ce chien, malgré sa laideur et son air triste et sauvage, est cependant supérieur par l'instinct à tous les autres chiens; qu'il a un caractère décidé auquel l'éducation n'a point de part; qu'il est le seul qui naisse, pour ainsi dire, tout élevé, et que, guidé par le sens naturel, il s'attache de lui-même à la garde des troupeaux avec une assiduité, une vigilance, une fidélité singulières; qu'il les conduit avec une intelligence admirable et non communiquée; que ses talents font l'étonnement et le repos de son maître, tandis qu'il faut, au contraire, beaucoup de temps et de peines pour instruire les autres chiens et les dresser aux usages auxquels on les destine, on se confirmera dans l'opinion que ce chien est le vrai chien de la nature, celui qu'elle nous a donné pour la plus grande utilité, celui qui a le plus de rapport avec l'ordre général des êtres vivants, qui ont mutuellement besoin les uns des autres : celui enfin qu'on doit regarder comme la souche et le modèle de l'espèce entière.

LE CHAT

Le chat est un domestique infidèle qu'on ne garde que par nécessité, pour l'opposer à un autre ennemi domestique encore plus incommode, et qu'on ne peut chasser : car nous ne comptons pas les gens qui, ayant du goût pour toutes les bêtes, n'élèvent les chats que pour s'en amuser; l'un est l'usage, l'autre l'abus; et quoique ces animaux, surtout quand ils sont jeunes, aient de la gentillesse, ils ont en même temps une malice innée, un caractère faux, un naturel pervers, que l'âge augmente encore, et que l'éducation ne fait que masquer. De voleurs déterminés ils deviennent seulement, lorsqu'ils sont bien élevés, souples et flatteurs comme les fripons; ils ont la même adresse, la même subtilité, le même goût pour faire le mal, le même penchant à la petite rapine; comme eux ils savent couvrir leur marche, dissimuler leur dessein, épier les occasions, attendre, choisir l'instant de faire leur coup, se dérober ensuite au châtiment, fuir et demeurer éloignés jusqu'à ce qu'on les rappelle. Ils prennent aisément des habitudes de société, mais jamais des mœurs. Ils n'ont que l'apparence de l'attachement; on le voit à leurs mouvements obliques, à leurs yeux équivoques; ils ne regardent jamais en face la personne aimée;

soit défiance ou fausseté, ils prennent des détours pour en approcher, pour chercher des caresses auxquelles ils ne sont sensibles que pour le plaisir qu'elles leur font. Bien différent de cet animal fidèle dont tous les sentiments se rapportent à la personne de son maître, le chat ne paraît sentir que pour soi, n'aimer que sous condition, et ne se prêter au commerce que pour en abuser; et par cette convenance de naturels il est moins incompatible avec l'homme qu'avec le chien, dans lequel tout est sincère.

Les jeunes chats sont gais, vifs, jolis, et seraient aussi très propres à amuser les enfants si les coups de patte n'étaient pas à craindre; mais leur badinage, quoique toujours agréable et léger, n'est jamais innocent, et bientôt il se tourne

Le chat.

en malice habituelle; et comme ils ne peuvent exercer ces talents avec quelque avantage sur les petits animaux, ils se mettent à l'affût près d'une cage, ils épient les oiseaux, les souris, les rats, et deviennent d'eux-mêmes, et sans y être dressés, plus habiles à la chasse que les chiens les mieux instruits. Leur naturel, ennemi de toute contrainte, les rend incapables d'une éducation suivie. On raconte néanmoins que des moines grecs de l'île de Chypre avaient dressé des chats à chasser, prendre et tuer les serpents dont cette île était infestée; mais c'était plutôt par le goût général qu'ils ont pour la destruction que par obéissance, qu'ils chassaient; car ils se plaisent à épier, attaquer, détruire assez indifféremment tous les animaux faibles, comme les oiseaux, les jeunes lapins, les levreaux, les rats, les souris, les mulots, les chauves-souris, les taupes, les crapauds, les grenouilles, les lézards et les serpents. Ils n'ont aucune docilité; ils manquent aussi de la finesse de l'odorat, qui, dans le chien, sont deux qualités éminentes; aussi ne poursuivent-ils pas les animaux qu'ils ne voient plus : ils ne les chassent pas, mais ils les attendent, les attaquent par surprise, et, après s'en être joué longtemps, ils les tuent sans aucune nécessité, lors même qu'ils sont le mieux nourris et qu'ils n'ont aucun besoin de cette proie pour satisfaire leur appétit.

Les chats ne peuvent mâcher que lentement et difficilement : leurs dents sont si courtes et si mal posées qu'elles ne leur servent qu'à déchirer, et non pas à broyer leurs aliments : aussi cherchent-ils de préférence les viandes les plus tendres; ils aiment le poisson et le mangent cuit ou cru. Ils boivent fréquemment. Leur sommeil est léger, et ils dorment moins qu'il ne font semblant de dormir. Ils marchent légèrement, presque toujours en silence et sans faire aucun bruit; ils se cachent et s'éloignent pour rendre leurs excréments, et les recouvrent de terre. Comme ils sont propres et que leur robe est toujours sèche et lustrée, leur poil s'électrise aisément, et l'on voit sortir des étincelles dans l'obscurité lorsqu'on le frotte avec la main. Leurs yeux aussi brillent dans les ténèbres, à peu près comme les diamants, qui réfléchissent au dehors pendant la nuit la lumière dont ils se sont, pour ainsi dire, imbibés pendant le jour.

ANIMAUX SAUVAGES

Dans les animaux domestiques et dans l'homme nous n'avons vu la nature que contrainte, rarement perfectionnée, souvent altérée, défigurée et toujours environnée d'entraves ou chargée d'ornements étrangers; maintenant elle va paraître nue, parée de sa seule simplicité, mais plus piquante par sa beauté naïve, sa démarche légère, son air libre, et par les autres attributs de la noblesse et de l'indépendance. Nous la verrons, parcourant en souveraine la surface de la terre, partager son domaine avec les animaux, assigner à chacun son élément, son climat, sa subsistance : nous la verrons dans les forêts, dans les eaux, dans les plaines, dictant ses lois simples, mais immuables, imprimant sur chaque espèce ses caractères inaltérables, et dispensant avec équité ses dons, compenser le bien et le mal; donner aux uns la force et le courage, accompagnés du besoin et de la voracité; aux autres la douceur, la tempérance, la légèreté du corps, avec la crainte, l'inquiétude et la timidité; à tous la liberté avec des mœurs constantes; à tous des désirs et de l'amour toujours aisés à satisfaire, et toujours suivis d'une heureuse fécondité.

Les uns, et ce sont les plus doux, les plus innocents, les plus tranquilles, se contentent de s'éloigner, et passent leur vie dans nos campagnes; ceux qui sont plus défiants, plus farouches, s'enfoncent dans les bois; d'autres, comme s'ils savaient qu'il n'y a nulle sûreté sur la surface de la terre, se creusent des demeures souterraines, se réfugient dans des cavernes, ou gagnent les sommets des montagnes les plus inaccessibles; enfin les plus féroces, ou plutôt les plus fiers, n'habitent que les déserts, et règnent en souverains dans ces climats brûlants où l'homme, aussi sauvage qu'eux, ne peut leur disputer l'empire.

Et comme tout est soumis aux lois physiques, et que les êtres, même les plus libres, y sont assujettis, et que les animaux éprouvent, comme l'homme, les influences du ciel et de la terre, il semble que les mêmes causes qui ont adouci, civilisé l'espèce humaine dans nos climats, ont produit de pareils effets sur toutes les autres espèces; le loup, qui dans cette zone tempérée est peut-être de tous les animaux le plus féroce, n'est pas à beaucoup près, aussi terrible, aussi cruel que le tigre, la panthère, le lion de la zone torride, ou l'ours blanc, le loup-cervier, l'hyène de la zone glacée. Et non seulement cette différence se trouve en général, comme si la nature, pour mettre plus de rapport et d'harmonie dans ses productions, eût fait le climat pour les espèces, et les espèces pour le climat, mais même on trouve dans chaque espèce en particulier le climat fait pour les mœurs, et les mœurs pour le climat.

En Amérique, où les chaleurs sont moindres, où l'air et la terre sont plus doux qu'en Afrique, quoique sous la même ligne, le tigre, le lion, la panthère n'ont rien de redoutable que le nom : ce ne sont plus ces tyrans des forêts, ces ennemis de l'homme aussi fiers qu'intrépides, ces monstres altérés de sang et de carnage; ce sont des animaux qui fuient d'ordinaire devant les hommes, qui, loin de les attaquer de front, loin même de faire la guerre à force ouverte aux autres bêtes sauvages, n'emploient le plus souvent que l'artifice et la ruse pour tâcher de les surprendre; ce sont des animaux qu'on peut dompter comme les

Le chat sauvage.

autres et presque apprivoiser. Ils ont donc dégénéré, si leur nature était la férocité jointe à la cruauté, ou plutôt ils n'ont qu'éprouvé l'influence du climat : sous un ciel plus doux leur naturel s'est adouci, ce qu'ils avaient d'excessif s'est tempéré, et par les changements qu'ils ont subi ils sont seulement devenus plus conformes à la terre qu'ils ont habitée.

Les végétaux qui couvrent cette terre, et qui y sont encore attachés de plus près que l'animal qui broute, participent aussi plus que lui à la nature du climat; chaque pays, chaque degré de température a ses plantes particulières. On trouve au pied des Alpes celles de France et d'Italie. On trouve à leur sommet celles des pays du Nord; on retrouve ces mêmes plantes du Nord sur les cimes glacées des montagnes d'Afrique. Sur les monts qui séparent l'empire du Mogol du royaume de Cachemire, on voit du côté du midi toutes les plantes des Indes, et l'on est surpris de ne voir de l'autre côté que des plantes d'Europe. C'est aussi des climats excessifs que l'on tire les drogues, les parfums, les poisons, et toutes les plantes dont les qualités sont excessives: le climat tempéré ne produit au contraire, que choses tempérées; les herbes les plus douces, les légumes les plus sains, les fruits les plus suaves, les animaux les plus tranquilles, les hommes les plus polis, sont l'apanage de cet heureux climat. Ainsi la terre fait les plantes; la terre et les plantes font les animaux; la terre, les plantes et les animaux font l'homme : car les qualités des végétaux viennent immédiatement de la terre et de l'air; le tempérament et les autres qualités relatives des animaux qui paissent l'herbe tiennent de près à celles des plantes dont ils se nourrissent; enfin les qualités physiques de l'homme et des animaux qui vivent sur les autres animaux autant que sur les plantes dépendent, quoique de plus loin, de ces mêmes causes, dont l'influence s'étend jusque sur leur naturel et sur leurs mœurs. Et ce qui prouve encore mieux que tout se tempère dans un climat tempéré, et que tout est excès dans un climat excessif, c'est que la grandeur et la forme, qui paraissent être des qualités absolues, fixes et déterminées, dépendent cependant, comme les qualités relatives, de l'influence du climat. La taille de nos animaux quadrupèdes n'approche pas de celle de l'éléphant, du rhinocéros, de l'hippopotame; nos plus gros oiseaux sont fort petits, si on les compare à l'autruche, au condor, au casoar; et quelle comparaison des poissons, des lézards, des serpents de nos climats, avec les baleines, les cachalots, les narvals qui peuplent les mers du Nord, et avec les crocodiles, les grands lézards et les couleuvres énormes qui infestent les terres et les eaux du Midi! Et si l'on considère encore chaque espèce dans différents climats, on y trouvera des variétés sensibles pour la grandeur et pour la forme; toutes prennent une teinture plus ou moins forte du climat. Ces changements ne se font que lentement, imperceptiblement : le grand ouvrier de la nature est le temps; comme il marche toujours d'un pas égal, uniforme et réglé, il ne fait rien par sauts, mais par degrés, par nuances, par succession; il fait tout; et ces changements, d'abord imperceptibles, deviennent peu à peu sensibles, et se marquent enfin par des résultats auxquels on ne peut se méprendre.

Cependant les animaux sauvages et libres sont peut-être, sans même en excepter l'homme, de tous les êtres vivants les moins sujets aux altérations, aux changements, aux variations de tout genre : comme ils sont absolument les maîtres de choisir leur nourriture de leur climat, et qu'ils ne se contraignent pas plus qu'on ne les contraint, leur nature varie moins que celle des animaux domestiques, que l'on asservit, que l'on transporte, que l'on maltraite, et qu'on nourrit sans consulter leur goût. Les animaux sauvages vivent constamment de la même façon; on ne les voit point errer de climat en climat; le bois où ils sont nés est une patrie à laquelle ils sont fidèlement attachés; ils s'en éloignent rarement, et ne la quittent jamais que lorsqu'ils sentent qu'ils ne peuvent y vivre en sûreté. Et ce sont moins leurs ennemis qu'ils fuient que la présence de l'homme; la nature leur a donné des moyens et des ressources contre les autres animaux; ils sont de pair avec eux; ils connaissent leur force et leur adresse; ils jugent leurs desseins, leurs démarches; et s'ils ne peuvent les éviter, au moins ils se défendent corps à corps; ce sont, en un mot, des espèces de leur genre : mais que peuvent-ils contre des êtres qui savent les trouver sans les voir, et les abattre sans les approcher.

C'est donc l'homme qui les inquiète, qui les écarte, qui les disperse, et qui les rend mille fois plus sauvages qu'ils ne le seraient en effet, car la plupart ne demandent que la tranquillité, la paix, l'usage aussi modéré qu'innocent de l'air et de la terre; ils sont même portés par la nature à demeurer ensemble, à se réunir en familles, à former des espèces de société. On voit encore des vestiges de ces sociétés dans les pays dont l'homme ne s'est pas totalement emparé; on y voit même des ouvrages faits en commun, des espèces de projets qui, sans être raisonnés, paraissent être fondés sur des convenances raisonnables, dont l'exécution suppose au moins l'accord, l'union et le concours de ceux qui s'en occupent. Et ce n'est point par force ou par nécessité physique, comme les fourmis, les abeilles, etc., que les castors travaillent et bâtissent; car ils ne sont

Le sanglier.

contraints ni par l'espace, ni par le temps, ni par le nombre; c'est par le choix qu'ils se réunissent; ceux qui se conviennent demeurent ensemble; ceux qui ne se conviennent pas s'éloignent; et l'on en voit quelques-uns qui, toujours rebutés par les autres, sont obligés de vivre solitaires. Ce n'est aussi que dans les pays reculés, éloignés, et où ils craignent peu la rencontre des hommes, qu'ils cherchent à s'établir et à rendre leur demeure plus fixe et plus commode, en y construisant des habitations, des espèces de bourgades, qui représentent assez bien les faibles travaux et les premiers efforts d'une république naissante. Dans les pays, au contraire, où les hommes se sont répandus, la terreur semble habiter avec eux; il n'y a plus de société parmi les animaux; toute industrie cesse, tout art est étouffé, ils ne songent plus à bâtir, ils négligent toute commodité; toujours pressés par la crainte et la nécessité, ils ne cherchent qu'à vivre, ils ne sont occupés qu'à fuir et à se cacher; et si, comme on doit le supposer, l'espèce humaine continue dans la suite des temps à peupler également toute la surface de la terre, on pourra dans quelques siècles regarder comme une fable l'histoire de nos castors.

LE CERF

Voici un de ces animaux innocents, doux et tranquilles, qui ne semblent être faits que pour embellir, animer la solitude des forêts et occuper loin de nous les retraites paisibles de ces jardins de la nature. Sa forme élégante et légère, sa taille aussi svelte que bien prise, ses membres flexibles et nerveux, sa tête parée plutôt qu'armée d'un bois vivant, et qui, comme la cime des arbres, tous les ans se renouvelle; sa grandeur, sa légèreté, sa force, le distinguent assez des autres habitants des bois; et, comme il est le plus noble d'entre eux, il ne sert aussi qu'aux plaisirs des plus nobles des hommes; il a dans tous les temps occupé le loisir des héros. L'exercice de la chasse doit succéder aux travaux de la guerre, il doit même les précéder; savoir manier les chevaux et les armes sont des talents communs au chasseur, au guerrier. L'habitude au mouvement, à la fatigue, l'adresse, la légèreté du corps, si nécessaires pour soutenir et même pour seconder le courage, se prennent à la chasse et se portent à la guerre; c'est l'école agréable d'un art nécessaire; c'est encore le seul amusement qui fasse diversion entière aux affaires, le seul délassement sans mollesse, le seul qui donne un plaisir vif sans langueur, sans mélange et sans satiété.

Et comme dans les sociétés policées on agrandit, on perfectionne tout, pour rendre le plaisir de la chasse plus vif et plus piquant, pour ennoblir encore cet exercice, le plus noble de tous, on en a fait un art. La chasse du cerf demande des connaissances qu'on ne peut acquérir que par l'expérience; elle suppose un appareil royal, des hommes, des chevaux, des chiens tout exercés, stylés, dressés, qui par leurs mouvements, leurs recherches et leur intelligence, doivent aussi concourir au même but. Le veneur doit juger l'âge et le sexe. Il doit savoir distinguer et reconnaître précisément si le cerf qu'il a détourné avec son limier est un daguet, un jeune cerf, un cerf de dix cors jeunement, un cerf de dix cors, ou un vieux cerf; et les principaux indices qui peuvent donner cette connaissance sont le pied et les fumées. Le pied du cerf est mieux fait que celui de la biche; sa jambe est plus grosse et plus près du talon; ses voies sont mieux tournées, et ses allures plus grandes; il marche plus régulièrement; il porte le pied de derrière dans celui de devant; au lieu que la biche a le pied plus mal fait, les allures plus courtes et ne pose pas régulièrement le pied de derrière dans la trace de celui de devant. Dès que le cerf est à sa quatrième tête, il est assez reconnaissable pour ne pas s'y méprendre : mais il faut de l'habitude pour distinguer le pied du jeune cerf de celui de la biche, et, pour être sûr, on doit y regarder de près et en revoir souvent.

Toute sa vie se passe donc dans des alternatives de plénitude et d'inanition, d'embonpoint et de maigreur, de santé, pour ainsi dire, et de maladie, sans que ces oppositions si marquées et cet état toujours excessif altèrent sa constitution; il vit aussi longtemps que les autres animaux qui ne sont pas sujets à ces vicissitudes. Comme il est cinq ou six ans à croître, il vit aussi sept fois cinq ou six ans, c'est-à-dire trente-cinq ou quarante ans. Ce que l'on a débité sur la longue vie des cerfs n'est appuyé sur aucun fondement : ce n'est qu'un préjugé populaire qui régnait dès le temps d'Aristote; et ce philosophe dit avec raison que cela ne lui paraît pas vraisemblable, attendu que le temps de la gestation et celui de l'accroissement du jeune cerf n'indiquent rien moins qu'une très longue vie. Cependant, malgré cette autorité, qui seule aurait dû suffire pour détruire ce préjugé, il s'est renouvelé dans les siècles d'ignorance par une histoire ou une fable que l'on a faite d'un cerf qui fut pris par Charles VI dans la forêt de Senlis, et qui portait un collier sur lequel était écrit : *Cæsar hoc mihi donavit;* et l'on a mieux aimé supposer mille ans de vie à cet animal, et faire donner ce collier par un empereur romain, que de convenir que le cerf pouvait venir d'Allemagne, où les empereurs ont, dans tous les temps, pris le nom de César.

La tête des cerfs va tous les ans en augmentant en grosseur et en hauteur,

Le cerf.

depuis la seconde année de leur vie jusqu'à la huitième : elle se soutient toujours belle et à peu près la même pendant toute la vigueur de l'âge; mais, lorsqu'ils deviennent vieux, leur tête décline aussi. Il est rare que nos cerfs portent plus de vingt ou vingt-deux andouillers, lors même que leur tête est la plus belle, et ce nombre n'est rien moins que constant; car il arrive souvent que le même cerf aura dans une année un certain nombre d'andouillers, et que l'année suivante il en aura plus ou moins, selon qu'il aura ou plus ou moins de nourriture ou de repos : et de même que la grandeur de la tête et du bois du cerf dépend de la quantité de la nourriture, la qualité de ce même bois dépend aussi de la différente qualité des nourritures; il est, comme le bois des forêts, grand, tendre et assez léger dans les pays humides et fertiles; il est, au contraire, court, dur et pesant dans les pays secs et stériles.

Le pelage le plus ordinaire pour le cerf est le fauve; cependant il se trouve, même en assez grand nombre, des cerfs bruns, et d'autres qui sont roux : les cerfs blancs sont bien plus rares, et semblent être des cerfs devenus domestiques, mais très anciennement, car Aristote et Pline parlent des cerfs blancs, et il paraît qu'ils n'étaient pas alors plus communs qu'ils ne le sont aujourd'hui. La couleur du bois, comme la couleur du poil, semble dépendre en particulier de l'âge et de la nature de l'animal, et en général de l'impression de l'air : les jeunes cerfs ont le bois plus blanchâtre et moins teint que les vieux. Les cerfs dont le pelage est d'un fauve clair et délayé ont souvent la tête pâle et mal teinte; ceux qui sont d'un fauve vif l'ont ordinairement rouge; et les bruns, surtout ceux qui ont du poil noir sur le cou, ont aussi la tête noire.

Le cerf paraît avoir l'œil bon, l'odorat exquis, et l'oreille excellente. Lorsqu'il veut écouter, il lève la tête, dresse les oreilles, et alors il entend de fort loin; lorsqu'il sort dans un petit taillis ou dans quelque autre endroit à demi découvert, il s'arrête pour regarder de tous côtés et cherche ensuite le dessous du vent pour sentir s'il n'y a pas quelqu'un qui puisse l'inquiéter.

LE DAIM

Aucune espèce n'est plus voisine d'une autre que l'espèce du daim l'est de celle du cerf; cependant ces animaux, qui se ressemblent à tant d'égards, ne vont point ensemble, se fuient, ne se mêlent jamais, et ne forment par conséquent aucune race intermédiaire. Il est même rare de trouver des daims dans les pays qui sont peuplés de beaucoup de cerfs, à moins qu'on ne les y ait apportés : ils paraissent d'une nature beaucoup moins robuste et moins agreste que celle du cerf; ils sont aussi beaucoup moins communs dans les forêts. On les élève dans les parcs, où ils sont, pour ainsi dire, à demi domestiques.

Dans les parcs, lorsqu'ils se trouvent en grand nombre, ils forment ordinairement deux troupes, qui sont bien distinctes, bien séparées, et qui bientôt deviennent ennemies, parce qu'ils veulent également occuper le même endroit du parc : chacune de ces troupes a son chef, qui marche le premier, et c'est le plus fort et le plus âgé; les autres suivent, et tous se disposent à combattre pour chasser l'autre troupe du bon pays. Ces combats sont singuliers par la disposition qui paraît y régner; ils s'attaquent avec ordre, et se battent avec courage, se soutiennent les uns les autres, et ne se croient pas vaincus par un seul échec; car le combat se renouvelle tous les jours, jusqu'à ce que les plus forts chassent les plus faibles et les relèguent dans le mauvais pays.

Ils aiment les terrains élevés et entrecoupés de petites collines. Ils ne s'éloignent pas, comme le cerf, lorsqu'on les chasse; ils ne font que tourner, et cherchent seulement à se dérober des chiens par la ruse et par le change : cependant, lorsqu'ils sont pressés, échauffés et épuisés, ils se jettent à l'eau comme le cerf; mais ils ne se hasardent pas à la traverser dans une aussi grande étendue : ainsi la chasse du daim et celle du cerf n'ont entre elles aucune différence essentielle. Les connaissances du daim sont, en plus petit, les mêmes que celles du cerf; les mêmes ruses leur sont communes, seulement elles sont plus répétées par le daim : comme il est moins entreprenant, et qu'il ne se forlonge pas tant, il a plus souvent besoin de s'accompagner, pour revenir sur ses voies, etc., ce qui rend en général la chasse du daim plus sujette aux inconvénients que celle du cerf.

Nous avons dit, d'après le témoignage des chasseurs, que les cerfs vivent trente-cinq ou quarante ans, et l'on nous a assuré que les daims ne vivent qu'environ vingt ans. Comme ils sont plus petits, il y a apparence que leur accrois-

Le daim.

sement est encore plus prompt que celui du cerf; car dans tous les animaux la durée de la vie est proportionnelle à celle de l'accroissement.

LE CHEVREUIL

Le cerf, comme le plus noble des habitants des bois, occupe dans les forêts les lieux ombragés par les cimes élevées des plus hautes futaies; le chevreuil, comme étant d'une espèce inférieure, se contente d'habiter sous des lambris plus bas, et se tient ordinairement dans le feuillage épais des plus jeunes taillis; mais s'il a moins de noblesse, moins de force et beaucoup moins de hauteur de taille, il a plus de grâce, plus de vivacité et même plus de courage que le cerf; il est plus gai, plus leste, plus éveillé; sa forme est plus arrondie, plus élégante, et sa figure plus agréable; ses yeux surtout sont plus beaux, plus brillants, et paraissent animés d'un sentiment plus vif; ses membres sont plus souples, ses mouvements plus prestes, et il bondit sans effort, avec autant de force que de légèreté. Sa robe est toujours propre, son poil net et lustré; il ne se roule jamais dans la fange; comme le cerf, il ne se plaît que dans les pays les plus élevés, les plus secs, où l'air est le plus pur. Il est encore plus rusé, plus adroit à se dérober, plus difficile à suivre; il a plus de finesse, plus de ressources d'instinct; car, quoïqu'il ait le désavantage mortel de laisser après lui des impressions plus fortes, et qui donnent aux chiens plus d'ardeur et plus de véhémence d'appétit que l'odeur du cerf, il ne laisse pas de savoir se soustraire à leur poursuite par la rapidité de sa première course et par ses détours multipliés. Il n'attend pas, pour employer la ruse, que la force lui manque; dès qu'il sent, au contraire, que les premiers efforts d'une fuite rapide ont été sans succès, il revient sur ses pas, retourne, revient encore; et, lorsqu'il a confondu par

Le chevreuil.

ses mouvements opposés la direction de l'aller avec celle du retour, lorsqu'il a mêlé les émanations présentes avec les émanations passées, il se sépare de la terre par un bond, et, se jetant à côté, il se met ventre à terre, et laisse sans bouger passer près de lui la troupe entière de ses ennemis ameutés.

En hiver, les chevreuils se tiennent dans les taillis les plus fourrés, et ils vivent de ronces, de genêt, de bruyère, de chatons de coudrier, de marsaule, etc. Au printemps, ils vont dans les taillis plus clairs, et broutent les boutons et les feuilles naissantes de tous les arbres. Cette nourriture chaude fermente dans leur estomac et les enivre de manière qu'il est très aisé alors de les surprendre : ils ne savent où ils vont, ils sortent même assez souvent hors du bois, et quelquefois ils approchent du bétail et des endroits habités. En été, ils restent dans les taillis élevés, et n'en sortent que rarement pour aller boire à quelque fontaine, dans les grandes sécheresses; car pour peu que la rosée soit abondante, ou que les feuilles soient mouillées de la pluie, ils se passent de boire. Ils cherchent les nourritures les plus fines; ils ne viandent pas avidement comme le cerf; ils ne broutent pas indifféremment toutes les herbes, ils mangent délicatement, et ils ne vont que rarement aux gagnages, parce qu'ils préfèrent la bourgène et les ronces aux grains et aux légumes.

La chair de ces animaux est, comme l'on sait, excellente à manger; cependant il y a beaucoup de choix à faire : la qualité dépend principalement du pays qu'ils habitent; et dans le meilleur pays il s'en trouve encore de bons et de mauvais. Les bruns ont la chair plus fine que les roux; tous les chevreuils mâles qui ont passé deux ans, et que nous appelons vieux *brocards*, sont durs et d'assez mauvais goût. Les chevrettes, quoique du même âge, ou plus âgées, ont la chair plus tendre. Celle des faons, lorsqu'ils sont trop jeunes, est mollasse; mais elle est parfaite lorsqu'ils ont un an ou dix-huit mois. Ceux des pays de plaines et de vallées ne sont pas bons; ceux des terrains humides sont encore plus mauvais; ceux qu'on élève dans les parcs ont peu de goût; enfin il n'y a de bien bons chevreuils que ceux des pays secs et élevés, et entrecoupés de collines, de bois, de terres labourables et de friches, où ils ont autant d'air, d'espace, de nourriture, et même de solitude, qu'il leur en faut; car ceux qui ont été souvent inquiétés sont maigres, et ceux que l'on prend après qu'ils ont été courus ont la chair insipide et flétrie.

LE LIÈVRE

Les petits lièvres ont les yeux ouverts en naissant. La mère les allaite pendant vingt jours; après quoi ils s'en séparent, et trouvent eux-mêmes leur nourriture : ils ne s'écartent pas beaucoup les uns des autres, ni du lieu où ils sont nés; cependant ils vivent solitairement, et se forment chacun un gîte à une petite distance, comme de soixante à quatre-vingts pas : ainsi, lorsqu'on trouve un jeune levraut dans un endroit, on est presque sûr d'en trouver encore un ou deux autres aux environs. Ils paissent pendant la nuit plutôt que pendant le jour : ils se nourrissent d'herbes, de racines, de feuilles, de fruits, de graines, et préfèrent les plantes dont la sève est laiteuse; ils rongent même l'écorce des arbres pendant l'hiver, et il n'y a guère que l'aune et le tilleul auxquels ils ne touchent pas. Lorsqu'on en élève, on les nourrit avec de la laitue et des légumes; mais la chair de ces lièvres nourris est toujours de mauvais goût.

Ils dorment ou se reposent au gîte pendant le jour, et ne vivent, pour ainsi dire, que la nuit : c'est pendant la nuit qu'ils se promènent et qu'ils mangent; on les voit au clair de la lune jouer ensemble, sauter et courir les uns après les autres : mais le moindre mouvement, le bruit d'une feuille qui tombe suffit pour les troubler, ils fuient, et chacun d'un côté différent.

Les lièvres dorment beaucoup, et dorment les yeux ouverts; ils n'ont pas de cils aux paupières, et ils paraissent avoir les yeux mauvais : ils ont, comme par dédommagement, l'ouïe très fine, et l'oreille d'une grandeur démesurée relativement à celle de leur corps; ils remuent ces longues oreilles avec une extrême facilité, ils s'en servent comme de gouvernail pour se diriger dans leur course, qui est si rapide, qu'ils devancent aisément tous les autres animaux. Comme ils ont les jambes de devant beaucoup plus courtes que celles de derrière, il leur est plus commode de courir en montant qu'en descendant; aussi, lorsqu'ils sont poursuivis, commencent-ils toujours par gagner la montagne : leur mouvement dans leur course est une espèce de galop, une suite de sauts très prestes et très pressés; ils marchent sans faire aucun bruit, parce qu'ils ont les pieds couverts et garnis de poils, même par-dessous : ce sont aussi peut-être les seuls animaux qui aient des poils au dedans de la bouche.

Les lièvres ne vivent que sept ou huit ans au plus, et la durée de la vie est,

Le lièvre.

comme dans les autres animaux, proportionnelle au temps de l'entier développement du corps : ils prennent presque tout leur accroissement en un an, et vivent environ sept fois un an. On prétend seulement que les mâles vivent plus longtemps que les femelles; mais je doute que cette observation soit fondée. Ils passent leur vie dans la solitude et dans le silence, et l'on n'entend leur voix que quand on les saisit avec force, qu'on les tourmente et qu'on les blesse : ce n'est point un cri aigre, mais une voix assez forte, dont le son est presque semblable à celui de la voix humaine. Ils ne sont pas aussi sauvages que leurs habitudes et leurs mœurs paraissent l'indiquer; ils sont doux et susceptibles d'une espèce d'éducation; on les apprivoise aisément; ils deviennent même caressants, mais ils ne s'attachent jamais assez pour pouvoir devenir animaux domestiques; car ceux mêmes qui ont été pris tout petits et élevés dans la maison, dès qu'ils en trouvent l'occasion, se mettent en liberté et s'enfuient à la campagne. Comme ils ont l'oreille bonne, qu'ils s'asseyent volontiers sur leurs pattes de derrière, et qu'ils se servent de celles de devant comme de bras, on en a vu qu'on avait dressés à battre du tambour, à gesticuler en cadence, etc.

En général, le lièvre ne manque pas d'instinct pour sa propre conservation, ni de sagacité pour échapper à ses ennemis; il se forme un gîte; il choisit en hiver les lieux exposés au midi, et en été il se loge au nord; il se cache, pour n'être pas vu, entre des mottes qui sont de la couleur de son poil.

La chasse du lièvre est l'amusement et souvent la seule occupation des gens oisifs de la campagne : comme elle se fait sans appareil et sans dépense, et qu'elle est même utile, elle convient à tout le monde; on va le matin et le soir au coin du bois attendre le lièvre à sa rentrée ou à sa sortie; on le cherche pendant le jour dans les endroits où il se gîte. Lorsqu'il y a de la fraîcheur dans l'air, par un soleil brillant, et que le lièvre vient de se gîter après avoir couru, la vapeur de son corps forme une petite fumée que les chasseurs aperçoivent de fort loin, surtout si leurs yeux sont exercés à cette espèce d'observation; j'en ai vu qui, conduits par cet indice, partaient d'une demi-lieue, pour aller tuer le lièvre au gîte. Il se laisse ordinairement approcher de fort près, surtout si l'on ne fait pas semblant de le regarder, et si, au lieu d'aller directement à lui, on tourne obliquement pour l'approcher. Il craint les chiens plus que les hommes; et lorsqu'il sent ou qu'il entend un chien, il part de plus loin : quoiqu'il coure plus vite que les chiens, comme il ne fait pas une route droite, et qu'il tourne et retourne autour de l'endroit d'où il a été lancé, les lévriers, qui le chassent à la vue plutôt qu'à l'odorat, lui coupent le chemin, le saisissent et le tuent. Il se tient volontiers, en été, dans les champs; en automne, dans les vignes, et en hiver, dans les buissons ou dans les bois; et l'on peut en tout temps, sans le tuer, le forcer à la course avec des chiens courants; on peut aussi le faire prendre par des oiseaux de proie; les ducs, les buses, les aigles, les renards, les loups, les hommes, lui font également la guerre : il a tant d'ennemis qu'il ne leur échappe que par hasard, et il est bien rare qu'ils le laissent jouir du petit nombre de jours que la nature lui a comptés.

LE LAPIN

Le lièvre et le lapin, quoique fort semblables tant à l'extérieur qu'à l'intérieur, ne se mêlant point ensemble, font deux espèces distinctes et séparées. Le lapin a plus de ressources que le lièvre pour échapper à ses ennemis; il se soustrait aisément aux yeux de l'homme : les trous qu'il se creuse dans la terre, où il se retire pendant le jour et où naissent ses petits, le mettent à l'abri du loup, du renard et de l'oiseau de proie, il y habite avec sa famille en toute sécurité; il y élève et y nourrit ses petits jusqu'à l'âge d'environ deux mois, et il ne les fait sortir de leur retraite pour les amener au dehors que quand ils sont tout élevés : il leur évite par là tous les inconvénients du bas âge, pendant lequel, au contraire, les lièvres périssent en plus grand nombre, et souffrent plus que dans tout le reste de leur vie.

Cela seul suffit aussi pour prouver que le lapin est supérieur au lièvre par la sagacité : tous deux sont conformés de même, et pourraient également se creuser des retraites; tous deux sont également timides à l'excès; mais l'un, plus imbécile, se contente de se former un gîte à la surface de la terre, où il demeure continuellement exposé; tandis que l'autre, par un instinct plus réfléchi, se donne la peine de fouiller la terre et de s'y pratiquer un asile. Il est si vrai que c'est par ce sentiment qu'il travaille, que l'on ne voit pas le lapin domestique faire le même ouvrage; il se dispense de se creuser une retraite comme les oiseaux domestiques se dispensent de faire des nids, et cela parce qu'ils sont également à l'abri des inconvénients auxquels sont exposés les lapins et les oiseaux sauvages. L'on a souvent remarqué que quand on a voulu peupler une garenne avec des lapins clapiers, ces lapins et ceux qu'ils produisent restaient,

Le lapin.

comme les lièvres, à la surface de la terre, et que ce n'était qu'après avoir éprouvé bien des inconvénients, et au bout d'un certain nombre de générations qu'ils commençaient à creuser la terre pour se mettre en sûreté.

Ces lapins clapiers ou domestiques varient pour les couleurs, comme tous les autres animaux domestiques; le blanc, le noir et le gris sont cependant les seuls qui entrent ici dans le jeu de la nature : les lapins noirs sont les plus rares; mais il y en a beaucoup de tout blancs, beaucoup de tout gris, et beaucoup de mêlés. Tous les lapins sauvages sont gris, et parmi les lapins domestiques, c'est encore la couleur dominante, car, dans toutes les portées il se trouve toujours des lapins gris, et même en plus grand nombre, quoique le père et la mère soient tous deux blancs, ou tous deux noirs, ou l'un noir et l'autre blanc : il est rare qu'ils en aient plus de deux ou trois qui leur ressemblent, au lieu que les lapins gris, quoique domestiques, ne produisent d'ordinaire que des lapins de cette même couleur, et que ce n'est que très rarement et comme par hasard qu'ils en produisent de blancs, de noirs et de mêlés.

Quelques jours avant de mettre bas, les femelles se creusent un nouveau terrier, non pas en ligne droite, mais en zigzag, au fond duquel elles pratiquent une excavation; après quoi elles s'arrachent sous le ventre une assez grande quantité de poils dont elles font une espèce de lit pour recevoir leurs petits. Pendant les deux premiers jours elles ne les quittent pas; elles ne sortent que lorsque le besoin les presse, et reviennent dès qu'elles ont pris de la nourriture: dans ce temps elles mangent beaucoup et fort vite; elles soignent ainsi et allaitent leurs petits pendant plus de six semaines. Jusqu'alors le père ne les connaît point, il n'entre pas dans ce terrier qu'a pratiqué la mère; souvent même, quand elle en sort et qu'elle y laisse ses petits, elle en bouche l'entrée avec de la terre détrempée de son urine; mais lorsqu'ils commencent à venir au bord du trou, et à manger du séneçon et d'autres herbes que la mère leur présente, le père semble les reconnaître; il les prend entre ses pattes, il leur lustre le poil, il leur lèche les yeux; et tous, les uns après les autres, ont également part à ses soins.

Ces animaux vivent huit ou neuf ans: comme ils passent la plus grande partie de leur vie dans leurs terriers, où ils sont en repos et tranquilles, ils prennent un peu plus d'embonpoint que les lièvres. Leur chair est aussi fort différente par la couleur et par le goût; celle des jeunes lapereaux est très délicate, mais celle des vieux lapins est toujours sèche et dure.

LE LOUP

Le loup est l'un de ces animaux dont l'appétit pour la chair est le plus véhément; et quoique avec ce goût il ait reçu de la nature les moyens de le satisfaire, qu'elle lui ait donné des armes, de la ruse, de l'agilité, de la force, tout ce qui est nécessaire, en un mot, pour trouver, attaquer, vaincre, saisir et dévorer sa proie, cependant il meurt souvent de faim, parce que l'homme, lui ayant déclaré la guerre, l'ayant même proscrit en mettant sa tête à prix, le force à fuir, à demeurer dans les bois, où il ne trouve que quelques animaux sauvages qui lui échappent par la vitesse de leur course, et qu'il ne peut surprendre que par hasard ou par patience, en les attendant longtemps et souvent en vain, dans les endroits où ils doivent passer. Il est naturellement grossier et poltron, mais il devient ingénieux par besoin, et hardi par nécessité: pressé par la famine, il brave le danger, vient attaquer les animaux qui sont sous la garde de l'homme, ceux surtout qu'il peut emporter aisément, comme les agneaux, les petits chiens, les chevreaux; et lorsque cette maraude lui réussit, il revient souvent à la charge, jusqu'à ce qu'ayant été blessé ou chassé et maltraité par les hommes et les chiens, il se recèle pendant le jour dans son fort, n'en sort que la nuit, parcourt la campagne, rôde autour des habitations, ravit les animaux abandonnés, vient attaquer les bergeries, gratte et creuse la terre sous les portes, entre furieux, met tout à mort avant de choisir et d'emporter sa proie. Lorsque ces courses ne lui produisent rien, il retourne au fond des bois, se met en quête, cherche, suit à la piste, chasse, poursuit les animaux sauvages, dans l'espérance qu'un autre loup pourra les arrêter, les saisir dans leur fuite, et qu'ils en partageront la dépouille. Enfin, lorsque le besoin est extrême, il s'expose à tout; il attaque les femmes et les enfants, se jette même quelquefois sur les hommes, devient furieux par ses excès, qui finissent ordinairement par la rage ou la mort.

Le loup, tant à l'intérieur qu'à l'extérieur, ressemble si fort au chien qu'il paraît être modelé sur la même forme; cependant il n'offre tout au plus que le revers de l'empreinte, et ne présente les mêmes caractères que sous une face entièrement opposée : si la forme est semblable, ce qui en résulte est bien con-

Le loup.

traire; le naturel est si différent, que non seulement ils sont incompatibles, mais antipathiques par nature, ennemis par instinct. Un jeune chien frissonne au premier aspect du loup; il fuit à l'odeur seule, qui, quoique nouvelle, inconnue, lui répugne si fort qu'il vient en tremblant se ranger entre les jambes de son maître : un mâtin qui connaît ses forces se hérisse, s'indigne, l'attaque avec courage, tâche de le mettre en fuite, et fait tous ses efforts pour se délivrer d'une présence qui lui est odieuse; jamais ils ne se rencontrent sans se fuir ou sans combattre, et combattre à outrance, jusqu'à ce que la mort suive. Si le loup est le plus fort, il déchire, il dévore sa proie; le chien, au contraire, plus généreux, se contente de la victoire et ne trouve pas que *le corps d'un ennemi mort sente bon;* il l'abandonne pour servir de pâture aux corbeaux, et même aux autres loups; car ils s'entre-dévorent, et lorsqu'un loup est grièvement blessé, les autres le suivent au sang, et s'attroupent pour l'achever.

Le chien, même sauvage, n'est pas d'un naturel farouche; il s'apprivoise aisément, s'attache et demeure fidèle à son maître. Le loup pris jeune se prive, mais ne s'attache point : la nature est plus forte que l'éducation ; il reprend avec l'âge son caractère féroce, et retourne, dès qu'il peut, à son état sauvage. Les chiens, même les plus grossiers, cherchent la compagnie des autres animaux ; ils sont naturellement portés à les suivre et à les accompagner, et c'est par instinct seul, et non par éducation, qu'ils savent conduire et garder les troupeaux. Le loup est, au contraire, l'ennemi de toute société ; il ne fait pas même compagnie à ceux de son espèce : lorsqu'on les voit plusieurs ensemble, ce n'est pas une société de paix, c'est un attroupement de guerre qui se fait à grand bruit avec des hurlements affreux, et qui dénote un projet d'attaquer quelque gros animal, comme un cerf, un bœuf, ou de se défaire de quelque redoutable mâtin. Dès que leur expédition militaire est consommée, ils se séparent et retournent en silence à leur solitude.

Le loup a beaucoup de force, surtout dans les parties antérieures du corps, dans les muscles du cou et de la mâchoire. Il porte avec sa gueule un mouton sans le laisser toucher à terre, et court en même temps plus vite que les bergers, en sorte qu'il n'y a que les chiens qui puissent l'atteindre et lui faire lâcher prise. Il mord cruellement, et toujours avec d'autant plus d'acharnement qu'on lui résiste moins, car il prend des précautions avec les animaux qui peuvent se défendre. Il craint pour lui, et ne se bat que par nécessité, et jamais par un mouvement de courage. Lorsqu'on le tire, et que la balle lui casse quelque membre, il crie, et cependant, lorsqu'on l'achève à coups de bâton, il ne se plaint pas comme le chien : il est plus dur, moins sensible, plus robuste ; il marche, court, rôde des jours entiers et des nuits, il est infatigable, et c'est peut-être, de tous les animaux, le plus difficile à forcer à la course. Le chien est doux et courageux ; le loup, quoique féroce est timide : lorsqu'il tombe dans un piège, il est si fort et si longtemps épouvanté, qu'on peut ou le tuer sans qu'il se défende, ou le prendre sans qu'il résiste ; on peut lui mettre un collier, l'enchaîner, le museler, le conduire ensuite partout où l'on veut, sans qu'il ose donner le moindre signe de colère ou même de mécontentement. Le loup a les sens très bons, l'œil, l'oreille et surtout l'odorat : il sent souvent de plus loin qu'il ne voit, l'odeur du carnage l'attire de plus d'une lieue : il sent aussi de loin les animaux vivants ; il les chasse même assez longtemps en les suivant aux portées. Lorsqu'il veut sortir du bois, jamais il ne manque de prendre le vent ; il s'arrête sur la lisière, évente de tous côtés, et reçoit ainsi les émanations des corps morts ou vivants que le vent lui apporte de loin. Il préfère la chair vivante à la morte, et cependant il dévore les voiries les plus infectes. Il aime la chair humaine ; et peut-être, s'il était le plus fort, n'en mangerait-il pas d'autre. On a vu des loups suivre des armées, arriver en nombre à des champs de bataille ou l'on n'avait enterré que négligemment les corps, les découvrir, les dévorer avec une insatiable avidité, et ces mêmes loups, accoutumés à la chair humaine, se jeter ensuite sur les hommes, attaquer le berger plutôt que le troupeau, dévorer des femmes, emporter des enfants, etc. L'on a appelé ces mauvais loups *loups-garous*, c'est-à-dire loups dont il faut se garer.

Il n'y a rien de bon dans cet animal que sa peau ; on en fait des fourrures grossières qui sont chaudes et durables. Sa chair est si mauvaise, qu'elle répugne à tous les animaux, et il n'y a que le loup qui mange volontiers du loup. Il exhale une odeur infecte par la gueule : comme pour assouvir sa faim, il avale indistinctement tout ce qu'il trouve, des chairs corrompues, des os, du poil, des peaux à demi tannées et encore toutes couvertes de chaux, il vomit fréquemment et se vide encore plus souvent qu'il ne se remplit. Enfin, désagréable en tout, la mine basse, l'aspect sauvage, la voix effrayante, l'odeur insupportable, le naturel pervers, les mœurs féroces, il est odieux, nuisible de son vivant, inutile après sa mort.

LE RENARD

Le renard est fameux par ses ruses, et mérite en partie sa réputation; ce que le loup ne fait que par la force, il le fait par adresse, et réussit plus souvent. Sans chercher à combattre les chiens et les bergers, sans attaquer les troupeaux, sans traîner les cadavres, il est plus sûr de vivre. Il emploie plus d'esprit que de mouvement; ses ressources semblent être en lui-même : ce sont, comme l'on sait, celles qui manquent le moins. Fin autant que circonspect, ingénieux et prudent, même jusqu'à la patience, il varie sa conduite, il a des moyens de réserve qu'il sait n'employer qu'à propos. Il veille de près à sa conservation : quoique aussi infatigable et même plus léger que le loup, il ne se fie pas entièrement à la vitesse de sa course; il sait se mettre en sûreté en se pratiquant un asile où il se retire dans les dangers pressants, où il s'établit, où il élève ses petits; il n'est point animal vagabond, mais animal domicilié.

Cette différence, qui se fait sentir même parmi les hommes, a de bien plus grands effets et suppose de bien plus grandes causes parmi les animaux. L'idée seule du domicile présuppose une attention singulière sur soi-même; ensuite le choix du lieu, l'art de faire son manoir, de le rendre commode, d'en dérober l'entrée, sont autant d'indices d'un sentiment supérieur. Le renard en est doué, et tourne tout à son profit : il se loge au bord des bois, à portée des hameaux; il écoute le chant des coqs et le cri des volailles; il les savoure de loin; il prend habilement son temps, cache son dessein et sa marche, se glisse, se traîne, arrive, et fait rarement des tentatives inutiles. S'il peut franchir les clôtures ou passer par-dessous, il ne perd pas un instant, il ravage la basse-cour, il y met tout à mort, et se retire ensuite lestement, en emportant sa proie, qu'il cache sous la mousse, ou porte à son terrier; il revient quelques moments après en chercher une autre, qu'il emporte et cache de même, mais dans un autre endroit, ensuite une troisième, une quatrième, etc., jusqu'à ce que le jour ou le mouvement de la maison l'avertisse qu'il faut se retirer et ne plus revenir. Il fait la même manœuvre dans les pipées et dans les boqueteaux où l'on prend les grives et les bécasses au lacet; il devance le piqueur, va de très grand matin, et souvent plus d'une fois par jour, visiter les lacets, les gluaux, emporte successivement les oiseaux qui se sont empêtrés, les dépose tous en différents endroits, surtout au bord des chemins, dans les ornières, sous la mousse, sous un genièvre, les y laisse quelquefois deux ou trois jours, et sait parfaitement les retrouver au besoin. Il chasse les jeunes levrauts en plaine, saisit quelquefois les lièvres au gîte, ne les manque jamais lorsqu'ils sont blessés, déterre les lapereaux dans les garennes, découvre les nids de perdrix, de cailles, prend la mère sur les œufs, et détruit une quantité prodigieuse de gibier. Le loup nuit plus au paysan, le renard nuit plus au gentilhomme.

Cet animal ressemble beaucoup au chien, surtout par les parties antérieures, cependant il en diffère par la tête, qu'il a plus grosse en proportion de son corps; il a aussi les oreilles plus courtes, la queue beaucoup plus grande, le poil plus long et plus touffu, les yeux plus inclinés. Il en diffère encore par une mauvaise odeur très forte qui lui est particulière, et enfin par le caractère le plus essentiel, par le naturel; car il ne s'apprivoise pas aisément, et jamais tout à fait : il languit lorsqu'il n'a pas la liberté, et meurt d'ennui quand on veut le garder trop longtemps en domesticité.

Le renard a les sens aussi bons que le loup, le sentiment plus fin, et l'organe

Le renard.

de la voix plus souple et plus parfait. Le loup ne se fait entendre que par des hurlements affreux : le renard glapit, aboie et pousse un son triste, semblable au cri du paon; il a des tons différents selon les sentiments différents dont il est affecté; il a la voix de la chasse, l'accent du désir, le son du murmure, le ton plaintif de la tristesse, le cri de la douleur, qu'il ne fait jamais entendre qu'au moment où il reçoit un coup de feu qui lui casse quelque membre; car il ne crie point pour toute autre blessure, et il se laisse tuer à coups de bâton, comme le loup, sans se plaindre, mais toujours en se défendant avec courage. Il mord dangereusement, opiniâtrément, et l'on est obligé de se servir d'un ferrement ou d'un bâton pour le faire démordre. Son glapissement est une espèce d'aboiement qui se fait par des sons semblables et très précipités. C'est ordinairement à la fin du glapissement qu'il donne un coup de voix plus fort, plus élevé, et semblable au cri du paon. En hiver, surtout pendant la neige et la gelée, il ne cesse de donner de la voix, et il est, au contraire, presque muet en été. C'est dans cette saison que son poil tombe et se renouvelle. L'on fait peu de cas de la peau des jeunes renards, ou des renards pris en été. La chair du renard est moins mauvaise que celle du loup : les chiens, et même les hommes, en mangent en automne, surtout lorsqu'il s'est nourri et engraissé de raisin, et sa peau d'hiver fait de bonnes fourrures. Il a le sommeil profond ; on l'approche aisément sans l'éveiller. Lorsqu'il dort, il se met en rond comme les chiens; lorsqu'il ne fait que se reposer, il étend les jambes de derrière et demeure étendu sur le ventre : c'est dans cette posture qu'il épie les oiseaux le long des haies. Ils ont pour lui une si grande antipathie que, dès qu'ils l'aperçoivent, ils font un petit cri d'avertissement; les geais, les merles surtout, le conduisent du haut des arbres, répètent souvent le petit cri d'avis, et le suivent quelquefois à plus de deux ou trois cents pas.

LE BLAIREAU

Le blaireau est un animal paresseux, défiant, solitaire, qui se retire dans les lieux les plus écartés, dans les bois les plus sombres, et s'y creuse une demeure souterraine; il semble fuir la société, même la lumière, et passe les trois quarts de sa vie dans ce séjour ténébreux, dont il ne sort que pour chercher sa subsistance. Comme il a le corps allongé, les jambes courtes, les ongles, surtout ceux des pieds de devant, très longs et très fermes, il a plus de facilité qu'un autre pour ouvrir la terre, y fouiller, y pénétrer, y jeter derrière lui les déblais de son excavation, qu'il rend tortueuse, oblique, et qu'il pousse quelquefois fort loin. Le renard, qui n'a pas la même facilité pour creuser la terre, profite de ses travaux; ne pouvant le contraindre par la force, il l'oblige par adresse à quitter son domicile en l'inquiétant, en faisant sentinelle à l'entrée, en l'infectant même de ses ordures; ensuite il s'en empare, l'élargit, l'approprie, et en fait son terrier. Le blaireau, forcé à changer de manoir, ne change pas de pays; il ne va qu'à quelque distance travailler sur de nouveaux frais à se pratiquer un autre gîte, dont il ne sort que la nuit, dont il ne s'écarte guère, et où il revient dès qu'il sent quelque danger. Il n'a que ce moyen de se mettre en sûreté, car il ne peut échapper par la fuite, il a les jambes trop courtes pour pouvoir bien courir. Les chiens l'atteignent promptement, lorsqu'ils le surprennent à quelque distance de son trou ; cependant il est rare qu'ils l'arrêtent tout à fait et qu'ils en viennent à bout, à moins qu'on ne les aide. Le blaireau a le poil très épais, les jambes, la mâchoire et les dents très fortes, aussi bien que les ongles; il se sert de toute sa force, de toute sa résistance, de toutes ses armes, en se couchant sur le dos, et il fait aux chiens de profondes blessures. Il a d'ailleurs la vie très dure, il combat longtemps, se défend courageusement et jusqu'à la dernière extrémité.

Autrefois que ces animaux étaient plus communs qu'ils ne le sont aujourd'hui on dressait des bassets pour les chasser et les prendre dans leurs terriers. Il n'y a guère que les bassets à jambes torses qui puissent y entrer aisément ; le blaireau se défend en reculant, éboule de la terre, afin d'arrêter ou d'enterrer les chiens. On ne peut le prendre qu'en faisant ouvrir le terrier par-dessus, lorsqu'on juge que les chiens l'ont acculé jusqu'au fond; on le serre avec des tenailles, et ensuite on le muselle pour l'empêcher de mordre : on m'en a apporté plusieurs qui avaient été pris de cette façon, et nous en avons gardé quelques-uns longtemps. Les jeunes s'apprivoisent aisément, jouent avec les petits chiens, et suivent, comme eux, la personne qu'ils connaissent et qui leur donne à manger : mais ceux que l'on prend vieux demeurent toujours sauvages. Ils ne sont ni malfaisants ni gourmands comme le renard et le loup, et cependant ils sont animaux carnassiers; ils mangent de tout ce qu'on leur offre : de la chair, des œufs, du fromage, du beurre, du pain, du poisson, des fruits, des noix, des graines, des racines, etc., et ils préfèrent la viande crue à tout le reste. Ils dorment la nuit entière et les trois quarts du jour, sans cependant être sujets à l'engourdissement

Le blaireau.

pendant l'hiver comme les marmottes et les loirs. Ce sommeil fréquent fait qu'ils sont toujours gras, quoiqu'ils ne mangent pas beaucoup; et c'est par la même raison qu'ils supportent aisément la diète, et qu'ils restent souvent dans leur terrier trois à quatre jours sans en sortir, surtout dans les temps de neige. Ils tiennent leur domicile propre, ils n'y font jamais leurs ordures.

Lorsque les petits sont un peu grands, la mère leur apporte à manger; elle ne sort que la nuit, va plus au loin que dans les autres temps; elle déterre les nids des guêpes, en emporte le miel, perce les rabouillères des lapins, prend les jeunes lapereaux, saisit aussi les mulots, les lézards, les serpents, les sauterelles, les œufs des oiseaux, et porte tout à ses petits, qu'elle fait sortir souvent sur le bord du terrier, soit pour les allaiter, soit pour leur donner à manger.

Ces animaux sont naturellement frileux : ceux qu'on élève dans la maison ne veulent pas quitter le coin du feu, et souvent s'en approchent de si près qu'ils se brûlent les pieds, et ne guérissent pas aisément. Ils sont aussi fort sujets à la gale; les chiens qui entrent dans leurs terriers prennent le même mal, à moins qu'on n'ait grand soin de les laver. La chair du blaireau n'est pas absolument mauvaise à manger, et l'on fait de sa peau des fourrures grossières, des colliers pour les chiens, des couvertures pour les chevaux, etc.

LA LOUTRE

La loutre est un animal vorace, plus avide de poisson que de chair, qui ne quitte guère le bord des rivières ou des lacs, et qui dépeuple quelquefois les

La loutre.

étangs. Elle a plus de facilité qu'un autre pour nager, plus même que le castor, car il n'a de membranes qu'aux pieds de derrière et il a les doigts séparés dans les pieds de devant, tandis que la loutre a des membranes à tous les pieds : elle nage presque aussi vite qu'elle marche. Elle ne va point à la mer, comme le castor; mais elle parcourt les eaux douces, et remonte ou descend des rivières à des distances considérables : souvent elle nage entre deux eaux, et y demeure assez longtemps; elle vient ensuite à la surface afin de respirer. A parler exactement, elle n'est point animal amphibie, c'est-à-dire animal qui peut vivre également et dans l'air et dans l'eau; elle n'est pas conformée pour demeurer dans ce dernier élément, et elle a besoin de respirer à peu près comme tous les autres animaux terrestres; si même il arrive qu'elle s'engage dans une nasse à la poursuite d'un poisson, on la trouve noyée, et l'on voit qu'elle n'a pas eu le temps d'en couper tous les osiers pour en sortir. Elle a les dents comme la fouine, mais plus grosses et plus fortes relativement au volume de son corps.

Faute de poisson, d'écrevisses, de grenouilles, de rats d'eau ou d'autre nourriture, elle coupe les jeunes rameaux et mange l'écorce des arbres aquatiques : elle mange aussi de l'herbe nouvelle au printemps; elle ne craint pas plus le froid que l'humidité.

Le poil de la loutre ne mue guère : sa peau d'hiver est cependant plus brune, et se vend plus cher que celle d'été; elle fait une très bonne fourrure. Sa chair se mange en maigre, et a, en effet, un mauvais goût de poisson, ou plutôt de marais. Sa retraite est infectée de la mauvaise odeur des débris du poisson qu'elle y laisse pourrir; elle sent elle-même assez mauvais. Les chiens la chassent volontiers et l'atteignent aisément, lorsqu'elle est éloignée de son gîte et de l'eau; mais quand ils la saisissent elle se défend, les mord cruellement, et quelquefois avec tant de force et d'acharnement, qu'elle leur brise les os des jambes, et qu'il faut la tuer pour la faire démordre. Le castor, cependant, qui n'est pas un animal bien fort, chasse la loutre, et ne lui permet pas d'habiter sur les bords qu'il fréquente.

LA FOUINE

La fouine a la physionomie très fine, l'œil vif, le saut léger, les membres souples, le corps flexible, tous les mouvements très prestes; elle saute et bondit

La fouine.

plutôt qu'elle ne marche; elle grimpe aisément contre les murailles qui ne sont pas bien enduites, entre dans les colombiers, les poulaillers, etc., mange les œufs, les pigeons, les poules, etc., en tue quelquefois un grand nombre et les porte à ses petits; elle prend aussi les souris, les rats, les taupes, les oiseaux dans leurs nids.

Nous en avons élevé une que nous avons gardée longtemps : elle s'apprivoise à un certain point; mais elle ne s'attache pas, et demeure toujours assez sauvage pour qu'on soit obligé de la tenir enchaînée. Elle faisait la guerre aux chats; elle se jetait aussi sur les poules dès qu'elle se trouvait à portée. Elle s'échappait souvent, quoique attachée par le milieu du corps : les premières fois elle ne s'éloignait guère, et revenait au bout de quelques heures, mais sans marquer de la joie, sans attachement pour personne; elle demandait cependant à manger comme le chat et le chien; peu après elle fit des absences plus longues et enfin ne revint plus. Elle avait alors un an et demi, âge apparemment auquel la nature avait pris le dessus. Elle mangeait de tout ce qu'on lui donnait, à l'exception de la salade et des herbes; elle aimait beaucoup le miel et préférait le chènevis à toutes les autres graines. On a remarqué qu'elle buvait fréquemmen, qu'elle dormait quelquefois deux jours de suite, et qu'elle était aussi quelquefois deux ou trois jours sans dormir; qu'avant le sommeil elle se mettait en rond, cachait sa tête et l'enveloppait de sa queue; que tant qu'elle ne dormait pas, elle était dans un mouvement continuel si violent et si incommode, que quand même elle ne se serait pas jetée sur les volailles, on aurait été obligé de l'attacher pour l'empêcher de tout briser.

Nous avons eu quelques autres fouines plus âgées, que l'on avait prises dans des pièges; mais celles-là demeurèrent tout à fait sauvages : elles mordaient ceux qui voulaient les toucher et ne voulaient manger que de la chair crue.

LA MARTE

La marte, originaire du Nord, est naturelle à ce climat, et s'y trouve en si grand nombre, qu'on est étonné de la quantité de fourrure de cette espèce qu'on y consomme et qu'on en tire : elle est, au contraire, en petit nombre dans les climats tempérés, et ne se trouve point dans les pays chauds. Nous en avons quelques-unes dans nos bois de Boulogne; il s'en trouve aussi dans la forêt de Fontainebleau; mais, en général, elles sont aussi rares en France que la fouine y est commune. Il n'y en a point du tout en Angleterre, parce qu'il n'y a pas de bois. Elle fuit également les pays habités et les lieux découverts; elle demeure au fond des forêts, ne se cache point dans les rochers, mais parcourt les bois, et grimpe au-dessus des arbres. Elle vit de chasse, et détruit une quantité prodigieuse d'oiseaux, dont elle cherche les nids pour en sucer les œufs; elle prend les écureuils, les mulots, les lérots, etc.; elle mange aussi du miel, comme la fouine et le putois. On ne la trouve pas en pleine campagne, dans les prairies, dans les champs, dans les vignes; elle ne s'approche jamais des habitations, et elle diffère encore de la fouine par la manière dont elle se fait chasser.

Dès que la fouine se sent poursuivie par un chien, elle se soustrait en gagnant promptement son grenier ou son trou : la marte, au contraire, se fait suivre assez longtemps par les chiens avant de grimper sur un arbre; elle ne se donne pas la peine de monter jusqu'au-dessus des branches; elle se tient sur la tige, et de là les regarde passer. La trace que la marte laisse sur la neige paraît être celle d'une grande bête, parce qu'elle ne va qu'en sautant, et qu'elle marque toujours des deux pieds à la fois. Elle est un peu plus grosse que la fouine, et cependant elle a la tête plus courte, elle a les jambes plus longues, et court par conséquent aisément : elle a la gorge jaune, au lieu que la fouine l'a blanche; son poil est aussi bien plus fin, bien plus fourni et moins sujet à tomber. Elle ne prépare pas, comme la fouine, un lit à ses petits; néanmoins elle les loge encore plus commodément. Les écureuils font, comme l'on sait, des nids au-dessus des arbres avec autant d'art que les oiseaux. Lorsque la marte est prête à mettre bas, elle grimpe au nid de l'écureuil, l'en chasse, en élargit l'ouverture, s'en empare et y dépose ses petits : elle se sert aussi des anciens nids

La marte zibeline.

de ducs et de buses, et des troncs des vieux arbres, dont elle déniche les pics-de-bois et les autres oiseaux. Les petits naissent les yeux fermés, et cependant grandissent en peu de temps; elle leur apporte bientôt des oiseaux, des œufs et les mène ensuite à la chasse avec elle. Les oiseaux connaissent si bien leurs ennemis, qu'ils font pour la marte, comme pour le renard, le même petit cri d'avertissement; et une preuve que c'est la haine qui les anime plutôt encore que la crainte, c'est qu'ils les suivent assez loin, et qu'ils font ce cri contre tous les animaux voraces et carnassiers, tels que le loup, le renard, la marte, le chat sauvage, la belette, et jamais contre le cerf, le chevreuil, le lièvre, etc.

Les martes sont aussi communes dans le nord de l'Amérique que dans le nord de l'Europe et de l'Asie; on en apporte beaucoup du Canada; il y en a dans toute l'étendue des terres septentrionales de l'Amérique jusqu'à la baie d'Hudson, et en Asie jusqu'au nord du royaume de Tonquin et de l'empire de Chine. Il ne faut pas la confondre avec la marte zibeline, qui est un autre animal dont la fourrure est bien plus précieuse. La zibeline est noire; la marte n'est que brune et jaune. La partie de la peau qui est la plus estimée dans la marte est celle qui est la plus brune, et qui s'étend tout le long du dos jusqu'au bout de la queue.

LE PUTOIS

Le putois ressemble beaucoup à la fouine par le tempérament, par le naturel, par les habitudes ou les mœurs, et aussi par la forme du corps. Comme elle il s'approche des habitations, monte sur les toits, s'établit dans les greniers à

Le putois.

foin, dans les granges et dans les lieux peu fréquentés, d'où il ne sort que la nuit pour chercher sa proie; il se glisse dans les basses-cours, monte aux volières, aux colombiers, où, sans faire autant de bruit que la fouine, il fait plus de dégât; il coupe ou écrase la tête à toutes les volailles, et ensuite il les transporte une à une, et en fait un magasin : si, comme il arrive souvent, il ne peut les emporter entières parce que le trou par où il est entré se trouve trop étroit, il leur mange la cervelle et emporte les têtes. Il est aussi fort avide de miel; il attaque les ruches en hiver, et force les abeilles à les abandonner.

A la ville ils vivent de proie, et de chasse à la campagne; ils s'établissent pour passer l'été dans des terriers de lapins, dans des fentes de rochers, dans des troncs d'arbres creux, d'où ils ne sortent guère que la nuit pour se répandre dans les champs, dans les bois; ils cherchent des nids de perdrix, des alouettes et des cailles; ils grimpent sur les arbres pour prendre ceux des autres oiseaux; ils épient les rats, les taupes, les mulots, et font une guerre continuelle aux lapins, qui ne peuvent leur échapper, parce qu'ils entrent aisément dans leurs trous : une seule famille de putois suffit pour détruire une garenne. Ce serait le moyen le plus simple pour diminuer le nombre des lapins dans les endroits où ils deviennent trop abondants.

Le putois est un peu plus petit que la fouine; il a la queue plus courte, le museau plus pointu, le poil plus épais et plus noir; il a du blanc sur le front, aussi bien qu'aux côtés du nez et autour de la gueule. Il en diffère encore par la voix : la fouine a le cri aigu et assez éclatant, le putois a le cri plus obscur; ils ont tous deux, aussi bien que la marte et l'écureuil, un grognement d'un ton grave et colère, qu'ils répètent souvent lorsqu'on les irrite. Enfin le putois ne ressemble point à la fouine par l'odeur, qui, loin d'être agréable, est, au contraire, si fétide, qu'on l'a d'abord distingué et dénommé par là. C'est surtout lorsqu'il est échauffé, irrité, qu'il exhale et répand au loin une odeur insupportable. Les chiens ne veulent pas manger de sa chair; et sa peau même, quoique bonne, est à vil prix, parce qu'elle ne perd jamais entièrement son odeur naturelle.

LE FURET

Quelques auteurs ont douté si le furet ou le putois étaient des animaux d'espèces différentes. Ce doute est peut-être fondé sur ce qu'il y a des furets qui ressemblent aux putois par la couleur du poil : cependant le putois, naturel aux pays tempérés, est un animal sauvage comme la fouine, et le furet, originaire des climats chauds, ne peut subsister en France que comme un animal domestique. On ne se sert point du putois, mais du furet, pour la chasse du lapin, parce qu'il s'apprivoise plus aisément; car d'ailleurs il a, comme le putois, l'odeur très forte et très désagréable : mais ce qui prouve encore mieux que ce sont des animaux différents, c'est qu'ils ne se mêlent point ensemble, et qu'ils diffèrent d'ailleurs par un grand nombre de caractères essentiels. Le furet a le corps plus allongé et plus mince, la tête plus étroite, le museau plus pointu que le putois : il n'a pas le même instinct pour trouver sa subsistance; il faut en avoir soin, le nourrir à la maison, du moins dans ces climats : il ne va pas s'établir à la campagne ni dans les bois; et ceux que l'on perd dans les trous de lapins, et qui ne reviennent pas, ne se sont jamais multipliés dans les champs ni dans les bois; ils périssent apparemment pendant l'hiver. Le furet varie aussi par la couleur du poil, comme les autres animaux domestiques; il est aussi commun dans les pays chauds que le putois y est rare.

Cet animal est naturellement ennemi mortel du lapin : lorsqu'on présente un lapin, même mort, à un jeune furet qui n'en a jamais vu, il se jette dessus et le mord avec fureur : s'il est vivant, il le prend par le cou, par le nez, et lui suce le sang. Lorsqu'on le lâche dans le trou des lapins, on le muselle, afin qu'il ne les tue pas dans le fond du terrier, et qu'il les oblige seulement à sortir et à se jeter dans le filet dont on en couvre l'entrée. Si on laisse aller le furet sans muselière, on court risque de le perdre, parce qu'après avoir sucé le sang du lapin il s'endort; et la fumée qu'on fait dans le terrier n'est pas toujours un moyen sûr pour le ramener, parce que souvent il y a plusieurs issues, et qu'un terrier communique à d'autres, dans lesquels le furet s'engage à mesure que la fumée le gagne. Les enfants se servent aussi du furet pour dénicher les oiseaux : il entre aisément dans les trous des arbres et des murailles, et il les apporte au dehors.

Le furet, quoique facile à apprivoiser, et même assez docile, ne laisse pas d'être fort colère; il a une mauvaise odeur en tout temps, qui devient bien

Le furet.

plus forte lorsqu'il s'échauffe ou qu'on l'irrite; il a les yeux vifs, le regard enflammé, tous les mouvements très souples; et il est en même temps si vigoureux qu'il vient aisément à bout d'un lapin qui est au moins quatre fois plus gros que lui.

LA BELETTE

Lorsqu'une belette peut entrer dans un poulailler, elle n'attaque pas les coqs ou les vieilles poules, elle choisit les poulettes et les petits poussins, les tue par une seule blessure qu'elle leur fait à la tête, et ensuite les emporte tous les uns après les autres; elle casse aussi les œufs et les suce avec une incroyable avidité.

En hiver, elle demeure ordinairement dans les greniers, dans les granges :

souvent même elle y reste au printemps pour faire ses petits dans le foin ou la paille; pendant tout ce temps elle fait la guerre, avec plus de succès que le chat, aux rats et aux souris, parce qu'ils ne peuvent lui échapper, et qu'elle entre après eux dans leurs trous : elle grimpe aux colombiers, prend les pigeons, les moineaux, etc.

En été, elle va à quelque distance des maisons, surtout dans les lieux bas, autour des moulins, le long des ruisseaux, des rivières, se cache dans les buissons pour attraper des oiseaux, et souvent s'établit dans le tronc d'un vieux saule pour y faire ses petits; elle leur prépare un lit avec de l'herbe, de la paille, des feuilles, des étoupes : elle met bas au printemps; les portées sont quelquefois de trois, et ordinairement de quatre ou de cinq. Les petits naissent les yeux

La belette.

fermés, aussi bien que ceux du putois, de la marte, de la fouine, etc.; mais en peu de temps ils prennent assez d'accroissement et de force pour suivre leur mère à la chasse. Elle attaque les couleuvres, les rats d'eau, les taupes, les mulots, etc., parcourt les prairies, dévore les cailles et leurs œufs. Elle ne marche jamais d'un pas égal; elle ne va qu'en bondissant par petits sauts inégaux et précipités, et lorsqu'elle veut monter sur un arbre, elle fait un bond par lequel elle s'élève tout d'un coup à plusieurs pieds de hauteur; elle bondit de même lorsqu'elle veut attraper un oiseau.

Les phénomènes que nous présente la belette sont parfaitement expliqués. La belette a l'épine du dos très flexible; elle se fourre dans des trous de sept lignes de largeur, elle se plie et se replie en tous sens; son poil ou plutôt sa belle soie est très fine et très souple : une langue très large pour le corps saisit toutes les surfaces plates, saillantes et rentrantes, elle aime à lécher : ses pattes sont larges et point racornies, courtes; le sens du toucher étant aussi répandu dans tout le corps de la bête, elle a appris à s'en servir : ce qui motive le jugement que nous portons de son intelligence. Ce sens est d'ailleurs très bien servi par ceux de l'odorat et de la vue.

Cet animal aime extrêmement la propreté ; sa robe est toujours luisante. En faisant observer un certain régime à ces bêtes, on peut tempérer l'odeur forte qu'elles exhalent, et leur affreuse puanteur lorsqu'elles sont en colère. Le laitage adoucit beaucoup leurs humeurs, de même que le régime végétal.

L'HERMINE

Nous avons peu de chose à dire de cet animal ; nous observerons seulement que, comme d'ordinaire l'hermine change de couleur en hiver, il y a toute appa-

L'hermine.

rence que celle que nous avions encore au mois d'avril 1758 serait devenue blanche, et telle qu'elle était l'année passée lorsqu'on la prit au 1er mars 1757, si elle fût demeurée libre ; mais comme elle a été enfermée depuis ce temps dans une cage de fer, qu'elle se frotte continuellement contre les barreaux, et que d'ailleurs elle n'a pas essuyé toute la rigueur du froid, ayant toujours été à l'abri sous une arcade contre un mur, il n'est pas surprenant qu'elle ait gardé son poil d'été. Elle est toujours extrêmement sauvage; elle n'a rien perdu de sa mauvaise odeur : à cela près, c'est un joli petit animal, les yeux vifs, la physionomie fine, et les mouvements si prompts, qu'il n'est pas possible de les suivre de l'œil. On l'a toujours nourrie avec des œufs et de la viande; mais elle la laisse corrompre avant que d'y toucher : elle n'a jamais voulu manger de miel qu'après avoir été privée pendant trois jours de toute autre nourriture, et elle est morte après en avoir mangé. La peau de cet animal est précieuse; tout le monde connaît les fourrures d'hermine : elles sont bien plus belles et d'un blanc plus mat que celles du lapin blanc, mais elles jaunissent avec le temps, et même les hermines de ces climats ont toujours une légère teinte jaune.

LE RAT

L'on a compris et confondu sous ce nom générique de rat plusieurs espèces de petits animaux : nous ne donnerons ce nom qu'au rat commun, qui est noirâtre, et qui habite dans les maisons : chacune des autres espèces aura sa dénomina-

Le rat.

tion particulière, parce que, ne se mêlant point ensemble, chacune est différente de toutes les autres. Le rat est assez connu par l'incommodité qu'il nous cause : il habite ordinairement les greniers où l'on entasse le grain, où l'on serre les fruits, et de là descend et se répand dans la maison. Il est carnassier et même omnivore; il semble seulement préférer les choses dures aux plus tendres; il ronge la laine, les étoffes, les meubles, perce le bois, fait des trous dans les murs, se loge dans l'épaisseur des planchers, dans les vides de la charpente ou de la boiserie; il en sort pour chercher sa subsistance, et souvent il y transporte tout ce qu'il peut traîner; il y fait même quelquefois magasin, surtout lorsqu'il a des petits.

Il cherche des lieux chauds, et se niche en hiver auprès des cheminées, ou dans le foin, dans la paille. Malgré les chats, le poison, les pièges, les appâts, ces animaux pullulent si fort, qu'ils causent souvent de grands dommages; c'est surtout dans les vieilles maisons à la campagne, où l'on garde du blé dans les greniers, et où le voisinage des granges et des magasins à foin facilite leur retraite et leur multiplication, qu'ils sont en si grand nombre, qu'on serait obligé de démeubler, de déserter, s'ils ne se détruisaient eux-mêmes; mais nous avons vu par expérience qu'ils se tuent, qu'ils se mangent entre eux, pour peu que la faim les presse; en sorte que, quand il y a disette à cause du trop grand nombre, les plus forts se jettent sur les plus faibles, leur ouvrent la tête et mangent d'abord la cervelle, et ensuite le reste du cadavre: le lendemain la guerre recommence, et dure ainsi jusqu'à la destruction du plus grand nombre; c'est par cette raison qu'il arrive ordinairement qu'après avoir été infesté de ces animaux pendant un temps, ils semblent souvent disparaître tout à coup, et quelquefois pour longtemps.

LA SOURIS

La souris, beaucoup plus petite que le rat, est aussi plus nombreuse, plus commune et plus généralement répandue; elle a le même instinct, le même tem-

La souris.

pérament, le même naturel, et n'en diffère guère que par la faiblesse et par les habitudes qui l'accompagnent : timide par nature, familière par nécessité, la peur ou le besoin font tous ses mouvements; elle ne sort de son trou que pour chercher à vivre; elle ne s'en écarte guère, y rentre à la première alerte; ne va pas, comme le rat, de maisons en maisons, à moins qu'elle n'y soit forcée; fait aussi beaucoup moins de dégâts, a les mœurs plus douces, et s'apprivoise jusqu'à un certain point, mais sans s'attacher : comment aimer, en effet, ceux qui nous dressent des embûches? Plus faible, elle a plus d'ennemis auxquels elle ne peut échapper, ou plutôt se soustraire, que par son agilité, sa petitesse même. Les chouettes, tous les animaux de nuit, les chats, les fouines, les belettes, les rats même lui font la guerre; on l'attire, on la leurre aisément par des appâts, on la détruit à milliers; elle ne subsiste enfin que par son immense fécondité.

Ces petits animaux ne sont point laids; ils ont l'air vif et même assez fin : l'espèce d'horreur qu'on a pour eux n'est fondée que sur les petites surprises et sur l'incommodité qu'ils causent. Toutes les souris sont blanchâtres sous le ventre, et il y en a de blanches sur tout le corps; il y en a aussi de plus ou moins brunes, de plus ou moins noires. L'espèce est généralement répandue en Europe, en Asie, en Afrique; mais on prétend qu'il n'y en avait point en Amérique, et que celles qui y sont actuellement en grand nombre viennent originairement de notre continent : ce qu'il y a de vrai, c'est qu'il paraît que ce petit animal suit l'homme et fuit les pays inhabités, par l'appétit naturel qu'il a pour le pain, le fromage, le lard, l'huile, le beurre et les autres aliments que l'homme prépare pour lui-même.

L'ÉCUREUIL

L'écureuil est un joli petit animal qui n'est qu'à demi sauvage, et qui, par sa gentillesse, par sa docilité, par l'innocence même de ses mœurs, méritait d'être épargné : il n'est ni carnassier ni nuisible, quoiqu'il saisisse quelquefois des oiseaux; sa nourriture ordinaire sont des fruits, des amandes, des noisettes, de la faîne et du gland. Il est propre, leste, vif, très alerte, très éveillé, très industrieux; il a les yeux pleins de feu, la physionomie fine, le corps nerveux, les membres très dispos : sa jolie figure est encore rehaussée, parée par une belle queue en forme de panache, qu'il relève jusque dessus sa tête, et sous laquelle il se met à l'ombre; il est, pour ainsi dire, moins quadrupède que les autres; il se tient ordinairement assis presque debout, et se sert de ses pieds de devant, comme d'une main, pour porter à sa bouche.

Au lieu de se cacher sous terre, il est toujours en l'air; il approche des oiseaux par sa légèreté; il demeure, comme eux, sur la cime des arbres, parcourt les forêts en sautant de l'un à l'autre, y fait aussi son nid; cueille les graines, boit la rosée, et ne descend à terre que quand les arbres sont agités par la violence des vents. On ne le retrouve point dans les champs, dans les lieux découverts, dans les pays de plaine; il n'approche jamais des habitations; il ne reste point dans les taillis, mais dans les bois de hauteur, sur les vieux arbres des plus belles futaies. Il craint l'eau encore plus que la terre, et l'on assure que, lorsqu'il faut la passer, il se sert d'une écorce pour vaisseau, et de sa queue pour voile et pour gouvernail. Il ne s'engourdit pas comme le loir pendant l'hiver; il est en tout temps très éveillé; et pour peu que l'on touche au pied de l'arbre sur lequel il repose, il sort de sa petite bauge, fuit sur un autre arbre, ou se cache à l'abri d'une branche.

Il ramasse des noisettes pendant l'été, en remplit les troncs, les fentes des vieux arbres, et a recours en hiver à sa provision; il les cherche aussi sous la neige, qu'il détourne en grattant. Il a la voix éclatante, et plus perçante encore que celle de la fouine; il a de plus un murmure à bouche fermée, un petit grognement de mécontentement qu'il fait entendre toutes les fois qu'on l'irrite. Il est trop léger pour marcher; il va ordinairement par petits sauts, et quelquefois par bonds; il a les ongles si pointus et les mouvements si prompts, qu'il grimpe en un instant sur un hêtre dont l'écorce est fort lisse.

On entend les écureuils, pendant les belles nuits d'été, crier en courant sur les

L'écureuil.

arbres les uns après les autres : ils semblent craindre l'ardeur du soleil; ils demeurent pendant le jour à l'abri dans leur domicile, dont ils sortent le soir pour s'exercer, jouer et manger. Ce domicile est propre, chaud, et impénétrable à la pluie : c'est ordinairement sur l'enfourchure d'un arbre qu'ils l'établissent; ils commencent par transporter des bûchettes qu'ils mêlent, qu'ils entrelacent avec de la mousse; ils la serrent ensuite, ils la foulent, et donnent assez de capacité et de solidité à leur ouvrage pour y être à l'aise et en sûreté avec leurs petits : il n'y a qu'une ouverture vers le haut, juste, étroite, et qui suffit à peine pour passer; au-dessus de l'ouverture est une espèce de couvert en cône qui met le tout à l'abri, et fait que la pluie s'écoule par les côtés et ne pénètre pas.

Ils se peignent, ils se polissent avec les mains et les dents; ils sont propres, ils n'ont aucune mauvaise odeur; leur chair est assez bonne à manger. Le poil de la queue sert à faire des pinceaux, mais leur peau ne fait pas une bonne fourrure.

LE LOIR

Le loir ressemble assez à l'écureuil par les habitudes naturelles : il habite, comme lui, les forêts, il grimpe sur les arbres, saute de branche en branche, moins légèrement, à la vérité, que l'écureuil, qui a les jambes plus longues, le ventre bien moins gros, et qui est aussi maigre que le loir est gras ; cependant ils vivent tous deux des mêmes aliments; de la faîne, des noisettes, de la châ-

Le loir.

taigne, d'autres fruits sauvages, font leur nourriture ordinaire. Le loir mange aussi de petits oiseaux qu'il prend dans les nids. Il ne fait point de bauge au-dessus des arbres comme l'écureuil; mais il se fait un lit de mousse dans le tronc de ceux qui sont creux : il se gîte aussi dans les fentes des rochers élevés, et toujours dans les lieux secs; il craint l'humidité, boit peu et descend rarement à terre; il diffère encore de l'écureuil en ce que celui-ci s'apprivoise, et que l'autre demeure toujours sauvage. Ces petits animaux sont courageux, et défendent leur vie jusqu'à la dernière extrémité : ils ont les dents de devant très longues et très fortes, aussi mordent-ils violemment : ils ne craignent ni la belette ni les petits oiseaux de proie; ils échappent au renard, qui ne peut les suivre au-dessus des arbres : leurs plus grands ennemis sont les chats sauvages et les martes.

LE HÉRISSON

Le renard sait beaucoup de choses, le hérisson n'en sait qu'une grande, disaient proverbialement les anciens. Il sait se défendre sans combattre, et blesser sans attaquer; n'ayant que peu de force et nulle agilité pour fuir, il a reçu de la nature une armure épineuse, avec la facilité de se resserrer en boule et de présenter de tous côtés des armes défensives, poignantes, et qui rebutent ses ennemis; plus ils le tourmentent, plus il se hérisse et se resserre. Il se défend encore par l'effet même de la peur; il lâche son urine, dont l'odeur et

Le hérisson.

l'humidité, se répandant sur son corps, achèvent de les dégoûter. Aussi la plupart des chiens se contentent de l'aboyer, et ne se soucient pas de le saisir; cependant il y en a quelques-uns qui trouvent moyen, comme le renard, d'en venir à bout, en se piquant les pieds et se mettant la gueule en sang : mais il ne craint ni la fouine, ni la marte, ni le putois, ni le furet, ni la belette, ni les oiseaux de proie.

J'en ai lâché plusieurs dans mes jardins, ils n'y font pas grand mal, et à peine s'aperçoit-on qu'ils y habitent; ils vivent de fruits tombés; ils fouillent la terre avec le nez à une petite profondeur; ils mangent les hannetons, les scarabées, les grillons, les vers et quelques racines; ils sont aussi très avides de viande, et la mangent cuite et crue. A la campagne, on les trouve fréquemment dans les bois, sous les troncs des vieux arbres, et aussi dans les fentes des rochers, et surtout dans les montagnes de pierres qu'on amasse dans les champs et dans les vignes. Je ne crois pas qu'ils montent dans les arbres, comme le disent les naturalistes, ni qu'ils se servent de leurs épines pour emporter les fruits et des grains de raisin ; c'est avec la gueule qu'ils prennent ce qu'ils veulent saisir : et quoiqu'il y en ait un grand nombre dans nos forêts, nous n'en avons jamais vu sur les arbres; ils se tiennent toujours au pied, dans un creux, ou sur la mousse. Ils ne bougent pas tant qu'il est jour; mais ils courent, ou plutôt ils marchent pendant toute la nuit : ils approchent rarement des habitations, ils préfèrent les lieux élevés et secs, quoiqu'ils se trouvent aussi quelquefois dans les prés. On les prend à la main, ils ne fuient pas, ils ne se défendent ni des pieds ni des dents; mais ils se mettent en boule dès qu'on les touche, et pour les faire étendre il faut les plonger dans l'eau. Ils dorment pendant l'hiver : ainsi les provisions qu'on dit qu'ils font pendant l'été leur seraient bien inutiles. Ils ne mangent pas beaucoup, et peuvent se passer assez longtemps de nourriture. Ils ont le sang froid à peu près comme les autres animaux qui dorment en hiver. Leur chair n'est pas bonne à manger, et leur peau, dont on ne fait maintenant aucun usage, servait autrefois de vergette et de frottoir pour sérancer le chanvre.

Ces animaux n'ont pas les moyens d'en attaquer d'autres, ils sont naturellement indolents, et même paresseux : le repos semble être aussi nécessaire à leur genre de vie que la nourriture; et l'on pourrait dire avec assez de vérité que leurs uniques et seules préoccupations sont de manger et de dormir. En effet, ceux que nous avons nourris et élevés cherchaient à manger dès qu'ils étaient éveillés, et quand ils avaient assez mangé, ils allaient se livrer au sommeil sur des feuillages. Ce sont là leurs habitudes pendant le jour; mais pendant la nuit ils sont moins tranquilles : ils cherchent les limaçons, les gros scarabées, et autres insectes dont ils font leur principale nourriture.

LA TAUPE

La taupe, sans être aveugle, a les yeux si petits, si couverts, qu'elle ne peut faire grand usage du sens de la vue. Elle a le toucher délicat; son poil est doux comme la soie; elle a l'ouïe très fine, et des petites mains à cinq doigts, bien différentes de l'extrémité des pieds des autres animaux, et presque semblables aux mains de l'homme; beaucoup de force pour le volume de son corps; le cuir ferme, un embonpoint constant; un attachement vif et réciproque du mâle et de la femelle, de la crainte ou du dégoût pour toute autre société, les douces habitudes du repos et de la solitude; l'art de se mettre en sûreté, de se faire en un instant un domicile ; la facilité de l'étendre, et d'y trouver, sans en sortir, une abondante subsistance : voilà sa nature, ses mœurs et ses talents, sans doute préférables à des qualités plus brillantes et plus incompatibles avec le bonheur que l'obscurité la plus profonde.

Elle ferme l'entrée de sa retraite, n'en sort presque jamais qu'elle n'y soit forcée par les pluies d'été, lorsque l'eau la remplit, ou lorsque le pied du jardinier en affaisse le dôme. Elle se pratique une voûte en rond dans les prairies, et assez ordinairement un boyau long dans les jardins, parce qu'il y a plus de facilité à diviser et à soulever une terre meuble et cultivée qu'un gazon ferme et tissu de racines : elle ne demeure ni dans la fange ni dans les terrains durs, trop compacts ou trop pierreux; il lui faut une terre douce, fournie de racines succulentes et surtout bien peuplée d'insectes et de vers, dont elle fait sa principale nourriture.

Comme les taupes ne sortent que rarement de leur domicile souterrain, elles ont peu d'ennemis, et échappent aisément aux animaux carnassiers : leur plus grand fléau est le débordement des rivières; on les voit dans les inondations fuir en nombre à la nage, et faire tous leurs efforts pour gagner les terres plus

La taupe.

élevées; mais la plupart périssent, aussi bien que leurs petits, qui restent dans les trous.

Le domicile où elles font leurs petits mériterait une description particulière; il est fait avec une intelligence singulière. Elles commencent par pousser, par élever la terre et former une voûte assez élevée; elles laissent des cloisons, des espèces de piliers de distance en distance, elles pressent et battent la terre, la mêlent avec des racines et des herbes, et la rendent si dure et si solide par-dessous, que l'eau ne peut pénétrer la voûte à cause de sa convexité et de sa solidité; elles élèvent ensuite un tertre par-dessous, au sommet duquel elles apportent de l'herbe et des feuilles pour faire un lit à leurs petits : dans cette situation, ils se trouvent au-dessus du niveau du terrain, et par conséquent à l'abri des inondations ordinaires, et en même temps à couvert de la pluie par la voûte qui recouvre le tertre sur lequel ils reposent. Ce tertre est percé tout autour de plusieurs trous en pente, qui descendent plus bas et s'étendent de tous côtés, comme autant de routes souterraines par où la mère taupe peut sortir et aller chercher la subsistance nécessaire à ses petits; ces sentiers souterrains sont fermés et battus, s'étendent à douze ou quinze pas, et partent tous du domicile comme des rayons d'un centre. On y trouve, aussi bien que sous la voûte, des débris d'oignons de colchique, qui sont apparemment la première nourriture qu'elle donne à ses petits. On voit bien, par cette disposition, qu'elle ne sort jamais qu'à une distance peu considérable de son domicile, et que la manière la plus simple et la plus sûre de la prendre avec ses petits est de faire autour une tranchée qui l'environne en entier, et qui coupe toutes les communications; mais comme la taupe fuit au moindre bruit, et qu'elle tâche d'emporter ses petits, il faut trois ou quatre hommes qui, travaillant ensemble avec la bêche, enlèvent la motte tout entière ou fassent une tranchée presque dans un moment, et qui ensuite les saisissent ou les attaquent aux issues.

Quelques auteurs ont dit mal à propos que la taupe et le blaireau dormaient sans manger pendant l'hiver entier. Le blaireau, comme nous l'avons dit, sort de son trou en hiver comme en été, pour chercher sa subsistance, et il est aisé de s'en assurer par les traces qu'il laisse sur la neige. La taupe dort si peu pendant tout l'hiver, qu'elle pousse la terre comme en été, et que les gens de la campagne disent, comme par proverbe: *Les taupes poussent, le dégel n'est pas loin.* Elles cherchent, à la vérité, les endroits les plus chauds; les jardiniers en prennent souvent autour de leurs couches aux mois de décembre, de janvier et de février.

LA MARMOTTE

La marmotte, prise jeune, s'apprivoise plus qu'aucun animal sauvage et presque autant que nos animaux domestiques; elle apprend aisément à saisir un bâton, à gesticuler, à danser, à obéir en tout à la voix de son maître. Elle est, comme le chat, antipathique avec le chien : lorsqu'elle commence à être familière dans la maison, et qu'elle se croit appuyée par son maître, elle attaque et mord en sa présence les chiens les plus redoutables. Quoiqu'elle ne soit pas tout à fait aussi grande qu'un lièvre, elle est bien plus trapue, et joint beaucoup de force à beaucoup de souplesse. Elle a les quatre dents du devant des mâchoires assez longues et assez fortes pour blesser cruellement; cependant elle n'attaque que les chiens, et ne fait de mal à personne, à moins qu'on ne l'irrite. Si l'on n'y prend pas garde, elle ronge les meubles, les étoffes, et perce même le bois lorsqu'elle est renfermée.

Comme elle a les cuisses très courtes, et les doigts des pieds faits à peu près comme ceux de l'ours, elle se tient souvent assise, et marche comme lui aisément sur ses pieds de derrière; elle porte à sa gueule ce qu'elle saisit avec ceux de devant, et mange debout comme l'écureuil : elle court assez vite en montant, mais assez lentement en plaine; elle grimpe sur les arbres; elle monte entre deux parois de rochers, entre deux murailles voisines; et c'est des marmottes, dit-on, que les savoyards ont appris à grimper pour ramoner les cheminées. Elles mangent de tout ce qu'on leur donne : de la viande, du pain, des fruits, des racines, des herbes potagères, des choux, des hannetons, des sauterelles, etc.; mais elles sont plus avides de lait et de beurre que de tout autre aliment. Quoique moins enclines que le chat à dérober, elles cherchent à entrer dans les endroits où l'on renferme le lait, et elles le boivent en grande quantité en marmottant, c'est-à-dire en faisant, comme le chat, une espèce de murmure de contentement. Au reste, le lait est la seule liqueur qui leur plaise; elles ne boivent que très rarement de l'eau et refusent le vin.

La marmotte tient un peu de l'ours et un peu du rat pour la forme du corps : ce n'est cependant pas l'*arctomys* ou le *rat-ours* des anciens, comme l'ont cru quelques auteurs, et entre autres Perrault. Elle a le nez, les lèvres et la forme de la tête comme le lièvre, le poil et les ongles du blaireau, les dents du castor,

La marmotte.

la moustache du chat, les yeux du loir, les pieds de l'ours, la queue courte et les oreilles tronquées. La couleur de son poil sur le dos est d'un rouge brun, plus ou moins foncé : ce poil est assez rude, mais celui du ventre est roussâtre, doux et touffu. Elle a la voix et le murmure d'un petit chien lorsqu'elle joue ou quand on la caresse; mais lorsqu'on l'irrite ou qu'on l'effraye, elle fait entendre un sifflet si perçant et si aigu, qu'il blesse le tympan.

Elles ne font pas de provisions pour l'hiver; il semble qu'elles devinent qu'elles seraient inutiles; mais lorsqu'elles sentent les premières approches de la saison qui doit les engourdir, elles travaillent à fermer les deux portes de leur domicile, et elles le font avec tant de soin et de solidité, qu'il est plus aisé d'ouvrir la terre partout ailleurs que dans l'endroit qu'elles ont muré. Elles sont alors très grasses; il y en a qui pèsent jusqu'à vingt livres : elles le sont encore trois mois après; mais peu à peu leur embonpoint diminue, et elles sont maigres sur la fin de l'hiver. Lorsqu'on découvre leur retraite, on les trouve resserrées en boule et fourrées dans le foin; on les emporte tout engourdies; on peut même les tuer sans qu'elles paraissent le sentir : on choisit les plus grasses pour les manger, et les plus jeunes pour les apprivoiser. Une chaleur graduée les ranime comme les loirs ; et celles qu'on nourrit à la maison, en les tenant dans les lieux chauds, ne s'engourdissent pas, et sont même aussi vives que dans les autres temps.

LA CHAUVE-SOURIS

Quoique tout soit également parfait en soi, puisque tout est sorti des mains du Créateur, il est cependant, relativement à nous, des êtres accomplis, et d'autres, qui semblent être imparfaits ou difformes. Les premiers sont ceux

La chauve-souris.

dont la figure nous paraît agréable et complète, parce que toutes les parties sont bien ensemble, que le corps et les membres sont proportionnés, les mouvements assortis, toutes les fonctions faciles et naturelles. Les autres, qui nous paraissent hideux, sont ceux dont les qualités nous sont nuisibles, ceux dont la nature est commune, et dont la forme est trop différente des formes ordinaires desquelles nous avons reçu les premières sensations, et tiré les idées qui nous servent de modèle pour juger. Une tête humaine sur un cou de cheval, le corps couvert de plumes et terminé par une queue de poisson, n'offrent un tableau d'une énorme difformité que parce qu'on y réunit ce que la nature a de plus éloigné.

Un animal qui, comme la chauve-souris, est à demi quadrupède, à demi volatile, et qui n'est en tout ni l'un ni l'autre, est, pour ainsi dire, un être monstre, en ce que, réunissant les attributs de deux genres si différents, il ne ressemble à aucun des modèles que nous offrent les grandes classes de la nature : il n'est qu'imparfaitement quadrupède, et il est encore plus imparfaitement oiseau. Un quadrupède doit avoir quatre pieds, un oiseau a des plumes et des ailes : dans la chauve-souris, les pieds de devant ne sont ni des pieds ni des ailes, quoiqu'elle s'en serve pour voler, et qu'elle puisse aussi s'en servir pour se traîner. Ce sont, en effet, des extrémités difformes, dont les os sont monstrueusement allongés, et réunis par une membrane qui n'est couverte ni de plumes ni même de poil, comme le reste du corps : ce sont des espèces d'ailerons, ou, si l'on veut, des pattes ailées, où l'on ne voit que l'ongle d'un pouce court, et dont les quatre autres doigts, très longs, ne peuvent agir qu'ensemble, et n'ont point de mouvements propres ni de fonctions séparées ; ce sont des espèces de mains dix fois plus grandes que les pieds, et en tout quatre fois plus longues que le corps entier de l'animal ; ce sont, en un mot, des parties qui ont plutôt l'air d'un caprice que d'une production régulière. Cette membrane couvre les bras, forme les ailes ou les mains de l'animal, se réunit à la peau de son corps, et enveloppe en même temps ses jambes, et même sa queue, qui, par cette jonction bizarre, devient, pour ainsi dire, l'un de ses doigts.

Ajoutez à ces disparates et à ces disproportions du corps et des membres les difformités de la tête, qui souvent sont encore plus grandes : car, dans quelques espèces, le nez est à peine visible, les yeux sont enfoncés tout près de la conque de l'oreille, et se confondent avec les joues ; dans d'autres, les oreilles sont aussi longues que le corps ; ou bien la face est tortillée en forme de fer à cheval, et le nez recouvert par une espèce de crête ; la plupart ont la tête surmontée par quatre oreillons : toutes ont les yeux petits, obscurs et couverts, le nez ou plutôt les naseaux informes, la gueule fendue de l'une à l'autre oreille ; toutes aussi cherchent à se cacher, fuient la lumière, n'habitent que les lieux ténébreux, n'en sortent que la nuit, y rentrent au point du jour pour y demeurer collées contre les murs.

Leur mouvement dans l'air est moins un vol qu'une espèce de voltigement incertain, qu'elles semblent n'exécuter que par effort et d'une manière gauche : elles s'élèvent de terre avec peine ; elles ne volent jamais à une grande hauteur ; elles ne peuvent qu'imparfaitement précipiter, ralentir ou même diriger leur vol.

L'OURS

L'ours est non seulement sauvage, mais solitaire ; il fuit par instinct toute société ; il s'éloigne des lieux où les hommes ont accès ; il ne se trouve à son aise que dans les endroits qui appartiennent encore à la vieille nature : une caverne antique dans des rochers inaccessibles, une grotte formée par le temps dans le tronc d'un vieux arbre, au milieu d'une épaisse forêt, lui servent de domicile ; il s'y retire seul, y passe une partie de l'hiver sans provisions, sans en sortir pendant plusieurs semaines. Cependant il n'est point engourdi ni privé de sentiment, comme le loir ou la marmotte ; mais comme il est naturellement gras, et qu'il l'est excessivement sur la fin de l'automne, temps auquel il se recèle, cette abondance de graisse lui fait supporter l'abstinence, et il ne sort de sa bauge que lorsqu'il se sent affamé.

La voix de l'ours est un grondement, un gros murmure, souvent mêlé d'un frémissement de dents qu'il fait surtout entendre lorsqu'on l'irrite; il est très susceptible de colère, et sa colère tient toujours de la fureur, et souvent du caprice : quoiqu'il paraisse doux pour son maître, et même obéissant lorsqu'il est apprivoisé, il faut toujours s'en défier, et le traiter avec circonspection, surtout ne pas le frapper au bout du nez.

On lui apprend à se tenir debout, à gesticuler, à danser; il semble même écouter le son des instruments, et suivre grossièrement la mesure; mais pour lui donner cette espèce d'éducation, il faut le prendre jeune et le contraindre pendant toute sa vie; l'ours qui a de l'âge ne s'apprivoise ni ne se contraint plus : il est naturellement intrépide, ou tout au moins indifférent au danger. L'ours sau-

1. Ours noir du Canada. — Ours gris de l'Amérique septentrionale.

vage ne se détourne pas de son chemin, ne fuit pas à l'aspect de l'homme : cependant on prétend que par un coup de sifflet on le surprend, on l'étonne au point qu'il s'arrête et se lève sur les pieds de derrière : c'est le temps qu'il faut prendre pour le tirer et tâcher de le tuer; car s'il n'est que blessé, il vient de furie se jeter sur le tireur; et, l'embrassant des pattes de devant, il l'étoufferait s'il n'était secouru.

La chasse à l'ours, sans être fort dangereuse, est très utile lorsqu'on la fait avec quelque succès : la peau est de toutes les fourrures grossières celle qui a le plus de prix, et la quantité d'huile que l'on retire d'un seul ours est fort considérable.

Un animal fameux de nos terres les plus septentrionales, c'est l'ours blanc. Martens et quelques autres voyageurs en ont fait mention; mais aucun n'en a donné une assez bonne description pour qu'on puisse prononcer affirmativement qu'il soit d'une espèce différente de celle de l'ours; il paraît seulement qu'on doit le présumer en supposant exact tout ce qu'ils nous en disent; mais comme nous savons d'ailleurs que l'espèce de l'ours varie beaucoup suivant les différents climats, qu'il y en a de bruns, de noirs, de blancs et de mêlés, la couleur devient un caractère nul, et par conséquent la dénomination d'*ours blanc* est insuffisante, si l'espèce est différente.

La proie la plus ordinaire des ours blancs sont des phoques, qui ne sont pas assez forts pour leur résister; mais les morses, auxquels ils enlèvent quelquefois

L'ourse blanche et ses petits.

leurs petits, les percent de leurs défenses et les mettent en fuite. Il en est de même des baleines; elles les assomment par leur masse et les chassent des lieux qu'elles habitent, où néanmoins ils ravissent et dévorent souvent leurs petits baleineaux. Tous les ours ont naturellement beaucoup de graisse, et ceux-ci, qui ne vivent que d'animaux chargés d'huile, en ont plus que les autres : elle est aussi à peu près semblable à celle de la baleine. La chair de ces ours n'est, dit-on, pas mauvaise à manger, et leur peau fait une fourrure très chaude et très durable.

LE CASTOR

Autant l'homme s'est élevé au-dessus de l'état de la nature, autant les animaux se sont abaissés au-dessous; soumis et réduits en servitude, ou traités comme rebelles et dispersés par la force, leurs sociétés se sont évanouies, leur industrie est devenue stérile, leurs faibles arts ont disparu; chaque espèce a perdu ses qualités générales, et tous n'ont conservé que leurs propriétés individuelles, perfectionnées dans les uns par l'exemple, l'imitation, l'éducation, et dans les autres par la crainte et par la nécessité où ils sont de veiller continuellement à leur sûreté. Quelle vue, quels desseins, quels projets peuvent avoir des esclaves sans âme, ou des relégués sans puissance? ramper ou fuir, et toujours exister d'une manière solitaire, ne rien édifier, ne rien produire, ne rien transmettre, et toujours languir dans la calamité, déchoir, se perpétuer sans se multiplier, perdre, en un mot, par la durée autant et plus qu'ils n'avaient acquis par le temps.

Aussi ne reste-t-il quelques vestiges de leur merveilleuse industrie que dans des contrées éloignées et désertes, ignorées de l'homme pendant une longue suite de siècles, où chaque espèce pouvait manifester en liberté ses talents

Le castor.

naturels, et les perfectionner dans le repos en se réunissant en société durable. Les castors sont peut-être le seul exemple qui subsiste comme un ancien monument de cette espèce d'intelligence des brutes, qui, quoique infiniment inférieure par son principe à celle de l'homme, suppose cependant des projets communs et des vues relatives; projets qui, ayant pour base la société, et pour objet une digue à construire, une bourgade à élever, une espèce de république à fonder, supposent aussi une manière quelconque de s'entendre et d'agir de concert.

Les castors commencent à s'assembler au mois de juin ou de juillet pour se réunir en sociétés; ils arrivent en nombre et de plusieurs côtés, et forment bientôt une troupe de deux à trois cents : le lieu du rendez-vous est ordinairement le lieu de l'établissement, et c'est toujours au bord des eaux. Si ce sont des eaux plates, et qui se soutiennent à la même hauteur, comme dans un lac, ils se dispensent d'y construire une digue; mais dans les eaux courantes, et qui sont sujettes à hausser ou à baisser, comme sur les ruisseaux, les rivières, ils établissent une chaussée ; et par cette retenue ils forment une espèce d'étang ou de pièce d'eau, qui se soutient toujours à la même hauteur. La chaussée traverse la rivière comme une écluse, et va d'un bord à l'autre; elle a souvent quatre-vingts ou cent pieds de longueur sur dix ou douze pieds d'épaisseur à sa base.

Cette construction paraît énorme pour des animaux de cette taille, et suppose, en effet, un travail immense; mais la solidité avec laquelle l'ouvrage est construit étonne encore plus que sa grandeur. L'endroit de la rivière où ils établissent cette digue est ordinairement peu profond; s'il se trouve sur le bord un gros arbre qui puisse tomber dans l'eau, ils commencent par l'abattre pour en faire la pièce principale de leur construction. Cet arbre est souvent plus gros que le corps d'un homme, ils le scient, ils le rongent au pied; et, sans autre instrument que leurs quatre dents incisives, ils le coupent en assez peu de temps, et le font tomber du côté qu'il leur plaît, c'est-à-dire en travers sur la rivière; ensuite ils coupent les branches de la cime de cet arbre tombé, pour le mettre de niveau et le faire porter partout également.

Ces opérations se font en commun : plusieurs castors rongent ensemble le pied de l'arbre pour l'abattre; plusieurs aussi vont ensemble pour en couper les branches lorsqu'il est abattu; d'autres parcourent en même temps les bords de la rivière, et coupent les moindres arbres, les uns gros comme la jambe, les autres comme la cuisse; ils les dépècent et les scient à une certaine hauteur pour en faire des pieux : ils amènent ces pièces de bois, d'abord par terre, jusqu'au bord de la rivière, et ensuite par eau, jusqu'au lieu de leur construction; ils en font une espèce de pilotis serré, qu'ils enfoncent encore en entrelaçant des branches entre les pieux. Cette opération suppose bien des difficultés vaincues; car, pour dresser ces pieux et les mettre dans une situation à peu près perpendiculaire, il faut qu'avec les dents ils élèvent le gros bout contre le bord de la rivière, ou contre l'arbre qui la traverse; que d'autres plongent en même temps jusqu'au fond de l'eau pour y creuser, avec les pieds de devant, un trou dans lequel ils font entrer la pointe du pieu, afin qu'il puisse se tenir debout.

A mesure que les uns plantent ainsi leurs pieux, les autres vont chercher de la terre, qu'ils gâchent avec leurs pieds et battent avec leur queue ; ils la portent dans leur gueule et avec les pieds de devant, et ils en transportent une si grande quantité, qu'ils en remplissent tous les intervalles de leur pilotis. Ce pilotis est composé de plusieurs rangs de pieux, tous égaux en hauteur, et tous plantés les uns contre les autres ; il s'étend d'un bord à l'autre de la rivière; il est rempli et maçonné partout. Les pieux sont plantés verticalement du côté de la chute de l'eau : tout l'ouvrage est, au contraire, en talus du côté qui en soutient la charge, en sorte que la chaussée, qui a dix ou douze pieds de largeur à la base, se réduit à deux ou trois pieds d'épaisseur au sommet; elle a donc non seulement toute l'étendue, toute la solidité nécessaires, mais encore la forme la plus convenable pour retenir l'eau, l'empêcher de passer, en soutenir le poids et rompre les efforts. Au haut de la chaussée, c'est-à-dire dans la partie où elle a le moins d'épaisseur, ils pratiquent deux ou trois ouvertures en pente qui sont autant de décharges de superficie qu'ils élargissent ou rétrécissent selon que la rivière vient à hausser ou baisser, et lorsque par des inondations trop grandes ou trop subites il se fait quelques brèches à leur digue, ils savent les réparer et travailler de nouveau dès que les eaux sont baissées.

Indépendamment de la fourrure, qui est ce que le castor fournit de plus précieux, il donne encore une matière dont on fait un grand usage en médecine. Cette matière, que l'on a appelée *castoreum,* est contenue dans deux grosses vésicules. Nous n'en donnerons pas la description ni les usages, parce qu'on les trouve dans toutes les pharmacopées. Les sauvages tirent, dit-on, de la queue du castor une huile dont ils se servent comme de topique pour différents maux. La chair du castor, quoique grasse et délicate, a toujours un goût amer assez désagréable : on assure qu'il a les os excessivement durs; mais nous n'avons pas été à portée de vérifier ce fait, n'en ayant disséqué qu'un jeune. Ses dents sont très dures et si tranchantes, qu'elles servent de couteau aux sauvages pour couper, creuser et polir le bois. Ils s'habillent de peaux de castor, et les portent en hiver le poil contre la chair. Ce sont ces fourrures imbibées de la sueur des sauvages que l'on appelle *castor gras,* dont on ne se sert que pour les ouvrages les plus grossiers.

Le castor se sert de ses pieds de devant comme de mains, avec une adresse au moins égale à celle de l'écureuil : les doigts en sont bien séparés, bien divisés, au lieu que ceux des pieds de derrière sont réunis entre eux par une forte membrane : ils lui servent de nageoires et s'élargissent comme ceux de l'oie, dont le castor a aussi en partie la démarche sur la terre. Il nage beaucoup mieux qu'il ne court : comme il a les jambes de devant bien plus courtes que celles de derrière, il marche toujours la tête baissée et le dos arqué. Il a les sens très bons, l'odorat très fin, et même susceptible : il paraît qu'il ne peut supporter ni la malpropreté ni les mauvaises odeurs; lorsqu'on le retient trop longtemps en prison, et qu'il se trouve forcé d'y faire ses ordures, il les met près du seuil de la porte, et dès qu'elle est ouverte il les pousse dehors. Cette habitude de propreté leur est naturelle.

LE LION

L'industrie de l'homme augmente avec le nombre; celle des animaux reste toujours la même : toutes les espèces nuisibles, comme celles du lion, paraissent être reléguées et réduites à un petit nombre, non seulement parce que l'homme est partout devenu plus nombreux, mais aussi parce qu'il est devenu plus habile, et qu'il a su fabriquer des armes terribles auxquelles rien ne peut résister : heureux s'il n'eût jamais combiné le fer et le feu que pour la destruction des lions et des tigres.

Cette supériorité de nombre et d'industrie dans l'homme, qui brise la force du lion, en énerve aussi le courage : cette qualité, quoique naturelle, s'exalte ou se tempère dans l'animal, suivant l'usage heureux ou malheureux qu'il a fait de sa force. Dans les vastes déserts du Sahara, dans ceux qui semblent séparer deux races d'hommes très différentes, les Nègres et les Maures, entre le Sénégal et les extrémités de la Mauritanie, dans les terres inhabitées qui sont audessus du pays des Hottentots, et en général dans toutes les parties méridionales de l'Afrique et de l'Asie où l'homme a dédaigné d'habiter, les lions sont encore en assez grand nombre, et sont tels que la nature les produit. Accoutumés à mesurer leurs forces avec tous les animaux qu'ils rencontrent, l'habitude de vaincre les rend intrépides et terribles; ne connaissant pas la puissance de l'homme, ils n'en ont nulle crainte; n'ayant pas éprouvé la force de ses armes,

Lion et lionne du Sahara.

ils semblent les braver. Les blessures les irritent, mais sans les effrayer; ils ne sont pas même déconcertés à l'aspect du grand nombre : un seul de ces lions du désert attaque souvent une caravane entière; et lorsque après un combat opiniâtre et violent il se sent affaibli, au lieu de fuir il continue de battre en retraite, en faisant toujours face, et sans jamais tourner le dos. Les lions, au contraire, qui habitent aux environs des villes et des bourgades de l'Inde et de la Barbarie, ayant connu l'homme et la force de ses armes, ont perdu leur courage au point d'obéir à sa voix menaçante, de n'oser l'attaquer, de ne se jeter que sur le menu bétail, enfin de s'enfuir en se laissant poursuivre par des femmes et par des enfants, qui leur font, à coups de bâton, quitter prise et lâcher indignement leur proie.

Le lion, pris jeune, et élevé parmi les animaux domestiques, s'accoutume aisément à vivre et même à jouer innocemment avec eux ; il est doux pour ses maîtres, et même caressant, surtout dans le premier âge, et si sa férocité naturelle reparaît quelquefois, il la tourne rarement contre ceux qui lui ont fait du bien. Comme ses mouvements sont très impétueux et ses appétits fort véhéments, on ne doit pas présumer que les impressions de l'éducation puissent toujours les balancer : aussi y aurait-il quelque danger à lui laisser souffrir trop longtemps la faim, ou à le contrarier en le tourmentant hors de propos ; non seulement il s'irrite des mauvais traitements, mais il en garde le souvenir et paraît en méditer la vengeance, comme il conserve aussi la mémoire et la reconnaissance des bienfaits.

On pourrait aussi dire que le lion n'est pas cruel, puisqu'il ne l'est que par nécessité, qu'il ne détruit qu'autant qu'il consomme, et que, dès qu'il est repu, il est en pleine paix ; tandis que le tigre, le loup, et tant d'autres animaux d'espèce inférieure, tels que le renard, la fouine, le putois, le furet, etc., donnent la mort pour le seul plaisir de la donner, et que, dans leurs massacres nombreux, ils semblent plutôt vouloir assouvir leur rage que leur faim.

L'extérieur du lion ne dément point ses grandes qualités intérieures : il a la figure imposante, le regard assuré, la démarche fière, la voix terrible ; sa taille n'est point excessive comme celle de l'éléphant ou du rhinocéros ; elle n'est ni lourde comme celle de l'hippopotame et du bœuf, ni trop ramassée comme celle de l'hyène ou de l'ours, ni trop allongée ni déformée par des inégalités comme celle du chameau : mais elle est, au contraire, si bien prise et si bien proportionnée, que le corps du lion paraît être le modèle de la force jointe à l'agilité ; aussi solide que nerveux, n'étant chargé ni de chair ni de graisse, et ne contenant rien de surabondant, il est tout nerfs et muscles. Cette grande force musculaire se marque au dehors par les sauts et les bonds prodigieux que le lion fait aisément ; par le mouvement brusque de sa queue, qui est assez forte pour terrasser un homme ; par la facilité avec laquelle il fait mouvoir la peau de sa face, et surtout celle de son front, ce qui ajoute beaucoup à sa physionomie ou plutôt à l'expression de sa fureur ; et enfin par la faculté qu'il a de remuer sa crinière, laquelle non seulement se hérisse, mais se meut et s'agite en tous sens lorsqu'il est en colère.

Le lion, lorsqu'il a faim, attaque de face tous les animaux qui se présentent : mais comme il est très redouté, et que tous cherchent à éviter sa rencontre, il est souvent obligé de se cacher et de les attendre au passage ; il se tapit sur le ventre dans un endroit fourré, d'où il s'élance avec tant de force, qu'il les saisit souvent du premier bond. Dans les déserts et les forêts, sa nourriture la plus ordinaire sont les gazelles et les singes, quoiqu'il ne prenne ceux-ci que lorsqu'ils sont à terre ; car il ne grimpe pas sur les arbres comme le tigre et le puma. Il mange beaucoup à la fois, et se remplit pour deux ou trois jours ; il a les dents si fortes, qu'il brise aisément les os, et il les avale avec la chair. On prétend qu'il supporte longtemps la faim : comme son tempérament est excessivement chaud, il supporte moins patiemment la soif, et boit toutes les fois qu'il peut trouver de l'eau. Il prend l'eau en lapant comme un chien ; mais au lieu que la langue du chien se courbe en dessus pour laper, celle du lion se courbe en dessous; ce qui fait qu'il est longtemps à boire et qu'il perd beaucoup d'eau. Il lui faut environ quinze livres de chair crue par jour : il préfère la chair des animaux vivants, de ceux surtout qu'il vient d'égorger; il ne se jette pas volontiers sur les cadavres infects, et il aime mieux chasser une nouvelle proie que de retourner chercher les restes de la première.

Le rugissement du lion est si fort, que, quand il se fait entendre par échos la nuit dans les déserts, il ressemble au bruit du tonnerre. Ce rugissement est sa voix ordinaire, car, quand il est en colère, il a un autre cri qui est court et réitéré subitement; au lieu que le rugissement est un cri prolongé, une espèce de grondement d'un ton grave, mêlé d'un frémissement plus aigu. Il rugit cinq ou six fois par jour, et plus souvent lorsqu'il doit tomber de la pluie. Le cri qu'il fait lorsqu'il est en colère est encore plus terrible que le rugissement : alors il se bat les flancs de sa queue, il en bat la terre, il agite sa crinière, fait mouvoir la peau de sa face, remue ses gros sourcils, montre des dents menaçantes, et tire une langue armée de pointes si dures, qu'elle suffit seule pour écorcher la peau et entamer la chair sans le secours des dents ni des ongles, qui sont après les dents ses armes les plus cruelles. Il est beaucoup plus fort par la tête, les mâchoires et les jambes de devant, que par les parties postérieures du corps. Il voit la nuit comme les chats : il ne dort pas longtemps, et s'éveille aisément; mais c'est mal à propos que l'on a prétendu qu'il dormait les yeux ouverts.

La démarche ordinaire du lion est fière, grave et lente, quoique toujours oblique : sa course ne se fait pas par des mouvements égaux, mais par sauts et par bonds; et ses mouvements sont si brusques, qu'il ne peut s'arrêter à l'instant, et qu'il passe presque toujours son but. Lorsqu'il saute sur sa proie, il fait un bond de douze ou quinze pieds, tombe dessus, la saisit avec les pattes de devant, la déchire avec les ongles, et ensuite la dévore avec les dents. Tant qu'il est jeune, et qu'il a de la légèreté, il vit du produit de sa chasse, et quitte rarement ses déserts et ses forêts, où il trouve assez d'animaux sauvages pour subsister aisément; mais lorsqu'il devient vieux, pesant et moins propre à l'exercice de la chasse, il s'approche des lieux fréquentés, et devient plus dangereux pour l'homme et pour les animaux domestiques : seulement on a remarqué que lorsqu'il voit des hommes et des animaux ensemble, c'est toujours sur les animaux qu'il se jette, et jamais sur les hommes, à moins qu'ils ne le frappent; car alors il reconnaît à merveille celui qui vient de l'offenser, et il quitte sa proie pour se venger. On prétend qu'il préfère la chair du chameau à celle de tous les autres animaux; il aime aussi beaucoup celle des jeunes éléphants; ils ne peuvent lui résister lorsque leurs défenses n'ont pas encore poussé, et il en vient aisément à bout, à moins que la mère n'arrive à leur secours. L'éléphant, le rhinocéros, le tigre et l'hippopotame sont les seuls animaux qui puissent résister au lion.

LE TIGRE

Dans la classe des animaux carnassiers, le lion est le premier, le tigre est le second : et comme le premier, même dans un mauvais genre, est toujours le plus grand et souvent le meilleur, le second est ordinairement le plus méchant de tous. A la fierté, au courage, à la force, le lion joint la noblesse, la clémence, la magnanimité, tandis que le tigre est bassement féroce, cruel sans justice, c'est-à-dire sans nécessité. Il en est de même dans tout ordre de choses où les rangs sont donnés par la force : le premier, qui peut tout, est moins tyran que l'autre, qui, ne pouvant jouir de la puissance plénière, s'en venge en abusant du pouvoir qu'il a pu s'arroger. Aussi le tigre est-il plus à craindre que le lion : celui-ci souvent oublie qu'il est le roi, c'est-à-dire le plus fort de tous les animaux : marchant d'un pas tranquille, il n'attaque jamais l'homme, à moins qu'il ne soit provoqué ; il ne précipite pas ses pas, il ne court, il ne chasse que quand la faim le presse. Le tigre, au contraire, quoique rassasié de chair, semble toujours être altéré de sang ; sa fureur n'a d'autres intervalles que ceux du temps qu'il faut pour dresser des embûches; il saisit et déchire une nouvelle proie avec la même rage qu'il vient d'exercer et non pas d'assouvir, en dévorant la première; il désole le pays qu'il habite; il ne craint ni l'aspect ni les armes de l'homme; il égorge, il dévaste les troupeaux d'animaux domestiques, met à mort toutes les bêtes sauvages, attaque les petits éléphants, les jeunes rhinocéros, et quelquefois même ose braver le lion.

La forme du corps est ordinairement d'accord avec le naturel. Le lion a l'air noble : la hauteur de ses jambes est proportionnée à la longueur de son corps; l'épaisse et grande crinière qui couvre ses épaules et ombrage sa face, son regard assuré, sa démarche grave, tout semble annoncer sa fière et majestueuse intrépidité. Le tigre, trop long de corps, trop bas sur ses jambes, la tête nue, les yeux hagards, la langue couleur de sang, toujours hors de la gueule, n'a que les caractères de la basse méchanceté et de l'insatiable cruauté; il n'a pour tout instinct qu'une rage constante, une fureur aveugle, qui ne connaît, qui ne distingue rien, et qui lui fait souvent dévorer ses propres enfants, et déchirer leur mère lorsqu'elle veut les défendre. Que ne l'eût-il à l'excès, cette soif de son sang : ne pût-il l'éteindre qu'en détruisant dès leur naissance la race entière des monstres qu'il produit!

Heureusement pour le reste de la nature, l'espèce n'en est pas nombreuse, et paraît confinée aux climats les plus chauds de l'Inde orientale. Elle se trouve au Malabar, à Siam, au Bengale, dans les mêmes contrées qu'habitent l'éléphant et le rhinocéros ; on prétend même que souvent le tigre accompagne ce dernier, et qu'il le suit pour manger sa fiente, qui lui sert de purgation ou de rafraîchissement; il fréquente avec lui les bords des fleuves et des lacs; car, comme le sang ne fait que l'altérer, il a souvent besoin d'eau pour tempérer l'ardeur qui le consume, et d'ailleurs il attend près des eaux les animaux qui y arrivent et que la chaleur du climat contraint d'y venir plusieurs fois chaque jour : c'est là qu'il choisit sa proie, ou plutôt qu'il multiplie ses massacres ; car souvent il abandonne les animaux qu'il vient de mettre à mort pour en égorger d'autres; il semble qu'il cherche à goûter de leur sang; il le savoure, il s'en enivre; et lorsqu'il leur fend et déchire le corps, c'est pour y plonger la tête, et pour sucer à longs traits le sang dont il vient d'ouvrir la source, qu'il tarit presque toujours avant que sa soif s'éteigne.

Chasse au tigre.

Cependant, quand il a mis à mort quelques gros animaux, comme un cheval, un buffle, il ne les éventre pas sur la place s'il craint d'y être inquiété : pour les dépecer à son aise, il les emporte dans les bois, en les traînant avec tant de légèreté, que la vitesse de sa course paraît à peine ralentie par la masse énorme qu'il entraîne.

Le tigre est peut-être le seul de tous les animaux dont on ne puisse fléchir le naturel : ni la force, ni la contrainte, ni la violence, ne peuvent le dompter. Il s'irrite des bons comme des mauvais traitements ; la douce habitude, qui peut tout, ne peut rien sur cette nature de fer : le temps, loin de l'amollir en tempérant ses humeurs féroces, ne fait qu'aigrir le fiel de sa rage ; il déchire la main qui le nourrit comme celle qui le frappe ; il rugit à la vue de tout être vivant : chaque objet lui paraît une nouvelle proie qu'il dévore d'avance de ses regards avides, qu'il menace par des frémissements affreux, mêlés d'un grincement de dents, et vers lequel il s'élance souvent malgré les chaînes et les grilles, qui brisent sa fureur sans pouvoir la calmer.

L'espèce du tigre a toujours été plus rare et beaucoup moins répandue en Europe que celle du lion : cependant la tigresse produit, comme la lionne, quatre ou cinq petits. Elle est furieuse en tout temps ; mais sa rage devient extrême lorsqu'on les lui ravit ; elle brave tous les périls ; elle suit les ravisseurs, qui, se trouvant pressés, sont obligé de lui relâcher un de ses petits ; elle s'arrête, le saisit, l'emporte pour le mettre à l'abri, revient quelques instants après, et les poursuit jusqu'aux portes des villes ou jusqu'à leurs vaisseaux ; et lorsqu'elle a perdu tout espoir de recouvrer sa perte, des cris forcenés et lugubres, des hurlements affreux expriment sa douleur cruelle, et font encore frémir ceux qui les entendent de loin.

LA PANTHÈRE

L'ONCE, LE LÉOPARD

La panthère que nous avons vue vivante a l'air féroce, l'œil inquiet, le regard cruel, les mouvements brusques, et le cri semblable à celui d'un dogue en colère : elle a même la voix plus forte et plus rauque que le chien irrité : elle a la langue rude et très rouge, les dents fortes et pointues, les ongles aigus et durs ; la peau belle, d'un fauve plus ou moins foncé, semée de taches noires arrondies en anneaux ou réunies en forme de roses ; le poil court, la queue marquée de grandes taches noires au-dessus, et d'anneaux noirs et blancs vers l'extrémité. La panthère est de la taille et de la tournure d'un dogue de forte race, mais moins haute de jambes.

L'once s'apprivoise aisément : on la dresse à la chasse, et on s'en sert à cet usage en Perse et dans plusieurs autres provinces de l'Asie ; il y a des onces assez petits pour qu'un cavalier puisse les porter en croupe ; il sont assez doux pour se laisser manier et caresser avec la main. La panthère paraît être d'une nature plus fière et moins flexible ; en la dompte plutôt qu'on ne l'apprivoise ; jamais elle ne perd en entier son caractère féroce ; et lorsqu'on veut s'en servir pour la chasse, il faut beaucoup de soin pour la dresser, et encore plus de précautions pour la conduire et l'exercer. On la mène sur une charrette, enfermée dans une cage, dont on lui ouvre la porte lorsque le gibier paraît ; elle s'élance vers la bête, l'atteint ordinairement en trois ou quatre sauts, la terrasse et l'étrangle ; mais, si elle manque son coup, elle devient furieuse, et se jette quelquefois sur son maître, qui d'ordinaire prévient ce danger en portant avec lui des morceaux de viande ou des animaux vivants, comme des agneaux, des chevreaux, dont il lui en jette un pour calmer sa fureur.

Ce qui fait qu'on se sert de l'once pour la chasse dans les climats chauds de l'Asie, c'est que les chiens y sont très rares; il n'y a, pour ainsi dire, que ceux qu'on y transporte, et encore perdent-ils en peu de temps leur voix et leur instinct : d'ailleurs, ni la panthère, ni l'once, ni le léopard, ne peuvent souffrir les chiens; ils semblent les chercher et les attaquer de préférence sur toutes les autres bêtes. En Europe nos chiens de chasse n'ont pas d'autres ennemis que le loup; mais dans un pays rempli de tigres, de lions, de panthères, de léopards et d'onces, qui tous sont plus forts et plus cruels que le loup, il ne serait pas possible de conserver des chiens. Au reste, l'once n'a pas l'odorat aussi fin

La panthère.

que le chien; il ne suit pas les bêtes à la piste; il ne lui serait pas possible non plus de les atteindre dans une course suivie; il ne chasse qu'à vue, et ne fait, pour ainsi dire, que s'élancer et se jeter sur le gibier : il saute si légèrement qu'il franchit aisément un fossé ou une muraille de plusieurs pieds; souvent il grimpe sur les arbres pour attendre les animaux au passage et se laisser tomber dessus : cette manière d'attraper la proie est commune à la panthère, au léopard et à l'once.

Le léopard a les mêmes mœurs et le même naturel que la panthère; et je ne vois nulle part qu'on l'ait apprivoisé comme l'once, ni que les nègres du Sénégal et de Guinée, où il est très commun, s'en soient jamais servis pour la chasse. Communément il est plus grand que l'once et plus petit que la panthère; il a la queue plus courte que l'once, quoiqu'elle soit longue de deux pieds ou de deux pieds et demi.

Ces animaux, en général, se plaisent dans les forêts touffues, fréquentent souvent les bords des fleuves et les environs des habitations isolées, où ils cherchent à surprendre les animaux domestiques et les bêtes sauvages qui viennent chercher les eaux. Ils se jettent rarement sur les hommes, quand même ils seraient provoqués; ils grimpent aisément sur les arbres, où ils suivent les chats sauvages et les autres animaux qui ne peuvent leur échapper. Quoiqu'ils ne vivent que de proie et qu'ils soient ordinairement fort maigres, les voyageurs prétendent que leur chair n'est pas mauvaise à manger; les Indiens et les nègres la trouvent bonne; mais il est vrai qu'ils trouvent celle du

Le léopard.

chien encore meilleure, et qu'ils s'en régalent comme si c'était un mets délicieux. A l'égard de leurs peaux, elles sont toutes précieuses et font de très belles fourrures : la plus belle et la plus chère est celle du léopard : une seule de ces peaux coûte huit ou dix louis, lorsque le fauve en est vif et brillant, et que les taches en sont bien noires et bien terminées.

LE JAGUAR

Le jaguar ressemble à l'once par la grandeur du corps; par la forme de la plupart des taches dont sa robe est semée, et même par le naturel : il est moins fier et moins féroce que le léopard et la panthère. Il a le fond du poil d'un beau fauve comme le léopard, et non pas gris comme l'once; il a la queue plus courte que l'un et l'autre, le poil plus long que la panthère et plus court que l'once.

C'est l'animal le plus formidable, le plus cruel; c'est, en un mot, le tigre du nouveau monde, dans lequel la nature semble avoir rapetissé tous les genres d'animaux quadrupèdes. Le jaguar vit de proie comme le tigre; mais il ne faut, pour le faire fuir, que lui présenter un tison allumé, et même, lorsqu'il est repu, il perd tout courage et toute vivacité; un chien seul suffit pour lui donner la chasse : il se ressent en tout de l'indolence du climat; il n'est léger, agile, alerte, que quand la faim le presse. Les sauvages, naturellement poltrons, ne laissent pas de redouter sa rencontre : ils prétendent qu'il a pour eux un goût de préférence; que quand il les trouve endormis avec des Européens, il respecte ceux-ci et ne se jette que sur eux. On conte la même chose du léopard : on dit

Jaguar attaquant un bison.

qu'il préfère les hommes noirs aux blancs, qu'il semble les connaître à l'odeur, et qu'il les choisit la nuit comme le jour.

LE COUGUAR

Le couguar a la taille aussi longue, mais moins étoffée que le jaguar ; il est plus levretté, plus effilé et plus haut sur ses jambes : il a la tête petite, la queue longue, le poil court et de couleur presque uniforme, d'un roux vif, mêlé de quelques teintes noirâtres, surtout au-dessus du dos; il n'est marqué ni de bandes longues comme le tigre, ni de taches rondes et pleines comme le léopard, ni de taches en anneaux ou en roses comme l'once et la panthère; il a le menton blanchâtre, ainsi que la gorge et toutes les parties inférieures du corps. Quoique plus faible, il est plus féroce et peut-être plus cruel que le jaguar. Il paraît être encore plus acharné sur sa proie, il la dévore sans la dépecer; dès qu'il l'a saisie, il l'entame, la suce, la mange de suite, et ne la quitte pas qu'il ne soit pleinement rassasié.

Cet animal est assez commun à la Guyane; autrefois on l'a vu arriver à la nage et en nombre dans l'île de Cayenne, pour attaquer et dévaster les troupeaux : c'était dans les commencements un fléau pour la colonie; mais peu à peu on l'a chassé, détruit et relégué loin des habitations.

Le couguar, par la légèreté de son corps et la plus grande longueur de ses jambes, doit mieux courir que le jaguar et grimper aussi plus aisément sur les arbres; ils sont tous deux également paresseux et poltrons dès qu'ils sont rassasiés; ils n'attaquent presque jamais les hommes, à moins qu'ils ne les trouvent endormis. Lorsqu'on veut passer la nuit et s'arrêter dans les bois, il suffit

Couguars.

d'allumer du feu pour les empêcher d'approcher. Ils se plaisent à l'ombre dans les grandes forêts; ils se cachent dans un fort ou même sous un arbre touffu, d'où ils s'élancent sur les animaux qui passent. Quoiqu'ils ne vivent que de proie et qu'ils s'abreuvent plus souvent de sang que d'eau, on prétend que leur chair est très bonne à manger.

LE LYNX

Le lynx, dont les anciens ont dit que la vue était assez perçante pour pénétrer les corps opaques, dont l'urine avait la merveilleuse propriété de devenir un corps solide, une pierre précieuse appelée *lapis lyncurius,* est un animal fabuleux, aussi bien que toutes ces propriétés qu'on lui attribue. Ce lynx imaginaire n'a d'autre rapport avec le vrai lynx que celui du nom. Il ne faut donc pas, comme l'ont fait la plupart des naturalistes, attribuer à celui-ci, qui est un être réel, les propriétés de cet animal imaginaire, à l'existence duquel Pline lui-même n'a pas l'air de croire, puisqu'il n'en parle que comme d'une bête extraordinaire, et qu'il le met à la tête des sphinx, des pégases, des licornes et des autres prodiges ou monstres qu'enfante l'Éthiopie.

Notre lynx ne voit point au travers des murailles; mais il est vrai qu'il a les yeux brillants, le regard doux, l'air agréable et gai. Son urine ne fait pas des pierres précieuses; mais seulement il la recouvre de terre, comme font les chats, auxquels il ressemble beaucoup, et dont il a les mœurs et même la propreté. Il n'a rien du loup, qu'une espèce de hurlement qui, se faisant entendre de loin, a dû tromper les chasseurs, et leur faire croire qu'ils entendaient un loup. Cela seul a peut-être suffi pour lui faire donner le nom de *loup*, auquel, pour le distinguer du vrai loup, les chasseurs auront ajouté l'épithète de *cervier*, parce

Le lynx.

qu'il attaque les cerfs, ou plutôt parce que sa peau est variée de taches à peu près comme celle des jeunes cerfs, lorsqu'ils ont la livrée. Le lynx est moins gros que le loup et plus bas sur ses jambes; il est communément de la grandeur d'un renard. Il diffère de la panthère et de l'once par les caractères suivants : il a le poil plus long, les taches moins vives et mal terminées, les oreilles bien plus grandes et surmontées à leur extrémité d'un pinceau de poils noirs; la queue beaucoup plus courte et noire à l'extrémité, le tour des yeux blancs, et l'air de la face plus agréable et moins féroce. La robe du mâle est mieux marquée que celle de la femelle : il ne court pas de suite comme le loup, il marche et saute comme le chat. Il vit de chasse, et poursuit son gibier jusqu'à la cime des arbres; les chats sauvages, les martes, les hermines, les écureuils ne peuvent lui échapper; il saisit aussi les oiseaux; il attend les cerfs, les chevreuils, les lièvres, au passage, et s'élance dessus; il les prend à la gorge; et lorsqu'il s'est rendu maître de sa victime, il en suce le sang et lui ouvre la tête pour manger la cervelle, après quoi souvent il l'abandonne pour en chercher une autre : rarement il retourne à sa première proie; et c'est ce qui a fait dire que de tous les animaux le lynx était celui qui avait le moins de mémoire. Son poil change de couleur suivant les climats et la saison ; les fourrures d'hiver sont plus belles, meilleures et plus fournies que celles de l'été. Sa chair, comme celle de tous les animaux de proie, n'est pas bonne à manger.

LE CHACAL

Quoique l'espèce du loup soit fort voisine de celle du chien, celle du chacal ne laisse pas de trouver place entre deux. *Le chacal ou adive,* comme dit Belon,

Chacals déterrant un cadavre.

est bête entre loup et chien. Avec la férocité du loup, il a, en effet, un peu de la familiarité du chien; sa voix est un hurlement mêlé d'aboiement et de gémissement; il est plus criard que le chien, plus vorace que le loup. Il ne va jamais seul, mais toujours par troupes de vingt, trente ou quarante; ils se rassemblent chaque jour pour faire la guerre et la chasse; ils vivent de petits animaux, et se font redouter des plus puissants par le nombre; ils attaquent toute espèce de bétail ou de volaille presque à la vue des hommes, ils entrent insolemment et sans marquer la crainte dans les bergeries, les étables, les écuries, et, lorsqu'ils n'y trouvent pas autre chose, ils dévorent le cuir des harnais, des bottes, des souliers, et emportent des lanières qu'ils n'ont pas le temps d'avaler. Faute de proie vivante, ils déterrent les cadavres des animaux et des hommes : on est obligé de battre la terre sur les sépultures, et d'y mêler de grosses épines pour les empêcher de la gratter et fouir; car une épaisseur de quelques pieds de terre ne suffit pas pour les rebuter; ils travaillent plusieurs ensemble; ils accompagnent de cris lugubres cette exhumation; et lorsqu'ils sont une fois accoutumés aux cadavres humains, ils ne cessent de courir les cimetières, de suivre les armées, de s'attacher aux caravanes : ce sont les corbeaux des quadrupèdes : la chair la plus infecte ne les dégoûte pas; leur appétit est si constant, si véhément, que le cuir le plus sec est encore savoureux, et que toute graisse, toute ordure animale, leur est également bonne. L'hyène a ce même goût pour la chair pourrie; elle déterre aussi les cadavres, et c'est sous le rapport de cette habitude que l'on a souvent confondu ces deux animaux, quoique très différents l'un de l'autre. L'hyène est une bête solitaire, silencieuse, très sauvage, et qui, quoique plus forte et plus puissante que le chacal, n'est pas aussi incommode, et se contente de dévorer les morts sans troubler les vivants; au lieu que tous les voyageurs se plaignent des cris, des vols et des excès du chacal, qui réunit l'impudence du chien à la bassesse du loup, et qui, participant de la nature des deux, semble n'être qu'un odieux composé de toutes les mauvaises qualités de l'un et de l'autre.

L'HYÈNE

Cet animal sauvage et solitaire demeure dans les cavernes des montagnes, dans les fentes des rochers, ou dans des tanières qu'il se creuse lui-même sous terre : il est d'un naturel féroce; et, quoique pris tout petit, il ne s'apprivoise pas. Il vit de proie comme le loup, mais il est plus fort et paraît plus hardi : il attaque quelquefois les hommes; il se jette sur le bétail, suit les troupeaux, et souvent rompt dans la nuit les portes des étables et les clôtures des bergeries :

ses yeux brillent dans l'obscurité, et l'on prétend qu'il voit mieux la nuit que le jour. Si l'on en croit tous les naturalistes, son cri ressemble aux sanglots d'un homme qui vomirait avec effort, ou plutôt au mugissement du veau, comme le dit Kæmpfer, témoin auriculaire.

L'hyène se défend du lion, ne craint pas la panthère, attaque l'once, laquelle ne peut lui résister : lorsque la proie lui manque, elle creuse la terre avec les pieds et en tire par lambeaux les cadavres des animaux et des hommes que, dans les pays qu'elle habite, on enterre également dans les champs. On la trouve dans presque tous les climats chauds de l'Afrique et de l'Asie; et il paraît que l'animal appelé *farasse* à Madagascar, qui ressemble au loup par la figure, mais qui est plus grand, plus fort et plus cruel, pourrait bien être l'hyène.

LA CIVETTE, LE ZIBET, LA GENETTE

La plupart des naturalistes ont cru qu'il n'y avait qu'une espèce d'animal qui fournît le parfum qu'on appelle la *civette* : nous avons vu deux de ces animaux qui se ressemblent à la vérité par les rapports essentiels de la conformation, tant à l'intérieur qu'à l'extérieur, mais qui cependant diffèrent l'un de l'autre par un assez grand nombre d'autres caractères pour qu'on puisse les regarder comme faisant deux espèces réellement différentes. Nous avons conservé au premier de ces animaux le nom de *civette*, et nous avons donné au second celui de *zibet*, pour le distinguer.

Le zibet est vraisemblablement la civette de l'Asie, des Indes orientales et de l'Arabie, où on la nomme *zebet* ou *zibet*, nom arabe qui signifie aussi le parfum de cet animal, et que nous avons adopté pour désigner l'animal même; il diffère de la civette en ce qu'il a le corps plus allongé et moins épais, le museau plus délié, plus plat et un peu concave à la partie supérieure; au lieu que le museau de la civette est plus gros, moins long et un peu convexe. Il a aussi les oreilles plus élevées et plus larges, la queue plus longue et mieux marquée de taches et d'anneaux, le poil beaucoup plus court et plus mollet : point de crinière, c'est-à-dire de poils plus longs que les autres sur le cou ni le long de l'épine du dos; point de noir au-dessus des yeux ni sur les joues, caractères particuliers très remarquables dans la civette. Quelques voyageurs avaient déjà soupçonné qu'il y avait deux espèces de civettes, mais personne ne les avait reconnues assez clairement pour les décrire. Nous les avons vues toutes deux; et, après les avoir soigneusement comparées, nous les avons jugées d'espèce et peut-être de climat différents.

Les civettes (c'est-à-dire la civette et le zibet, car je me servirai maintenant de ce mot au pluriel pour les indiquer toutes deux); les civettes, dis-je, quoique originaires et natives des climats les plus chauds de l'Afrique et de l'Asie, peuvent cependant vivre dans les pays tempérés et même froids, pourvu qu'on les défende avec soin des injures de l'air, et qu'on leur donne des aliments succulents et choisis; on en nourrit en assez grand nombre en Hollande, où l'on fait le commerce de leur parfum.

Le parfum de ces animaux est si fort, qu'il se communique à toutes les parties de leur corps : le poil en est imbu et le corps pénétré au point que l'odeur s'en conserve longtemps après leur mort, et que de leur vivant l'on ne peut en soutenir la violence, surtout si l'on est renfermé dans le même lieu. Lorsqu'on les échauffe en les irritant, l'odeur s'exhale encore davantage, et si on les tourmente jusqu'à les faire suer, on recueille la sueur, qui est aussi très parfumée et qui sert à falsifier le vrai parfum, ou du moins à en augmenter le volume.

Les civettes sont naturellement farouches et même un peu féroces; cependant on les apprivoise aisément, au moins assez pour les approcher et les manier sans grand danger. Elles ont les dents fortes et tranchantes; mais leurs ongles sont faibles et émoussés. Elle sont agiles et même légères, quoique leur corps

Zibet et genette.

soit assez épais; elles sautent comme les chats, et peuvent aussi courir comme les chiens. Elles vivent de chasse, surprennent et poursuivent les petits animaux, les oiseaux; elles cherchent, comme les renards, à entrer dans les basses-cours pour emporter les volailles. Leurs yeux brillent la nuit, et il est à croire qu'elles voient dans l'obscurité. Lorsque les animaux leur manquent, elles mangent des racines et des fruits; elles boivent peu et n'habitent pas dans les terres humides; elles se tiennent volontiers dans les sables brûlants et dans les montagnes arides. Elles produisent en assez grand nombre dans leur climat; mais quoiqu'elles puissent vivre dans les régions tempérées, et qu'elles y rendent, comme dans leur pays natal, leur liqueur parfumée, elles ne peuvent s'y multiplier. Elles ont la voix plus forte et la langue moins rude que le chat : leur cri ressemble assez à celui d'un chien en colère.

La genette est un plus petit animal que les civettes; elle a le corps allongé, les jambes courtes, le museau pointu, la tête effilée, le poil doux et mollet d'un gris cendré, brillant et marqué de taches noires, rondes et séparées sur les côtés

8

du corps, mais qui se réunissent de si près sur la partie du dos, qu'elles paraissent former des bandes noires continues qui s'étendent tout le long du corps; elle a aussi sur le cou et le long de l'épine du dos une espèce de crinière ou de poil plus long qui forme une bande noire et continue, depuis la tête jusqu'à la queue, laquelle est aussi longue que le corps, et marquée de sept ou huit anneaux alternativement noirs et blancs sur toute sa longueur: les taches noires du cou sont en forme de bandes, et l'on voit au-dessous de chaque œil une marque blanche très apparente. La genette a sous la queue, et dans le même endroit que les civettes, une ouverture ou sac dans lequel filtre une espèce de parfum, mais faible et dont l'odeur ne se conserve pas. Elle est un peu plus grande que la fouine, qui lui ressemble beaucoup par la forme du corps aussi bien que par le naturel et par les habitudes; seulement il paraît qu'on apprivoise la genette plus aisément : Belon dit en avoir vu dans les maisons à Constantinople qui étaient aussi privées que des chats, et qu'on laissait courir et aller partout sans qu'elles fissent ni mal ni dégât. On les a appelées *chats de Constantinople, chats d'Espagne, chats-genettes;* elles n'ont cependant rien de commun avec les chats que l'art d'épier et de prendre les souris.

Les naturalistes prétendent que la genette n'habite que dans les endroits humides et le long des ruisseaux, et qu'on ne la trouve ni sur les montagnes ni dans les terres arides. L'espèce n'en est pas nombreuse, du moins elle n'est pas fort répandue; il n'y en a point en France ni dans aucune autre province de l'Europe, à l'exception de l'Espagne et de la Turquie. Il lui faut donc un climat chaud pour subsister et se multiplier.

La peau de cet animal fait une fourrure légère et très jolie : les manchons de genette étaient à la mode il y a quelques années, et se vendaient fort cher; mais, comme on s'est avisé de les contrefaire en peignant de taches noires des peaux de lapins gris, le prix en a baissé des trois quarts, et la mode en est passée.

LE PÉCARI

L'espèce du pécari est l'une des plus nombreuses et des plus remarquables parmi les animaux du nouveau monde. Le pécari ressemble, au premier coup d'œil, à notre sanglier, ou plutôt au cochon de Siam, qui, comme nous l'avons dit, n'est, ainsi que notre cochon domestique, qu'une variété du sanglier ou cochon sauvage; aussi le pécari a-t-il été appelé *sanglier* ou *cochon d'Amérique:* cependant il est d'une espèce particulière et qui ne peut se mêler avec celle de nos sangliers ou cochons. Le pécari pourrait devenir animal domestique comme le cochon : il est à peu près du même naturel; il se nourrit des mêmes aliments: sa chair, quoique plus sèche et moins chargée de lard que celle du cochon, n'est pas mauvaise à manger.

Les pécaris sont très nombreux dans tous les climats chauds de l'Amérique méridionale; ils vont ordinairement par troupes, et sont quelquefois deux ou trois cents ensemble : ils ont le même instinct que les cochons pour se défendre, et même pour attaquer ceux surtout qui veulent ravir leurs petits; ils se secourent mutuellement, ils enveloppent leurs ennemis, et blessent souvent les chiens et les chasseurs. Dans leur pays natal, ils occupent plutôt les montagnes que les lieux bas; ils ne cherchent pas les marais et la fange comme nos sangliers; ils se tiennent dans les bois, où ils vivent de fruits sauvages, de racines, de graines; ils mangent aussi les serpents, les crapauds, les lézards, qu'ils

Pécaris cernant un chasseur.

écorchent auparavant avec leurs pieds. Ils produisent en grand nombre et peut-être plus d'une fois par an; les petits suivent bientôt leur mère, et ne s'en séparent que quand ils sont adultes.

On les apprivoise, ou plutôt on les prive aisément en les prenant jeunes : ils perdent leur férocité naturelle, mais sans se dépouiller de leur grossièreté; car ils ne connaissent personne, ne s'attachent point à ceux qui les soignent : seulement ils ne font point de mal, et l'on peut sans inconvénient les laisser aller et venir en liberté; ils ne s'éloignent pas beaucoup, reviennent d'eux-mêmes au gîte, et n'ont de querelle qu'auprès de l'auge et de la gamelle, lorsqu'on la leur présente en commun. Ils ont un grognement de colère plus fort et plus dur que celui du cochon, mais on les entend très rarement crier; ils soufflent aussi comme le sanglier lorsqu'on les surprend et qu'on les épouvante brusquement; leur haleine est très forte; leur poil se hérisse lorsqu'ils sont irrités; il est si rude, qu'il ressemble plutôt aux piquants du hérisson qu'aux soies du sanglier.

LE TAMANOIR

LE FOURMILIER, LE TATOU

Il existe dans l'Amérique méridionale trois espèces d'animaux à long museau, à gueule étroite et sans aucune dent, à langue ronde et longue, qu'ils insinuent dans les fourmilières et qu'ils retirent pour avaler les fourmis, dont ils font leur principale nourriture. Le premier de ces mangeurs de fourmis est celui que les Brésiliens appellent *tamandua gracu*, c'est-à-dire *grand tamandua*, et auquel les Français habitués en Amérique ont donné le nom de *tamanoir* : c'est un animal qui a environ quatre pieds de longueur depuis l'extrémité du museau jusqu'à l'origine de la queue, la tête longue de quatorze à quinze pouces, le museau très allongé, la queue longue de deux pieds et demi, couverte de poils rudes et longs de plus d'un pied; le cou court, la tête droite, les yeux petits et noirs, les oreilles arrondies, la langue menue, longue de plus de deux pieds, qu'il replie dans sa gueule lorsqu'il la retire tout entière. Ses jambes n'ont qu'un pied de hauteur; celles de devant sont un peu plus hautes et plus menues que celles de derrière : il a les pieds ronds; ceux de devant sont armés de quatre ongles, dont les deux du milieu sont les plus grands; ceux de derrière ont cinq ongles. Les poils de la queue, comme ceux du corps, sont mêlés de noir et de blanchâtre; sur la queue ils sont disposés en forme de panache : l'animal la retourne sur le dos, s'en couvre tout le corps lorsqu'il veut dormir ou se mettre à l'abri de la pluie et de l'ardeur du soleil; les longs poils de la queue et du corps ne sont pas ronds dans toute leur étendue, ils sont plats à l'extrémité et secs au toucher comme de l'herbe desséchée. L'animal agite fréquemment et brusquement sa queue lorsqu'il est irrité; mais il la laisse traîner en marchant quand il est tranquille, et il balaye le chemin par où il passe. Les poils des parties antérieures de son corps sont moins longs que ceux des parties postérieures; ceux-ci sont tournés en arrière, et les autres en avant; il y a plus de blanc sur les parties antérieures et plus de noir sur les parties postérieures : il y a aussi une bande noire sur le poitrail, qui se prolonge sur les côtés du corps et se termine sur le dos près des lombes : les jambes de derrière sont presque noires; celles de devant presque blanches, avec une grande tache noire vers le milieu. Le tamanoir marche lentement, un homme peut aisément l'atteindre à la course : ses pieds paraissent moins faits pour marcher que pour grimper et pour saisir des corps arrondis; aussi serre-t-il avec une si grande force une branche ou un bâton qu'il n'est pas possible de les lui arracher.

Le second de ces animaux est celui que les Américains appellent simplement *tamandua,* et auquel nous conserverons ce nom : il est beaucoup plus petit que le tamanoir; il n'a qu'environ dix-huit pouces depuis l'extrémité du museau jusqu'à l'origine de la queue : sa tête est longue de cinq pouces; son museau est allongé et courbé en dessous; il a la queue longue de dix pouces et dénuée de poils à l'extrémité; les oreilles droites, longues d'un pouce; la langue ronde, longue de huit pouces, placée dans une espèce de gouttière ou de canal creux au dedans de la mâchoire inférieure; ses jambes n'ont guère que quatre pouces

Le tatou, le tamanoir.

de hauteur; ses pieds sont de la même forme et ont le même nombre d'ongles que ceux du tamanoir, c'est-à-dire quatre ongles à ceux de devant et cinq à ceux de derrière. Il grimpe et serre aussi bien que le tamanoir, et ne marche pas mieux; il ne se couvre pas de sa queue, qui ne pourrait lui servir d'abri, étant en partie dénuée de poil, lequel d'ailleurs est beaucoup plus court que celui de la queue du tamanoir : lorsqu'il dort, il cache sa tête sous son cou et sous ses jambes de devant.

Le troisième de ces animaux est celui que les naturels de la Guyane appellent *ouati-riouaou.* Nous lui donnons le nom de *fourmilier* pour le distinguer du tamanoir et du tamandua, puisqu'il n'a que six ou sept pouces de longueur depuis l'extrémité du museau juqu'à l'origine de la queue; il a la tête longue de deux pouces; le museau proportionnellement beaucoup moins allongé que celui du tamanoir ou du tamandua; sa queue, longue de sept pouces, est recourbée en dessous par l'extrémité, qui est dégarnie de poils; sa langue est étroite, un peu aplatie et assez longue; le cou est presque nul, la tête est assez grosse en proportion du corps; les yeux sont placés bas et peu éloignés des coins de la gueule; les oreilles sont petites et cachées dans le poil; les jambes n'ont que trois pouces de hauteur; les pieds de devant n'ont que deux ongles, dont l'externe est bien plus gros et bien plus long que l'interne; les pieds de derrière en ont quatre. Le poil du corps est long d'environ neuf lignes; il est doux au toucher, d'une couleur brillante, d'un roux mêlé de jaune vif. Les pieds ne sont pas faits pour marcher, mais pour grimper et pour saisir; il monte sur les arbres et se suspend aux branches, par l'extrémité de la queue.

Ces trois animaux, qui diffèrent si fort par la grandeur et par les proportions du corps, ont néanmoins beaucoup de choses communes, tant par la conformation que pour les habitudes naturelles : tous trois se nourrissent de fourmis et plongent aussi leur langue dans le miel et dans les autres substances liquides ou visqueuses : ils ramassent assez promptement les miettes de pain et les petits morceaux de viande hachée : on les apprivoise et on les élève aisément; ils soutiennent longtemps la privation de toute nourriture; ils n'avalent pas toute la liqueur qu'ils prennent en buvant, il en retombe une partie qui passe par les narines; ils dorment ordinairement pendant le jour et changent de lieu pendant la nuit; ils marchent si mal, qu'un homme peut les atteindre facilement à la course dans un lieu découvert. Les sauvages mangent leur chair, qui cependant est d'un très mauvais goût.

On prendrait de loin le tamanoir pour un grand renard, et c'est par cette raison que quelques voyageurs l'ont appelé *renard américain ;* il est assez fort pour se défendre d'un gros chien et même d'un jaguar. Lorsqu'il en est attaqué, il se bat d'abord debout, et, comme l'ours, il se défend avec les mains, dont les ongles sont meurtriers; ensuite il se couche sur le dos pour se servir des pieds comme des mains, et, dans cette situation, il est presque invincible, et combat opiniâtrément jusqu'à la dernière extrémité; et même lorsqu'il a mis à mort son ennemi, il ne le lâche que très longtemps après : il résiste plus qu'un autre au combat, parce qu'il est couvert d'un grand poil touffu, d'un cuir fort épais, et qu'il a la chair peu sensible et la vie très dure.

Il existe parmi les animaux quadrupèdes et vivipares plusieurs espèces d'animaux qui ne sont pas couverts de poil. Les tatous font eux seuls un genre entier, dans lequel on peut compter plusieurs espèces qui nous paraissent être réellement distinctes et séparées les unes des autres : dans toutes, l'animal est revêtu d'un têt semblable pour la substance à celle des os; ce têt couvre la tête, le cou, le dos, les flancs, la croupe et la queue jusqu'à l'extrémité; il est lui-même recouvert au dehors par un cuir mince, lisse et transparent : les seules parties sur lesquelles le têt ne s'étend pas sont la gorge, la poitrine et le ventre, qui présentent une peau blanche et grenue, semblable à celle d'une poule plumée; et en regardant ces parties avec attention, l'on y voit de place en place des rudiments d'écailles qui sont de la même substance que le têt du dos. La peau de ces animaux, même dans les endroits où elle est le plus souple, tend donc à devenir osseuse; mais l'ossification ne se réalise en entier qu'où elle est le plus épaisse, c'est-à-dire sur les parties supérieures et extérieures du corps et des membres. Le têt qui recouvre toutes les parties supérieures n'est pas d'une seule pièce comme celui de la tortue; il est partagé en plusieurs bandes sur le corps, lesquelles sont attachées les unes aux autres par autant de membranes qui permettent un peu de mouvement et de jeu dans cette armure. Le nombre de ces bandes ne dépend pas, comme on pourrait l'imaginer, de l'âge de l'animal; les tatous qui viennent de naître et les tatous adultes ont, dans la même espèce, le même nombre de bandes : nous nous en sommes convaincu en comparant les petits aux grands.

Les tatous, en général, sont des animaux innocents et qui ne font aucun mal, à moins qu'on ne les laisse entrer dans les jardins, où ils mangent les melons, les patates et les autres légumes ou racines. Quoique originaires des climats chauds de l'Amérique, ils peuvent vivre dans les climats tempérés; j'en ai vu en Languedoc, il y a plusieurs années, qu'on nourrissait à la maison, et qui allaient partout sans faire aucun dégât. Ils marchent avec vivacité; mais ils ne peuvent, pour ainsi dire, ni sauter, ni courir, ni grimper sur les arbres, en sorte qu'ils ne peuvent guère échapper par la fuite à ceux qui les poursuivent : leurs seules ressources sont de se cacher dans leur terrier, ou, s'ils en sont trop éloignés, de tâcher de s'en faire un avant que d'être atteints; il ne leur faut que quelques moments, car les taupes ne creusent pas la terre plus vite que les tatous. On les prend quelquefois par la queue avant qu'il soient totalement enfoncés : et ils font alors une telle résistance qu'on leur casse la queue sans amener le corps; pour ne pas les mutiler, il faut ouvrir le terrier par devant, et alors on les prend sans qu'ils puissent faire aucune résistance : dès qu'on les tient, ils se resserrent en boule, et pour les faire étendre on les met près du feu. Leur têt, quoique dur et rigide, est cependant si sensible que, quand on le touche un peu ferme avec le doigt, l'animal en reçoit une impression assez vive pour se contracter en entier. Lorsqu'ils sont dans des terriers profonds, on les en fait sortir en y faisant entrer de la fumée ou couler de l'eau; on prétend qu'ils demeurent dans leurs terriers sans en sortir pendant plus d'un tiers de l'année; ce qui est plus vrai, c'est qu'ils s'y retirent pendant le jour, et qu'ils n'en sortent que la nuit pour chercher leur subsistance. On chasse le tatou avec de petits chiens qui l'atteignent bientôt; il n'attend pas même qu'ils soient tout près de lui pour s'arrêter et pour se contracter en rond; dans cet état on le prend et on l'emporte. S'il se trouve au bord d'un précipice, il échappe aux chiens et aux chasseurs; il se resserre, se laisse tomber, et roule comme une boule sans briser son écaille et sans ressentir aucun mal.

Ces animaux sont gras, replets et très féconds. Comme ils sont bons à manger, on les chasse de toutes les manières : on les prend aisément avec des pièges que l'on tend au bord des eaux et dans les autres lieux humides et chauds qu'ils habitent de préférence; ils ne s'éloignent jamais beaucoup de leurs terriers, qui sont très profonds et qu'ils tâchent de regagner dès qu'ils sont surpris. On prétend qu'ils ne craignent pas la morsure des serpents à sonnettes, quoiqu'elle soit aussi dangereuse que celle de la vipère; on dit qu'ils vivent en paix avec ces reptiles et que l'on en trouve souvent dans leurs trous. Les sauvages se servent du têt des tatous à plusieurs usages : il le peignent de différentes couleurs; ils en font des corbeilles, des boîtes et d'autres petits vaisseaux solides et légers.

LE SARIGUE

Le sarigue ou l'opossum est un animal de l'Amérique qu'il est aisé de distinguer de tous les autres par deux caractères très singuliers : le premier de ces caractères est que la femelle a sous le ventre une ample cavité dans laquelle elle reçoit et allaite ses petits ; le second est que le mâle et la femelle ont tous deux le premier doigt des pieds de derrière sans ongle et bien séparé des autres doigts,

Le sarigue.

tel que le pouce dans la main de l'homme, tandis que les quatre autres doigts de ces mêmes pieds de derrière sont placés les uns contre les autres et armés d'ongles crochus, comme dans les pieds des autres quadrupèdes.

Les petits sarigues restent attachés et comme collés aux mamelles de la mère pendant le premier âge, et jusqu'à ce qu'ils aient pris assez de force et d'accroissement pour se mouvoir aisément. Ce fait n'est pas douteux ; il n'est pas même particulier à cette seule espèce, puisque nous voyons des petits ainsi attachés aux mamelles dans une autre espèce, que nous appellerons la *marmose*. Or cette femelle marmose n'a pas, comme la femelle sarigue, une poche sous le ventre où ses petits puissent se cacher : ce n'est donc pas de la commodité ou du secours que la poche prête aux petits que dépend uniquement l'effet de la longue adhérence aux mamelles, non plus que celui de leur accroissement dans cette situation immobile.

A la seule inspection de la forme des pieds de cet animal, il est aisé de juger qu'il marche mal et qu'il court lentement ; aussi dit-on qu'un homme peut l'attraper sans même précipiter son pas. En revanche il grimpe sur les arbres avec une extrême facilité; il se cache dans le feuillage pour attraper les oiseaux, ou bien se suspend par la queue, dont l'extrémité est musculeuse et flexible comme une main, en sorte qu'il peut serrer et même environner de plus d'un tour les corps qu'il saisit : il reste quelquefois longtemps dans cette situation sans mouvement, le corps suspendu, la tête en bas; il épie et attend le petit gibier au passage : d'autres fois il se balance pour sauter d'un arbre à un autre, à peu près comme les singes à queue *prenante*, auxquels il ressemble aussi par la conformation des pieds. Quoique carnassier, et même avide de sang, qu'il se plaît à sucer, il mange assez de tout, des reptiles, des insectes, des cannes de sucre, des patates, des racines, et même des feuilles et des écorces. On peut le nourrir comme un animal domestique : il n'est ni féroce ni farouche, et on l'apprivoise aisément; mais il dégoûte par sa mauvaise odeur, qui est plus forte que celle du renard, et il déplaît aussi par sa vilaine figure; car, indépendamment de ses oreilles de chouette, de sa queue de serpent, et de sa gueule fendue jusque auprès des yeux, son corps paraît toujours sale, parce que son poil, qui n'est ni lisse ni frisé, est terne et semble être couvert de boue. Sa mauvaise odeur réside dans la peau, car sa chair n'est pas mauvaise à manger, c'est même un des animaux que les sauvages chassent de préférence, et duquel ils se nourrissent le plus volontiers.

L'ÉLÉPHANT

L'éléphant est, si nous voulons ne pas nous compter, l'être le plus considérable de ce monde; il surpasse tous les animaux terrestres en grandeur, et il approche de l'homme par l'intelligence autant au moins que la matière peut approcher de l'esprit. L'éléphant, le chien, le castor et le singe sont de tous les êtres animés ceux dont l'instinct est le plus admirable; mais cet instinct, qui n'est que le produit de toutes les facultés tant intérieures qu'extérieures de l'animal, se manifeste par des résultats bien différents dans chacune de ces espèces.

Le chien n'a que de l'esprit (qu'on me permette, faute de termes, de profaner ce nom); le chien, dis-je, n'a que de l'esprit d'emprunt, le singe n'en a que l'apparence, et le castor n'a du sens que pour lui seul et les siens. L'éléphant leur est supérieur à tous trois; il réunit leurs qualités les plus éminentes. La main est le principal organe de l'adresse du singe : l'éléphant, au moyen de sa trompe, qui lui sert de bras et de main, et avec laquelle il peut enlever et saisir les plus petites choses comme les plus grandes, les porter à sa bouche, les poser sur son dos, les tenir embrassées, ou les lancer au loin, a donc le même moyen d'adresse que le singe; et en même temps il a la docilité du chien, il est, comme lui, susceptible de reconnaissance, et capable d'un fort attachement; il s'accoutume aisément à l'homme, se soumet moins par la force que par les bons traitements, le sert avec zèle, avec fidélité, avec intelligence, etc. Enfin l'éléphant, comme le castor, aime la société de ses semblables; il s'en fait entendre : on les voit souvent se rassembler, se disperser, agir de concert, et s'ils n'édifient rien, s'ils ne travaillent point en commun, ce n'est peut-être que faute d'assez d'espace et de tranquillité; car les hommes se sont très anciennement multipliés dans toutes les terres qu'habite l'éléphant : il vit donc dans l'inquiétude, et n'est nulle part paisible possesseur d'un espace assez grand, assez libre pour s'y établir à demeure.

Nous avons vu qu'il faut toutes ces conditions et tous ces avantages pour que les talents du castor se manifestent, et que partout où les hommes se sont habitués, il perd son industrie et cesse d'édifier. Chaque être dans la nature a son prix réel et sa valeur relative : si l'on veut juger au juste de l'un et de l'autre dans l'éléphant, il faut lui accorder au moins l'intelligence du castor, l'adresse du singe, le sentiment du chien, et y ajouter ensuite les avantages particuliers, uniques, de la force, de la grandeur et de la longue durée de la vie; il ne faut pas oublier ses armes ou ses défenses, avec lesquelles il peut percer ou vaincre le lion; il faut se représenter que sous ses pas il ébranle la terre, que de sa main il arrache les arbres, que d'un coup de son corps il fait brèche dans un mur; que, terrible par sa force, il est encore invincible par la seule résistance de sa masse, par l'épaisseur du cuir qui la couvre; qu'il peut porter sur son dos une tour armée en guerre et chargée de plusieurs hommes; que seul il fait mouvoir des machines et transporte des fardeaux que six chevaux ne pourraient remuer; qu'à cette force prodigieuse il joint encore le courage, la prudence, le sang-froid, l'obéissance exacte; qu'il conserve de la modération, même dans ses passions les plus vives; que dans la colère il ne méconnaît point ses amis; qu'il n'attaque jamais que ceux qui l'ont offensé; qu'il se souvient des bienfaits aussi longtemps que des injures; que, n'ayant nul goût pour la chair et ne se nourrissant que de végétaux, il n'est pas né l'ennemi des autres animaux; qu'enfin il est aimé de tous, puisque tous le respectent et n'ont nulle raison de le craindre.

Dans l'état sauvage, l'éléphant n'est ni sanguinaire ni féroce : il est d'un naturel doux, et jamais il ne fait abus de ses armes ou de sa force, il ne les emploie, il ne les exerce que pour se défendre lui-même ou pour protéger ses semblables. Il a les mœurs sociables; on le voit rarement errant en solitaire. Il marche ordinairement de compagnie; le plus âgé conduit la troupe, le second d'âge la fait aller, et marche le dernier, les jeunes et les faibles sont au milieu des autres, les mères portent leurs petits et les tiennent embrassés de leur trompe. Ils ne gardent cet ordre que dans les marches périlleuses, lorsqu'ils vont paître sur des terres cultivées; ils se promènent ou voyagent avec moins de précaution dans les forêts et dans les solitudes, sans cependant se séparer absolument ni même s'écarter assez loin pour être hors de portée des secours et des avertissements : il y en a néanmoins quelques-uns qui s'égarent ou qui traînent après les autres, et ce sont les seuls que les chasseurs osent attaquer; car il faudrait une petite armée pour assaillir la troupe entière, et l'on ne pourrait la vaincre sans perdre beaucoup de monde; il serait même dangereux de leur faire la moindre injure; ils vont droit à l'offenseur, et, quoique la masse de leur corps soit très pesante, leur pas est si grand, qu'ils atteignent aisément l'homme le plus léger à la course; ils le percent de leurs défenses, ou le saisissent avec la trompe, le lancent comme une pierre, et achèvent de le tuer en le foulant aux pieds.

Mais ce n'est que lorsqu'ils sont provoqués qu'ils font ainsi main-basse sur les hommes, ils ne font aucun mal à ceux qui ne les cherchent pas; cependant, comme ils sont susceptibles et délicats sur le fait des injures, il est bon d'éviter leur rencontre, et les voyageurs qui fréquentent leur pays allument de grands feux la nuit et battent de la caisse pour les empêcher d'approcher. On prétend que lorsqu'ils ont été une fois attaqués par les hommes, ou qu'ils sont tombés

Chasse à l'éléphant en Afrique.

dans quelque embûche, ils ne l'oublient jamais, et cherchent à se venger en toute occasion.

Comme ils ont l'odorat excellent et peut-être plus parfait qu'aucun des animaux, à cause de la grande étendue de leur nez, l'odeur de l'homme les frappe de très loin; ils pourraient aisément le suivre à la piste. Les anciens ont écrit que les éléphants arrachent l'herbe des endroits où le chasseur a passé, et qu'ils se la donnent de main en main pour que tous soient informés du passage et de la marche de l'ennemi. Ces animaux aiment le bord des fleuves, les profondes vallées, les lieux ombragés et les terrains humides, ils ne peuvent se passer d'eau et la troublent avant que de la boire : ils en remplissent souvent leur trompe, soit pour la porter à leur bouche, ou seulement pour se rafraîchir le nez et s'amuser en la répandant à flots ou l'aspergeant à la ronde. Ils ne peuvent supporter le froid, et souffrent aussi de l'excès de la chaleur; car, pour éviter la trop grande ardeur du soleil, ils s'enfoncent autant qu'ils peuvent dans la profondeur des forêts les plus sombres; ils se mettent aussi assez souvent dans l'eau : le volume énorme de leur corps leur nuit moins qu'il ne leur aide à nager; ils enfoncent moins dans l'eau que les autres animaux; et d'ailleurs la longueur de leur trompe, qu'ils redressent en haut et par laquelle ils respirent, leur ôte toute crainte d'être submergés.

Leurs aliments ordinaires sont des racines, des herbes, des feuilles et du bois tendre : ils mangent aussi des fruits et des grains, mais ils dédaignent la chair et le poisson. Lorsque l'un d'entre eux trouve quelque part un pâturage abondant, il appelle les autres, il les invite à venir manger avec lui. Comme il leur faut une grande quantité de fourrage, ils changent souvent de lieux; et lorsqu'ils arrivent à des terres ensemencées, ils y font un dégât prodigieux; leur corps étant d'un poids énorme, ils écrasent et détruisent dix fois plus de plantes avec leurs pieds qu'ils n'en consomment pour leur nourriture, laquelle peut monter à cent cinquante livres d'herbe par jour : n'arrivant jamais qu'en nombre, ils dévastent donc une campagne en une heure. Aussi les Indiens et les nègres cherchent tous les moyens de prévenir leur visite et de les détourner en faisant de grands bruits, de grands feux autour de leurs terres cultivées; souvent, malgré ces précautions, les éléphants viennent s'en emparer, en chassant le bétail domestique, font fuir les hommes, et quelquefois renversent de fond en comble leurs minces habitations. Il est difficile de les épouvanter, et ils ne sont guère susceptibles de crainte : la seule chose qui les surprenne et puisse les arrêter sont les feux d'artifice, les pétards qu'on leur lance, et dont l'effet subit et promptement renouvelé les saisit et les fait quelquefois rebrousser chemin. On vient rarement à bout de les séparer les uns des autres; car ordinairement ils prennent tous ensemble le même parti d'attaquer, de passer indifféremment ou de fuir.

L'éléphant, une fois dompté, devient le plus doux, le plus obéissant de tous les animaux; il s'attache à celui qui le soigne, il le caresse, le prévient, et semble deviner tout ce qui peut lui plaire; en peu de temps il vient à comprendre les signes et même à entendre l'expression des sons : il distingue le ton impératif, celui de la colère ou de la satisfaction, et il agit en conséquence. Il ne se trompe point à la parole de son maître, il reçoit ses ordres avec attention, les exécute avec prudence, avec empressement, sans précipitation; car ses mouvements sont toujours mesurés, et son caractère paraît tenir de la gravité de sa masse. On lui apprend aisément à fléchir les genoux pour donner plus de facilité à ceux qui veulent le monter; il caresse ses amis avec sa trompe, en salue les gens qu'on lui fait remarquer; il s'en sert pour enlever les fardeaux, et aide lui-même à se charger. Il se laisse vêtir, et semble prendre plaisir à se voir couvert de harnais dorés et de housses brillantes. On l'attelle, on l'attache par des traits à des chariots, des charrues, des navires, des cabestans; il tire également, continûment et sans se rebuter, pourvu qu'on ne l'insulte pas par des coups donnés mal à propos, et qu'on ait l'air de lui savoir gré de la bonne volonté avec laquelle il emploie ses forces. Celui qui le conduit ordinairement est monté sur son cou, et se sert d'une verge de fer, dont l'extrémité fait le crochet, ou qui est armée d'un poinçon avec lequel on le pique sur la tête, à côté des oreilles, pour l'avertir, le détourner ou le presser; mais souvent la parole suffit, surtout s'il a eu le temps de faire connaissance complète avec son conducteur et de prendre en lui une entière confiance; son attachement devient quelquefois si fort, si durable, et son affection si profonde, qu'il refuse ordinairement de servir sous tout autre, et qu'on l'a quelquefois vu mourir de regret d'avoir, dans un accès de colère, tué son gouverneur.

La force de ces animaux est proportionnelle à leur grandeur : les éléphants des Indes portent aisément trois ou quatre milliers; les plus petits, c'est-à-dire ceux d'Afrique, enlèvent librement un poids de deux cents livres avec leur trompe; ils le placent eux-mêmes sur leurs épaules; ils prennent dans cette trompe une grande quantité d'eau qu'ils rejettent en haut ou à la ronde, à une ou deux toises de distance; ils peuvent porter plus d'un millier pesant sur leurs défenses : la trompe leur sert à casser les branches des arbres, et les défenses à arracher les arbres mêmes. On peut encore juger de leur force par la vitesse de leurs mouvements, comparée à la masse de leur corps : ils font au pas ordinaire à peu près autant de chemin qu'un cheval en fait au petit trot, et autant qu'un cheval au galop lorsqu'ils courent; ce qui, dans l'état de liberté, ne leur arrive guère que quand ils sont animés de colère ou poussés par la crainte. On mène ordinairement au pas les éléphants domestiques : ils font aisément et sans fatigue quinze ou vingt lieues par jour, et quand on veut les presser ils peuvent en faire trente-cinq ou quarante. On les entend marcher de très loin, et on peut aussi les suivre de très près à la piste; car les traces qu'ils laissent sur la terre ne sont pas équivoques, et dans les terrains où le pied marque elles ont quinze ou dix-huit pouces de diamètre.

Lorsque l'éléphant est bien soigné il vit longtemps, quoique en captivité, et l'on doit présumer que dans l'état de liberté sa vie est encore plus longue. Quelques auteurs ont écrit qu'il vivait trois ou quatre cents ans, d'autres deux ou trois cents, et d'autres enfin cent vingt, cent trente ou cent cinquante ans. Je crois que le terme moyen est le vrai, et que, si l'on est assuré que les éléphants captifs vivent cent vingt ou cent trente ans, ceux qui sont libres et qui jouissent de toutes les aisances de la vie et de tous les droits de la nature doivent vivre au moins deux cents ans; de même si la durée de la gestation est de deux ans, et s'il leur faut trente ans pour prendre tout leur accroissement, on peut encore être assuré que leur vie s'étend au moins au terme que nous venons d'indiquer. Au reste, la captivité abrège moins leur vie que la disconvenance du climat; quelque soin qu'on en prenne, l'éléphant ne vit pas longtemps dans les pays tempérés, et encore moins dans les climats froids.

LE RHINOCÉROS

Après l'éléphant, le rhinocéros est le plus puissant des animaux quadrupèdes; il a au moins douze pieds de longueur depuis l'extrémité du museau jusqu'à l'origine de la queue, six à sept pieds de hauteur, et la circonférence du corps à peu près égale à sa longueur. Il approche donc de l'éléphant pour le volume et par la masse, et s'il paraît bien plus petit, c'est que ses jambes sont bien plus courtes à proportion que celles de l'éléphant; mais il en diffère beaucoup par les facultés naturelles et par l'intelligence, n'ayant reçu de la nature que ce qu'elle accorde assez communément à tous les quadrupèdes; privé de toute sensibilité dans la peau; manquant de mains et d'organes distincts pour le sens du toucher; n'ayant, au lieu de trompe, qu'une lèvre mobile dans laquelle consistent tous ses moyens d'adresse.

Il n'est guère supérieur aux autres animaux que par la force, la grandeur, et l'arme offensive qu'il porte sur le nez et qui n'appartient qu'à lui : cette arme est une corne très dure, solide dans toute sa longueur, et placée plus avantageusement que les cornes des animaux ruminants : celles-ci ne munissent que les parties supérieures de la tête et du cou, au lieu que la corne du rhinocéros défend toutes les parties antérieures du museau, et préserve d'insulte le mufle, la bouche et la face; en sorte que le tigre attaque plus volontiers l'éléphant, dont il saisit la trompe, que le rhinocéros, qu'il ne peut coiffer sans risquer d'être éventré; car le corps et les membres sont recouverts d'une enveloppe impénétrable, et cet animal ne craint ni la griffe du tigre, ni l'ongle du lion, ni le fer, ni le feu du chasseur : sa peau est un cuir noirâtre de la même couleur, mais plus épais et plus dur que celui de l'éléphant. Il n'est pas sensible comme lui à la piqûre des mouches : il ne peut aussi ni froncer ni contracter sa peau; elle est seulement plissée par de grosses rides au cou, aux épaules et à la croupe, pour faciliter le mouvement de la tête et des jambes, qui sont massives et terminées par de larges pieds armés de trois grands ongles.

Il a la tête plus longue à proportion que l'éléphant; mais il a les yeux encore plus petits, et il ne les ouvre jamais qu'à demi. La mâchoire supérieure avance sur l'inférieure, et la lèvre du dessus a du mouvement et peut s'allonger jusqu'à six ou sept pouces de longueur; elle est terminée par un appendice pointu qui donne à cet animal plus de facilité qu'aux autres quadrupèdes pour cueillir l'herbe et en faire des poignées à peu près comme l'éléphant en fait avec sa trompe : cette lèvre musculeuse et flexible est une espèce de main ou de trompe très incomplète, mais qui ne laisse pas de saisir avec force et de palper avec adresse.

Au lieu de ces longues dents d'ivoire qui forment les défenses de l'éléphant, le rhinocéros a sa puissante corne et deux fortes dents incisives à chaque mâchoire : ces dents incisives, qui manquent à l'éléphant, sont fort éloignées l'une de l'autre dans les mâchoires du rhinocéros; elles sont placées une à une à chaque coin ou angle des mâchoires, desquelles l'inférieure est coupée carrément en devant, et il n'y a point d'autres dents incisives dans toute cette partie antérieure que recouvrent les lèvres; mais indépendamment de ces quatre dents incisives placées en avant aux quatre coins des mâchoires, il y a de plus vingt-quatre dents molaires, six de chaque côté des deux mâchoires. Ses oreilles se tiennent toujours droites : elles sont assez semblables pour la forme à celles du cochon; seulement elles sont moins grandes à proportion du corps : ce sont les seules parties sur lesquelles il y ait du poil ou plutôt des soies. L'extrémité de la queue est, comme celle de l'éléphant, garnie d'un bouquet de grosses soies très solides et très dures.

Il est très certain qu'il existe des rhinocéros qui n'ont qu'une corne sur le nez,

Chasseur cafre emporté par un rhinocéros.

et d'autres qui en ont deux; mais il n'est pas également certain que cette variété soit constante, toujours dépendante du climat de l'Afrique ou des Indes, et qu'en conséquence de cette seule différence on puisse établir deux espèces distinctes dans le genre de cet animal. Il paraît que les rhinocéros qui n'ont qu'une corne l'ont plus grosse et plus longue que ceux qui en ont deux : il y a des cornes simples de trois pieds et demi et peut-être de plus de quatre pieds de longueur sur six ou sept pouces de diamètre à la base; il y a aussi des cornes doubles qui ont jusqu'à deux pieds de longueur. Communément ces cornes sont brunes ou couleur olivâtre; cependant il s'en trouve de grises et même quelques-unes de blanches; elles n'ont qu'une légère concavité en forme de tasse sur leur base, par laquelle elles sont attachées à la peau du nez; tout le reste de la corne est solide et plus dur que la corne ordinaire : c'est avec cette arme, dit-on, que le rhinocéros attaque et blesse quelquefois mortellement les éléphants de la plus haute taille, dont les jambes élevées permettent au rhinocéros, qui les a bien courtes, de leur porter des coups de boutoir et de corne sous le ventre, où la peau est le plus sensible et le plus pénétrable; mais aussi, lorsqu'il manque son premier coup, l'éléphant le terrasse et le tue.

La corne du rhinocéros est plus estimée des Indiens que l'ivoire de l'éléphant, non pas tant à cause de la matière, dont cependant ils font plusieurs ouvrages au tour et au ciseau, mais à cause de sa substance même, à laquelle ils accordent plusieurs qualités spécifiques et propriétés médicinales; les blanches, comme les plus rares, sont aussi celles qu'ils estiment et qu'ils recherchent le plus. Dans les présents que le roi de Siam envoya à Louis XIV, en 1686, il y avait six cornes de rhinocéros. Nous en avons au cabinet du roi douze de différentes grandeurs, et une entre autres qui, quoique tronquée, a trois pieds huit pouces et demi de longueur.

Le rhinocéros, sans être ni féroce, ni carnassier, ni même extrêmement farouche, est cependant intraitable; il est à peu près en grand ce que le cochon est en petit, brusque et brute, sans intelligence, sans sentiment et sans docilité : il faut même qu'il soit sujet à des accès de fureur que rien ne peut calmer; car celui qu'Emmanuel, roi de Portugal, envoya au pape en 1513, fit périr le bâtiment sur lequel on le transportait, et celui que nous avons vu à Paris, ces années dernières, s'est noyé de même en allant en Italie. Ces animaux sont aussi, comme le cochon, très enclins à se vautrer dans la boue et à se rouler dans la fange; ils aiment les lieux humides et marécageux, et ils ne quittent guère les bords des rivières. On en trouve en Asie et en Afrique, au Bengale, à Siam, à Laos, au Mogol, à Sumatra, à Java, en Abyssinie, en Éthiopie, au pays des Anzicos et jusqu'au cap de Bonne-Espérance; mais en général l'espèce en est moins nombreuse et moins répandue que celle de l'éléphant.

Le rhinocéros se nourrit d'herbes grossières, de chardons, d'arbrisseaux épineux, et il préfère ces aliments agrestes à la douce pâture des plus belles prairies : il aime beaucoup les cannes de sucre et mange aussi toutes sortes de grains. N'ayant nul goût pour la chair, il n'inquiète que les petits animaux; il ne craint pas les grands, vit en paix avec tous, et même avec le tigre, qui souvent l'accompagne sans oser l'attaquer. Je ne sais donc si les combats de l'éléphant et du rhinocéros ont un fondement réel; ils doivent au moins être rares, puisqu'il n'y a nul motif de guerre ni de part ni d'autre, et que d'ailleurs on n'a pas remarqué qu'il y eût aucune espèce d'antipathie entre ces animaux; on en a vu même en captivité vivre tranquillement et sans s'offenser ni s'irriter l'un contre l'autre. Pline est, je crois, le premier qui ait parlé de ces combats du rhinocéros et de l'éléphant : il paraît qu'on les a forcés à se battre dans les spectacles de Rome; et c'est probablement de là que l'on a pris l'idée que quand ils sont en liberté et dans leur état naturel ils se battaient de même; mais, encore une fois, toute action sans motif n'est pas naturelle : c'est un effet sans cause, qui ne doit point arriver ou qui n'arrive que par hasard.

Les rhinocéros ne se rassemblent pas en troupe ni ne marchent en nombre comme les éléphants; ils sont plus solitaires, plus sauvages et peut-être plus difficiles à chasser et à vaincre. Ils n'attaquent pas les hommes, à moins qu'ils ne soient provoqués, mais alors ils prennent de la fureur et sont très redoutables; l'acier de Damas, les sabres du Japon, n'entament pas leur peau; les javelots et les lances ne peuvent la percer; elle résiste même aux balles de mousquet; celles de plomb s'aplatissent sur ce cuir, et les lingots de fer ne le pénètrent pas en entier : les seuls endroits absolument pénétrables dans ce corps cuirassé sont le ventre, les yeux et le tour des oreilles; aussi les chasseurs, au lieu d'attaquer cet animal de face et debout, le suivent de loin par ses traces, et attendent pour l'approcher les heures où il se repose et s'endort.

On peut voir dans une description de M. Parsons que cet animal a l'oreille bonne et même très attentive; on assure aussi qu'il a l'odorat excellent; mais on prétend qu'il n'a pas l'œil bon, et qu'il ne voit, pour ainsi dire, que devant lui. La petitesse extrême de ses yeux, leur position basse, oblique et enfoncée, le peu de brillant et de mouvement qu'on y remarque, semblent confirmer ce fait. Sa voix est assez sourde lorsqu'il est tranquille : elle ressemble en gros au grognement du cochon; et, lorsqu'il est en colère, son cri devient aigu et se fait entendre de fort loin. Quoiqu'il ne vive que de végétaux, il ne rumine pas : ainsi il est probable que, comme l'éléphant, il n'a qu'un estomac et des boyaux très amples et qui suppléent à l'office de la panse. Sa consommation, quoique considérable, n'approche pas de celle de l'éléphant; et il paraît, par la continuité et l'épaisseur non interrompue de sa peau, qu'il perd aussi moins que lui par la transpiration.

LE CHAMEAU, LE DROMADAIRE

Ces deux noms, *dromadaire* et *chameau,* ne désignent pas deux espèces différentes, mais indiquent seulement deux races distinctes et subsistantes de temps immémorial dans l'espèce du chameau. Le principal, ou, pour ainsi dire, l'unique caractère sensible par lequel ces deux races diffèrent, consiste en ce que le chameau porte deux bosses, et que le dromadaire n'en a qu'une; il est aussi plus petit et moins fort que le chameau.

Cet animal, quoique naturel aux pays chauds, craint cependant les climats où la chaleur est excessive : son espèce finit où commence celle de l'éléphant, et elle ne peut subsister ni sous le ciel brûlant de la zone torride; ni dans les climats doux de notre zone tempérée. Il paraît être originaire d'Arabie; car non seulement c'est le pays où il est en plus grand nombre, mais c'est aussi celui auquel il est le plus conforme. L'Arabie est le pays du monde le plus aride et où l'eau est le plus rare : le chameau est le plus sobre des animaux, et peut passer plusieurs jours sans boire. Le terrain est presque partout sec et sablonneux : le chameau a les pieds faits pour marcher dans les sables, et ne peut, au contraire, se soutenir dans les terrains humides et glissants. L'herbe et les pâturages manquent à cette terre, le bœuf y manque aussi, et le chameau remplace cette bête de somme. On ne se trompe guère sur le pays naturel des animaux en le jugeant par ces rapports de conformité : leur vraie patrie est la terre à laquelle ils ressemblent, c'est-à-dire à laquelle leur nature paraît s'être entièrement conformée, surtout lorsque cette même nature de l'animal ne se modifie point ailleurs et ne se prête pas à l'influence des autres climats.

Les Arabes regardent le chameau comme un présent du Ciel, un animal sacré, sans le secours duquel ils ne pourraient ni subsister, ni commercer, ni voyager. Le lait des chameaux fait leur nourriture ordinaire; ils en mangent aussi la chair, surtout celle des jeunes, qui est très bonne à leur goût; le poil de ces animaux, qui est fin et moelleux, et qui se renouvelle tous les ans par une mue complète, leur sert à faire les étoffes dont ils s'habillent et se meublent. Avec leurs chameaux, non seulement ils ne manquent de rien, mais même ils ne craignent rien, ils peuvent mettre en un seul jour cinquante lieues de désert entre eux et leurs ennemis : toutes les armées du monde périraient à la suite d'une troupe d'Arabes, aussi ne sont-ils soumis qu'autant qu'il leur plaît. Qu'on se figure un pays sans verdure et sans eau, un soleil brûlant, un ciel toujours sec, des plaines sablonneuses, des montagnes encore plus arides, sur lesquelles l'œil s'étend et le regard se perd sans pouvoir s'arrêter sur aucun objet vivant, une terre morte, et, pour ainsi dire, écorchée par les vents, laquelle ne présente que des ossements, des cailloux jonchés, des rochers debout ou renversés; un désert entièrement découvert où le voyageur n'a jamais respiré sous l'ombrage, où rien ne l'accompagne, où rien ne lui rappelle la nature vivante : solitude absolue, mille fois plus affreuse que celle des forêts; car les arbres sont encore des êtres pour l'homme qui se voit seul; plus isolé, plus dénué, plus perdu dans ces lieux vides et sans bornes, il voit partout l'espace comme son tombeau; la lumière du jour, plus triste que l'ombre de la nuit, ne renaît que pour éclairer sa nudité, son impuissance, et pour lui présenter les horreurs de sa situation, en reculant à ses yeux les barrières du vide, en étendant autour de lui l'abîme de l'immensité qui le sépare de la terre habitée, immensité qu'il tenterait en vain de parcourir; car la faim, la soif et la chaleur brûlante pressent tous les instants qui lui restent entre le désespoir et la mort.

Un Arabe qui se destine au métier de pirate de terre s'endurcit de bonne heure à la fatigue des voyages; il s'essaye à se passer de sommeil, à souffrir la faim, la soif et la chaleur : en même temps il instruit ses chameaux, il les élève et les exerce dans cette même vue; peu de jours après leur naissance, il leur plie les jambes sous le ventre, il les contraint à demeurer à terre, et les charge, dans cette situation, d'un poids assez fort, qu'il les accoutume à porter, et qu'il ne leur ôte que pour leur en donner un plus fort; au lieu de les laisser paître à toute heure et boire à leur soif, il commence par régler leurs repas, et peu à peu les éloigne à de grandes distances, en diminuant aussi la quantité de la nourriture; lorsqu'ils sont un peu forts, il les exerce à la course; il les excite par l'exemple des chevaux, et parvient à les rendre aussi légers et plus robustes : enfin, dès qu'il est sûr de la force, de la légèreté et de la sobriété de ses chameaux, il les charge de ce qui est nécessaire à sa subsistance et à la leur; il part avec eux, arrive sans être attendu aux confins du désert, arrête les premiers passants, pille les habitations écartées, charge ses chameaux de son butin; s'il est poursuivi, s'il est forcé de précipiter sa retraite, c'est alors qu'il développe tous ses talents et les leurs; monté sur un des plus légers, il conduit la troupe, la fait marcher jour et nuit, presque sans s'arrêter, ni boire ni manger : il fait aisément trois cents lieues en huit jours; et pendant tout ce temps de fatigue et de mouvement, il laisse ses chameaux chargés, et ne leur donne chaque jour qu'une heure de repos et une pelote de pâte; souvent ils courent ainsi neuf ou dix jours sans trouver de l'eau; ils se passent de boire; et lorsque par hasard il se trouve une mare d'eau à quelque distance de leur route, ils sentent l'eau de plus d'une demi-lieue; la soif qui les presse leur fait doubler le pas, et ils boivent en une seule fois pour tout le temps passé et pour autant de temps à venir; car souvent leurs voyages sont de plusieurs semaines, et leur temps d'abstinence dure aussi longtemps que leurs voyages.

Cette facilité qu'ils ont de s'abstenir longtemps de boire n'est pas de pure habitude, c'est plutôt un effet de leur conformation. Il y a dans le chameau, indépendamment des quatre estomacs qui se trouvent d'ordinaire dans les animaux ruminants, une cinquième poche qui leur sert de réservoir pour conserver de l'eau. Ce cinquième estomac manque aux autres animaux et n'appartient qu'au chameau; il est d'une capacité assez vaste pour contenir une grande quantité

Le chameau.

de liqueur; elle y séjourne sans se corrompre et sans que les autres aliments puissent s'y mêler; et lorsque l'animal est pressé par la soif et qu'il a besoin de délayer les nourritures sèches et de les macérer par la rumination, il fait remonter dans sa panse, et jusqu'à l'œsophage, une partie de cette eau par une simple contraction des muscles. C'est donc en vertu de cette conformation très singulière que le chameau peut se passer plusieurs jours de boire, et qu'il prend en une seule fois une prodigieuse quantité d'eau, qui demeure saine et limpide dans ce réservoir, parce que les liqueurs du corps ni les sucs de la digestion ne peuvent s'y mêler.

En réunissant sous un seul point de vue toutes les qualités de cet animal et tous les avantages que l'on en tire, l'on ne pourra s'empêcher de le reconnaître pour la plus utile et la plus précieuse de toutes les créatures subordonnées à l'homme. L'or et la soie ne sont pas les vraies richesses de l'Orient : c'est le chameau qui est le trésor de l'Asie; il vaut mieux que l'éléphant, car il travaille, pour ainsi dire, autant, et dépense peut-être vingt fois moins; d'ailleurs l'espèce entière en est soumise à l'homme, qui la propage et la multiplie autant qu'il lui plaît; au lieu qu'il ne jouit pas de celle de l'éléphant, qu'il ne peut multiplier, et dont il faut conquérir avec peine les individus les uns après les autres. Le chameau vaut non seulement mieux que l'éléphant, mais peut-être vaut-il autant que le cheval, l'âne et le bœuf, tous réunis ensemble : il porte seul autant que deux mulets; il mange aussi peu que l'âne, et se nourrit d'herbes aussi grossières; la femelle fournit du lait pendant plus de temps que la vache; la chair des jeunes chameaux est bonne et saine, comme celle du veau; leur poil est plus beau, plus recherché que la plus belle laine : il n'y a pas jusqu'à leur excrément dont on ne tire des choses utiles; car le sel ammoniac se fait de leur urine, et leur fiente desséchée et mise en poudre leur sert de litière, aussi bien qu'aux chevaux, avec lesquels ils voyagent souvent dans les pays où l'on ne connaît ni la paille ni le foin : enfin on fait des mottes de cette même fiente qui brûlent aisément, et font une flamme aussi claire et presque aussi vive que celle du bois sec; cela même est encore d'un grand secours dans ces déserts, où l'on ne trouve pas un arbre, et où, par le défaut de matières combustibles, le feu est aussi rare que l'eau.

LE BUFFLE, L'AUROCHS, LE BISON

Le bœuf sauvage et le bœuf domestique, le bœuf de l'Europe, de l'Asie, de l'Afrique et de l'Amérique, le *bonasus*, l'aurochs, le bison et le zébu, sont tous des animaux d'une seule et même espèce, qui, selon les climats, les nourritures et les traitements différents, ont subi des variétés. Le bœuf, comme l'animal le plus utile, est aussi le plus généralement répandu; car, à l'exception de l'Amérique méridionale, on l'a trouvé partout : sa nature s'est également prêtée à l'ardeur ou à la rigueur des pays du Midi et de ceux du Nord. Il paraît ancien dans tous les climats : domestique chez les nations civilisées, sauvage dans les contrées désertes ou chez les peuples non policés, il s'est maintenu par ses propres forces dans l'état de nature, et n'a jamais perdu les qualités relatives au service de l'homme. Les jeunes veaux sauvages, qu'on enlève à leur mère aux Indes et en Afrique, deviennent en très peu de temps aussi doux que ceux qui sont issus des races domestiques, et cette conformité naturelle prouve encore l'identité de l'espèce. La douceur du caractère dans les animaux indique la flexibilité physique de la force du corps; car de toutes les espèces d'animaux dont nous avons trouvé le caractère docile, et que nous avons soumis à l'état de domesticité, il n'y en a aucune qui ne présente plus de variété que l'on n'en peut trouver dans les espèces qui, par l'inflexibilité du caractère, sont demeurées sauvages.

Si l'on demande laquelle de ces deux races, de l'aurochs ou du bison, est la race première, la race primitive des bœufs, il me semble qu'on peut répondre d'une manière satisfaisante en tirant de simples inductions des faits que nous venons d'exposer. La bosse ou loupe du bison n'est, comme nous l'avons dit, qu'un caractère accidentel qui s'efface et se perd dans le mélange des deux races; l'aurochs ou bœuf sans bosse est donc le plus puissant et forme la race dominante : si c'était le contraire, la bosse, au lieu de disparaître, s'étendrait et subsisterait sur tous les individus de ce mélange des deux races. D'ailleurs cette bosse du bison, comme celle du chameau, est moins un produit de la nature qu'un effet du travail, un stigmate d'esclavage. On a de temps immémorial, dans presque tous les pays de la terre, forcé les bœufs à porter des fardeaux : la charge habituelle et souvent excessive a déformé leur dos; et cette difformité s'est ensuite propagée par les générations : il n'est resté de bœufs non difformes que dans les pays où l'on ne s'est pas servi de ces animaux pour porter. Dans toute l'Afrique, dans tout le continent oriental, les bœufs sont bossus, parce qu'ils ont porté de tout temps des fardeaux sur leurs épaules; en Europe, où on

Le buffle.

ne les emploie qu'à tirer, ils n'ont pas subi cette altération, et aucun ne nous présente cette difformité. Elle a vraisemblablement pour cause première le poids et la compression des fardeaux, et pour cause seconde la surabondauce de la nourriture; car elle disparait lorsque l'animal est maigre et mal nourri. Des bœufs esclaves ou bossus se seront échappés, ou auront été abandonnés dans les bois; ils y auront fait une postérité sauvage et chargée de la même difformité, qui, loin de disparaître, aura dû s'augmenter par l'abondance des nourritures dans tous les pays non cultivés, en sorte que cette race secondaire aura peuplé toutes les terres désertes du Nord et du Midi, et aura passé dans le nouveau continent, comme tous les autres animaux dont la nature ne peut supporter le froid. Ce qui confirme et prouve encore l'identité de l'espèce du bison et de l'aurochs, c'est que les bisons ou bœufs à bosse du nord de l'Amérique ont une si forte odeur, qu'ils ont été appelés *bœufs musqués* par la plupart des voyageurs, et qu'en même temps nous voyons, par le témoignage des observateurs, que l'aurochs ou bœuf sauvage de Prusse et de Livonie a cette même odeur de musc, comme le bison d'Amérique.

Le buffle est d'un naturel plus dur et moins traitable que le bœuf; il obéit plus difficilement, il est plus violent, il a des fantaisies plus brusques et plus fréquentes : toutes ses habitudes sont grossières et brutes; il est, après le cochon, le plus sale des animaux domestiques, par la difficulté qu'il met à se laisser nettoyer et panser. Sa figure est grosse et repoussante, son regard stupidement farouche; il avance ignoblement son cou et porte mal sa tête, presque toujours penchée vers la terre; sa voix est un mugissement épouvantable, d'un ton beaucoup plus fort et plus grave que celui d'un taureau; il a les membres

L'aurochs.

maigres et la queue nue, la mine obscure, la physionomie noire comme le poil et la peau : il diffère principalement du bœuf à l'extérieur par cette couleur de la peau, qu'on aperçoit aisément sous le poil, qui n'est que peu fourni. Il a le corps plus gros et plus court que le bœuf, les jambes plus hautes, la tête proportionnellement beaucoup plus petite, les cornes moins rondes, noires, et en partie comprimées, un toupet de poil crépu sur le front; il a aussi la peau plus épaisse et plus dure que le bœuf; sa chair, noire et dure, est non seulement désagréable au goût, mais répugnante à l'odorat. Le lait de la femelle buffle n'est pas si bon que celui de la vache; elle en fournit cependant une plus grande quantité. Dans les pays chauds, presque tous les fromages sont faits de lait de buffle. La chair des jeunes buffles encore nourris de lait n'en est pas meilleure. Le cuir seul vaut mieux que tout le reste de la bête, dont il n'y a que la langue qui soit bonne à manger : ce cuir est solide, assez léger et presque impénétrable. Comme ces animaux sont en général plus grands et plus forts que les bœufs, on s'en sert utilement au labourage; on leur fait traîner et non pas porter des fardeaux. On les dirige et on les contient au moyen d'un anneau qu'on leur passe dans le nez : deux buffles attelés, ou plutôt enchaînés à un chariot, tirent autant que quatre forts chevaux : comme leur cou et leur tête se portent naturellement bas, ils emploient en tirant tout le poids de leur corps, et cette masse surpasse de beaucoup celle d'un cheval ou d'un bœuf de labour.

Quoique les aurochs aiment la solitude, ils s'approchent cependant des habitations lorsque la faim et la disette, en hiver, les forcent à venir prendre le foin qu'on leur fournit sous des hangars. Ces bisons sauvages ne se mêlent jamais avec l'espèce de nos bœufs; ils sont blancs sur le corps et ont le museau et les oreilles noirs; leur grandeur est celle d'un bœuf commun de moyenne taille, mais ils ont les jambes plus longues et les cornes plus belles; les mâles pèsent environ cinq cent trente livres, et les femelles environ quatre cents; leur cuir est meilleur que celui du bœuf commun. Mais ce qu'il y a de singulier, c'est que les bisons ont perdu, par la durée de leur domesticité, les longs poils qu'ils portaient autrefois. A présent qu'ils n'ont plus cette jupe ou crinière de longs poils, ils sont par là devenus différents de tous les bisons qui nous sont connus.

Les bœufs et les bisons ne sont que deux races particulières, mais toutes deux de la même espèce, quoique le bison diffère toujours du bœuf, non seulement par la loupe qu'il porte sur le dos, mais souvent encore par la qualité, la quantité et la longueur du poil. Le bison ou bœuf à bosse de Madagascar réussit très bien à l'île de France; sa chair y est beaucoup meilleure que celle de nos bœufs venus d'Europe, et après quelques générations sa bosse s'efface entièrement. Il a le poil plus lisse, la jambe plus effilée et les cornes plus longues que ceux de l'Europe. J'ai vu, dit M. de Querhoënt, de ces bœufs bossus qu'on amenait de Madagascar, qui en avaient d'une grandeur étonnante [1].

LE MOUFFLON

On trouve dans les montagnes de la Grèce, dans les îles de Chypre, de Sardaigne, de Corse, et dans les déserts de la Tartarie, l'animal que nous avons nommé *moufflon*, et qui nous paraît être la souche primitive de toutes les brebis. Il existe dans l'état de nature, il subsiste et se multiplie sans le secours de l'homme; il ressemble plus qu'aucun autre animal sauvage à toutes les brebis domestiques; il est plus vif, plus fort et plus léger qu'aucune d'entre elles; il a la tête, le front, les yeux et toute la face du bélier; il lui ressemble aussi par la forme des cornes et par l'habitude entière du corps. La seule disconvenance qu'il y ait entre le moufflon et nos brebis, c'est qu'il est couvert de poils et non de laine : mais nous avons vu que, même dans les brebis domestiques, la laine n'est pas un caractère essentiel; que c'est une production du climat tempéré, puisque dans les pays chauds ces mêmes brebis n'ont point de laine et sont toutes couvertes de poil, et que, dans les pays très froids, leur laine est encore aussi grossière, aussi rude que le poil. Dès lors il n'est pas étonnant que la

[1] Voir, page 108, la gravure représentant le bison.

brebis originaire, la brebis primitive et sauvage, qui a dû souffrir le froid et le chaud, vivre et se multiplier sans abri dans les bois, ne soit pas couverte d'une laine qu'elle aurait bientôt perdue dans les broussailles, d'une laine que l'exposition continuelle à l'air et l'intempérie des saisons auraient en peu de temps altérée et changée de nature.

Le moufflon.

LE ZÈBRE, L'ONAGRE

Le zèbre est peut-être de tous les animaux quadrupèdes le mieux fait et le plus élégamment vêtu. Il a la figure et les grâces du cheval, la légèreté du cerf et la robe rayée de rubans noirs et blancs, disposés alternativement avec tant de régularité et de symétrie, qu'il semble que la nature ait employé la règle et le compas pour le peindre : ces bandes alternatives de noir et de blanc sont d'autant plus singulières qu'elles sont étroites, parallèles et très exactement séparées, comme dans une étoffe rayée; que d'ailleurs elles s'étendent non seulement sur le corps, mais sur la tête, sur les cuisses et les jambes, et jusque sur les oreilles et la queue; en sorte que de loin cet animal paraît comme s'il était environné partout de bandelettes qu'on aurait pris plaisir et employé beaucoup d'art à disposer régulièrement sur toutes les parties de son corps; elles en suivent les contours et en marquent si avantageusement la forme, qu'elles en dessinent les muscles en s'élargissant plus ou moins sur les parties plus ou moins charnues et plus ou moins arrondies. Dans la femelle, ces bandes sont alternativement noires et blanches; dans le mâle, elles sont noires et jaunes, mais toujours d'une nuance vive et brillante sur un poil court, fin et fourni, dont le lustre augmente encore la beauté des couleurs. Le zèbre est en général plus petit que le cheval et plus grand que l'âne, et quoiqu'on l'ait souvent comparé à ces deux animaux, qu'on l'ait même appelé *cheval sauvage* et *âne rayé*, il n'est la copie ni de l'un ni de l'autre, et serait plutôt leur modèle, si dans la nature tout n'était pas également original, et si chacun n'avait pas un droit égal à la création.

Le zèbre n'est pas l'animal que les anciens ont indiqué sous le nom d'*onagre*.

Le zèbre.

Il existe dans le Levant, dans l'orient de l'Asie et dans les parties septentrionales de l'Afrique, une très belle race d'ânes qui, comme celle des plus beaux chevaux, est originaire d'Arabie : cette race diffère de la race commune par la grandeur du corps, la légèreté des jambes et le lustre du poil ; ils sont de couleur uniforme, ordinairement d'un beau gris de souris, avec une croix noire sur le dos et sur les épaules; quelquefois ils sont d'un gris plus clair avec une croix blonde. Ces ânes d'Afrique et d'Asie, quoique plus beaux que ceux d'Europe, sortent également des *onagres* ou *ânes sauvages*, qu'on trouve encore en assez grande quantité dans la Tartarie orientale et méridionale, la Perse, la Syrie, les îles de l'Archipel et toute la Mauritanie. Les onagres ne diffèrent des ânes domestiques que par les attributs de l'indépendance et de la liberté; ils sont plus forts et plus légers, ils ont plus de courage et de vivacité; mais ils sont les mêmes pour la forme du corps; ils ont seulement le poil beaucoup plus long, et cette différence tient encore à leur état; car nos ânes auraient également le poil long si l'on n'avait pas soin de les tondre à l'âge de quatre ou cinq mois : les ânons ont, dans les premiers temps, le poil long, à peu près comme les jeunes ours.

LE COUAGGA

Dans le journal d'un voyage entrepris dans l'intérieur de l'Afrique par ordre du gouverneur du cap de Bonne-Espérance, il est dit que les voyageurs virent, entre autres animaux, des chevaux sauvages, des ânes et des *quacchas*. La signification de ce dernier mot m'était absolument inconnue, lorsque M. Gordon m'a appris que le nom de *quacchas* était celui de *kwagga*, que les Hottentots donnent à l'animal dont il s'agit, et que j'ai cru devoir retenir, parce que,

Le couagga.

n'ayant jamais été décrit ni même connu en Europe, il ne peut être désigné que par le nom qu'il porte dans le pays dont il est originaire. Les raies dont sa peau est ornée le font d'abord regarder comme une variété dans l'espèce du zèbre, dont il diffère cependant à divers égards : sa couleur est d'un brun foncé, et, comme le zèbre, il est rayé très régulièrement de noir, depuis le bout du museau jusqu'au-dessus des épaules, et cette même couleur des raies passe sur une jolie crinière qu'il porte sur le cou. Depuis les épaules, les raies commencent à perdre de leur longueur, et, allant en diminuant, elles disparaissent à la région du ventre, avant d'avoir atteint les cuisses. L'entre-deux de ces raies est d'un brun plus clair, et il est presque blanc aux oreilles. Le dessous du corps, les cuisses et les jambes sont blanches; sa queue, qui est un peu plate, est aussi garnie de crins ou de poils de la même couleur : la corne des pieds est noire; sa forme ressemble beaucoup plus à celle du pied du cheval qu'à la forme du pied du zèbre. Ajoutez à cela que le caractère de ces animaux est aussi fort différent : celui des couaggas est plus docile ; car il n'a pas encore été possible d'apprivoiser les zèbres assez pour pouvoir les employer à des usages domestiques, au lieu que les paysans de la colonie du Cap attellent les couaggas à leurs charrettes, qu'ils tirent très bien ; ils sont robustes et forts : il est vrai qu'ils sont méchants, ils mordent et ruent ; quand un chien les approche de trop près, ils le repoussent à grands coups de pieds, et quelquefois ils le saisissent avec les dents ; les hyènes même, que l'on nomme loups au Cap, n'osent pas les attaquer ; ils marchent en troupes, souvent au nombre de cent ; mais jamais on ne voit guère un zèbre parmi eux, quoiqu'ils vivent dans les mêmes endroits.

L'ÉLAN, LE RENNE

Quoique l'élan et le renne soient deux animaux d'espèces différentes, nous avons cru devoir les réunir, parce qu'il n'est guère possible de faire l'histoire de l'un sans emprunter beaucoup de celle de l'autre, la plupart des anciens auteurs, et même des modernes, les ayant confondus ou désignés par des dénominations équivoques qu'on pourrait appliquer à tous deux.

L'élan et le renne ne se trouvent tous deux que dans les pays du Nord ; l'élan en deçà et le renne au delà du cercle polaire en Europe et en Asie : on les retrouve en Amérique à de moindres latitudes, parce que le froid y est plus grand qu'en Europe ; le renne n'en craint pas la rigueur, même la plus excessive ; on en voit au Spitzberg ; il est commun en Groënland et dans la Laponie la plus boréale, ainsi que dans les parties les plus septentrionales de l'Asie. L'élan ne s'approche pas si près du pôle ; il habite en Norvège, en Suède, en Pologne, en Lithuanie, en Russie, et dans les provinces de la Sibérie et de la Tartarie, jusqu'au nord de la Chine.

On peut prendre des idées assez justes de la forme de l'élan et de celle du renne, en les comparant tous deux avec le cerf. L'élan est plus grand, plus gros, plus élevé sur ses jambes ; il a le cou plus court, le poil plus long, le bois beaucoup plus large et plus massif que le cerf : le renne est plus bas, plus trapu ; il a les jambes plus courtes, plus grosses, et les pieds bien plus larges : le poil très fourni ; le bois beaucoup plus long et divisé en un grand nombre de rameaux terminés par des empaumures, au lieu que celui de l'élan n'est, pour ainsi dire, que découpé et chevillé sur la tranche. Tous deux ont de longs poils sous le cou, et tous deux ont la queue courte et les oreilles beaucoup plus longues que le cerf. Ils ne vont pas par bonds et par sauts, comme le chevreuil ou le cerf : leur marche est une espèce de trot, mais si prompt et si aisé, qu'ils font dans le même temps presque autant de chemin qu'eux, sans se fatiguer autant ; car ils peuvent trotter ainsi sans s'arrêter pendant un jour ou deux. Le renne se tient sur les montagnes ; l'élan n'habite que les terres basses et les forêts humides. Tous deux se mettent en troupes, comme le cerf, et vont de compagnie ; tous deux peuvent s'apprivoiser, mais le renne beaucoup plus que l'élan : celui-ci, comme le cerf, n'a nulle part perdu sa liberté, au lieu que le renne est devenu domestique chez le dernier des peuples ; les Lapons n'ont pas d'autre bétail. Dans ce climat glacé, qui ne reçoit du soleil que des rayons obliques, où la nuit a sa saison comme le jour, où la neige couvre la terre dès le commencement de l'automne jusqu'à la fin du printemps, où la ronce, le genièvre et la mousse sont seuls la verdure de l'été, l'homme pouvait-il espérer nourrir des

Rennes de Laponie.

troupeaux? Le cheval, le bœuf, la brebis, tous nos autres animaux utiles ne pouvant y trouver leur subsistance, ni résister à la rigueur du froid, il a fallu chercher parmi les hôtes des forêts l'espèce la moins sauvage et la plus profitable : les Lapons ont fait ce que nous ferions nous-mêmes si nous venions à perdre notre bétail; il faudrait bien alors, pour y suppléer, apprivoiser les cerfs, les chevreuils de nos bois, et les rendre animaux domestiques; et je suis bien persuadé qu'on en viendrait à bout, et qu'on saurait bientôt en tirer autant d'utilité que les Lapons en tirent de leurs rennes.

Nous devons sentir par cet exemple jusqu'où s'étend pour nous la libéralité de la nature; nous n'usons pas, à beaucoup près, de toutes les richesses qu'elle nous offre; le fond en est bien plus immense que nous ne l'imaginons; elle nous a donné le cheval, le bœuf, la brebis, tous nos autres animaux domestiques, pour nous servir, nous nourrir, nous vêtir; et elle a encore des espèces de réserve qui pourraient suppléer à leur défaut, et qu'il ne tiendrait qu'à nous d'assujettir et de faire servir à nos besoins. L'homme ne sait pas assez ce que peut la nature, ni ce qu'il peut sur elle : au lieu de la rechercher dans ce qu'il ne connaît pas, il aime mieux en abuser dans tout ce qu'il en connaît.

En comparant les avantages que les Lapons tirent du renne apprivoisé avec ceux que nous retirons de nos animaux domestiques, on verra que cet animal en vaut seul deux ou trois. On s'en sert comme du cheval, pour tirer des traîneaux, des voitures; il marche avec bien plus de diligence et de légèreté, fait aisément trente lieues par jour, et court avec autant d'assurance sur la neige gelée que sur une pelouse. La femelle donne du lait plus substantiel et plus nourrissant que celui de la vache; la chair de cet animal est très bonne à manger; son poil fait une excellente fourrure, et la peau passée devient un cuir très souple et très durable : ainsi le renne donne seul tout ce que nous tirons du cheval, du bœuf et de la brebis.

Il y a en Laponie des rennes sauvages et des rennes domestiques. Les rennes sauvages sont plus robustes et plus forts que les domestiques; on les préfère pour les atteler au traîneau. Ces rennes sont moins doux que les autres; car non seulement ils refusent quelquefois d'obéir à celui qui les guide, mais ils se retournent brusquement contre lui, l'attaquent à coups de pieds, en sorte qu'il n'a d'autre ressource que de se couvrir dans son traîneau, jusqu'à ce que la colère de sa bête soit apaisée. Au reste, cette voiture est si légère, qu'on la manie et la retourne aisément sur soi; elle est garnie par-dessous de peaux de jeunes rennes, le poil tourné contre la neige et couché en arrière, pour que le traîneau glisse plus facilement en avant et recule moins aisément dans la montagne. Le renne attelé n'a pour collier qu'un morceau de peau où le poil est resté, d'où descend vers le poitrail un trait qui lui passe sous le ventre entre les jambes, et va s'attacher à un trou qui est sur le devant du traîneau. Le Lapon n'a pour guides qu'une seule corde, attachée à la racine du bois de l'animal, qu'il jette diversement sur le dos de la bête, tantôt d'un côté et tantôt de l'autre, selon qu'il veut la diriger à droite ou à gauche. Elle peut faire quatre ou cinq lieues par heure; mais plus cette manière de voyager est prompte, plus elle est incommode : il faut y être habitué, et travailler continuellement pour maintenir son traîneau et l'empêcher de verser.

En général l'élan est un animal beaucoup plus grand et bien plus fort que le cerf et le renne; il a le poil si rude et le cuir si dur, que la balle du mousquet peut à peine y pénétrer; il a les jambes très fermes, avec tant de mouvement et de force, surtout dans les pieds de devant, que d'un seul coup il peut tuer un homme, un loup, et même casser un arbre. Cependant on le chasse à peu près comme nous chassons le cerf, c'est-à-dire à force d'hommes et de chiens : on assure que lorsqu'il est lancé ou poursuivi, il lui arrive souvent de tomber tout à coup, sans avoir été ni tiré ni blessé, de là on a présumé qu'il était sujet à l'épilepsie, et de cette présomption (qui n'est pas bien fondée, puisque la peur seule pourrait produire le même effet) on a tiré cette conséquence absurde, que la corne de ses pieds devait guérir de l'épilepsie, et même en préserver; et ce

L'élan.

préjugé grossier a été si généralement répandu, qu'on voit encore aujourd'hui quantité de gens du peuple porter des bagues dont le chaton renferme un petit morceau de corne d'élan.

LA GAZELLE[1]

Les antilopes, surtout les grandes, sont beaucoup plus communes en Afrique qu'aux Indes; elles sont plus fortes et plus farouches que les autres gazelles, desquelles il est aisé de les distinguer par la double flexion de leurs cornes, et parce qu'elles n'ont point de bande noire ou brune au bas des flancs. Les antilopes moyennes sont de la grandeur et de la couleur du daim; elles ont les cornes fort noires, le ventre très blanc, les jambes de devant plus courtes que celles de derrière. On les trouve en grand nombre dans les contrées du Tremecin, du Duguela, du Tel et du Zara. Elles sont propres et ne se couchent que dans des

[1] Voir, page 105, la gravure représentant la gazelle.

endroits secs et nets. Elles sont aussi très légères à la course, très attentives au danger, très vigilantes, en sorte que dans les lieux découverts elles regardent longtemps de tous côtés : et dès qu'elles aperçoivent un chien ou quelque autre ennemi, elles fuient de toutes leurs forces : cependant elles ont, avec cette timidité naturelle, une espèce de courage; car, lorsqu'elles sont surprises, elles s'arrêtent tout court et font face à ceux qui les attaquent.

En général les gazelles ont les yeux noirs, grands, très vifs, et en même temps si tendres, que les Orientaux en ont fait un proverbe, en comparant les beaux yeux d'une femme à ceux de la gazelle. Elles ont, pour la plupart, les jambes plus fines et plus déliées que le chevreuil; le poil aussi court, plus doux et plus lustré; leurs jambes de devant sont moins longues que celles de derrière, ce qui leur donne, comme au lièvre, plus de facilité pour courir en montant qu'en descendant. Leur légèreté est au moins égale à celle du chevreuil; mais celui-ci bondit et saute plutôt qu'il ne court, au lieu que les gazelles courent uniformément plutôt qu'elles ne bondissent. La plupart sont fauves sur le dos, blanches sous le ventre, avec une bande brune qui sépare ces deux couleurs au bas des flancs. La queue est plus ou moins grande, mais toujours garnie de poils assez longs et noirâtres; leurs oreilles sont droites, longues, assez ouvertes dans leur milieu, et se terminent en pointe. Toutes ont le pied fourchu et conformé à peu près comme celui des moutons : toutes ont, mâles et femelles, des cornes permanentes, comme les chèvres; les cornes des femelles sont seulement plus minces et plus courtes que celles des mâles.

LE CHEVROTAIN

L'on a donné en dernier lieu le nom de *chevrotain tragulus* à de petits animaux des pays les plus chauds de l'Afrique et de l'Asie, que les voyageurs ont presque tous indiqués par la dénomination de *petit cerf* ou *petite biche*. En effet, les chevrotains ressemblent en petit au cerf par la figure du museau, par la légèreté du corps, la courte queue, et la forme des jambes ; mais ils en diffèrent prodigieusement par la taille, les plus grands chevrotains n'étant tout au plus que de la grandeur du lièvre ; d'ailleurs ils n'ont point de bois sur la tête : les uns sont absolument sans cornes, et ceux qui en portent les ont creuses, annelées, et assez semblables à celles des gazelles. Leur petit pied fourchu ressemble aussi beaucoup plus à celui de la gazelle qu'à celui du cerf, et ils s'éloignent également des cerfs et des gazelles, en ce qu'ils n'ont point de larmier ou d'enfoncement au-dessous des yeux ; par là ils se rapprochent des chèvres ; mais dans le réel ils ne sont ni cerfs, ni gazelles, ni chèvres, et font une ou plusieurs espèces à part.

Ces animaux sont d'une figure élégante, et très bien proportionnés dans leur taille : ils font des sauts et des bonds prodigieux ; mais apparemment ils ne peuvent courir longtemps, car les Indiens les prennent à la course ; les nègres les chassent de même, et les tuent à coups de bâton ou de petites zagaies : on les recherche beaucoup, parce que leur chair est excellente à manger.

LE TAPIR

Le tapir est de la grandeur d'une petite vache, mais sans cornes et sans queue, les jambes courtes, le corps arqué, comme celui du cochon, portant une livrée dans sa jeunesse, comme le cerf, et ensuite un pelage uniforme d'un brun foncé ; la tête grosse et longue avec une espèce de trompe, comme le rhinocéros, dix dents incisives et dix molaires à chaque mâchoire ; caractère qui le sépare entièrement du genre des bœufs et des autres animaux ruminants.

Il paraît que le tapir est un animal triste et ténébreux, qui ne sort que la nuit, qui ne se plaît que dans les eaux, où il habite plus souvent que sur la terre ; il vit dans les marais, et ne s'éloigne guère du bord des fleuves ou des lacs : dès qu'il est menacé, poursuivi ou blessé, il se jette à l'eau, s'y plonge, et y demeure assez de temps pour y faire un long trajet avant de reparaître. Ces habitudes, qu'il a communes avec l'hippopotame, ont fait croire à quelques naturalistes qu'il était du même genre : mais il en diffère autant par la nature qu'il en est éloigné par le climat ; il ne faut, pour en être assuré, que comparer les descriptions qu'en ont faites, d'après nature, Marcgrave et Barrère, avec celle que nous avons donnée de l'hippopotame. Quoique habitant des eaux, le tapir ne se nourrit pas de poisson ; et quoiqu'il ait la gueule armée de vingt dents incisives et tranchantes, il n'est pas carnassier : il vit de plantes et de racines, et ne se sert point de ses armes contre les autres animaux ; il est d'un naturel doux, timide, et fuit tout combat, tout danger. Avec les jambes courtes et le corps massif, il ne laisse pas de courir assez vite, et il nage encore mieux qu'il ne court. Il marche ordinairement de compagnie, et quelquefois en grande troupe. Son cuir est d'un tissu très ferme et si serré, que souvent il résiste à la balle. Sa chair est fade et grossière ; cependant les Indiens la mangent.

Les tapirs n'ont pas d'autre cri qu'une espèce de sifflet vif et aigu, que les chasseurs et les sauvages imitent assez parfaitement pour les faire approcher et les tirer de près. On ne les voit guère s'écarter des cantons qu'ils ont adoptés. Ils courent lourdement et lentement. Ils n'attaquent ni les hommes ni les animaux, à moins que les chiens ne les approchent de trop près ; car dans ce cas ils se défendent avec les dents et les tuent.

La mère tapir paraît avoir grand soin de son petit : non seulement elle lui

Le tapir.

apprend à nager, jouer et plonger dans l'eau ; mais encore, lorsqu'elle est à terre, elle s'en fait constamment accompagner ou suivre; et si le petit reste en arrière, elle retourne de temps en temps sa trompe, dans laquelle est placé l'organe de l'odorat, pour sentir s'il suit ou s'il est trop éloigné, et dans ce cas elle l'appelle et l'attend pour se mettre en marche.

L'HIPPOPOTAME

Avec de très puissantes armes et une force prodigieuse de corps, l'hippopotame pourrait se rendre redoutable à tous les animaux ; mais il est naturellement doux ; il est d'ailleurs si pesant et si lent à la course, qu'il ne pourrait attraper aucun des quadrupèdes. Il nage plus vite qu'il ne court ; il chasse le poisson et en fait sa proie. Il se plaît dans l'eau, et y séjourne aussi volontiers que sur la terre : cependant il n'a pas, comme le castor et la loutre, des membranes entre les doigts des pieds, et il paraît qu'il ne nage aisément que par la grande capacité de son ventre, qui fait que, volume pour volume, il est à peu près d'un poids égal à l'eau. D'ailleurs il se tient longtemps au fond de l'eau, et y marche comme en plein air; et lorsqu'il en sort pour paître, il mange des cannes de sucre, des joncs, du millet, du riz, des racines, etc.; il en consomme et détruit une grande quantité, et il fait beaucoup de dommage dans les terres cultivées; mais, comme il est plus timide sur terre que dans l'eau, on vient aisément à bout de l'écarter; il a les jambes si courtes, qu'il ne pourrait s'échapper par la fuite s'il s'éloignait du bord des eaux : sa ressource, lorsqu'il est en danger, est de se jeter à l'eau, de s'y plonger et de faire un grand trajet avant de reparaître. Il fuit ordinairement lorsqu'on le chasse; mais si l'on vient à le blesser, il s'irrite, et, se retournant avec fureur, se lance contre les barques, les saisit avec les dents, en enlève souvent des pièces, et quelquefois les submerge.

Au reste, cet animal n'est en grand nombre que dans quelques endroits, et il

L'hippopotame.

paraît même que l'espèce en est confinée à des climats particuliers, et qu'elle ne se trouve guère que dans les fleuves de l'Afrique. La plupart des naturalistes ont écrit que l'hippopotame se trouve aussi aux Indes : mais ils n'ont pour garants de ces faits que des témoignages qui me paraissent un peu équivoques; le plus positif de tous serait celui d'Alexandre dans sa lettre à Aristote, si l'on pouvait s'assurer, par cette même lettre, que les animaux dont parle Alexandre fussent réellement des hippopotames.

Aujourd'hui l'hippopotame, que les anciens appelaient le *cheval du Nil*, est si rare dans le bas Nil, que les habitants de l'Égypte n'en ont aucune idée et en ignorent le nom; il est également inconnu dans toutes les parties septentrionales de l'Afrique, depuis la Méditerranée jusqu'au fleuve Bambot, qui coule au pied des montagnes de l'Atlas. Le climat que l'hippopotame habite actuellement ne s'étend donc guère que du Sénégal à l'Éthiopie, et de là jusqu'au cap de Bonne-Espérance.

LE PORC-ÉPIC

Il ne faut pas que le nom de *porc épineux,* qu'on a donné à cet animal dans la plupart des langues de l'Europe, nous induise en erreur, et fasse imaginer que le porc-épic soit, en effet, un cochon chargé d'épines : car il ne ressemble au cochon que par le grognement; par tout le reste il en diffère autant qu'aucun autre animal, tant pour la figure que pour la conformation intérieure : au lieu d'une tête allongée, surmontée de longues oreilles, armée de défenses et terminée par un boutoir, au lieu d'un pied fourchu et garni de sabots comme le

Le porc-épic.

cochon, le porc-épic a, comme le castor, la tête courte, deux grandes dents incisives en avant de chaque mâchoire, nulles défenses ou dents canines, le museau fendu comme les lièvres, les oreilles rondes et aplaties, et les pieds armés d'ongles.

Il ne faut pas non plus ajouter foi à ce que disent presque unanimement les voyageurs et les naturalistes, qui donnent à cet animal la faculté de lancer ses piquants à une assez grande distance et avec assez de force pour percer et blesser profondément; ni s'imaginer avec eux que ces piquants, tout séparés qu'ils sont du corps de l'animal, ont la propriété très extraordinaire et toute particulière de pénétrer d'eux-mêmes et par leurs propres forces plus avant dans les chairs, dès que la pointe y est une fois entrée : ce dernier fait est purement imaginaire et dénué de tout fondement, de toute raison. Le premier est aussi faux que le second : mais au moins l'erreur paraît fondée sur ce que l'animal, lorsqu'il est irrité ou seulement agité, redresse ses piquants, les remue, et que, comme il y a de ces piquants qui ne tiennent à la peau que par une espèce de filet ou de pédicule délié, ils tombent aisément. Nous avons vu des porcs-pics vivants, et jamais nous ne les avons vus, quoique violemment excités, darder leurs piquants. On ne peut donc trop s'étonner que les auteurs les plus graves, tant anciens que modernes, que les voyageurs les plus sensés, soient tous d'accord sur un fait aussi faux.

En considérant la forme, la substance et l'organisation des piquants du porc-épic, on reconnaît aisément que ce sont de vrais tuyaux de plumes, auxquels il ne manque que les barbes pour être de vraies plumes : par ce rapport il fait la nuance entre les quadrupèdes et les oiseaux. Ces piquants, surtout ceux qui sont voisins de la queue, sonnent les uns contre les autres lorsque l'animal marche; il peut les redresser par la contraction du muscle peaussier, et les relever à peu près comme le paon ou le coq d'Inde relèvent les plumes de leur queue. Ce muscle de la peau a donc la même force et est à peu près conformé de la même façon dans le porc-épic et dans certains oiseaux. Nous saisissons ces rapports, quoique assez fugitifs : c'est toujours fixer un point dans la nature, qui nous fuit, et qui semble se jouer, par la bizarrerie de ses productions, de ceux qui veulent la connaître.

LA GIRAFE

La girafe est un des premiers, des plus beaux, des plus grands animaux, et qui, sans être nuisible, est en même temps l'un des plus inutiles. La disproportion énorme de ses jambes, dont celles de devant sont une fois plus longues que celles de derrière, fait obstacle à l'exercice de ses forces : son corps n'a point d'assiette, sa démarche est vacillante, ses mouvements sont lents et contraints; elle ne peut ni fuir ses ennemis dans l'état de liberté, ni servir ses maîtres dans l'etat de domesticité : aussi l'espèce en est peu nombreuse et a toujours été confinée dans les déserts de l'Éthiopie et de quelques autres provinces de l'Afrique méridionale et des Indes.

En recherchant dans les voyageurs ce qu'ils ont dit de la girafe, je les ai trouvés assez d'accord entre eux : ils conviennent tous qu'elle peut atteindre avec sa tête à seize ou dix-sept pieds de hauteur, étant dans sa situation naturelle, c'est-à-dire posée sur ses quatre pieds, et que les jambes du devant sont une fois plus hautes que celles de derrière, en sorte que, quand elle est assise sur sa croupe, il semble qu'elle soit entièrement debout. Ils conviennent aussi qu'à cause de cette disproportion, elle ne peut pas courir vite; qu'elle est d'un naturel très doux, et que par cette qualité, aussi bien que par toutes les autres habitudes physiques et même par la forme du corps, elle approche plus de la figure et de la nature du chameau que de celle d'aucun autre animal; qu'elle est du nombre des ruminants, et qu'elle manque, comme eux, de dents incisives à la mâchoire supérieure, et l'on voit, par le témoignage de quelques-uns, qu'elle se trouve dans les parties méridionales de l'Afrique aussi bien que dans celles de l'Asie.

Il est bien clair, par tout ce que nous venons d'exposer, que la girafe est d'une espèce unique et très différente de toute autre; mais si on voulait la rapprocher de quelque autre animal, ce serait plutôt du chameau que du cerf et du bœuf. Il est vrai qu'elle a deux petites cornes, et que le chameau n'en a point; mais elle a tant d'autres ressemblances avec cet animal, que je ne suis pas surpris que quelques voyageurs lui aient donné le nom de *chameau des Indes*.

La peau de la girafe est parsemée de taches rousses ou d'un fauve foncé sur

Girafe terrassée par un lion.

un fond blanc. Ces taches sont très près l'une de l'autre, et de figure rhomboïdale ou ovale, et même ronde. La couleur de ces taches est moins foncée dans les femelles et dans les jeunes mâles que dans les adultes, et toutes en général deviennent plus brunes et même noires à mesure que l'animal vieillit. Pline a écrit que le caméléopard, qui est le même animal que la girafe, avait des taches blanches sur un fond roussâtre; et en effet, lorsqu'on voit de loin une girafe, elle paraît presque entièrement roussse, parce que les taches sont beaucoup plus grandes que les espaces qu'elles laissent entre elles, de façon que ces intervalles semblent être des taches blanches semées sur un fond roussâtre. La forme de la tête de la girafe a quelque ressemblance avec celle de la tête d'une brebis : sa longueur est de plus de deux pieds; le cerveau est très petit; elle est couverte de poils parsemés de taches semblables à celles du corps, mais plus petites. La lèvre supérieure dépasse l'inférieure de plus de deux pouces; il y a huit dents incisives assez petites dans la mâchoire inférieure; et, comme dans tout autre animal ruminant, il ne s'en trouve point dans la mâchoire supérieure. Les yeux sont grands, bien fendus, brillants, et le regard en est doux. Leur plus long diamètre est deux pouces neuf lignes, et les paupières sont garnies de poils longs et raides en forme de cils; et il n'y a point de larmier au bas des yeux.

Quoique le corps de ces animaux paraisse disproportionné dans plusieurs de leurs parties, ils frappent cependant les regards, et attirent l'attention par leur beauté, lorsqu'ils sont debout ou qu'ils relèvent leur tête. La douceur de leurs yeux annonce celle de leur naturel. Ils n'attaquent jamais les autres animaux, ne donnent point de coups de tête comme les béliers, et ce n'est que quand ils sont aux abois qu'ils se défendent avec les pieds, dont ils frappent alors la terre avec violence.

Ces animaux sont fort doux, et l'on peut croire qu'il est possible de les apprivoiser et de les rendre domestiques; néanmoins ils ne le sont nulle part, et dans leur état de liberté ils se nourrissent des feuilles et des fruits des arbres, que, par la conformation de leur corps et la longueur de leur cou, ils saisissent avec plus de facilité que l'herbe qui est sous leurs pieds, et à laquelle ils ne peuvent atteindre qu'en pliant les genoux.

LE LAMA, LA VIGOGNE

Il y a exemple, dans toutes les langues, qu'on donne quelquefois au même animal deux noms différents, dont l'un se rapporte à son état de liberté, et l'autre à son état de domesticité. Le sanglier et le cochon ne font qu'un animal; et ces deux noms ne sont pas relatifs à la différence de la nature, mais à celle de la condition de cette espèce, dont une partie est sous l'empire de l'homme, et l'autre indépendante. Il en est de même des lamas et des pacos, qui étaient les seuls animaux domestiques des anciens Américains.

Le Pérou, selon Grégoire de Bolivar, est le pays natal, la vraie patrie des lamas. On les conduit, à la vérité, dans d'autres provinces, comme à la Nouvelle-Espagne, mais c'est plutôt pour la curiosité que pour l'utilité; au lieu que dans toute l'étendue du Pérou, depuis Potosi jusqu'à Caraccas, ces animaux sont en très grand nombre. Ils sont aussi de la plus grande nécessité : ils font seuls toute la richesse des Indiens, et contribuent beaucoup à celle des Espagnols. Leur chair est bonne à manger, leur poil est une laine fine d'un excellent usage, et pendant toute leur vie ils servent constamment à transporter toutes les denrées du pays; leur charge ordinaire est de cent cinquante livres, et les plus forts en portent jusqu'à deux cent cinquante; ils font des voyages assez longs dans des pays impraticables pour tous les autres animaux, ils marchent assez lentement, et ne font que quatre ou cinq lieues par jour; leur démarche est grave et ferme, leur pas assuré; ils descendent des ravines précipitées, et surmontent des rochers escarpés, où les hommes même ne peuvent les accompagner : ordinairement ils marchent quatre ou cinq jours de suite, après quoi ils veulent du repos, et prennent d'eux-mêmes un séjour de vingt-quatre ou trente heures avant de se remettre en marche. On les occupe beaucoup au transport des riches matières que l'on tire des mines de Potosi :

Bolivar dit que de son temps on employait à ce travail trois cent mille de ces animaux.

Leur accroissement est assez prompt, et leur vie n'est pas bien longue; ils sont en pleine vigueur depuis trois ans jusqu'à douze, et ils commencent ensuite à dépérir, en sorte qu'à quinze ans ils sont entièrement usés. Leur naturel paraît être modelé sur celui des Américains ; ils sont doux et flegmatiques, et font tout avec poids et mesure. Lorsqu'ils voyagent et qu'ils veulent s'arrêter pour quelques instants, ils plient les genoux avec la plus grande précaution, baissent le corps en proportion, afin d'empêcher leur charge de tomber ou de se déranger : et dès qu'ils entendent le coup de sifflet de leur conducteur, ils se

Le lama, la vigogne.

relèvent avec les mêmes précautions et se remettent en marche. Ils broutent chemin faisant et partout où ils trouvent de l'herbe; mais jamais ils ne mangent la nuit, quand même ils auraient jeûné pendant le jour; ils emploient ce temps à ruminer. Ils dorment appuyés sur la poitrine, les pieds repliés sous le ventre, et ruminent aussi dans cette situation. Lorsqu'on les excède de travail et qu'ils succombent une fois sous le faix, il n'y a nul moyen de les faire relever, on les frappe inutilement; ils s'obstinent à demeurer au même lieu où ils sont tombés; et si l'on continue de les maltraiter, ils se désespèrent et se tuent en battant la terre à droite et à gauche avec leur tête. Ils ne se défendent ni des pieds ni des dents, et n'ont, pour ainsi dire, d'autres armes que celles de l'indignation; ils crachent à la face de ceux qui les insultent, et l'on prétend que cette salive qu'ils lancent dans la colère est âcre et mordicante au point de faire lever des ampoules sur la peau.

Le lama est haut d'environ quatre pieds, et son corps, y compris le cou et la tête, en a cinq ou six de longueur : le cou seul a près de trois pieds de long. Cet animal a la tête bien faite, les yeux grands, le museau un peu allongé, les lèvres épaisses, la supérieure fendue et l'inférieure un peu pendante; il manque de dents incisives et canines à la mâchoire supérieure. Les oreilles sont longues de quatre pouces; il les porte en avant, les redresse et les remue avec facilité. La queue n'a guère que huit pouces de long; elle est droite, menue, et un peu relevée. Les pieds sont fourchus comme ceux du bœuf; mais ils sont surmontés d'un éperon en arrière qui aide l'animal à se retenir et à s'accrocher dans les pas difficiles. Il est couvert d'une laine courte sur le dos, la croupe et la queue, mais fort longue sur les flancs et sous le ventre. Du reste les lamas varient par les couleurs : il y en a de blancs, de noirs et de mêlés.

Les pacos ou vigognes sont aux lamas une espèce de succursale, à peu près comme l'âne est au cheval : ils sont plus petits et moins propres au service, mais plus utiles par leur dépouille; la longue et fine laine dont ils sont couverts est une marchandise de luxe aussi chère, aussi précieuse que la soie. Les pacos, que l'on appelle aussi *alpaques*, et qui sont des vigognes domestiques, sont souvent tout noirs, et quelquefois d'un brun mêlé de fauve. Les vigognes ou pacos sauvages sont de couleur de rose sèche, et cette couleur naturelle est si fixe qu'elle ne s'altère point sous la main de l'ouvrier; on fait de très beaux gants, de très bons bas avec cette laine de vigogne; l'on en fait d'excellentes couvertures et des tapis d'un très grand prix.

Les vigognes ressemblent aussi par la figure aux lamas: mais elles sont plus petites, leurs jambes sont plus courtes, et leur mufle plus ramassé; elles n'ont point de cornes. Elles habitent et paissent dans les endroits les plus élevés des montagnes; la neige et la glace semblent plutôt les récréer que les incommoder. Elles vont en troupes et courent très légèrement : elles sont timides; et, dès qu'elles aperçoivent quelqu'un, elles s'enfuient en chassant leurs petits devant elles.

L'UNAU, L'AÏ

L'on a donné à ces deux animaux l'épithète de *paresseux*, à cause de leurs mouvements et de la difficulté qu'ils ont à marcher : mais nous avons cru devoir leur conserver les noms qu'ils portent dans leur pays natal, d'abord pour ne les pas confondre avec d'autres animaux presque aussi paresseux qu'eux, et encore pour les distinguer nettement l'un de l'autre; car, quoiqu'ils se ressemblent à plusieurs égards, ils diffèrent néanmoins, tant à l'extérieur qu'à l'intérieur, par des caractères si marqués, qu'il n'est plus possible, lorsqu'on les a examinés, de les prendre l'un pour l'autre, ni même de douter qu'ils ne soient de deux espèces très éloignées.

Cette différence dans la construction de l'unau et de l'aï suppose plus de distance entre ces deux espèces qu'il n'y en a entre celles du chien et du chat.

Autant la nature nous paraît vive, agissante, exaltée dans les singes, autant elle est lente, contrainte et resserrée dans les paresseux, et c'est moins paresse que misère; c'est défaut, c'est dénuement, c'est vice dans la conformation : point de dents incisives ni canines, les yeux obscurs et couverts; la mâchoire aussi lourde qu'épaisse; le poil plat et semblable à de l'herbe séchée; les cuisses mal emboîtées et presque hors des hanches; les jambes trop courtes, mal tournées, et encore plus mal terminées; point d'assiette de pied, point de pouces; point de doigts séparément mobiles; mais deux ou trois ongles excessivement longs, recourbés en dessous, qui ne peuvent se mouvoir qu'ensemble, et nuisent plus à marcher qu'ils ne servent à grimper. La lenteur, la stupidité, l'abandon de son être, et même la douleur habituelle, résultent de cette conformation bizarre et négligée; point d'armes pour attaquer ou se défendre; nul moyen de sécurité, pas même en grattant la terre; nulle ressource de salut dans la fuite : confinés, je ne dis pas au pays, mais à la motte de terre, à l'arbre sous lequel ils sont nés; prisonniers au milieu de l'espace; ne pouvant parcourir qu'une toise en

L'aï, l'unau.

une heure; grimpant avec peine, se traînant avec douleur; une voix plaintive et par accents entrecoupés, qu'ils n'osent élever que la nuit : tout annonce leur misère, tout nous rappelle ces monstres par défaut, ces ébauches imparfaites mille fois projetées exécutées par la nature, qui, ayant à peine la faculté d'exister, n'ont dû subsister qu'un temps, et ont été depuis effacées de la liste des êtres. Et en effet, si les terres qu'habitent l'unau et l'aï n'étaient pas désertes, si les hommes et les animaux puissants s'y fussent anciennement multipliés, ces espèces ne seraient pas parvenues jusqu'à nous; elles eussent été détruites par les autres, comme elles le seront un jour.

Pourquoi, du reste, n'y aurait-il pas des espèces d'animaux créés pour la misère, puisque, dans l'espèce humaine, le plus grand nombre y est voué dès la naissance? Le mal, à la vérité, vient plus de nous que de la nature : pour un malheureux, qui ne l'est que parce qu'il est né faible, impotent ou difforme, que de millions d'hommes le sont par la seule dureté de leurs semblables! Les animaux sont en général plus heureux; l'espèce n'a rien à redouter de ses individus : le mal pour eux n'a qu'une source; il en a deux pour l'homme : celle du mal moral, qu'il a lui-même ouverte, est un torrent qui s'est accru comme une mer dont le débordement couvre et afflige la face entière de la terre; dans le physique, au contraire, le mal est resserré dans des bornes étroites, et va rarement seul; le bien est souvent au-dessus, ou du moins de niveau. Peut-on douter du bonheur des animaux, s'ils sont libres, s'ils ont la faculté de se procurer aisément la subsistance, et s'ils manquent moins que nous de la santé, des sens et des organes nécessaires ou relatifs au plaisir? Or le commun des animaux est, à tous ces égards, très richement doué; et les espèces disgraciées de l'unau et de l'aï sont peut-être les seules que la nature ait maltraitées, les seules qui nous offrent l'image de la misère innée.

Voyons-la de plus près. Faute de dents, ces pauvres animaux ne peuvent ni saisir une proie, ni se nourrir de chair, ni même brouter l'herbe; réduits à vivre de feuilles et de fruits sauvages, ils consument du temps à se traîner au pied d'un arbre; il leur en faut encore beaucoup pour grimper jusqu'aux branches; et pendant ce lent et triste exercice, qui dure quelquefois plusieurs jours, ils sont obligés de supporter la faim, et peut-être de souffrir le plus pressant besoin : arrivés sur leur arbre, ils n'en descendent plus, ils s'accrochent aux branches, ils le dépouillent par parties, mangent successivement les feuilles de chaque rameau, passent ainsi plusieurs semaines sans pouvoir délayer par aucune boisson cette nourriture aride; et lorsqu'ils ont ruiné leur fonds, et que l'arbre est entièrement nu, ils restent encore retenus par l'impossibilité d'en descendre; enfin, quand le besoin se fait de nouveau sentir, qu'il presse et qu'il devient plus vif que la crainte du danger de la mort, ne pouvant descendre, ils se laissent tomber, et tombent très lourdement comme un bloc, une masse sans ressort; car leurs jambes raides et paresseuses n'ont pas le temps de s'étendre pour rompre le coup.

A terre ils sont livrés à tous leurs ennemis : comme leur chair n'est pas absolument mauvaise, les hommes et les animaux de proie les cherchent et les tuent. Il paraît qu'ils multiplient peu, ou du moins que s'ils produisent fréquemment, ce n'est qu'en petit nombre, car ils n'ont que deux mamelles. Tout concourt donc à les détruire, et il est bien difficile que l'espèce se maintienne. Il est vrai que, quoiqu'ils soient lents, gauches, et presque inhabiles au mouvement, il sont durs, forts de corps et vivaces; qu'ils peuvent supporter longtemps la privation de toute nourriture; que, couverts d'un poil épais et dur, et ne pouvant faire d'exercice, ils dissipent peu, et engraissent par le repos, quelque maigres que soient leurs aliments.

LA GERBOISE

Le gerbo (la gerboise) a la tête faite à peu près comme celle du lapin; mais il a les yeux plus grands et les oreilles plus courtes, quoique hautes et amples relativement à sa taille. Il a le nez couleur chair et sans poil, le museau court et épais; l'ouverture de la gueule très petite, la mâchoire supérieure fort ample, l'inférieure étroite et courte; les dents comme celles du lapin; les moustaches, autour de la gueule, composées de longs poils noirs et blancs. Les pieds de devant sont très courts et ne touchent jamais la terre : cet animal ne s'en sert que comme de mains pour porter à sa gueule. Ces mains portent quatre doigts munis d'ongles, et le rudiment d'un cinquième doigt sans ongle. Les pieds de derrière n'ont que trois doigts, dont celui du milieu est un peu plus long que les deux autres, et tous trois garnis d'ongles. La queue est trois fois plus longue que le corps; elle est couverte de petits poils raides de la même couleur que ceux du dos, et au bout elle est garnie de poils plus longs, plus

La gerboise.

doux, plus touffus, qui forment une espèce de houppe noire au commencement et blanche à l'extrémité. Les jambes sont nues et couleur chair, aussi bien que le nez et les oreilles. Le dessus de la tête et le dos sont couverts d'un poil roussâtre; les flancs, le dessous de la tête, la gorge, le ventre et le dedans des cuisses sont blancs; il y a au bas des reins et près de la queue une grande bande noire transversale en forme de croissant.

Ces gerboises se trouvent dans tous les climats de l'Afrique, depuis la Barbarie jusqu'au cap de Bonne-Espérance; on en voit aussi en Arabie et dans plusieurs autres contrées de l'Asie : mais il paraît qu'il y en a de grandeur très différente, et il est assez étonnant que, dans ces animaux à longues jambes, il s'en trouve de vingt et même de cent fois plus gros que les petites gerboises dont nous avons parlé.

Son cri est une espèce de grognement. Quand il mange, il s'assied en étendant horizontalement ses grandes jambes et en courbant son dos. Il se sert de ses pieds de devant comme de mains pour porter sa nourriture à sa gueule : il s'en sert aussi pour creuser la terre, ce qu'il fait avec tant de promptitude, qu'en peu de minutes il peut s'y enfoncer tout à fait.

Sa nourriture ordinaire est du pain, des racines, du blé, etc.

Quand il dort, il prend une attitude singulière : il est assis avec les genoux étendus, il met sa tête à peu près entre les jambes de derrière, et avec ses deux pieds de devant il tient ses oreilles appliquées sur ses yeux : il semble ainsi protéger sa tête par ses mains. C'est pendant le jour qu'il dort, et pendant la nuit il est ordinairement éveillé.

LES SINGES

J'appelle *singe* un animal sans queue dont la face est aplatie, dont les dents, les mains, les doigts et les ongles ressemblent à ceux de l'homme, et qui, comme lui, marche debout sur ses deux pieds. Cette définition, tirée de la nature même de l'animal et de ses rapports avec ceux de l'homme, exclut, comme l'on voit, tous les animaux qui ont des queues, tous ceux qui ont la face relevée ou le museau long, tous ceux qui ont les ongles courbés, crochus ou pointus, tous ceux qui marchent plus volontiers sur quatre que sur deux pieds.

Nous présentons l'orang-outang ou le pongo et le jocko ensemble, parce qu'il se peut qu'ils ne fassent tous deux qu'une seule et même espèce. Ce sont de tous les singes ceux qui ressemblent le plus à l'homme; ceux qui, par conséquent, sont les plus dignes d'être observés. Nous avons vu le petit orang-outang ou le jocko vivant, et nous en avons conservé les dépouilles, mais nous ne pouvons parler du pongo ou grand orang-outang que d'après les relations des voyageurs. Si elles étaient fidèles, si souvent elles n'étaient pas obscures, fautives, exagérées, nous ne douterions pas qu'il ne fût d'une autre espèce que le jocko, d'une espèce plus parfaite et plus voisine encore de l'espèce de l'homme.

Le pongo, dit Battel, est, dans toutes ses proportions, semblable à l'homme, seulement il est plus grand, grand comme un géant; il a la face comme l'homme, les yeux enfoncés, de longs cheveux aux côtés de la tête, le visage nu et sans poil, aussi bien que les oreilles et les mains, le corps légèrement velu ; et il ne diffère de l'homme à l'extérieur que par les jambes, parce qu'il n'a que peu ou point de mollets, cependant il marche toujours debout; il dort sur les arbres, et se construit une hutte, un abri contre le soleil et la pluie; il vit de fruits et ne mange point de chair; il ne peut parler, quoiqu'il ait plus d'entendement que les autres animaux; quand les nègres font du feu dans les bois, ces pongos viennent s'asseoir autour et se chauffer; mais ils n'ont pas assez d'esprit pour entretenir le feu en y mettant du bois ; ils vont de compagnie, et tuent quelquefois des nègres dans les lieux écartés; ils attaquent même l'éléphant, ils le frappent à coups de bâtons, et le chassent de leurs bois; on ne peut prendre ces pongos vivants, parce qu'ils sont si forts, que dix hommes ne suffiraient pas pour en dompter un seul; on ne peut donc attraper que les petits tout jeunes ; la mère les porte en marchant debout, et ils se tiennent attachés à son corps avec les mains et les genoux; il y a deux espèces de ces singes très ressemblants à l'homme : le pongo, qui est aussi grand et plus gros qu'un homme, et l'enjocko qui est beaucoup plus petit, etc. C'est de ce passage très précis que j'ai tiré les noms de *pongo* et de *jocko*. Battel dit encore, que lorsqu'un de

Orang-outang tuant un nègre.

ces animaux meurt, les autres couvrent son corps d'un amas de branches et de feuillages.

Purchass ajoute, en forme de note, que, dans les conversations qu'il avait eues avec Battel, il avait appris de lui qu'un pongo lui enleva un petit nègre, qui passa un an entier dans la société de ces animaux; qu'à son retour ce petit nègre raconta qu'ils ne lui avaient fait aucun mal; que communément ils étaient de la hauteur de l'homme, mais qu'ils sont plus gros et qu'ils ont à peu près le double du volume d'un homme ordinaire. Jobson assure avoir vu, dans les endroits fréquentés par ces animaux, une sorte d'habitation composée de branches entrelacées qui pouvaient servir du moins à les garantir de l'ardeur du soleil. « Les singes de Guinée, dit Bosman, que l'on appelle *smitten* en flamand, sont de couleur fauve, et deviennent extrêmement grands : j'en ai vu, ajoute-t-il, un de mes propres yeux qui avait cinq pieds de haut... Ces singes ont une assez vilaine figure, aussi bien que ceux d'une seconde espèce qui leur ressemblent en tout, si ce n'est que quatre de ceux-ci seraient à peine aussi gros qu'un de la première espèce... On peut leur apprendre tout ce que l'on veut... »

Voici ce que nous avons trouvé de plus précis et de plus certain au sujet du grand orang-outang ou pongo : et comme la grandeur est le seul caractère bien marqué par lequel il diffère du jocko, je persiste à croire qu'ils sont de la même espèce; car il y a ici deux choses possibles : la première, que le jocko soit une variété constante, c'est-à-dire une race beaucoup plus petite que celle du pongo. A la vérité, ils sont tous deux du même climat, ils vivent de la même façon, et devraient par conséquent se ressembler en tout, puisqu'ils subissent et reçoivent également les mêmes altérations, les mêmes influences de la terre et du ciel. Mais n'avons-nous pas dans l'espèce humaine un exemple de variété semblable? Le Lapon et le Finlandais, sous le même climat, diffèrent entre eux autant par la taille, et beaucoup plus pour les autres attributs, que le jocko ou petit orang-outang ne diffère du grand. La seconde chose possible, c'est que le jocko ou petit orang-outang que nous avons vu vivant, celui de Tulpius, celui de Tyson, et les autres qu'on a transportés en Europe, n'étaient peut-être tous que de jeunes animaux, qui n'avaient encore pris qu'une partie de leur accroissement. Celui que j'ai vu avait près de deux pieds et demi de hauteur; le sieur Nonfoux, auquel il appartenait, m'assura qu'il n'avait que deux ans. Il aurait donc pu parvenir à plus de cinq pieds de hauteur s'il eût vécu, en supposant son accroissement proportionnel à celui de l'homme. L'orang-outang de Tyson était encore plus jeune, car il n'avait qu'environ deux pieds de hauteur, et ses dents n'étaient pas entièrement formées. Celui de Tulpius était à peu près de la grandeur de celui que j'ai vu; il en est de même de celui qui est gravé dans les *Glanures* de M. Edwards. Il est donc très probable que ces jeunes animaux auraient pris avec l'âge un accroissement considérable, et que s'ils eussent été en liberté dans leur climat, ils auraient acquis la même hauteur, les mêmes dimensions que les voyageurs donnent à leur grand orang-outang. Aussi nous ne considérons plus ces deux animaux comme différents entre eux, mais comme ne faisant qu'une seule et même espèce, en attendant que des connaissances plus précises détruisent ou confirment cette opinion, qui nous paraît fondée.

Le gibbon se tient toujours debout, lors même qu'il marche à quatre pieds, parce que ses bras sont aussi longs que son corps et ses jambes. Nous l'avons vu vivant; il n'avait pas trois pieds de hauteur; mais il était jeune, il était en captivité : ainsi l'on doit présumer qu'il n'avait pas encore acquis toutes ses dimensions, et que, dans l'état de la nature, lorsqu'il est adulte, il parvient au moins à quatre pieds de hauteur. Il n'a nulle apparence de queue, mais le caractère qui le distingue évidemment des autres singes, c'est cette prodigieuse grandeur de ses bras, qui sont aussi longs que le corps et les jambes pris ensemble, en sorte que l'animal étant debout sur ses pieds de derrière, ses mains touchent encore à terre, et qu'il peut marcher à quatre pieds sans que son corps se penche. Il a tout autour de la face un cercle de poils gris, de manière qu'elle se présente comme si elle était environnée d'un cadre rond, ce qui donne à ce singe un air très extraordinaire. Ses yeux sont grands, mais enfoncés, ses oreilles nues et bien bordées; sa face est aplatie, de couleur tannée, et assez semblable à celle de l'homme. Le gibbon est, après l'orang-outang et le pithèque, celui qui approcherait le plus de la figure humaine, si la longueur excessive de ses bras ne le rendait difforme; car, dans l'état de nature, l'homme aurait

Gibbons.

aussi une mine bien étrange; les cheveux et la barbe, s'ils étaient négligés, formeraient autour de son visage un cadre assez semblable à celui qui environne la face du gibbon.

Le magot est de tous les singes, c'est-à-dire de tous ceux qui n'ont point de queue, celui qui s'accommode le mieux de la température de notre climat. Nous en avons nourri pendant plusieurs années; l'été il se plaisait à l'air, et l'hiver on pouvait le tenir dans une chambre sans feu. Quoiqu'il ne fût pas délicat, il était toujours triste et souvent maussade; il faisait également la grimace pour marquer sa colère ou montrer son appétit; ses mouvements étaient brusques, ses manières grossières, et sa physionomie encore plus laide que ridicule : pour peu qu'il fût agité de passion, il montrait et grinçait les dents en remuant la mâchoire. Il remplissait les poches de ses joues de tout ce qu'on lui donnait; et il mange généralement de tout, à l'exception de la viande crue, du fromage et d'autres choses fermentées; il aimait à se jucher, pour dormir, sur un barreau, sur une patte de fer. On le tenait toujours à la chaîne, parce que,

Magots pillant un jardin.

malgré sa longue domesticité, il n'en était pas plus civilisé, pas plus attaché à ses maîtres : il avait apparemment été mal éduqué; car j'en ai vu d'autres de la même espèce qui en tout étaient mieux, plus reconnaissants, plus obéissants, même plus gais, assez dociles pour apprendre à danser, à gesticuler en cadence, et à se laisser tranquillement vêtir et coiffer.

LE GNOU

On voit que cet animal est très remarquable, non seulement par sa grandeur, mais encore par la beauté de sa forme, par la crinière qu'il porte tout le long du cou, par sa longue queue touffue, et par plusieurs autres caractères qui semblent l'assimiler en partie au cheval et en partie au bœuf. Nous lui conserverons le nom de *gnou* (qui se prononce *niou*), qu'il porte dans son pays natal.

Cet animal est à peu près de la grandeur d'un âne. Sa hauteur est de trois pieds et demi : tout son corps, à l'exception des endroits que j'indiquerai dans la suite, est couvert d'un poil court comme celui du cerf, de couleur fauve, mais dont la pointe est blanchâtre, ce qui lui donne une légère teinte gris blanc. Sa tête est grosse et ressemble fort à celle du bœuf; tout le devant est garni de longs poils noirs, qui s'étendent jusqu'au-dessous des yeux, et qui contrastent singulièrement avec des poils de la même longueur, mais fort blancs, qui lui forment une barbe à la lèvre inférieure. Ses yeux sont noirs et bien fendus; les paupières sont garnies de cils formés par de longs poils blancs, parallèles à la peau, et qui font une espèce d'étoile au milieu de laquelle est l'œil; au-dessus sont placés, en guise de sourcils, d'autres poils de la même couleur, et très

Le gnou.

longs. Au bout du front sont deux cornes noires dont la longueur, mesurée suivant l'axe, est de dix-neuf pouces : leurs bases, qui ont près de dix-sept pouces de circonférence, se touchent et sont appliquées au front dans une étendue de six pouces; ensuite elles se courbent vers le haut, et se terminent en une pointe perpendiculaire et longue de sept pouces, comme on peut le voir dans la figure. Entre les cornes prend naissance une crinière épaisse, qui s'étend tout le long de la partie supérieure du cou jusqu'au dos : elle est formée par des poils raides, tous exactement de la même longueur, qui est de trois pouces : la partie inférieure en est blanchâtre, à peu près jusqu'aux deux tiers de la hauteur, et l'autre tiers en est noir. Derrière les cornes sont les oreilles, couvertes de poils noirâtres et fort courts. Le dos est uni, et la croupe ressemble à celle d'un jeune poulain; la queue est composée, comme celle du cheval, de longs crins blancs; sous le poitrail, il y a une suite de longs poils noirs, qui s'étend depuis les jambes antérieures, le long du cou et de la partie inférieure de la tête, jusqu'à la barbe blanche de la lèvre de dessous; les jambes sont semblables et d'une finesse égale à celle du cerf, ou plutôt de la biche. Le pied est fourchu comme celui de ce dernier animal; les sabots en sont noirs, unis, et surmontés en arrière d'un seul ergot placé assez haut.

Sans avoir l'air extrêmement féroce, il indique cependant qu'il n'aimerait pas qu'on s'approchât de lui. Lorsque j'essayais de le toucher à travers les barreaux de sa loge, il baissait la tête et faisait des efforts pour blesser avec ses cornes la main qui voulait le caresser. Jusqu'à présent il a été enfermé et obligé de se nourrir des végétaux qu'on lui a donnés; et il paraît qu'ils lui conviennent, car il est fort et vigoureux.

LE PHOQUE

En général, les phoques ont la tête ronde comme l'homme, le museau large comme la loutre; les yeux grands et placés haut; peu ou point d'oreilles externes, seulement deux trous auditifs aux côtés de la tête, des moustaches autour de la gueule, des dents assez semblables à celles du loup, la langue fourchue ou plutôt échancrée à la pointe, le cou bien dessiné; le corps, les mains et les pieds couverts d'un poil court et assez rude; point de bras ni d'avant-bras apparents, mais deux mains ou plutôt deux membranes, deux peaux renfermant cinq doigts terminés par cinq ongles, deux pieds sans jambes, tout pareils aux mains, seulement plus larges, et tournés en arrière comme pour se réunir à une queue très courte qu'ils accompagnent des deux côtés; le corps allongé comme celui d'un poisson, mais renflé vers la poitrine, étroit à la partie du ventre, sans hanches, sans croupe et sans cuisse au dehors; animal d'autant plus étrange qu'il paraît fictif, et qu'il est le modèle sur lequel l'imagination des poètes enfanta les tritons, les sirènes, et ces dieux de la mer à tête humaine, à corps de quadrupèdes, à queue de poisson; et le phoque règne, en effet, dans cet empire muet, par sa voix, par sa figure, par son intelligence, par les facultés, en un mot, qui lui sont communes avec les habitants de la terre, si supérieures à celles des poissons, qu'ils semblent être non seulement d'un autre ordre, mais d'un monde différent : aussi cet amphibie, quoique d'une nature très éloignée de celle de nos animaux domestiques, ne laisse pas d'être susceptible d'une sorte d'éducation. On le nourrit en le tenant souvent dans l'eau; on lui apprend à saluer de la tête et de la voix; il s'accoutume à celle de son maître, il vient lorsqu'il s'entend appeler, et donne plusieurs autres signes d'intelligence et de docilité.

La voix du phoque peut se comparer à l'aboiement d'un chien enroué; dans le premier âge, il fait entendre un cri plus clair, à peu près comme le miaulement d'un chat. Les petits qu'on enlève à leur mère miaulent continuellement, et se laissent quelquefois mourir d'inanition plutôt que de prendre la nourriture qu'on leur offre. Les vieux phoques aboient contre ceux qui les frappent, et font tous leurs efforts pour mordre et se venger. En général, ces animaux sont peu craintifs; même ils sont courageux. L'on a remarqué que le feu des éclairs ou le bruit du tonnerre, loin de les épouvanter, semble les récréer; ils sortent de l'eau dans la tempête; ils quittent même alors leurs glaçons pour éviter le choc des vagues, et ils vont à terre s'amuser de l'orage et recevoir la pluie, qui les réjouit beaucoup. Ils ont naturellement une mauvaise odeur, et que l'on sent de fort loin lorsqu'ils sont en grand nombre : il arrive souvent que, quand on les poursuit, ils lâchent leurs excréments, qui sont jaunes et d'une odeur abominable. Ils ont une quantité de sang prodigieuse; et comme ils ont aussi une grande surcharge de graisse, ils sont, par cette raison, d'une nature lourde et pesante. Ils dorment beaucoup et d'un sommeil profond : ils aiment à dormir au soleil sur des glaçons, sur des rochers, et on peut les approcher sans les éveiller : c'est la manière la plus ordinaire de les prendre. On les tire rare-

Le phoque.

ment avec des armes à feu, parce qu'ils ne meurent pas tout de suite, même d'une balle dans la tête; ils se jettent à la mer, et sont perdus pour le chasseur : mais comme l'on peut les approcher de près lorsqu'ils sont endormis, ou même quand ils sont éloignés de la mer, parce qu'ils ne peuvent fuir que très lentement, on les assomme à coups de bâton ou de perche. Ils sont très durs et très vivaces.

Les phoques, pendant tout le temps qu'ils sont à terre, vivent de l'herbe qui croît sur le bord des eaux courantes; et le temps qu'ils ne paissent pas, ils l'emploient à dormir dans la fange; ils paraissent d'un naturel fort pesant, et sont fort difficiles à réveiller; mais ils ont la précaution de placer les mâles en sentinelle autour de l'endroit où ils dorment, et on dit que ces sentinelles ont grand soin de les éveiller dès qu'on approche. Leurs cris sont fort bruyants et de tons différents : tantôt ils grognent comme des cochons, et tantôt ils hennissent comme des chevaux. La chair de ces animaux n'est pas mauvaise à manger : la langue surtout est aussi bonne que celle du bœuf. Il est très facile de les tuer, car ils ne peuvent ni se défendre ni s'enfuir; ils sont si lourds, qu'ils ont peine à se remuer, et encore plus à se retourner; il faut seulement prendre garde à leurs dents, qui sont très fortes, et dont ils pourraient blesser si on les approchait de face et de trop près.

LE MORSE

Le nom de *vache marine,* sous lequel le morse est le plus généralement connu, a été très mal appliqué, puisque l'animal qu'il désigne ne ressemble en rien à la vache terrestre : le nom *d'éléphant de mer,* que d'autres lui ont donné,

Le morse.

est mieux imaginé, parce qu'il est fondé sur un rapport unique et sur un caractère très apparent. Le morse a, comme l'éléphant, deux grandes défenses d'ivoire qui sortent de la mâchoire supérieure; il a la tête conformée de la même manière que l'éléphant, auquel il ressemblerait en entier par cette partie capitale, s'il avait une trompe : mais le morse est non seulement privé de cet instrument, qui sert de bras et de main à l'éléphant, il l'est encore de l'usage des vrais bras et des jambes. Ses membres sont, comme dans les phoques, enfermés sous sa peau; il ne sort au dehors que les deux mains et les deux pieds. Son corps est allongé, renflé par la partie de l'avant, étroit vers celle de derrière, partout couvert d'un poil court; les doigts des pieds et des mains sont enveloppés dans une membrane, et terminés par des ongles courts et pointus; de grosses soies en forme de moustaches environnent la gueule; la langue est échancrée; il n'y a point de conque aux oreilles, etc.; en sorte qu'à l'exception des deux grandes défenses qui lui changent la forme de la tête, et des dents incisives qui lui manquent en haut et en bas, le morse ressemble pour tout le reste au phoque; il est seulement beaucoup plus grand, plus gros et plus fort. Les plus grands phoques n'ont tout au plus que sept ou huit pieds; le morse en a communément douze, et il s'en trouve de seize pieds de longueur et de huit ou neuf pieds de tour. Il a encore de commun avec les phoques d'habiter les mêmes lieux, et on les trouve presque toujours ensemble; ils ont beaucoup d'habitudes communes; ils se tiennent également dans l'eau, ils vont également à terre; ils montent de même sur les glaçons; ils allaitent et élèvent de même leurs petits; ils se nourrissent des mêmes aliments; ils vivent de même en société, et voyagent en grand nombre : mais l'espèce du morse ne varie pas autant que celle du phoque; il paraît qu'il ne va pas si loin, qu'il est plus attaché à son climat, et que l'on en trouve très rarement ailleurs que dans les mers du Nord : aussi le phoque était connu des anciens, et le morse ne l'était pas.

Les morses ne peuvent pas toujours rester dans l'eau; ils sont obligés d'aller à terre, soit pour allaiter leurs petits, soit pour d'autres besoins. Lorsqu'ils se trouvent dans la nécessité de grimper sur des rivages quelquefois escarpés et sur des glaçons, ils se servent de leurs défenses pour s'accrocher et de leurs mains pour faire avancer la lourde masse de leur corps. On prétend qu'ils se nourrissent de coquillages qui sont attachés au fond de la mer, et qu'ils se servent aussi de leurs défenses pour les arracher; d'autres disent qu'ils ne vivent que d'une certaine herbe à larges feuilles qui croît dans la mer, et qu'ils ne mangent ni chair ni poisson; mais je crois ces opinions mal fondées, et il y a apparence que le morse vit de proie comme le phoque, et surtout de harengs et d'autres petits poissons, car il ne mange pas lorsqu'il est sur la terre, et c'est le besoin de nourriture qui le contraint de retourner à la mer.

OISEAUX

L'AIGLE

Il y a plusieurs espèces d'aigles. La première est le grand aigle, que Belon, après Athénée, a nommé l'*aigle royal*, ou le *roi des oiseaux*. C'est le plus grand de tous les aigles; la femelle a jusqu'à trois pieds et demi de longueur, depuis le bout du bec jusqu'à l'extrémité des pieds, et plus de huit pieds et demi de vol ou d'envergure : elle pèse seize et même dix-huit livres. Le mâle est plus petit et ne pèse guère que douze livres. Tous deux ont le bec très fort et assez semblable à de la corne bleuâtre, et les ongles noirs et pointus, dont le plus grand, qui est celui de derrière, a quelquefois jusqu'à cinq pouces de longueur : les yeux sont grands, mais paraissent enfoncés dans une cavité profonde, que la partie supérieure de l'orbite couvre comme un toit avancé; l'iris de l'œil est d'un beau jaune clair, et brille d'un feu très vif; l'humeur vitrée est de couleur de topaze; le cristallin, qui est sec et solide, a le brillant et l'éclat du diamant; l'œsophage se dilate en une large poche, qui peut contenir une pinte de liqueur : l'estomac, qui est au-dessous, n'est pas, à beaucoup près, aussi grand que cette première poche; mais il est à peu près également souple et membraneux. Cet oiseau est gras, surtout en hiver; sa graisse est blanche, et sa chair, quoique dure et fibreuse, ne sent pas le sauvage comme celle des autres oiseaux de proie.

L'aigle a plusieurs convenances physiques et morales avec le lion : la force, et par conséquent l'empire sur les autres oiseaux, comme le lion sur les quadrupèdes; la magnanimité : ils dédaignent également les petits animaux et méprisent leurs insultes; ce n'est qu'après avoir été longtemps provoqué par les cris importuns de la corneille ou de la pie, que l'aigle se détermine à les punir de mort; d'ailleurs il ne veut d'autre bien que celui qu'il conquiert, d'autre proie que celle qu'il prend lui-même; la tempérance : il ne mange presque jamais son gibier en entier, et il laisse, comme le lion, les débris et les restes aux autres animaux. Quelque affamé qu'il soit, il ne se jette jamais sur les cadavres. Il est encore solitaire comme le lion, habitant d'un désert dont il défend l'entrée et l'usage de la chasse à tous les autres oiseaux; car il est peut-être plus rare de voir deux paires d'aigles dans la même portion de montagne que deux familles de lions dans la même partie de forêt; ils se tiennent assez loin les uns des autres pour que l'espace qu'ils se sont départi leur fournisse une ample subsistance; ils ne comptent la valeur et l'étendue de leur royaume que par le produit de la chasse. L'aigle a de plus les yeux étincelants et à peu près de la même couleur que ceux du lion, les ongles de la même forme, l'haleine tout aussi forte, le cri également effrayant. Nés tous deux pour le combat et la proie, ils sont également ennemis de toute société, également féroces, également fiers et difficiles à réduire; on ne peut les apprivoiser qu'en les prenant tout petits.

Ce n'est qu'avec beaucoup de patience et d'art qu'on peut dresser à la chasse un jeune aigle de cette espèce; il devient même dangereux pour son maître dès qu'il a pris de la force et de l'âge. Nous voyons, par le témoignage des auteurs qu'anciennement on s'en servait en Orient pour la chasse au vol; mais aujour-

Aigle des steppes attaquant une antilope.

d'hui on l'a banni de nos fauconneries; il est trop lourd pour pouvoir, sans grande fatigue, le porter sur le poing; jamais assez privé, assez doux, assez sûr, pour ne pas faire craindre ses caprices ou ses moments de colère à son maître. Il a le bec et les ongles crochus et formidables; sa figure répond à son naturel. Indépendamment de ses armes, il a le corps robuste et compact, les jambes et les ailes très fortes, les os fermes, la chair dure, les plumes raides, l'attitude fière et droite, les mouvements brusques et le vol très rapide. C'est de tous les oiseaux celui qui s'élève le plus haut; et c'est par cette raison que les anciens ont appelé l'aigle *l'oiseau céleste*, et qu'ils le regardaient dans les augures comme le messager de Jupiter. Il voit par excellence, mais il n'a que peu d'odorat en comparaison du vautour : il ne chasse donc qu'à vue; et lorsqu'il a saisi sa proie, il rabat son vol comme pour en éprouver le poids, et la pose à terre avant de l'emporter.

Quoiqu'il ait l'aile très forte, comme il a peu de souplesse dans les jambes, il a quelque peine à s'élever de terre, surtout lorsqu'il est chargé; il emporte aisément les oies, les grues; il enlève aussi les lièvres, et même les petits agneaux, les chevreaux; et lorsqu'il attaque les faons et les veaux, c'est pour se rassasier sur le lieu de leur sang et de leur chair, et en emporter ensuite les lambeaux dans son *aire;* c'est ainsi qu'on appelle son nid, qui est, en effet, tout plat, et non pas creux comme celui de la plupart des autres oiseaux : il le place ordinairement entre deux rochers, dans un lieu sec et inaccessible. On assure que le même nid sert à l'aigle pendant toute sa vie : c'est réellement un ouvrage assez considérable pour n'être fait qu'une fois, et assez solide pour durer longtemps. Il est construit comme un plancher, et avec de petites perches ou bâtons de cinq à six pieds de longueur, appuyés par les deux bouts, et traversés par des branches souples, recouvertes de plusieurs lits de jonc et de bruyère. Ce plancher ou ce nid est large de plusieurs pieds, et assez ferme non seulement pour soutenir l'aigle, sa femelle et ses petits, mais pour supporter encore le poids d'une grande quantité de vivres. Il n'est point couvert par le haut, et n'est abrité que par l'avancement des parties supérieures du rocher. La femelle dépose ses œufs dans le milieu de cette aire; elle n'en pond que deux ou trois, qu'elle couve, dit-on, pendant trente jours; mais dans ces œufs ils s'en trouve souvent d'inféconds, et il est rare de trouver trois aiglons dans un nid; ordinairement il n'y en a qu'un ou deux. On prétend même que, dès qu'ils deviennent un peu grands, la mère tue le plus faible ou le plus vorace de ses petits. La disette seule peut produire ce sentiment dénaturé; les père et mère, n'ayant pas assez pour eux-mêmes, cherchent à réduire leur famille; et dès que les petits commencent à être assez forts pour voler et se pourvoir d'eux-mêmes, ils les chassent au loin sans leur permettre de jamais revenir.

LE VAUTOUR

L'on a donné aux aigles le premier rang parmi les oiseaux de proie, non parce qu'ils sont plus forts et plus grands que les vautours, mais parce qu'ils sont plus généreux, c'est-à-dire moins bassement cruels; leurs mœurs sont plus fières, leurs démarches plus hardies, leur courage plus noble, ayant au moins autant de goût pour la guerre que d'appétit pour la proie. Les vautours, au contraire, n'ont que l'instinct de la basse gourmandise et de la voracité; ils ne combattent guère les vivants que quand ils ne peuvent s'assouvir sur les morts. L'aigle attaque ses ennemis ou ses victimes corps à corps, seul il les poursuit, les combat, les saisit : les vautours, au contraire, pour peu qu'ils prévoient de résistance, se réunissent en troupe comme de lâches assassins, et sont plutôt des voleurs que des guerriers, des oiseaux de carnage que des oiseaux de proie; car, dans ce genre, il n'y a qu'eux qui se mettent en nombre, et plusieurs contre un; il n'y a qu'eux qui s'acharnent sur des cadavres, au point de les déchiqueter jusqu'aux os : la corruption, l'infection les attire, au lieu de les repousser. Les éperviers, les faucons, et jusqu'aux plus petits oiseaux, montrent plus de courage, car ils chassent seuls, et presque tous dédaignent la chair morte et refusent celle qui est corrompue. Dans les oiseaux comparés aux quadrupèdes, le vautour semble réunir la force et la cruauté du tigre avec la lâcheté et la gourmandise du chacal, qui se met également en troupe pour dévorer les charognes et déterrer les cadavres; tandis que l'aigle a, comme nous l'avons dit, le courage, la noblesse, la magnanimité et la munificence du lion.

On doit donc d'abord distinguer les vautours des aigles par cette différence du

Le vautour.

naturel, et on les reconnaîtra à la simple inspection, en ce qu'ils ont les yeux à fleur de tête, au lieu que les aigles les ont enfoncés dans l'orbite; la tête nue, le cou aussi presque nu, couvert d'un simple duvet, ou mal garni de quelques crins épars, tandis que l'aigle a toutes ses parties bien couvertes de plumes; à la forme des ongles, ceux des aigles étant presque demi-circulaires, parce qu'ils se tiennent rarement à terre, et ceux des vautours étant plus courts et moins courbés; à l'espèce de duvet fin qui tapisse l'intérieur de leurs ailes, et qui ne se trouve pas dans les autres oiseaux de proie; à la partie du dessous de la gorge, qui est plutôt garnie de poils que de plumes; à leur attitude plus penchée que celle de l'aigle, qui se tient fièrement droit et presque perpendiculairement sur ses pieds; au lieu que le vautour, dont la situation est à demi horizontale, semble marquer la bassesse de son caractère par la position inclinée de son corps. On reconnaîtra même les vautours de loin, et en ce qu'ils sont presque les seuls oiseaux de proie qui volent en nombre, c'est-à-dire plus de deux ensemble, et aussi parce qu'ils ont le vol pesant, et qu'ils ont même beaucoup de peine à s'élever de terre, étant obligés de s'essayer et de s'efforcer à trois ou quatre reprises avant de pouvoir prendre leur plein essor.

LE CONDOR

Si la facilité de voler est un attribut essentiel à l'oiseau, le condor doit être regardé comme le plus grand de tous. L'autruche, le casoar, le dronte, dont les ailes et les plumes ne sont pas conformées pour le vol, et qui, par cette raison, ne peuvent quitter la terre, ne doivent pas lui être comparés; ce sont, pour ainsi dire, des oiseaux imparfaits, des animaux terrestres, bipèdes, qui font une nuance mitoyenne entre les oiseaux et les quadrupèdes dans un sens, tandis que les roussettes, les rougettes et chauves-souris font une semblable nuance, mais en sens contraire, entre les quadrupèdes et les oiseaux. Le condor possède même à un plus haut degré que l'aigle toutes les qualités, toutes les puissances que la nature a départies aux espèces les plus parfaites de cette classe d'êtres; il a jusqu'à dix-huit pieds de vol ou d'envergure, le corps, le bec et les serres, à proportion aussi grandes et aussi fortes, le courage égal à la force, etc. Nous ne pouvons mieux faire, pour donner une idée juste de la forme et des proportions de son corps, que de rapporter ce qu'en dit le P. Feuillée, le seul de tous les naturalistes et voyageurs qui en ait donné une description détaillée. « Le condor est un oiseau de proie de la vallée d'Ylo, au Pérou... J'en découvris un qui était perché sur un grand rocher; je l'approchai à portée de fusil et le tirai; mais, comme mon fusil n'était chargé que de gros plomb, le coup ne put entièrement percer la plume de son parement. Je m'aperçus cependant à son vol qu'il était blessé; car, s'étant levé fort lourdement, il eut assez de peine à arriver sur un autre grand rocher à cinq cents pas de là sur le bord de la mer : c'est pourquoi je chargeai de nouveau mon fusil d'une balle et perçai l'oiseau au-dessous de la gorge. Je m'en vis pour lors le maître et courus pour l'enlever. Cependant il disputait encore avec la mort; et, s'étant mis sur son dos, il se défendait contre moi avec ses serres toutes ouvertes, en sorte que je ne savais de quel côté le saisir; je crois même que, s'il n'eût pas été blessé à mort, j'aurais eu beaucoup de peine à en venir à bout. Enfin je le traînai du haut du rocher en bas, et, avec le secours d'un matelot, je le portai dans ma tente pour le dessiner et mettre le dessin en couleur.

« Les ailes du condor, que je mesurai fort exactement, avaient, d'une extrémité à l'autre, onze pieds quatre pouces; et les grandes plumes, qui étaient d'un beau noir luisant, avaient deux pieds deux pouces de longueur. La grosseur de son bec était proportionnée à celle de son corps; la longueur du bec était de trois pouces et sept lignes; sa partie supérieure était pointue, crochue et blanche à son extrémité, et tout le reste était noir. Un petit duvet court, de couleur minime, couvrait toute la tête de cet oiseau; ses yeux étaient noirs et entourés d'un cercle brun et rouge; tout son parement et le dessous du ventre jusqu'à l'extrémité de la queue étaient d'un brun clair ; son manteau, de la même couleur, était un peu plus obscur. Les cuisses étaient couvertes jusqu'au genou de plumes brunes, ainsi que celles du parement; le fémur avait dix pouces et une ligne de longeur, et le tibia cinq pouces et deux lignes. Le pied était composé de trois serres antérieures, et d'une postérieure : celle-ci avait un pouce et demi de longueur et une seule articulation; cette serre était terminée par un ongle noir et long de neuf lignes : la serre antérieure du milieu du pied ou la grande serre avait cinq pouces huit lignes et trois articulations, et l'ongle qui

Le condor.

la terminait avait un pouce neuf lignes, et était noir comme sont les autres : la serre intérieure avait trois pouces deux lignes et deux articulations, et était terminée par un ongle de la même grandeur que celui de la grande serre; la serre extérieure avait trois pouces et quatre articulations, et l'ongle était d'un pouce. Le tibia était couvert de petites écailles noires, les serres étaient de même, mais les écailles en étaient plus grandes.

« Ces animaux gîtent ordinairement sur les montagnes où ils trouvent de quoi se nourrir; ils ne descendent sur le rivage que dans la saison des pluies : sensibles au froid, ils y viennent chercher la chaleur. Au reste, quoique ces montagnes soient situées sous la zone torride, le froid ne laisse pas de s'y faire sentir; elles sont presque toute l'année couvertes de neige, mais beaucoup plus en hiver, où nous étions entrés depuis le 21 de ce mois.

« Le peu de nourriture que ces animaux trouvent sur le bord de la mer, excepté lorsque quelques tempêtes y jettent quelques gros poissons, les oblige à n'y pas faire de longs séjours : ils y viennent ordinairement le soir, y passent toute la nuit et s'en retournent le matin. »

Le P. d'Abbeville et de Laet assurent que le condor est deux fois plus grand que l'aigle, et qu'il est d'une telle force, qu'il ravit et dévore une brebis entière, qu'il n'épargne pas même les cerfs, et qu'il renverse aisément un homme. Il s'en est vu, disent Acosta et Garcilasso, qui, ayant les ailes étendues, avaient quinze et même seize pieds d'un bout de l'aile à l'autre. Ils ont le bec si fort, qu'ils percent la peau d'une vache; et deux de ces oiseaux en peuvent tuer et manger une, et même ils ne s'abstiennent pas des hommes. Heureusement il y en a peu : car, s'ils étaient en grande quantité, ils détruiraient tout le bétail. Desmarchais dit que ces oiseaux ont plus de dix-huit pieds de vol ou d'envergure, qu'ils ont les serres grosses, fortes et crochues, et que les Indiens de l'Amérique assurent qu'ils empoignent et emportent une biche ou une jeune vache comme ils feraient d'un lapin; qu'ils sont de la grosseur d'un mouton; que leur chair est coriace et sent la charogne; qu'ils ont la vue perçante, le regard assuré et même cruel; qu'ils ne fréquentent guère les forêts, qu'il leur faut trop d'espace pour remuer leurs grandes ailes, mais qu'on les trouve sur les bords de la mer et des rivières, dans les savanes ou prairies naturelles.

M. Ray, et presque tous les naturalistes après lui, ont pensé que le condor était du genre des vautours, à cause de sa tête et de son cou dénudé de plumes. Cependant on pourrait en douter encore, parce qu'il paraît que son naturel tient plus de celui des aigles. Il est, disent les voyageurs, courageux et très fier; il attaque seul un homme, et tue aisément un enfant de dix à douze ans; il arrête un troupeau de moutons, et choisit à son aise celui qu'il veut enlever; il emporte les chevreuils, tue les biches et les vaches, et prend aussi de gros poissons. Il vit donc, comme les aigles, du produit de sa chasse; il se nourrit de proies vivantes, non pas de cadavres : toutes ses habitudes sont plus de l'aigle que du vautour.

L'ÉPERVIER, LE FAUCON, LE MILAN

L'épervier reste toute l'année dans notre pays. L'espèce en est assez nombreuse; on m'en a rapporté plusieurs dans la plus mauvaise saison de l'hiver, qu'on avait tués dans les bois : ils sont alors très maigres et ne pèsent que six onces. Le volume de leur corps est à peu près le même que celui du corps d'une pie. La femelle est beaucoup plus grosse que le mâle; elle fait son nid sur les arbres les plus élevés de la forêt : elle pond ordinairement quatre ou cinq œufs, qui sont tachés d'un jaune rougeâtre vers leurs bouts. Au reste, l'épervier, tant mâle que femelle, est assez docile; on l'apprivoise aisément, et l'on peut le dresser pour la chasse des perdreaux et des cailles : il prend aussi les pigeons séparés de leur compagnie, et fait une prodigieuse destruction de pinsons et des autres petits oiseaux qui se mettent en troupe pendant l'hiver. Il faut que l'espèce de l'épervier soit encore plus nombreuse qu'elle ne le paraît; car, indépendamment de ceux qui restent toute l'année dans notre climat, il paraît que, dans certaines saisons, il en passe une grande quantité dans d'autres pays, et qu'en général l'espèce se trouve répandue dans l'ancien continent, depuis la Suède jusqu'au cap de Bonne-Espérance.

L'homme n'a point influé sur la nature de ces animaux; quelque utiles aux plaisirs, quelque agréables qu'ils soient pour le faste des princes chasseurs, jamais on n'a pu élever, en multiplier l'espèce. On dompte, à la vérité, le naturel féroce de ces oiseaux par la force de l'art et des privations; on leur fait acheter leur vie par des mouvements qu'on leur commande; chaque morceau de leur subsistance ne leur est accordé que pour un service rendu; on les attache, on les garrotte, on les affuble, on les prive même de la lumière et de toute nourriture, pour les rendre plus dépendants, plus dociles et ajouter à leur vivacité naturelle l'impétuosité du besoin, mais ils servent par nécessité, par habitude et sans attachement; ils demeurent captifs sans devenir domestiques; l'individu seul est esclave, l'espèce est toujours libre, toujours également éloignée de l'empire de l'homme; ce n'est même qu'avec des peines infinies qu'on en fait quelques-uns prisonniers, et rien n'est plus difficile que d'étudier leurs mœurs dans l'état de nature. Comme ils habitent les rochers les plus escarpés des plus hautes montagnes, qu'ils s'approchent très rarement de terre, qu'ils volent d'une hauteur et d'une rapidité sans égale, on ne peut avoir que peu de faits sur leurs habitudes naturelles: on a seulement remarqué qu'ils choisissent toujours pour élever leurs petits les rochers exposés au midi; qu'ils se placent dans les *trous et les anfractures* les plus inaccessibles; qu'ils font ordinairement quatre œufs dans les derniers mois de l'hiver; qu'ils ne couvent pas longtemps, car les petits sont adultes vers le 15 de mai; qu'ils changent de couleur suivant le sexe, l'âge et la mue; que les femelles sont considérablement plus grosses que les mâles; que tous deux jettent des cris perçants, désagréables et presque continuels dans les temps qu'ils chassent leurs petits pour les dépayser; ce qui se fait, comme chez les aigles, par la dure nécessité qui rompt les liens des familles et de toute société, dès qu'il n'y a pas assez pour partager, ou qu'il y a impossibilité de trouver assez de vivres pour subsister ensemble dans les mêmes terres.

Le faucon est peut-être l'oiseau dont le courage est le plus franc, le plus grand, relativement à ses forces; il fond sans détour et perpendiculairement sur sa proie, au lieu que l'autour et la plupart des autres arrivent de côté: aussi prend-on l'autour avec des filets dans lesquels le faucon ne s'empêtre jamais; il tombe à plomb sur l'oiseau victime, exposé au milieu de l'enceinte des filets, le tue, le mange sur le lieu s'il est gros, ou l'emporte s'il n'est pas trop lourd, en se relevant à plomb. S'il y a quelque faisanderie dans son voisinage, il choisit cette proie de préférence : on le voit tout à coup fondre sur un troupeau de faisans, comme s'il tombait des nues, parce qu'il arrive de si haut et en si peu de temps que son apparition est toujours imprévue et souvent inopinée. On le voit fréquemment attaquer le milan, soit pour exercer son courage, soit pour lui enlever une proie; mais il lui fait plutôt la honte que la guerre : il le traite comme un lâche, le chasse, le frappe avec dédain et ne le met point à mort, parce que le milan se défend mal, et que probablement sa chair répugne au faucon encore plus que sa lâcheté ne lui déplaît.

Comme les arts n'appartiennent point à l'histoire naturelle, nous n'entrons point ici dans les détails de l'art de la fauconnerie. « Un bon faucon, dit M. le Roy, doit avoir la tête ronde, le bec court et gros, le cou fort long, la poitrine nerveuse, les mahutes larges, les cuisses longues, les jambes courtes, la main large, les doigts déliés, allongés et nerveux aux articles, les ongles fermes et

L'épervier, le faucon, le milan.

recourbés, les ailes longues; les signes de force et de courage sont les mêmes pour le gerfaut et pour le tiercelet, qui est le mâle de toutes les espèces d'oiseaux de proie, et qu'on appelle ainsi parce qu'il est d'un tiers plus petit que la femelle : une marque de bonté moins équivoque dans un oiseau est de chevaucher contre le vent, c'est-à-dire de se raidir contre, et de se tenir ferme sur le poing lorsqu'on l'y expose. Le pennage d'un faucon doit être brun et tout d'une espèce, c'est-à-dire d'une même couleur : la bonne couleur des mains est le vert d'eau; ceux dont les mains et le bec sont jaunes, ceux dont le plumage est semé de taches, sont moins estimés que les autres. On fait cas des faucons noirs; mais, quel que soit leur plumage, ce sont toujours les plus forts en courage qui sont les meilleurs... Il y a des faucons lâches et paresseux : il y en a d'autres si fiers, qu'ils s'irritent contre tous les moyens de s'apprivoiser : il faut abandonner les uns et les autres, etc. »

Les milans et les buses, oiseaux ignobles, immondes et lâches, doivent suivre les vautours, auxquels ils ressemblent par la nature et les mœurs. Ceux-ci, malgré leur peu de générosité, tiennent, par leur grandeur et leur force, l'un des premiers rangs parmi les oiseaux : les milans et les buses, qui n'ont pas ce même avantage, et qui leur sont inférieurs en grandeur, y suppléent et les surpassent par le nombre. Partout ils sont beaucoup plus communs, plus incommodes que les vautours; ils fréquentent plus souvent et de plus près les lieux habités. Ils font leurs nids dans des endroits plus accessibles; ils restent rarement dans les déserts; ils préfèrent les plaines et les collines fertiles aux montagnes stériles. Comme toute proie leur est bonne, que toute nourriture leur convient, et que plus la terre produit de végétaux, plus elle est en même temps peuplée d'insectes, de reptiles, d'oiseaux et de petits animaux, ils établissent ordinairement leur domicile au pied des montagnes, dans les terres les plus vivantes, les plus abondantes en gibier, en volaille, en poisson. Sans être courageux, ils ne sont point timides; ils ont une sorte de stupidité féroce qui leur donne l'air de l'audace tranquille, et semble leur ôter la connaissance du danger. On les approche, on les tue bien plus aisément que les aigles et les vautours. Détenus en captivité, ils sont encore moins susceptibles d'éducation : de tout temps on les a proscrits, rayés de la liste des oiseaux nobles, et rejetés de l'école de la fauconnerie; de tout temps on a comparé l'homme grossièrement impudent au milan, et la femme tristement bête à la buse.

L'AUTOUR

L'autour est un bel oiseau beaucoup plus grand que l'épervier, auquel il ressemble néanmoins par les habitudes naturelles et par un caractère qui leur est commun, et qui, dans les oiseaux de proie, n'appartient qu'à eux et aux pies-grièches : c'est d'avoir les ailes courtes; en sorte que, quand elles sont pliées, elles ne s'étendent pas, à beaucoup près, à l'extrémité de la queue. Il ressemble encore à l'épervier, parce qu'il a comme lui la première plume de l'aile courte et arrondie par son extrémité, et que la quatrième plume de l'aile est la plus longue de toutes. Les fauconniers distinguent les oiseaux de chasse en deux classes : savoir, ceux de la fauconnerie proprement dite, et ceux qu'ils appellent de l'*autourserie;* et dans cette seconde classe ils comprennent non seulement l'autour, mais encore l'épervier, les harpayes, les buses, etc.

On a remarqué que, quoique le mâle fût beaucoup plus petit que la femelle, il était plus féroce et plus méchant. Ils sont tous deux assez difficiles à priver; ils se battent souvent, mais plus des griffes que du bec, dont ils ne se servent guère que pour dépecer les oiseaux ou autres petits animaux, ou pour blesser ou mordre ceux qui veulent les saisir. Ils commencent par se défendre de la griffe, se renversent sur le dos en ouvrant le bec et cherchant beaucoup plus à déchirer avec les serres qu'à mordre avec le bec. Jamais on ne s'est aperçu que ces oiseaux, quoique seuls dans la même volière, aient pris de l'affection l'un pour l'autre; ils y ont cependant passé la saison entière de l'été, depuis le commencement de mai jusqu'à la fin de novembre, où la femelle, dans un accès de fureur, tua le mâle dans le silence de la nuit, à neuf ou dix heures du soir, tandis que tous les autres oiseaux étaient endormis. Leur naturel est si sanguinaire, que, quand on laisse un autour en liberté avec plusieurs faucons, il les égorge tous les uns après les autres. Cependant il semble manger de préférence les souris, les mulots et les petits oiseaux; il se jette avidement sur la chair sai-

L'autour.

gnante et refuse assez constamment la viande cuite; mais en le faisant jeûner on peut le forcer de s'en nourrir. Il plume les oiseaux fort proprement et ensuite les dépèce avant de les manger, au lieu qu'il avale les souris tout entières. Ses excréments sont blanchâtres et humides : il rejette souvent par le vomissement les peaux des souris qu'il a avalées. Son cri est fort rauque et finit toujours par des sons aigus, d'autant plus désagréables qu'il les répète plus souvent. Il marque aussi une inquiétude continuelle dès qu'on l'approche, et semble s'effaroucher de tout; en sorte qu'on ne peut passer auprès de la volière où il est détenu sans le voir s'agiter violemment et l'entendre jeter plusieurs cris répétés.

LE GERFAUT

Le gerfaut, tant par sa figure que par le naturel, doit être regardé comme le premier de tous les oiseaux de la fauconnerie; car il les surpasse de beaucoup en grandeur : il est au moins de la taille de l'autour; mais il en diffère par des caractères généraux et constants qui distinguent tous les oiseaux propres à être élevés pour la fauconnerie de ceux auxquels on ne peut pas donner la même éducation. Ces oiseaux de chasse noble sont les gerfauts, les faucons, les sacres, les laniers, les hobereaux, les émerillons et les crécerelles : ils ont tous les ailes

Le gerfaut.

presque aussi longues que la queue : la première plume de l'aile, appelée le *cerceau,* presque aussi longue que celle qui la suit; le bout de cette plume en penne ou en forme de tranchant ou de lame de couteau, sur une longueur d'environ un pouce à son extrémité; au lieu que dans les autours, les éperviers, les milans et les buses, qui ne sont pas des oiseaux aussi nobles, ni propres aux mêmes exercices, la queue est plus longue que les ailes, et cette première plume de l'aile est beaucoup plus courte et arrondie par son extrémité, et ils diffèrent encore en ce que la quatrième plume de l'aile est, dans ces derniers oiseaux, la plus longue, au lieu que c'est la seconde dans les premiers. On peut ajouter que le gerfaut diffère spécifiquement de l'autour par le bec et les pieds, qu'il a bleuâtres, et par son plumage, qui est brun sur toutes les parties supérieures du corps, blanc taché de brun sur toutes les parties inférieures, avec la queue grise traversée de lignes brunes. Cet oiseau se trouve assez communément en

Islande, et il paraît qu'il y a variété dans l'espèce; car il nous a été envoyé de Norwège un gerfaut qui se trouve également dans les pays les plus septentrionaux, qui diffère un peu de l'autre par les nuances et par la distribution des couleurs, et qui est plus estimé des fauconniers que celui d'Islande, parce qu'ils lui trouvent plus de courage, plus d'activité et plus de docilité; et, indépendamment de cette première variété, qui paraît variété de l'espèce, il y en a une seconde qu'on pourrait attribuer au climat si tous n'étaient pas également des pays froids.

LE HOBEREAU

Le hobereau est bien plus petit que le faucon, et en diffère aussi par les habitudes naturelles. Le faucon est plus fier, plus vif et plus courageux, il attaque

Le hobereau.

des oiseaux beaucoup plus gros que lui. Le hobereau est plus lâche de son naturel; car, à moins qu'il ne soit dressé, il ne prend que les alouettes et les cailles; mais il sait compenser ce défaut de courage et d'ardeur par son industrie. Dès qu'il aperçoit un chasseur et son chien, il les suit d'assez près ou plane au-dessus de leurs têtes et tâche de saisir les petits oiseaux qui s'élèvent devant eux : si le chien fait lever une alouette, une caille, et que le chasseur manque, il ne la manque pas. Il a l'air de ne pas craindre le bruit et de ne pas connaître l'effet des armes à feu; car il s'approche de très près du chasseur, qui le tue souvent lorsqu'il ravit sa proie. Il fréquente les plaines voisines des bois et surtout celles où les alouettes abondent; il en détruit un très grand nombre; et elles connaissent si bien ce mortel ennemi qu'elles ne l'aperçoivent jamais sans le plus grand effroi, et qu'elles se précipitent du haut des airs pour se cacher sous l'herbe ou dans les buissons : c'est la seule manière dont elles puissent échapper; car, quoique l'alouette s'élève beaucoup, le hobereau vole encore plus haut qu'elle, et on peut le dresser au leurre comme le faucon et les autres oiseaux du plus haut vol. Il demeure et niche dans les forêts, où il se perche sur les arbres les plus élevés. Dans quelques-unes de nos provinces on donne le nom de *hobereau* aux petits seigneurs qui tyrannisent leurs paysans, et plus particulièrement au gentilhomme à lièvre, qui va chasser chez ses voisins sans en être prié, et qui chasse moins pour son plaisir que pour son profit.

LA CRÉCERELLE

La crécerelle est l'oiseau de proie le plus commun dans la plupart de nos provinces de France, et surtout en Bourgogne : il n'y a point d'ancien château ou

La crécerelle.

de tour abandonnée qu'elle ne fréquente ou qu'elle n'habite; et c'est surtout le matin et le soir qu'on la voit voler autour de ces vieux bâtiments, et on l'entend encore plus souvent qu'on ne la voit; elle a un cri précipité, *pli pli pli*, ou *pri pri pri*, qu'elle ne cesse de répéter en volant et qui effraye tous les petits oiseaux, sur lesquels elle fond comme une flèche et qu'elle saisit avec ses serres ;

si par hasard elle les manque du premier coup, elle les poursuit sans crainte du danger jusque dans les maisons; j'ai vu plus d'une fois mes gens prendre une crécerelle et le petit oiseau qu'elle poursuivait, en fermant la fenêtre d'une chambre ou la porte d'une galerie qui étaient éloignées de plus de cent toises des vieilles tours d'où elle était partie. Lorsqu'elle a saisi et emporté l'oiseau, elle le tue et le plume très proprement avant de le manger : elle ne prend pas tant de peine pour les souris et les mulots; elle avale les plus petits tout entiers, et dépèce les autres. Toutes les parties molles du corps de la souris se digèrent dans l'estomac de cet oiseau; mais la peau se roule et forme une petite pelote qu'il rend par le bec, et non par le bas.

La crécerelle est un assez bel oiseau : elle a l'œil vif et la vue très perçante, le vol aisé et soutenu; elle est diligente et courageuse; elle approche, par le naturel, des oiseaux nobles et généreux; on peut même la dresser, comme les émerillons, pour la fauconnerie. La femelle est plus grande que le mâle, et elle en diffère en ce qu'elle a la tête rousse, le dessus du dos, des ailes et de la queue rayé de bandes transversales brunes, et qu'en même temps toutes les plumes de la queue sont d'un brun roux plus ou moins foncé; au lieu que dans le mâle la tête et la queue sont grises, et que les parties supérieures du dos et des ailes sont d'un roux vineux, semé de quelques petites taches noires.

J'ai fait élever plusieurs de ces oiseaux dans de grandes volières; ils sont, comme je l'ai dit, d'un très beau blanc pendant le premier mois de leur vie, après quoi les plumes du dos deviennent roussâtres et brunes en peu de jours. Ils sont robustes et aisés à nourrir; ils mangent la viande crue qu'on leur présente à quinze jours ou trois semaines d'âge : ils connaissent bientôt la personne qui les soigne et s'apprivoisent assez pour ne jamais l'offenser. Ils font entendre leur voix de très bonne heure, et, quoique enfermés, ils répètent le même cri qu'ils font en liberté : j'en ai vu s'échapper et revenir d'eux-mêmes à la volière, après un jour ou deux d'absence et peut-être d'abstinence forcées.

L'ÉMERILLON

L'émerillon s'éloigne de l'espèce du faucon et de celle de tous les autres oiseaux de proie par un attribut qui le rapproche de la classe commune des autres oiseaux; c'est que le mâle et la femelle sont dans l'émerillon de la même grandeur, au lieu que, dans tous les autres oiseaux de proie, le mâle est bien plus petit que la femelle. Cette singularité ne tient donc point à leur manière de vivre, ni à rien de tout ce qui distingue les oiseaux de proie des autres oiseaux; elle semblerait d'abord appartenir à la grandeur, parce que dans les pies-grièches, qui sont encore plus petites que les émerillons, le mâle et la femelle sont aussi de la même grosseur, tandis que dans les aigles, les vautours, les gerfauts, les autours, les faucons et les éperviers, le mâle est d'un tiers ou d'un quart plus petit que la femelle.

L'émerillon vole bas, quoique très vite et très légèrement; il fréquente les bois et les buissons pour y saisir les petits oiseaux, et chasse mal seul sans être

L'émerillon.

accompagné de sa femelle : elle niche dans les forêts en montagne et produit cinq ou six petits.

LES PIES-GRIÈCHES

Ces oiseaux, quoique petits, quoique délicats de corps et de membres, doivent néanmoins, par leur courage, par leur large bec, fort et crochu, et par leur appétit pour la chair, être mis au rang des oiseaux de proie, même des plus fiers et des plus sanguinaires. On est toujours étonné de voir l'intrépidité avec laquelle une petite pie-grièche combat contre les pies, les corneilles, les crécerelles, tous oiseaux beaucoup plus grands et plus forts qu'elle : non seulement elle combat pour se défendre, mais souvent elle attaque, et toujours avec avantage, surtout lorsque le couple se réunit pour éloigner de leurs petits les oiseaux de rapine. Elles n'attendent pas qu'ils approchent; il suffit qu'ils passent à leur portée pour qu'elles aillent au-devant; elles les attaquent à grands cris, leur font des blessures cruelles, et les chassent avec tant de fureur, qu'ils fuient souvent sans oser revenir; et, dans ce combat inégal contre d'aussi grands ennemis, il est rare de les voir succomber sous la force, ou se laisser emporter; il arrive seulement qu'elles tombent quelquefois avec l'oiseau contre lequel elles sont accrochées avec tant d'acharnement, que le combat ne finit que par la chute et la mort de tous deux : aussi les oiseaux de proie les plus braves les respectent;

les milans, les buses, les corbeaux, paraissent les craindre et les fuir plutôt que les chercher. Rien dans la nature ne peint mieux la puissance et les droits du courage que de voir ce petit oiseau, qui n'est guère plus gros qu'une alouette, voler de pair avec les éperviers, les faucons et tous les autres tyrans de l'air, sans les redouter, et chasser dans leur domaine sans crainte d'en être puni; car, quoique les pies-grièches se nourrissent communément d'insectes, elles aiment la chair de préférence : elles poursuivent au vol tous les petits oiseaux; on en a vu prendre des perdreaux et de jeunes levrauts; les grives, les merles et les

La pie-grièche.

autres animaux pris au lacet ou au piège deviennent leur proie la plus ordinaire; elles les saisissent avec les ongles, leur crèvent la tête avec le bec, leur serrent et déchiquètent le cou; et, après les avoir étranglés ou tués, elles les plument pour les manger, les dépecer à leur aise, et en emporter dans leur nid les débris en lambeaux.

OISEAUX DE PROIE NOCTURNES

Les yeux de ces oiseaux sont d'une sensibilité si grande, qu'ils paraissent être éblouis par la clarté du jour, et entièrement offusqués par les rayons du soleil; il leur faut une lumière plus douce, telle que celle de l'aurore naissante ou du crépuscule tombant : c'est alors qu'ils sortent de leurs retraites pour chasser, ou plutôt pour chercher leur proie, et ils font cette quête avec grand avantage; car ils trouvent dans ce temps les autres oiseaux et les petits animaux endormis ou prêts à l'être. Les nuits où la lune brille sont pour eux les beaux jours, les jours de plaisir, les jours d'abondance, pendant lesquels ils chassent plusieurs heures de suite et se pourvoient d'amples provisions : les nuits où la lune fait défaut sont beaucoup moins heureuses; ils n'ont guère qu'une heure le soir et une heure le matin pour chercher leur subsistance; car il ne faut pas croire que la vue de ces oiseaux, qui s'exerce si parfaitement à une faible lumière, puisse se passer de toute lumière, et qu'elle perce, en effet, dans l'obscurité la plus profonde; dès que la nuit est bien close, ils cessent de voir, et ne diffèrent pas à cet égard des autres animaux tels que les lièvres, les loups, les cerfs, qui sortent le soir des bois pour repaître ou chasser pendant la nuit; seulement ces animaux voient encore mieux le jour que la nuit; au lieu que la vue des oiseaux nocturnes est si fort offusquée pendant le jour, qu'ils sont obligés de se tenir dans le même lieu sans bouger, et que, quand on les force à en sortir, ils ne peuvent faire que de très petites courses, des vols courts et lents, de peur de se heurter : les autres oiseaux, qui s'aperçoivent de leur crainte ou de la gêne de leur situation, viennent à l'envi les insulter; les mésanges, les pinsons, les rouges-gorges, les merles, les geais, les grives, etc. arrivent à la file : l'oiseau de nuit, perché sur une branche, immobile, étonné, entend leurs mouvements, leurs cris qui redoublent sans cesse, parce qu'il n'y répond que par des gestes bas, en tournant sa tête, ses yeux et son corps d'un air ridicule; il se laisse même assaillir et frapper sans se défendre; les plus petits, les plus faibles de ses ennemis sont les plus ardents à le tourmenter, les plus opiniâtres à le huer. C'est sur cette espèce de jeu de moquerie ou d'antipathie naturelle qu'est fondé le petit art de la pipée : il suffit de placer un oiseau nocturne, ou même d'en contrefaire la voix, pour faire arriver les oiseaux à l'endroit où l'on a tendu les gluaux; il faut s'y prendre une heure avant la fin du jour pour que cette chasse soit heureuse; car, si l'on attend plus tard, ces mêmes petits oiseaux, qui viennent pendant le jour provoquer l'oiseau de nuit avec autant d'audace que d'opiniâtreté, le fuient et le redoutent dès que l'obscurité lui permet de se mettre en mouvement et de déployer ses facultés.

Tout cela doit néanmoins s'entendre avec certaines restrictions qu'il est bon d'indiquer. 1° Toutes les espèces de hiboux et de chouettes ne sont pas également offusquées par la lumière du jour : le grand duc voit assez clair pour voler et fuir à d'assez grandes distances en plein jour; la chevêche, ou la plus petite espèce de chouette, chasse, poursuit et prend des petits oiseaux longtemps avant le coucher et après le lever du soleil. Les voyageurs nous assurent que le grand duc ou hibou de l'Amérique septentrionale prend les gelinottes blanches en plein jour, et même lorsque la neige en augmente encore la lumière. Belon dit très bien, dans son vieux langage, que *quiconque prendra garde à la vue de ces oiseaux ne la trouvera pas si imbécile qu'on la crie.* 2° Il paraît que le hibou commun ou moyen duc voit plus mal que le scops ou petit duc, et que c'est de tous les hiboux celui qui est le plus offusqué par la lumière du jour, comme le sont aussi le chat-huant, l'effraie et la hulotte; car on voit les oiseaux s'attrouper également pour les insulter à la pipée.

LE HIBOU

LE CHAT-HUANT, LA CHOUETTE

Le hibou, *otar,* ou moyen duc, a, comme le grand duc, les oreilles fort ouvertes, et surmontées d'une aigrette composée de six plumes tournées en avant; mais ces aigrettes sont plus courtes que celles du grand duc, et n'ont guère plus d'un pouce de longueur : elles paraissent proportionnées à sa taille, car il ne pèse qu'environ dix onces, et n'est pas plus gros qu'une corneille; il forme donc une espèce évidemment différente de celle du grand duc, qui est gros comme une oie, et de celle du scops ou petit duc, qui n'est pas plus grand qu'un merle, et qui n'a au-dessus des oreilles que des aigrettes très courtes. Je fais cette remarque, parce qu'il y a des naturalistes qui n'ont regardé le moyen et le petit duc que comme de simples variétés d'une seule et même espèce. Le moyen duc a environ un pied de longueur de corps depuis le bout du bec jusqu'aux ongles, trois pieds de vol ou d'envergure, et cinq ou six pouces de longueur de queue: il a le dessus de la tête, du cou, du dos et des ailes, rayé de gris, de roux et de brun; la poitrine et le ventre sont roux avec des bandes brunes, irrégulières et étroites, le bec est court et noirâtre, les yeux sont d'un beau jaune, les pieds sont couverts de plumes rousses jusqu'à l'origine des ongles, qui sont assez grands et d'un brun noirâtre : on peut observer de plus qu'il a la langue charnue et un peu fourchue, les ongles très aigus et très tranchants, le doigt extérieur mobile et pouvant se tourner en arrière, l'estomac assez ample, la vésicule du fiel très grande, les boyaux longs d'environ vingt pouces, les deux *cæcum* de deux pouces et demi de profondeur, et plus gros à proportion que dans les autres oiseaux de proie. L'espèce en est commune et beaucoup plus nombreuse dans nos climats que celle du grand duc, qu'on n'y rencontre que rarement en hiver, au lieu que le moyen duc y reste toute l'année et se trouve même plus aisément en hiver qu'en été : il habite ordinairement dans les anciens bâtiments ruinés, dans les cavernes des rochers, dans le creux des vieux arbres, dans les forêts en montagne, et ne descend guère dans les plaines. Lorsque d'autres oiseaux l'attaquent, il se sert très bien et des griffes et du bec; il se retourne aussi sur le dos pour se défendre, quand il est assailli par un ennemi trop fort.

On reconnaîtra le chat-huant d'abord à ses yeux bleuâtres, et ensuite à la beauté et à la variété distincte de son plumage, et enfin à son cri *hoho, hoho, hohohoho,* par lequel il semble huer, hôler, ou appeler à haute voix.

La tête grosse, les yeux fixes, le bec propre à la rapine, les ongles en hameçon, sont des caractères communs à tous ces oiseaux; mais la blancheur du plumage, *canities pennis,* appartient plus à l'effraie qu'à aucun autre; et ce qui détermine sur cela mon sentiment, c'est que le mot *stridor,* qui signifie en latin un craquement, un grincement, un bruit désagréablement entrecoupé et semblable à celui d'une scie, est précisément le cri, *gre, gre,* de l'effraie; au lieu que le cri du chat-huant est plutôt une voix haute, un hôlement, qu'un grincement.

On ne trouve guère les chats-huants ailleurs que dans les bois : ils se tiennent dans les arbres creux, et l'on m'en a apporté quelques-uns dans le temps le plus rigoureux de l'hiver, ce qui me fait présumer qu'ils restent toujours dans le pays et qu'ils ne s'approchent que rarement de nos habitations.

La chouette n'approche pas aussi souvent de nos habitations que l'effraie; elle se tient plus volontiers dans les carrières, dans les rochers, dans les bâtiments ruinés et éloignés des lieux habités : il semble qu'elle préfère les pays de montagnes, et qu'elle cherche les précipices escarpés et les endroits solitaires, cependant on ne la trouve pas dans les bois, et elle ne se loge que dans les arbres creux. On la distinguera aisément de la hulotte et du chat-huant par la couleur

Le chat-huant, le hibou-chouette.

des yeux, qui sont d'un très beau jaune, au lieu que ceux de la hulotte sont d'un brun presque noir, et ceux du chat-huant d'une couleur bleuâtre; on la distinguera plus difficilement de l'effraie, parce que toutes deux ont l'iris des yeux jaune, environné de même d'un grand cercle de petites plumes blanches; que toutes deux ont du jaune sous le ventre, et qu'elles sont à peu près de la même grandeur; mais la chouette des rochers est, en général, plus brune, marquée de taches plus grandes et longues comme de petites flammes; au lieu que les taches de l'effraie, lorsqu'elle en a, ne sont, pour ainsi dire, que des points ou des gouttes, et c'est par cette raison qu'on a appelé l'effraie *noctua guttata,* et la chouette des rochers dont il est ici question, *noctua flammeata.* Elle a aussi les pieds bien plus garnis de plumes, et le bec tout brun, tandis que celui de l'effraie est blanchâtre, et n'a de brun qu'à son extrémité. Au reste, la femelle, dans cette espèce, a les couleurs plus claires et les taches plus petites que le mâle, comme nous l'avons aussi remarqué sur la femelle du chat-huant.

LE GRAND DUC

LE PETIT DUC, L'EFFRAIE

Les poètes ont dédié l'aigle à Jupiter, et le duc à Junon : c'est, en effet, l'aigle de la nuit, et le roi de cette tribu d'oiseaux qui craignent la lumière du jour et ne volent que quand elle s'éteint. Le duc paraît être, au premier coup d'œil, aussi gros, aussi fort que l'aigle commun ; cependant il est réellement plus petit, et les proportions de son corps sont toutes différentes : il a les jambes, le corps et la queue plus courts que l'aigle, la tête beaucoup plus grande, les ailes bien moins longues, l'étendue du vol ou l'envergure n'étant que d'environ cinq pieds. On distingue aisément le duc à sa grosse figure, à son énorme tête, aux larges et profondes cavernes de ses oreilles, aux deux aigrettes qui surmontent sa tête et qui sont élevées de plus de deux pouces et demi ; à son bec court, noir et crochu ; à ses yeux fixes et transparents ; à ses larges prunelles noires et environnées d'un cercle de couleur orangée ; à sa face entourée de poils, ou plutôt de petites plumes blanches et décomposées, qui aboutissent à une circonférence d'autres petites plumes frisées ; à ses ongles noirs, très forts et très crochus ; à son cou très court ; à son plumage d'un rouge brun taché de noir et de jaune sur le dos, et de jaune sur le ventre, marqué de taches noires et traversé de quelques bandes brunes, mêlées assez confusément ; à ses pieds couverts d'un duvet épais et de plumes roussâtres jusqu'aux ongles ; enfin à son effrayant *huibou, houbou, bouhou, pouhou,* qu'il fait retentir dans le silence de la nuit, lorsque tous les autres animaux se taisent ; et c'est alors qu'il les éveille, les inquiète, les poursuit et les enlève, ou les met à mort pour les dépecer et les emporter dans les cavernes qui lui servent de retraite : aussi n'habite-t-il que les rochers ou les vieilles tours abandonnées et situées au-dessus des montagnes. Il descend rarement dans les plaines, et ne se perche pas volontiers sur les arbres, mais sur les églises écartées et sur les vieux châteaux. Sa chasse la plus ordinaire sont les jeunes lièvres, les lapins, les taupes, les mulots, les souris, qu'il avale tout entières, et dont il digère la substance charnue, vomit le poil, les os et la peau en pelotes arrondies ; il mange aussi les chauves-souris, les serpents, les lézards, les crapauds, les grenouilles, et en nourrit ses petits : il chasse alors avec tant d'activité, que son nid regorge de provisions ; il en rassemble plus qu'aucun autre oiseau de proie.

On garde ces animaux dans les ménageries à cause de leur figure singulière : l'espèce n'en est pas aussi nombreuse en France que celle des autres hiboux, et il n'est pas sûr qu'ils restent au pays toute l'année ; ils y nichent cependant quelquefois sur des arbres creux, et plus souvent dans les cavernes de rochers ou dans les trous de hautes et vieilles murailles : leur nid a près de trois pieds de diamètre, et est composé de petites branches de bois sec entrelacées de racines souples, et garnies de feuilles en dedans. On ne trouve souvent qu'un œuf ou deux dans ce nid, et rarement trois ; la couleur de ces œufs tire un peu sur celle des œufs de poule. Les petits sont très voraces, les pères et les mères très habiles à la chasse, qu'ils font dans le silence et avec beaucoup plus de légèreté que leur grosse corpulence ne paraît le permettre ; souvent ils se battent avec les buses, et sont ordinairement les plus forts et les maîtres de la proie qu'ils leur enlèvent. Ils supportent plus aisément la lumière du jour que les autres oiseaux de nuit; car ils sortent de meilleure heure le soir, et rentrent plus tard le matin. On voit quelquefois le duc assailli par des troupes de corneilles, qui le suivent au vol et l'environnent par milliers; il soutient leur choc, pousse des cris plus forts qu'elles, et finit par les disperser, et souvent par en prendre quelqu'une lorsque la lumière du jour baisse. Quoiqu'ils aient les ailes plus courtes que la plupart des oiseaux de haut vol, ils ne laissent pas de s'élever assez haut, surtout à l'heure du crépuscule; mais ordinairement ils ne volent que bas et à de petites distances dans les autres heures du jour. On se sert du duc dans la fauconnerie pour attirer le milan : on attache au duc une queue de renard, pour rendre sa figure encore plus extraordinaire : il vole à fleur de terre, et se pose dans la campagne, sans se percher sur aucun arbre; le milan, qui l'aperçoit de loin, arrive et s'approche du duc, non pas pour le combattre ou l'attaquer, mais comme pour l'admirer, et il se tient auprès de lui assez longtemps pour se laisser tirer par le chasseur, ou prendre par des oiseaux de proie qu'on lâche à sa poursuite. La plupart des faisandiers tiennent aussi dans leur faisanderie un duc, qu'ils mettent toujours en cage sur des juchoirs, dans un lieu découvert, afin que les corbeaux et les corneilles s'assemblent autour de lui, et qu'on puisse tirer et tuer un plus grand nombre de ces oiseaux criards qui inquiètent beaucoup les jeunes faisans, et, pour ne pas effrayer les faisans, on tire les corneilles avec une sarbacane.

On a observé, à l'égard des parties inférieures de cet oiseau, qu'il a la langue courte et assez large, l'estomac très ample, l'œil enfermé dans une tunique cartilagineuse en forme de capsule, et le cerveau recouvert d'une simple tunique plus épaisse que celle des oiseaux, qui, comme les autres animaux quadrupèdes, ont deux membranes qui recouvrent la cervelle.

Il paraît qu'il y a dans cette espèce une première variété qui semble en renfermer une seconde : toutes deux se trouvent en Italie, et ont été indiquées par Aldrovande : on peut appeler l'un le *duc aux ailes noires*, et le second le *duc aux pieds nus*. Le premier ne diffère, en effet, du grand duc commun que par les couleurs qu'il a plus noires ou plus brunes sur les ailes, le dos et la queue; et le second, qui ressemble en entier à celui-ci par ses couleurs plus noires, n'en diffère que par la nudité des jambes et des pieds, qui sont très peu fournis de plumes : ils ont aussi tous deux les jambes plus menues et moins fortes que le duc commun.

Indépendamment de ces deux variétés qui se trouvent dans nos climats, il y en a d'autres dans les climats plus éloignés. Le duc blanc de Laponie, marqué de taches noires, qu'indique Linnæus, ne paraît être qu'une variété produite par le froid du Nord. On sait que la plupart des animaux quadrupèdes sont naturellement blancs ou le deviennent dans les pays très froids; il en est de même d'un grand nombre d'oiseaux; celui-ci, qu'on trouve dans les montagnes de Laponie, est blanc taché de noir, et ne diffère que par cette couleur du grand duc commun : ainsi on peut le rapporter à cette espèce comme simple variété.

Comme cet oiseau craint peu le chaud et ne craint pas le froid, on le trouve également dans les deux continents, au nord et au midi; et non seulement on trouve l'espèce même, mais encore les variétés de l'espèce.

Voici la troisième et dernière espèce du genre des hiboux, c'est-à-dire des oiseaux de nuit qui portent des plumes élevées au-dessus de la tête; et elle est aisée à distinguer des deux autres, d'abord par la petitesse même du corps de l'oiseau, qui n'est pas plus gros qu'un merle, et ensuite par le raccourcissement très marqué de ces aigrettes qui surmontent les oreilles, lesquelles, dans cette espèce ne s'élèvent pas d'un demi-pouce, et ne sont composées que d'une seule petite plume. Ces deux caractères suffisent pour distinguer le petit duc du moyen et du grand duc, et on le reconnaîtra encore aisément à la tête, qui est propor-

Le petit duc, le grand duc, l'effraie.

tionnellement plus petite par rapport au corps que celle des deux autres, et encore à son plumage, plus élégamment bigarré, plus distinctement tacheté que celui des autres: car tout son corps est très joliment varié de gris, de roux, de brun et de noir; et ses jambes sont couvertes, jusqu'à l'origine des ongles, de plumes d'un gris roussâtre, mêlé de taches brunes. Il diffère aussi des deux autres par le naturel; car il se réunit en troupe en automne et au printemps pour passer dans d'autres climats; il n'en reste que très peu, ou point du tout, en hiver dans nos provinces, et on les voit partir après les hirondelles, et arriver à peu près en même temps. Quoiqu'ils habitent de préférence les terrains élevés, ils se rassemblent volontiers dans ceux où les mulots se sont le plus multipliés, et y font un grand bien par la destruction de ces animaux, qui se multiplient toujours trop, et qui, dans certaines années, pullulent à un tel point, qu'ils dévorent toutes les graines et toutes les racines des plantes les plus nécessaires à la nourriture et à l'usage de l'homme. On a souvent vu, dans les temps de cette espèce de fléau, les petits ducs arriver en troupe, et faire si bonne guerre aux mulots, qu'en peu de jours ils en purgent la terre. Les hiboux ou moyens ducs se réunissent aussi quelquefois en troupes de plus de cent; nous en avons été informé deux fois par des témoins oculaires : mais ces assemblées sont rares, au lieu que celles des scops ou petits ducs se font tous les ans. D'ailleurs c'est pour voyager qu'ils semblent se rassembler, et il n'en reste point au pays; au lieu qu'on y voit des hiboux ou moyens ducs en tout temps : il est même à présumer que les petits ducs font des voyages de long cours et qu'ils passent d'un continent à l'autre.

L'effraie, qu'on appelle communément la *chouette des clochers,* effraye en effet par ses soufflements, *che, chei, cheu, chiou,* ses cris âcres et lugubres, *grei, gre, crei,* et sa voix entrecoupée qu'elle fait souvent retentir dans le silence de la nuit. Elle est, pour ainsi dire, domestique, et habite au milieu des villes les mieux peuplées : les tours, les clochers, les toits des églises et des autres bâtiments élevés, lui servent de retraite pendant le jour, et elle en sort à l'heure du crépuscule. Son soufflement, qu'elle réitère sans cesse, ressemble à celui d'un homme qui dort la bouche ouverte; elle pousse aussi, en volant et en se reposant, différents sons aigres, tous si désagréables, que cela, joint à l'idée du voisinage des cimetières et des églises, et encore à l'obscurité de la nuit, inspire de l'horreur et de la crainte aux enfants, aux femmes, et même aux hommes soumis aux mêmes préjugés et qui croient aux revenants, aux sorciers, aux augures : ils regardent l'effraie comme l'oiseau funèbre, comme le messager de la mort; ils croient que quand il se fixe sur une maison, et qu'il y fait retentir une voix différente de ses cris ordinaires, c'est pour appeler quelqu'un au cimetière.

Dans la belle saison, la plupart de ces oiseaux vont le soir dans les bois voisins; mais ils reviennent tous les matins à leur retraite ordinaire, où ils dorment et ronflent jusqu'aux heures du soir; et, quand la nuit arrive, ils se laissent tomber de leur trou, et volent en culbutant presque jusqu'à terre. Lorsque le froid est rigoureux, on les trouve quelquefois cinq ou six dans le même trou, ou cachées dans les fourrages; elles y cherchent l'abri, l'air tempéré et la nourriture : les souris sont, en effet, alors en plus grand nombre dans les granges que dans tout autre temps. En automne, elles vont souvent visiter pendant la nuit les lieux où l'on a tendu des *rejetoires* et des lacets pour prendre des bécasses et des grives; elles tuent les bécasses qu'elles trouvent suspendues et les mangent sur le lieu; mais elles emportent quelquefois les grives et les autres petits oiseaux qui sont pris aux lacets : elles les avalent souvent entiers et avec la plume; mais elles déplument ordinairement, avant de les manger, ceux qui sont un peu plus gros.

L'AUTRUCHE

L'autruche passe pour être le plus grand des oiseaux; mais elle est privée, par sa grandeur même, de la principale prérogative des oiseaux, je veux dire la puissance de voler.

Les jeunes autruches sont d'un gris cendré la première année et ont des plumes partout; mais ce sont de fausses plumes, qui tombent bientôt d'elles-mêmes, pour ne plus revenir sur les parties qui doivent être nues, comme la tête, le haut du cou, les cuisses, les flancs et le dessous des ailes. Elles sont remplacées sur le reste du corps par des plumes alternativement blanches et noires, et quelquefois grises par le mélange de ces deux couleurs fondues ensemble : les plus courtes sont sur la partie inférieure du cou, la seule qui en soit revêtue; elles deviennent plus longues sur le ventre et sur le dos; les plus longues de toutes sont à l'extrémité de la queue et des ailes, et sont les plus recherchées.

Il est certain que ces animaux vivent principalement de matières végétales; qu'ils ont le gésier muni de muscles très forts, comme tous les granivores, et qu'ils avalent fort souvent du fer, du cuivre, des pierres, du verre, du bois et tout ce qui se présente : je ne nierais pas même qu'ils n'avalassent quelquefois du fer rouge, pourvu que ce soit en petite quantité; et je ne pense pas avec cela que ce fût impunément. Il paraît qu'ils avalent tout ce qu'ils trouvent, jusqu'à ce que leurs grands estomacs soient entièrement pleins, et que le besoin de les lester par un volume suffisant de matière est l'une des principales causes de leur voracité.

Mais, quelque insatiable qu'elle soit, on me demandera toujours non pas pourquoi elle consomme tant de nourriture, mais pourquoi elle avale des matières qui ne peuvent point la nourrir, et qui peuvent même lui faire beaucoup de mal : je répondrai que c'est parce qu'elle est privée du sens du goût; et cela est d'autant plus vraisemblable, que sa langue, étant bien examinée par d'habiles anatomistes, leur a paru dépourvue de toutes ces papilles sensibles et nerveuses dans lesquelles on croit, avec assez de fondement, que réside la sensation du goût; je croirais même qu'elle aurait le sens de l'odorat fort obtus; car ce sens est celui qui sert le plus aux animaux pour le discernement de leur nourriture; et l'autruche a si peu de discernement, qu'elle avale non seulement le fer, les cailloux, le verre, mais même le cuivre, qui a une si mauvaise odeur, et que Vallisnieri en a vu une qui est morte pour avoir dévoré une grande quantité de chaux vive. Les gallinacés et autres granivores, qui n'ont pas les organes du goût fort sensibles, avalent bien de petites pierres, qu'ils prennent apparemment pour de petites graines, lorsqu'elles sont mêlées ensemble; mais si on leur présente pour toute nourriture un nombre connu de ces petites pierres, ils mourront de faim sans en avaler une seule; à plus forte raison ne toucheront-ils point à la chaux vive; et l'on peut conclure de là, ce me semble, que l'autruche est un des oiseaux dont le sens du goût, de l'odorat, et même celui du toucher dans les parties internes de la bouche, sont les plus émoussés et les plus obtus; en quoi il faut convenir qu'elle s'éloigne beaucoup de la nature des quadrupèdes.

L'autruche est un oiseau propre et particulier à l'Afrique, aux îles voisines de ce continent, et à la partie de l'Asie qui confine à l'Afrique. Ces régions, qui sont le pays natal du chameau, du rhinocéros, de l'éléphant et de plusieurs autres grands animaux, devaient être aussi la patrie de l'autruche, qui est l'éléphant des oiseaux.

On fait plus que de les apprivoiser : on en a dompté quelques-uns au point de les monter comme on monte un cheval; et ce n'est pas une invention moderne, car le tyran Firmius, qui régnait en Égypte sur la fin du IIIe siècle, se faisait porter, dit-on, par de grandes autruches. Moore, Anglais, dit avoir vu à Joar, en Afrique, un homme voyageant sur une autruche. Vallisnieri parle d'un

L'autruche.

jeune homme qui s'était fait voir à Venise monté sur une autruche, et lui faisait faire des espèces de voltes devant le menu peuple. Enfin M. Adanson a vu au comptoir de Podor deux autruches encore jeunes, dont la plus forte courait plus vite que le meilleur coureur anglais, quoiqu'elle eût deux nègres sur son dos. Malgré cela, tout prouve que ces animaux, sans être absolument farouches, sont néanmoins d'une nature rétive, et que, si on peut les apprivoiser jusqu'à se laisser mener en troupeaux, revenir au bercail, et même à souffrir qu'on les monte, il est difficile, et peut-être impossible, de les réduire à obéir à la main du cavalier, à sentir ses demandes, comprendre ses volontés et s'y soumettre.

Au reste, quoique les autruches courent plus vite que le cheval, c'est cependant avec le cheval qu'on les court et qu'on les prend; mais on voit bien qu'il y faut un peu d'industrie : celle des Arabes consiste à les suivre à vue, sans les trop presser, et surtout à les inquiéter assez pour les empêcher de prendre de la nourriture, mais point assez pour les déterminer à s'échapper par une fuite prompte; cela est d'autant plus facile qu'elles ne vont guère sur une ligne droite, et qu'elles décrivent presque toujours dans leur course un cercle plus ou moins étendu. Les Arabes peuvent donc diriger leur marche sur un cercle concentrique intérieur, par conséquent plus étroit, et les suivre toujours à une juste distance, en faisant beaucoup moins de chemin qu'elles. Lorsqu'ils les ont ainsi fatiguées et affamées pendant un ou deux jours, ils prennent leur moment, fondent sur elles au grand galop, en les menant contre le vent autant qu'il est possible, et les tuent à coups de bâton, pour que leur sang ne gâte point le beau blanc de leurs plumes. On dit que, lorsqu'elles se sentent forcées et hors d'état d'échapper aux chasseurs, elles cachent leur tête et croient qu'on ne les voit plus; mais il pourrait se faire que l'absurdité de cette intention retombât sur ceux qui ont voulu s'en rendre les interprètes, et qu'elles n'eussent d'autre but, en cachant leur tête, que de mettre du moins en sûreté la partie qui est en même temps la plus importante et la plus faible.

LE CASOAR

Le casoar, sans être aussi grand ni même aussi gros que l'autruche, paraît plus massif aux yeux, parce que, avec un corps d'un volume presque égal, il a le cou et les pieds moins longs et beaucoup plus gros à proportion, et la partie du corps plus renflée, ce qui lui donne un air plus lourd.

Le trait le plus remarquable dans la figure du casoar est cette espèce de casque conique, noir par devant, jaune dans tout le reste, qui s'élève sur le front, depuis la base du bec jusqu'au milieu du sommet de la tête, et quelquefois au delà : ce casque est formé par le renflement des os du crâne en cet endroit, et il est recouvert par une enveloppe dure, composée de plusieurs couches concentriques, et analogues à la substance de la corne du bœuf; sa forme totale est à peu près celle d'un cône tronqué, qui a trois pouces de haut, un pouce de diamètre à sa base, et trois lignes à son sommet. Clusius pensait que ce casque tombait tous les ans avec les plumes lorsque l'oiseau était en mue; mais messieurs de l'Académie des sciences ont remarqué, avec raison, que c'était tout au plus l'enveloppe extérieure qui pouvait tomber ainsi, et non le noyau intérieur, qui, comme nous l'avons dit, fait partie des os du crâne; et même ils ajoutent qu'on ne s'est point aperçu de la chute de cette enveloppe, à la ménagerie de Versailles, pendant les quatre années que le casoar qu'ils décrivaient y avait passées : néanmoins il peut se faire qu'elle tombe en effet, mais en détail, et par une espèce d'exfoliation successive, comme le bec de plusieurs oiseaux, et que cette particularité ait échappé aux gardes de la ménagerie.

Son allure est bizarre; il semble qu'il rue du derrière, faisant en même temps un demi-saut en avant; mais, malgré la mauvaise grâce de sa démarche, on prétend qu'il court plus vite que le meilleur coureur. La vitesse est tellement l'attribut des oiseaux, que les plus pesants de cette famille sont encore plus légers à la course que les plus légers d'entre les animaux terrestres.

Les œufs de la femelle sont d'un gris de cendre tirant au verdâtre, moins gros et plus allongés que ceux de l'autruche, et semés d'une multitude de petits tubercules d'un vert foncé; la coque n'en est pas fort épaisse, selon Clusius,

Le casoar.

qui en a vu plusieurs; le plus grand de tous ceux qu'il a observés avait quinze pouces de tour d'un sens, et un peu plus de douze de l'autre.

L'OUTARDE

L'outarde, quoique fort grosse, est un animal très craintif, et qui paraît n'avoir ni le sentiment de sa propre force, ni l'instinct de l'employer. Elles s'assemblent quelquefois par troupes de cinquante ou soixante, et ne sont pas plus rassurées par leur nombre que par leur force et leur grandeur; la moindre apparence de danger, ou plutôt la moindre nouveauté les effraye, et elles ne pourvoient guère à leur conservation que par la fuite. Elles craignent surtout les chiens; et cela doit être, puisqu'on se sert communément des chiens pour leur donner la chasse; mais elles doivent craindre aussi le renard, la fouine et tout autre animal, si petit qu'il soit, qui sera assez hardi pour les attaquer; à plus forte raison les animaux féroces, et même les oiseaux de proie, contre lesquels elles oseraient bien moins se défendre : leur pusillanimité est telle, que, pour peu qu'on les blesse, elles meurent plutôt de la peur que de leurs blessures. M. Klein prétend néanmoins qu'elles se mettent quelquefois en colère, et qu'alors on voit s'enfler une peau lâche qu'elles ont sous le cou. Si l'on en croit les anciens, l'outarde n'a pas moins d'amitié pour le cheval qu'elle a d'antipa-

L'outarde.

thie pour le chien; dès qu'elle aperçoit celui-là, elle, qui craint tout, vole à sa rencontre, et se met presque sous ses pieds. En supposant bien constatée cette singulière sympathie entre des animaux si différents, on pourrait, ce me semble, en rendre raison en disant que l'outarde trouve dans la fiente du cheval des grains qui ne sont qu'à demi digérés, et qui lui sont une ressource dans la disette.

Lorsqu'elle est chassée, elle court fort vite en battant des ailes, et va quelquefois plusieurs milles de suite et sans s'arrêter; mais comme elle ne prend son vol que difficilement et lorsqu'elle est aidée, ou, si l'on veut, portée par un vent favorable, et que d'ailleurs elle ne se perche ni ne peut se percher sur les arbres, soit à cause de sa pesanteur, soit faute de doigt postérieur dont elle puisse saisir la branche et s'y soutenir, on peut croire, sur le témoignage des anciens et des modernes, que les lévriers et les chiens courants la peuvent forcer. On la chasse aussi avec l'oiseau de proie, ou enfin on lui tend des filets, et on l'attire où l'on veut en faisant paraître un cheval à propos, ou seulement en s'affublant de la peau d'un de ces animaux. Il n'est point de piège, si grossier qu'il soit, qui ne doive réussir, s'il est vrai, comme le dit Élien, que, dans le royaume de Pont, les renards viennent à bout de les attirer à eux en se couchant contre terre et relevant leur queue, à laquelle ils donnent, autant qu'ils peuvent, l'apparence et les mouvements du cou d'un oiseau. Les outardes, qui prennent, dit-on, cet objet pour un oiseau de leur espèce, s'approchent sans défiance et deviennent la proie de l'animal rusé; mais cela suppose bien de la subtilité dans le renard, bien de la stupidité dans l'outarde, et peut-être encore plus de crédulité dans l'écrivain. C'est un très bon gibier; la chair des jeunes, un peu gardée, est surtout excellente.

LE COQ ET LA POULE

Le coq est un oiseau pesant, dont la démarche est grave et lente, et qui, ayant les ailes fort courtes, ne vole que rarement, et quelquefois avec des cris qui expriment l'effort. Il chante indifféremment la nuit et le jour, mais non pas régulièrement à certaines heures, et son chant est fort différent de celui de sa femelle, quoiqu'il y ait aussi quelques femelles qui ont le même cri du coq, c'est-à-dire qui font le même effort du gosier avec un moindre effet, car leur voix n'est pas si forte, et ce cri n'est pas si bien articulé. Il gratte la terre pour chercher sa nourriture; il avale autant de petits cailloux que de grains, et n'en digère que mieux; il boit en prenant de l'eau dans son bec, et levant la tête à chaque fois pour l'avaler. Il dort le plus souvent un pied en l'air et en cachant sa tête sous l'aile du même côté. Son corps, dans sa situation naturelle, se soutient à peu près parallèle au plan de position, le bec de même; le cou s'élève verticalement; le front est orné d'une crête rouge et charnue, et le dessous du bec d'une double membrane de même couleur et de même nature; ce n'est cependant ni de la chair ni des membranes, mais une substance particulière qui ne ressemble à aucune autre.

Le coq a beaucoup de soin et même d'inquiétude et de souci pour ses poules; il ne les perd guère de vue; il les conduit, les défend, les menace, va chercher celles qui s'écartent, les ramène, et ne se livre au plaisir de manger que lorsqu'il les voit toutes manger autour de lui. A juger par les différentes inflexions de sa voix et par les différentes expressions de sa mine, on ne peut guère douter qu'il ne leur parle différents langages. Quand il les perd, il donne des signes de regrets.

Les hommes, qui tirent parti de tout pour leur amusement, ont bien su mettre en œuvre l'antipathie invincible que la nature a établie entre un coq et un coq; ils ont cultivé cette haine innée avec tant d'art, que les combats de deux oiseaux de basse-cour sont devenus des spectacles dignes d'intéresser la curiosité des peuples, même des peuples polis, et en même temps des moyens de développer ou entretenir dans les âmes cette précieuse férocité qui est, dit-on, le germe de l'héroïsme. On a vu, on voit encore tous les jours, dans plus d'une contrée, des hommes de tous états accourir en foule à ces grotesques tournois, se diviser en deux partis, chacun de ces partis s'échauffer pour son combattant, joindre la fureur des gageures les plus outrées à l'intérêt d'un si beau spectacle, et le dernier coup de bec de l'oiseau vainqueur renverser la fortune de plusieurs familles.

Les poules pondent indifféremment pendant toute l'année, excepté pendant la mue, qui dure ordinairement six semaines ou deux mois sur la fin de l'au-

Le coq.

tomne et au commencement de l'hiver : cette mue n'est autre chose que la chute des vieilles plumes, qui se détachent comme les vieilles feuilles des arbres et comme les vieux bois des cerfs, étant poussées par les nouvelles ; les coqs y sont sujets comme les poules. Mais ce qu'il y a de remarquable, c'est que les nouvelles plumes prennent quelquefois une couleur différente de celle des anciennes. Un de nos observateurs a fait cette remarque sur une poule et sur un coq, et tout le monde la peut faire sur plusieurs autres espèces d'oiseaux, particulièrement sur les bengalis, dont le plumage varie presque à chaque mue ; et en général presque tous les oiseaux ont leurs premières plumes, en naissant, d'une couleur différente de celle dont elles doivent revenir dans la suite.

Cette mère qui a montré tant d'ardeur pour couver, qui a couvé avec tant d'assiduité, qui a soigné avec tant d'intérêt des embryons qui n'existaient point encore pour elle, ne se refroidit pas lorsque ses poussins sont éclos ; son attachement, fortifié par la vue de ces petits êtres qui lui doivent la naissance, s'accroît encore tous les jours par les nouveaux soins qu'exige leur faiblesse : sans cesse occupée d'eux, elle ne cherche de la nourriture que pour eux ; si elle n'en trouve point, elle gratte la terre avec ses ongles pour lui arracher les aliments qu'elle recèle dans son sein, et elle s'en prive en leur faveur : elle les rappelle lorsqu'ils s'égarent, les met sous ses ailes à l'abri des intempéries, et les couve une seconde fois; elle se livre à ses tendres soins avec tant d'ardeur et de souci que sa constitution en est sensiblement altérée, et qu'il est facile de distinguer de toute autre poule une mère qui mène ses petits, soit à ses plumes hérissées et à ses ailes traînantes, soit au son enroué de sa voix et à ses différentes inflexions, toutes expressives et ayant toutes une forte empreinte de sollicitude et d'affection maternelle.

Mais, si elle s'oublie elle-même pour conserver ses petits, elle s'expose à tout pour les défendre : paraît-il un épervier dans l'air, cette mère si faible, si timide, et qui, en toute autre circonstance, chercherait son salut dans la fuite, devient intrépide par tendresse; elle s'élance au-devant de la serre redoutable, et, par ses cris redoublés, ses battements d'ailes et son audace, elle en impose souvent à l'oiseau carnassier, qui, rebuté d'une résistance imprévue, s'éloigne et va chercher une proie plus facile. Elle paraît avoir toutes les qualités du bon cœur; mais ce qui ne fait pas autant honneur au surplus de son instinct, c'est que, si par hasard on lui a donné à couver des œufs de cane ou de tout autre oiseau de rivière, son affection n'est pas moindre pour ces étrangers qu'elle le serait pour ses propres poussins : elle ne voit pas qu'elle n'est que leur nourrice ou leur *bonne*, et non pas leur mère; et lorsqu'ils vont, guidés par la nature, s'ébattre ou se plonger dans la rivière voisine, c'est un spectacle singulier de voir la surprise, les inquiétudes, les transes de cette pauvre nourrice, qui se croit encore mère, et qui, pressée du désir de les suivre au milieu des eaux, mais retenue par une répugnance invincible pour cet élément, s'agite, incertaine, sur le rivage, tremble et se désole, voyant toute sa couvée dans un péril évident, sans oser lui donner de secours.

A mesure que les poules se sont éloignées de leur pays natal, qu'elles se sont accoutumées à un autre climat, à d'autres aliments, elles ont dû éprouver quelque altération dans leur forme, ou plutôt dans celles de leurs parties qui en étaient le plus susceptibles : et de là sans doute ces variétés qui constituent les différentes races. Mais nos poules blanches, noires, grises, fauves, et de couleurs mêlées, produisent toutes des œufs parfaitement blancs : donc, si toutes ces poules étaient demeurées dans leur état de nature, elles seraient blanches, ou du moins auraient dans leur plumage beaucoup plus de blanc que de toute autre couleur; les influences de la domesticité, qui ont changé la couleur de leurs plumes, n'ont pas assez pénétré pour altérer celle de leurs œufs : ce changement de couleur des plumes n'est qu'un effet superficiel et accidentel, qui ne se trouve que dans les pigeons, les poules et les autres oiseaux de nos basses-cours; car tous ceux qui sont libres et dans l'état de nature conservent leurs couleurs sans altération et sans autres variétés que celles de l'âge, du sexe ou du climat, qui sont toujours plus brusques, moins nuancées, plus aisées à reconnaître, et beaucoup moins nombreuses que celles de la domesticité.

LE DINDON

Il y a des dindons blancs, d'autres variés de noir et de blanc, d'autres de blanc et d'un jaune roussâtre, et d'autres d'un gris uniforme qui sont les plus rares de tous; mais le plus grand nombre a le plumage tirant sur le noir, avec un peu de blanc à l'extrémité des plumes. Celles qui couvrent le dos et le dessus des ailes sont carrées par le bout; et parmi celles du croupion et même de la

Le dindon.

poitrine, il y en a quelques-unes de couleurs changeantes, et qui ont différents reflets, selon les différentes incidences de la lumière : et plus ils vieillissent, plus leurs couleurs paraissent être changeantes et avoir des reflets différents. Bien des gens croient que les dindons blancs sont les plus robustes; et c'est par cette raison que dans quelques provinces on les élève de préférence : on en voit de nombreux troupeaux dans le Perthois en Champagne.

Ce sont les poules de l'année précédente qui d'ordinaire sont les meilleures couveuses; elles se dévouent à cette occupation avec tant d'ardeur et d'assiduité, qu'elles mourraient d'inanition sur leurs œufs si l'on n'avait pas soin de les lever une fois tous les jours pour leur donner à boire et à manger. Cette passion de couver est si forte et si durable, qu'elles font quelquefois deux couvées de suite et sans aucune interruption; mais, dans ce cas, il faut les soutenir par une meilleure nourriture.

Le temps venu où ces œufs doivent éclore, les dindonneaux percent avec leur bec la coquille de l'œuf qui les renferme; mais cette coquille est quelquefois si dure, ou les dindonneaux si faibles, qu'ils périraient si on ne les aidait à la briser; ce que néanmoins il ne faut faire qu'avec beaucoup de circonspection, et en suivant, autant qu'il est possible, les procédés de la nature. Ils périraient encore bientôt, pour peu que, dans ces commencements, on les maniât avec rudesse, qu'on leur laissât endurer la faim, ou qu'on les exposât aux intempéries de l'air : le froid, la pluie et même la rosée, les morfond; le grand soleil les tue presque subitement; quelquefois même ils sont écrasés sous les pieds de leur mère. Voilà bien des dangers pour un animal si délicat; et c'est pour cette raison, et à cause de la moindre fécondité des poules d'Inde en Europe, que cette espèce est beaucoup moins nombreuse que celle des poules ordinaires.

La mère les mène avec la même sollicitude que la poule mène ses poussins : elle les réchauffe sous ses ailes avec la même affection, elle les défend avec le même courage. Il semble que sa tendresse pour ses petits rend sa vue plus perçante; elle découvre l'oiseau de proie d'une distance prodigieuse, et lorsqu'il est encore invisible à tous les autres yeux : dès qu'elle l'a aperçu, elle jette un cri d'effroi qui répand la consternation dans toute la couvée; chaque dindonneau se réfugie dans les buissons ou se tapit dans l'herbe, et la mère les y retient en répétant le même cri d'effroi autant de temps que l'ennemi est à portée; mais le voit-elle prendre son vol d'un autre côté, elle les en avertit aussitôt par un autre cri bien différent du premier, et qui est pour tous le signal de sortir du lieu où ils sont cachés, et de se rassembler autour d'elle.

La meilleure façon de conduire les dindons devenus forts, c'est de les mener paître parmi la campagne, dans les lieux où abondent les orties et autres plantes de leur goût, dans les vergers lorsque les fruits commencent à tomber, etc.; mais il faut éviter soigneusement les pâturages où croissent les plantes qui leur sont contraires, telles que la grande digitale à fleurs rouges : cette plante est un véritable poison pour les dindons; ceux qui en ont mangé éprouvent une sorte d'ivresse, des vertiges, des convulsions, et, lorsque la dose est un peu forte, ils finissent par mourir étiques. On ne peut donc apporter trop de soins à détruire cette plante nuisible dans les lieux où l'on élève des dindons.

On doit aussi avoir attention, surtout dans les commencements, de ne les faire sortir le matin qu'après que le soleil a commencé à sécher la rosée, de les faire rentrer avant la chute du serein, et de les mettre à l'abri pendant la plus grande chaleur des jours d'été. Tous les soirs, lorsqu'ils reviennent, on leur donne de la pâtée, du grain, ou quelque autre nourriture, excepté seulement au temps des moissons, où ils trouvent suffisamment à manger par la campagne. Comme ils sont fort craintifs, ils se laissent aisément conduire; il ne faut que l'ombre d'une baguette pour en mener des troupeaux considérables, et souvent ils prendront la fuite devant un animal beaucoup plus petit et plus faible qu'eux : cependant il est des occasions où ils montrent du courage, surtout quand il s'agit de se défendre contre les fouines et autres ennemis de la volaille; on en a vu même quelquefois entourer un lièvre au gîte et chercher à le tuer à coups de bec.

Tout concourt à prouver que l'Amérique est le pays natal des dindons; et comme ces sortes d'oiseaux sont pesants, qu'ils n'ont pas le vol élevé, et qu'ils ne nagent point, ils n'ont pu en aucune manière traverser l'espace qui sépare les deux continents pour aborder en Afrique, en Europe ou en Asie; ils se trouvent donc dans le cas des quadrupèdes qui, n'ayant pu sans le secours de l'homme passer d'un continent à l'autre, appartiennent exclusivement à l'un des deux; et cette considération donne une nouvelle force au témoignage de tant de voyageurs, qui assurent n'avoir jamais vu de dindons sauvages, soit en Asie, soit en Afrique, et n'y en avoir vu de domestiques que ceux qui y avaient été apportés d'ailleurs.

LA PINTADE

C'est un oiseau vif, inquiet et turbulent, qui n'aime point à se tenir en place, et qui sait se rendre maître dans la basse-cour : il se fait craindre des dindons même; et, quoique beaucoup plus petit, il leur en impose par sa

La pintade.

pétulance. « La pintade, dit le P. Margat, a plus tôt fait dix tours et donné vingt coups de bec que ces gros oiseaux n'ont pensé à se mettre en défense. » Ces poules de Numidie semblent avoir la même façon de combattre que l'historien Salluste attribue aux cavaliers numides. « Leur charge, dit-il, est brusque et irrégulière; trouvent-ils de la résistance, ils tournent le dos, et un instant après ils sont sur l'ennemi. » On pourrait à cet exemple en joindre beaucoup d'autres qui attestent l'influence du climat sur le naturel des animaux, ainsi que sur le génie national des habitants. L'éléphant joint à beaucoup de force et d'industrie une disposition à l'esclavage; le chameau est laborieux, patient et sobre; le dogue ne démord point.

La pintade est du nombre des oiseaux pulvérateurs, qui cherchent dans la poussière, où ils se vautrent, un remède contre l'incommodité des insectes; elle gratte aussi la terre comme nos poules communes, et va par troupes très nombreuses : on en voit à l'île de May des volées de deux ou trois cents; les insulaires les chassent au chien courant sans autres armes que des bâtons. Comme elles ont les ailes fort courtes, elles volent pesamment; mais elles courent très vite, et, selon Belon, en tenant la tête élevée comme la girafe. Elles se perchent la nuit pour dormir, et quelquefois la journée, sur les murs de clôture, sur les haies, et même sur le toit des maisons et sur les arbres. Elles sont soigneuses, dit encore Belon, en pourchassant leur vivre; et, en effet, elles doivent consommer beaucoup, et avoir plus de besoins que les poules domestiques, vu le peu de longueur de leurs intestins.

Si on les élève de jeunesse, elles s'apprivoisent très bien. Brue raconte qu'étant sur la côte du Sénégal, il reçut en présent, d'une princesse du pays, deux pintades, l'une mâle et l'autre femelle, toutes deux si familières, qu'elles venaient manger sur son assiette; et qu'ayant la liberté de voler au rivage, elles se rendaient régulièrement sur la barque au son de la cloche qui annonçait le dîner et le souper. Moore dit qu'elles sont aussi farouches que le sont les faisans en Angleterre; mais je doute qu'on ait vu des faisans aussi privés que les deux pintades de Brue; et ce qui prouve que les pintades ne sont pas fort farouches, c'est qu'elles reçoivent la nourriture qu'on leur présente au moment même où elles viennent d'être prises. Tout bien considéré, il me semble que leur naturel approche beaucoup plus de celui de la perdrix que de celui du faisan.

La pintade a-t-elle soin, ou non, de sa couvée? c'est un problème qui n'est pas encore résolu. Belon dit oui, sans restriction; Frisch est aussi pour l'affirmative à l'égard de la grande espèce, qui aime les lieux secs, et assure que le contraire est vrai de la petite espèce, qui se plaît dans les marécages; mais le plus grand nombre de témoignages lui attribue de l'indifférence sur cet article; et le jésuite Margat nous apprend qu'à Saint-Domingue on ne lui permet pas de couver elle-même ses œufs, par la raison qu'elle ne s'y attache point et qu'elle abandonne souvent ses petits : on préfère, dit-il, de les faire couver par les poules d'Inde ou par des poules communes.

LE PAON

Si l'empire appartenait à la beauté et non à la force, le paon serait, sans contredit le roi des oiseaux; il n'en est point sur qui la nature ait versé ses trésors avec plus de profusion : la taille grande, le port imposant, la démarche fière, la figure noble, les proportions du corps élégantes et sveltes, tout ce qui annonce un être de distinction lui a été donné. Une aigrette mobile et légère, peinte des plus riches couleurs, orne sa tête et l'élève sans la charger : son incomparable plumage semble réunir tout ce qui flatte nos yeux dans le coloris tendre et frais des plus belles fleurs, tout ce qui les éblouit dans les effets pétillants des pierreries, tout ce qui les étonne dans l'éclat majestueux de l'arc-en-ciel; non seulement la nature a réuni sur le plumage du paon toutes les couleurs du ciel et de la terre pour en faire le chef-d'œuvre de sa magnificence, elle les a encore mêlées, assorties, nuancées, fondues de son inimitable pinceau, et en a fait un tableau unique, où elles tirent de leur mélange avec des nuances plus sombres, et de leurs oppositions entre elles, un nouveau lustre et des effets de lumière si sublimes, que notre art ne peut les imiter ni les décrire.

Tel paraît à nos yeux le plumage du paon, lorsqu'il se promène paisible et seul dans un beau jour de printemps; mais s'il éprouve quelque émotion vive,

Le paon.

alors toutes ses beautés se multiplient, ses yeux s'animent et prennent de l'expression, son aigrette s'agite sur sa tête; les longues plumes de sa queue déploient, en se relevant, leurs richesses éblouissantes; sa tête et son cou, se renversant noblement en arrière, se dessinent avec grâce sur ce fond radieux, où la lumière du soleil se joue en mille manières, se perd et se reproduit sans cesse, et semble prendre un nouvel éclat plus doux et plus moelleux, de nouvelles couleurs plus variées et plus harmonieuses : chaque mouvement de l'oiseau produit des milliers de nuances nouvelles, des gerbes de reflets ondoyants et fugitifs, sans cesse remplacés par d'autres reflets et d'autres nuances toujours diverses et toujours admirables.

Mais ces plumes brillantes, qui surpassent en éclat les plus belles fleurs, se flétrisssent aussi comme elles et tombent chaque année. Le paon, comme s'il sentait la honte de sa perte, craint de se faire voir dans cet état humiliant, et cherche les retraites les plus sombres pour s'y cacher à tous les yeux, jusqu'à ce qu'un nouveau printemps, lui rendant sa parure accoutumée, le ramène sur la scène pour y jouir des hommages dus à sa beauté : car on prétend qu'il en jouit en effet, qu'il est sensible à l'admiration, que le vrai moyen de l'engager à étaler ses belles plumes, c'est de lui donner des regards d'attention et des louanges; et qu'au contraire, lorsqu'on paraît le regarder froidement et sans beaucoup d'intérêt, il replie tous ses trésors et les cache à qui ne sait point les admirer.

Les sommets de cette aigrette ont, ainsi que tout le reste du plumage, des couleurs bien plus éclatantes dans le mâle que dans la femelle : outre cela, le coq-paon se distingue de sa poule, dès l'âge de trois mois, par un peu de jaune qui paraît au bout de l'aile; dans la suite il se distingue par la grosseur, par un éperon à chaque pied, par la longueur de sa queue, et par la faculté de la relever et d'en étaler les belles plumes, ce qui s'appelle *faire la roue*.

Les plumes de la queue, ou plutôt ces longues couvertures qui naissent de dessus le dos auprès du croupion, sont en grand ce que celles de l'aigrette sont en petit; leur tige est pareillement garnie, depuis sa base jusqu'à près de l'extrémité, de filets détachés de couleur changeante; et elle se termine par une plaque de barbes réunies, ornées de ce qu'on appelle l'*œil* ou *miroir* : c'est une tache brillante, émaillée des plus belles couleurs, jaune doré de plusieurs nuances, vert changeant en bleu et en violet éclatant, selon les différents aspects, et tout cela empruntant encore un nouveau lustre de la couleur du centre, qui est un beau noir velouté.

La couleur la plus permanente de la tête, de la gorge, du cou et de la poitrine, c'est le bleu avec différents reflets de violet, d'or et de vert éclatant : tous ces reflets, qui renaissent et se multiplient sans cesse sur son plumage, sont une ressource que la nature semble s'être ménagée pour y faire paraître successivement et sans confusion un nombre de couleurs beaucoup plus grand que son étendue ne semblait le comporter; ce n'est qu'à la faveur de cette heureuse industrie que le paon pouvait suffire à recevoir tous les dons qu'elle lui destinait.

Ces oiseaux se rendent les maîtres dans la basse-cour, se font respecter de l'autre volaille, qui n'ose prendre sa pâture qu'après qu'ils ont fini leur repas. Leur façon de manger est à peu près celle des gallinacés; ils saisissent le grain de la pointe du bec, et l'avalent sans le broyer. Pour boire ils plongent le bec dans l'eau, où ils font cinq ou six mouvements assez prompts de la mâchoire inférieure; puis, en se relevant et tenant leur tête dans une position horizontale, ils avalent l'eau dont leur bouche s'était remplie, sans faire aucun mouvement du bec.

Les Grecs faisaient grand cas du paon, mais ce n'était que pour rassasier leurs yeux de la beauté de son plumage; au lieu que les Romains, qui ont poussé plus loin tous les excès du luxe, parce qu'ils étaient plus puissants, se sont rassasiés réellement de sa chair. Ce fut l'orateur Hortensius qui imagina le premier d'en faire servir sur sa table, et, son exemple ayant été suivi, cet oiseau devint très cher à Rome; et, les empereurs renchérissant sur le luxe des particuliers, on vit un Vitellius, un Héliogabale, mettre leur gloire à remplir des plats immenses de têtes et de cervelles de paons, de langues de phénicoptères, de foies de scares, et à en composer des mets insipides, qui n'avaient d'autre mérite que de supposer une dépense prodigieuse et un luxe excessivement destructeur.

LE FAISAN

Il suffit de nommer cet oiseau pour se rappeler du lieu de son origine : le faisan, c'est-à-dire l'oiseau du Phase, était, dit-on, confiné dans la Colchide avant l'expédition des Argonautes; ce sont ces Grecs qui, en remontant le Phase pour arriver à Colchos, virent ces beaux oiseaux répandus sur les bords du fleuve, et qui, en les rapportant dans leur patrie, lui firent un présent plus riche que celui de la toison d'or.

Le faisan est de la grosseur du coq ordinaire, et peut, en quelque sorte, le disputer au paon pour la beauté; il a le port aussi noble, la démarche aussi fière, et le plumage presque aussi distingué : celui de la Chine a même les couleurs plus éclatantes; mais il n'a pas, comme le paon, la faculté d'étaler son beau plumage, ni de relever les longues plumes de sa queue, faculté qui suppose un appareil particulier de muscles moteurs dont le paon est pourvu, qui manquent au faisan, et qui établissent une différence assez considérable entre les deux espèces : d'ailleurs ce dernier n'a ni l'aigrette du paon, ni sa double queue, dont l'une, plus courte, est composée de véritables pennes directrices, et l'autre, plus longue, n'est formée que des couvertures de celles-là : en général, le faisan paraît modelé sur des proportions moins légères et moins élégantes, ayant le corps plus ramassé, le cou plus raccourci, la tête plus grosse, etc.

Ces oiseaux se plaisent dans les bois en plaine, différant en cela des tetras ou cops de bruyère, qui se plaisent dans les bois en montagne; pendant la nuit ils se perchent au haut des arbres, ils y dorment la tête sous l'aile : leur cri, c'est-à-dire le cri du mâle, car la femelle n'en a presque point, est entre celui du paon et celui de la pintade, mais plus près de celui-ci, et par conséquent très peu agréable. Leur naturel est si farouche que non seulement ils évitent l'homme, mais qu'ils s'évitent les uns les autres.

Ces oiseaux vivent de toutes sortes de grains et d'herbages, et l'on conseille même de mettre une partie du parc en jardin potager, et de cultiver dans le jardin des fèves, des carottes, des pommes de terre, des oignons, des laitues et des panais, surtout les deux dernières, dont ils sont très friands; on dit qu'ils aiment aussi beaucoup le gland, les baies d'aubépine et la graine d'absinthe : mais le froment est la meilleure nourriture qu'on puisse leur donner, en y joignant les œufs de fourmis. Quelques-uns recommandent de bien prendre garde qu'il n'y ait des fourmis mêlées, de peur que les faisans ne se dégoûtent des œufs; mais Edmond King veut qu'on leur donne des fourmis même, et prétend que c'est pour eux une nourriture très salutaire, et seule capable de les rétablir lorsqu'ils sont faibles et abattus : dans la disette, on y substitue avec succès des sauterelles, des perce-oreilles, des mille-pieds.

On dit que le faisan est un oiseau stupide, qui se croit bien en sûreté lorsque sa tête est cachée, comme on l'a dit de tant d'autres, et qui se laisse prendre à tous les pièges. Lorsqu'on le chasse au chien courant, et qu'il a été rencontré, il regarde fixement le chien tant qu'il est en arrêt, et donne tout le temps au chasseur de le tirer à son aise. Il suffit de lui présenter sa propre image, ou

Le faisan.

seulement un morceau d'étoffe rouge sur une toile blanche, pour l'attirer dans le piège; on le prend encore en tendant des lacets ou des filets sur les chemins où il passe le soir et le matin pour aller boire; enfin on le chasse à l'oiseau de proie, et l'on prétend que ceux qui sont pris de cette manière sont plus tendres et de meilleur goût. L'automne est le temps de l'année où ils sont le plus gras : on peut engraisser les jeunes à l'épinette ou avec la pompe, comme toute autre volaille; mais il faut bien prendre garde, en leur introduisant la petite boulette dans le gosier, de ne leur pas renverser la langue, car ils mourraient sur-le-champ.

LA PERDRIX

La perdrix grise diffère à bien des égards de la rouge; mais ce qui m'autorise principalement à en faire deux espèces distinctes, c'est que, selon la remarque du petit nombre des chasseurs qui savent observer, quoiqu'elles se tiennent quelquefois dans les mêmes endroits, elles ne se mêlent point l'une avec l'autre.

La perdrix grise est d'un naturel plus doux que la rouge, et n'est point difficile à apprivoiser; lorsqu'elle n'est point tourmentée, elle se familiarise aisément avec l'homme. Les perdrix grises ont aussi l'instinct plus social entre elles; car chaque famille vit toujours réunie en une seule bande, qu'on appelle *volée* ou *compagnie*. Celles même dont, par quelque accident, les pontes n'ont point réussi, se rejoignant ensemble et aux débris des compagnies qui ont le plus souffert, forment, sur la fin de l'été, de nouvelles compagnies souvent plus nombreuses que les premières, et qui subsistent jusqu'à l'année suivante.

Ces oiseaux se plaisent dans les pays à blé, surtout dans ceux où les terres sont bien cultivées et marnées, sans doute parce qu'ils y trouvent une nourriture plus abondante, soit en grains, soit en insectes, ou peut-être aussi parce que les sels de la marne, qui contribuent si fort à la fécondité du sol, sont analogues à leur tempérament ou à leur goût. Les perdrix grises aiment la pleine campagne, et ne se réfugient dans les taillis et les vignes que lorsqu'elles sont poursuivies par le chasseur ou par l'oiseau de proie; mais jamais elles ne s'enfoncent dans les forêts, et l'on dit même assez communément qu'elles ne passent jamais la nuit dans les buissons ni dans les vignes : cependant on a trouvé un nid de perdrix dans un buisson au pied d'une vigne.

En général, elles font leurs nids sans beaucoup de soins et d'apprêts; un peu d'herbe et de paille grossièrement arrangée dans le pas d'un bœuf ou d'un cheval, quelquefois même celle qui s'y trouve naturellement, il ne leur en faut pas davantage : cependant on a remarqué que les femelles un peu âgées et déjà instruites par l'expérience des pontes précédentes apportaient plus de précaution que les toutes jeunes, soit pour garantir le nid des eaux qui pourraient le submerger, soit pour le mettre en sûreté contre leurs ennemis, en choisissant un endroit un peu élevé et défendu naturellement par des broussailles. Elles pondent ordinairement de quinze à vingt œufs, et quelquefois jusqu'à vingt-cinq; mais les couvées des toutes jeunes et celles des vieilles sont beaucoup moins nombreuses, ainsi que les secondes couvées que les perdrix de bon âge recommencent lorsque la première n'a pas réussi, et qu'on appelle en certains pays des *recoquées*. Ces œufs sont à peu près de la couleur de ceux du pigeon; Pline dit qu'ils sont blancs. La durée de l'incubation est d'environ trois semaines, un peu plus, un peu moins suivant les degrés de chaleur.

La femelle se charge seule de couver, et pendant ce temps elle éprouve une mue considérable, car presque toutes les plumes du ventre lui tombent; elle couve avec beaucoup d'assiduité, et on prétend qu'elle ne quitte jamais ses œufs sans les couvrir de feuilles. Le mâle se tient ordinairement à portée du nid, attentif à sa femelle et toujours prêt à l'accompagner lorsqu'elle se lève pour aller chercher de la nourriture.

Le mâle, qui n'a point pris de part au soin de couver les œufs, partage avec la mère celui d'élever les petits; ils les mènent en commun, les appellent sans cesse, leur montrent la nourriture qui leur convient, et leur apprennent à se la procurer en grattant la terre avec leurs ongles. Il n'est pas rare de les trouver accroupis l'un auprès de l'autre, et couvrant de leurs ailes leurs poussins, dont les têtes sortent de tous côtés avec des yeux fort vifs; dans ce cas, le père et la mère se déterminent difficilement à partir, et un chasseur qui aime la conser-

La perdrix.

vation du gibier se détermine encore plus difficilement à les troubler dans une fonction si intéressante. Mais enfin si un chien s'emporte, et qu'il les approche de trop près, c'est toujours le mâle qui part le premier, en poussant des cris particuliers, réservés pour cette seule circonstance : il ne manque guère de se mettre à trente ou quarante pas, et on en a vu plusieurs fois revenir sur le chien en battant des ailes : tant l'amour paternel inspire de courage aux animaux les plus timides! Mais quelquefois il inspire encore à ceux-ci une sorte de prudence et des moyens combinés pour sauver leur couvée : on a vu le mâle, après s'être présenté, prendre la fuite, mais fuir pesamment et en traînant l'aile, comme pour attirer l'ennemi par l'espérance d'une proie facile, et fuyant toujours assez pour n'être point pris, mais pas assez pour décourager le chasseur. Il l'écarte de plus en plus de la couvée; d'un autre côté, la femelle, qui part un instant après le mâle, s'éloigne beaucoup plus et toujours dans une autre direction; à peine s'est-elle abattue qu'elle revient sur-le-champ en courant le long des sillons, et s'approche de ses petits, qui sont blottis, chacun de son côté, dans les herbes et dans les feuilles ; elle les rassemble promptement; et, avant que le chien qui s'est emporté après le mâle ait eu le temps de revenir, elle les a déjà emmenés fort loin, sans que le chasseur ait entendu le moindre bruit.

Les perdreaux ont les pieds jaunes en naissant; cette couleur s'éclaircit ensuite et devient blanchâtre, puis elle brunit, et enfin devient tout à fait noire dans les perdrix de trois ou quatre ans. C'est un moyen de connaître toujours leur âge; on le connait encore à la forme de la dernière plume de l'aile, laquelle, est pointue après la première mue, et qui, l'année suivante, est entièrement arrondie.

La première nourriture des perdreaux, ce sont les œufs de fourmis, les petits insectes qu'ils trouvent sur la terre et les herbes; ceux qu'on nourrit dans les maisons refusent la graine assez longtemps, et il y a apparence que c'est leur dernière nourriture : à tout âge ils préfèrent la laitue, la chicorée, le mouron, le laiteron, le seneçon, et même la pointe des blés verts; dès le mois de novembre on leur en trouve le jabot rempli, et pendant l'hiver ils savent bien l'aller chercher sous la neige; lorsqu'elle est endurcie par la gelée, ils sont réduits à aller auprès des fontaines chaudes qui ne sont point glacées, et à vivre des herbes qui croissent sur leurs bords, et qui leur sont très contraires : en été, on ne les voit pas boire.

C'est en se rappelant qu'ils se réunissent. Tout le monde connait le chant des perdrix, qui est fort peu agréable : c'est moins un chant ou un ramage qu'un cri aigre imitant assez bien le bruit d'une scie, et ce n'est pas sans intention que les mythologistes ont métamorphosé en perdrix l'inventeur de cet instrument. Le chant du mâle ne diffère de celui de la femelle qu'en ce qu'il est plus fort et plus traînant; le mâle se distingue encore de la femelle par un éperon obtus qu'il a à chaque pied, et par une marque noire, en forme de fer à cheval, qu'il a sous le ventre et que la femelle n'a pas.

Les perdrix grises sont des oiseaux sédentaires, qui non seulement restent dans le même pays, mais qui s'écartent le moins qu'ils peuvent du canton où ils ont passé leur jeunesse, et qui y reviennent toujours. Elles craignent beaucoup l'oiseau de proie; lorsqu'elles l'ont aperçu, elles se mettent en tas les unes contre les autres et tiennent ferme, quoique l'oiseau, qui les voit aussi fort bien, les approche de très près en rasant la terre, pour tâcher d'en faire partir quelqu'une et de la prendre au vol. Au milieu de tant d'ennemis et de dangers, on sent bien qu'il en est peu qui vivent âge de perdrix. Quelques-uns fixent la durée de leur vie à sept années, et prétendent que la force de l'âge et le temps de la pleine ponte est de deux ou trois ans, et qu'à six elles ne pondent plus. Olina dit qu'elles vivent douze ou quinze ans.

Les perdreaux gris sont beaucoup moins délicats à élever que les rouges, moins sujets aux maladies, au moins dans notre pays; ce qui ferait croire que c'est leur climat naturel. Il n'est pas même nécessaire de leur donner des œufs de fourmis, et l'on peut les nourrir, comme les poulets ordinaires, avec la mie de pain, les œufs durs, etc. Lorsqu'ils sont assez forts et qu'ils commencent à trouver par eux-mêmes leur subsistance, on les lâche dans l'endroit même où on les a élevés, et dont, comme je l'ai dit, ils ne s'éloignent jamais beaucoup.

La chair de la perdrix grise est connue depuis très longtemps pour être une nourriture exquise et salutaire; elle a deux bonnes qualités qui sont rarement réunies, c'est d'être succulente sans être grasse.

Les perdrix rouges se tiennent sur les montagnes qui produisent beaucoup de bruyères et de broussailles, et quelquefois sur les mêmes montagnes où se trouvent certaines gelinottes, mal à propos appelées *perdrix blanches,* mais dans les parties moins élevées, et par conséquent moins froides et moins sauvages. Pendant l'hiver elles se recèlent sous des abris de rochers bien exposés, et se répandent peu; le reste de l'année elles se tiennent dans les broussailles, s'y font chercher longtemps par les chasseurs, et partent difficilement. On m'assure qu'elles résistent souvent mieux que les grises aux rigueurs de l'hiver et que, bien qu'elles soient plus aisées à prendre dans les différents pièges que les grises, il s'en trouve toujours à peu près le même nombre au printemps dans les endroits qui leur conviennent. Elles vivent de grains, d'herbes, de limaces, de chenilles, d'œufs de fourmis et d'autres insectes; mais leur chair se sent quelquefois des aliments dont elles vivent.

Elles volent pesamment et avec effort, comme font les grises, et on peut les reconnaître de même sans les voir, au seul bruit qu'elles font avec leurs ailes en prenant leur volée. Leur instinct est de plonger dans les précipices lorsqu'on les surprend sur les montagnes, et de regagner le sommet lorsqu'on va à la remise. Dans les plaines, elles filent droit et avec raideur : lorsqu'elles sont suivies de près et poussées vivement, elles se réfugient dans les bois, se perchent même sur les arbres, et se terrent quelquefois, ce que ne font point les perdrix grises.

Les perdrix rouges diffèrent encore des grises par le naturel et les mœurs; elles sont moins sociables : à la vérité, elles vont par compagnies; mais il ne règne pas dans ces compagnies une union aussi parfaite. Quoique nées, quoique élevées ensemble, les perdrix rouges se tiennent plus éloignées les unes des autres : elles ne partent point ensemble, ne vont pas toutes du même côté et ne se rappellent pas ensuite avec le même empressement.

Par une suite de leur naturel sauvage, les perdrix rouges que l'on tâche de multiplier dans les parcs, et que l'on élève à peu près comme les faisans, sont encore plus difficiles à élever, exigent plus de soins et de précautions pour les accoutumer à la captivité, ou, pour mieux dire, elles ne s'y accoutument jamais, puisque les petits perdreaux rouges qui sont éclos dans les faisanderies, et qui n'ont jamais connu leur liberté, languissent dans cette prison, qu'on cherche à leur rendre agréable de toutes manières, et meurent bientôt d'ennui, ou d'une maladie qui en est la suite, si on ne les lâche dans le temps où ils commencent à avoir la tête garnie de plumes.

LA CAILLE

L'inclination de voyager et de changer de climat dans certaines saisons de l'année est l'une des affections les plus fortes des instincts des cailles. La cause de ce désir ne peut être qu'une cause très générale, puisqu'elle agit non seulement sur toute l'espèce, mais sur les individus même séparés, pour ainsi dire, de leur espèce, et à qui une étroite captivité ne laisse aucune communication avec leurs semblables. On a vu de jeunes cailles élevées dans des cages presque depuis leur naissance, qui ne pouvaient ni connaître ni regretter leur liberté, éprouver régulièrement deux fois par an, pendant quatre années, une inquiétude et des agitations singulières dans les temps ordinaires de la passe, savoir, au mois d'avril et au mois de septembre : cette inquiétude durait environ trente jours à chaque fois, et recommençait tous les jours une heure avant le coucher du soleil ; on voyait alors ces cailles prisonnières aller et venir d'un bout de la cage à l'autre, puis s'élancer contre le filet qui lui servait de couvercle, et souvent avec une telle violence, qu'elles retombaient tout étourdies; la nuit se passait

La caille.

presque entièrement dans ces agitations; et le jour suivant elles paraissaient tristes, abattues, fatiguées et endormies. On a remarqué que les cailles qui vivent dans l'état de liberté dorment aussi une grande partie de la journée; et si l'on ajoute à tous ces faits qu'il est très rare de les voir arriver de jour, on sera, ce me semble, fondé à conclure que c'est pendant la nuit qu'elles voyagent, et que ce désir de voyager est inné chez elles : soit qu'elles craignent les températures excessives, puisqu'elles se rapprochent constamment des contrées septentrionales pendant l'été, et des méridionales pendant l'hiver ; ou, ce qui semble plus vraisemblable, qu'elles n'abandonnent successivement les différents pays que pour passer de ceux où les récoltes sont déjà faites dans ceux où elles sont encore à faire, et qu'elles ne changent ainsi de demeure que pour trouver toujours une nourriture convenable pour elles et pour leur couvée.

Aussitôt que les cailles sont arrivées dans nos contrées, elles se mettent à pondre. Chaque femelle dépose quinze à vingt œufs dans un nid qu'elle sait creuser dans la terre avec ses ongles, qu'elle garnit d'herbes et de feuilles, et qu'elle dérobe autant qu'elle peut à l'œil perçant de l'oiseau de proie; ces œufs sont mouchetés de brun sur un fond grisâtre : elle les couve pendant environ trois semaines.

Les cailles se nourrissent de blé, de millet, de chènevis, d'herbe verte, d'insectes, de toutes sortes de graines, même de celle d'ellébore; ce qui avait donné aux anciens de la répugnance pour leur chair, joint à ce qu'ils croyaient que c'était le seul animal avec l'homme qui fût sujet au mal caduc; mais l'expérience a détruit ce préjugé. Il semble que le boire ne leur soit pas absolument nécessaire : car des chasseurs m'ont assuré qu'on ne les voyait jamais aller à l'eau, et d'autres qu'ils en avaient nourri pendant une année entière avec des graines sèches, et sans aucune sorte de boisson, quoiqu'elles boivent assez fréquemment lorsqu'elles en ont la commodité.

La caille se trouve partout, et partout on la regarde comme un fort bon gibier, dont la chair est de fort bon goût et aussi saine que peut l'être une chair aussi grasse. Aldrovande nous apprend même qu'on en fait fondre la graisse à part, et qu'on la garde pour servir d'assaisonnement. Les Chinois se servent de l'oiseau vivant pour s'échauffer les mains.

LE PIGEON

Il est aisé de rendre domestiques des oiseaux pesants, tels que les coqs, les dindons et les paons; mais ceux qui sont légers et dont le vol est rapide demandaient plus d'art pour être subjugués. Une chaumière basse dans un terrain clos suffit pour contenir, élever et faire multiplier nos volailles : il faut des tours, des bâtiments élevés, faits exprès, bien enduits en dehors, et garnis en dedans de nombreuses cellules, pour attirer, retenir et loger les pigeons. Ils ne sont réellement ni domestiques comme les chiens et les chevaux, ni prisonniers comme les poules; ce sont plutôt des captifs volontaires, des hôtes fugitifs, qui ne se tiennent dans le logement qu'on leur offre qu'autant qu'ils s'y plaisent, qu'autant qu'ils y trouvent la nourriture abondante, le gîte agréable, et toutes les commodités, toutes les aisances nécessaires à la vie. Pour peu que quelque chose leur manque ou leur déplaise, ils le quittent et se dispersent pour aller ailleurs : il y en a même qui préfèrent constamment les trous poudreux des vieilles murailles aux boulins les plus propres de nos colombiers; d'autres qui se gîtent dans les fentes et des creux d'arbres; d'autres qui semblent fuir nos habitations, et que rien ne peut y attirer, tandis qu'on en voit, au contraire, qui n'osent les quitter, et qu'il faut nourrir autour de leur volière, qu'ils n'abandonnent jamais. Ces habitudes opposées, ces différences de mœurs, sembleraient indiquer qu'on comprend sous le nom de *pigeons* un grand nombre d'espèces diverses, dont chacune aurait son naturel propre et différent de celui des autres.

Mais tous ont de certaines qualités qui leur sont communes : l'amour de la société, l'attachement à leurs semblables, la douceur des mœurs, la fidélité réciproque, la propreté, le soin de soi-même, qui suppose l'envie de plaire; l'art de se donner des grâces, qui le suppose encore plus; les caresses tendres, les mouvements doux. Nulle humeur, nul dégoût, nulle querelle : tout le temps de sa vie employé au soin de ses petits, toutes les fonctions pénibles également réparties; le mâle aimant assez pour les partager et même se charger des soins maternels, couvant régulièrement à son tour les œufs et les petits, pour en

Le pigeon.

épargner la peine à sa compagne, pour mettre entre elle et lui cette égalité dont dépend le bonheur de toute union durable : quels modèles pour l'homme, s'il pouvait ou savait les imiter!

LA TOURTERELLE

La tourterelle aime peut-être plus qu'aucun autre oiseau la fraîcheur en été, la chaleur en hiver : elle arrive dans notre climat fort tard au printemps, et le quitte dès la fin du mois d'août; au lieu que les bisets et les ramiers arrivent un mois plus tôt et ne partent qu'un mois plus tard; plusieurs même restent pendant l'hiver. Toutes les tourterelles, sans en excepter une, se réunissent en troupes, arrivent, partent et voyagent ensemble; elles ne séjournent ici que quatre ou cinq mois; pendant ce court espace de temps, elles nichent, pondent et élèvent leurs petits au point de pouvoir les emmener avec elles. Ce sont les bois les plus sombres et les plus frais qu'elles préfèrent pour s'y établir; elles placent leur nid, qui est presque tout plat, sur les plus hauts arbres, dans les lieux les plus éloignés de nos habitations.

Nous connaissons, dans l'espèce de la tourterelle, deux races ou variétés constantes : la première est la tourterelle commune; la seconde s'appelle *tourterelle à collier,* parce qu'elle porte sur le cou une sorte de collier noir : toutes deux se trouvent dans notre climat. La tourterelle à collier est un peu plus grosse que la tourterelle commune, et ne diffère en rien pour le naturel et les mœurs : on peut même dire qu'en général les pigeons, les ramiers et les tourterelles se ressemblent encore plus par l'instinct et les habitudes naturelles que par la figure; ils mangent et boivent de même sans relever la tête qu'après avoir avalé

La tourterelle.

toute l'eau qui leur est nécessaire; ils volent de même en troupe : dans tous la voix est plutôt un gros murmure, ou un gémissement plaintif, qu'un chant articulé; tous ne produisent que deux œufs, quelquefois trois, et tous peuvent produire plusieurs fois l'année dans les pays chauds ou dans les volières.

LE CORBEAU, LA PIE

Cet oiseau a été fameux dans tous les temps; mais sa réputation est encore plus mauvaise qu'elle n'est étendue, peut-être par cela même qu'il a été confondu avec d'autres oiseaux, et qu'on lui a imputé tout ce qu'il y avait de mauvais dans plusieurs espèces. On l'a toujours regardé comme le dernier des oiseaux de proie, et comme l'un des plus lâches et des plus dégoûtants. Les voiries infectes, les charognes pourries, sont, dit-on, le fond de sa nourriture; s'il s'assouvit d'une chair vivante, c'est de celle des animaux faibles ou utiles, comme agneaux, levrauts, etc. On prétend même qu'il attaque les grands animaux avec avantage et que, suppléant à la force qui lui manque par la ruse et l'agilité, il se cramponne sur le dos des buffles, les ronge tout vifs et en détail, après leur avoir crevé les yeux: et ce qui rendrait cette férocité plus odieuse, c'est qu'elle serait en lui l'effet non de la nécessité, mais d'un appétit de préférence pour la chair et le sang, d'autant qu'il peut vivre de tous les fruits, de toutes les graines, de tous les insectes et même des poissons morts, et qu'aucun autre animal ne mérite mieux la dénomination d'*omnivore*.

Si aux traits sous lesquels nous venons de représenter le corbeau on ajoute son plumage lugubre, son cri plus lugubre encore, quoique très faible à proportion de sa grosseur, son port ignoble, son regard farouche, tout son corps exhalant l'infection, on ne sera pas surpris que, dans presque tous les temps, il ait été regardé comme un objet de dégoût et d'horreur : sa chair était interdite aux Juifs; les sauvages n'en mangent jamais, et, parmi nous, les plus misérables n'en mangent qu'avec répugnance et après avoir enlevé la peau, qui est très coriace. Partout on le met au nombre des oiseaux sinistres, qui n'ont le pressentiment de l'avenir que pour annoncer les malheurs. De graves historiens ont été jusqu'à publier la relation de batailles rangées entre des armées de corbeaux et d'autres oiseaux de proie, et à donner ces combats comme un présage des guerres cruelles qui se sont allumées dans la suite entre les nations. Combien de gens encore aujourd'hui frémissent et s'inquiètent au bruit de son croassement! Toute sa science de l'avenir se borne cependant, ainsi que celle des autres habitants de l'air, à connaître mieux que nous l'élément qu'il habite, à être plus susceptible de ses moindres impressions, à pressentir ses moindres changements, et à nous les annoncer par certains cris et certaines actions qui sont en lui l'effet naturel de ces changements.

Dans le temps que les aruspices faisaient partie de la religion, les corbeaux, quoique mauvais prophètes, ne pouvaient qu'être des oiseaux fort intéressants; car la passion de prévoir les événements futurs, même les plus tristes, est une ancienne maladie du genre humain : aussi s'attachait-on beaucoup à étudier toutes leurs actions, toutes les circonstances de leur vol, toutes les différences de leur voix, dont on avait compté jusqu'à soixante-quatre inflexions distinctes, sans parler d'autres différences plus fines et trop difficiles à apprécier; chacune avait sa signification déterminée; il ne manqua pas de charlatans pour en procurer l'intelligence, ni de gens simples pour y croire. Pline lui-même, qui n'était ni charlatan ni superstitieux, mais qui travailla quelquefois sur de mauvais mémoires, a eu soin d'indiquer celle de toutes ces voix qui était la plus sinistre. Quelques-uns ont poussé la folie jusqu'à manger le cœur et les entrailles de ces oiseaux, dans l'espérance de s'approprier le don de prophétie.

Non seulement le corbeau a un grand nombre d'inflexions de voix répondant à ses différentes affections intérieures, il a encore le talent d'imiter le cri des autres animaux, et même la parole de l'homme, et l'on a imaginé de lui couper le filet, afin de perfectionner cette disposition naturelle. *Colas* est le mot qu'il prononce le plus aisément : et Scaliger en a entendu un qui, lorsqu'il avait faim, appelait distinctement le cuisinier de la maison nommé *Conrad*. Ces mots ont, en effet, quelques rapports avec le cri ordinaire du corbeau.

On faisait grand cas à Rome de ces oiseaux parleurs, et un philosophe n'a pas dédaigné de nous raconter assez au long l'histoire de l'un d'eux. Ils n'apprennent pas seulement à parler ou plutôt à répéter la parole humaine; mais ils deviennent familiers dans la maison : ils se privent, quoique vieux, et paraissent même capables d'un attachement personnel et durable.

Les corbeaux, les vrais corbeaux de montagne, ne sont point oiseaux de passage, et diffèrent en cela plus ou moins des corneilles, auxquelles on a voulu les associer. Ils semblent particulièrement attachés au rocher qui les a vus naître, ou plutôt sur lequel ils se sont appariés; on les y voit toute l'année en nombre à peu près égal, et ils ne l'abandonnent jamais entièrement. S'ils descendent dans la plaine, c'est pour chercher leur subsistance; mais ils y

La pie, le corbeau.

descendent plus rarement l'été que l'hiver, parce qu'ils évitent les grandes chaleurs; et c'est la seule influence que la différente température des saisons paraisse avoir sur leurs habitudes. Ils ne passent point la nuit dans les bois, comme font les corneilles; ils savent se choisir, dans leurs montagnes, une retraite à l'abri du nord, sous les voûtes naturelles formées par des avances ou des renfoncements de rocher : c'est là qu'ils se retirent pendant la nuit, au nombre de quinze ou vingt. Ils dorment perchés sur les arbrisseaux qui croissent entre les rochers. Ils font leurs nids dans les crevasses de ces mêmes rochers, ou dans les trous des murailles, au haut des vieilles tours abandonnées, et quelquefois sur les hautes branches des grands arbres isolés.

Le mâle ne se contente pas de pourvoir à la subsistance de sa famille, il veille aussi pour sa défense, et s'il s'aperçoit qu'un milan, ou tel autre oiseau de proie, s'approche du nid, le péril de ce qu'il aime le rend courageux; il prend son essor, gagne le dessus, et, se rabattant sur l'ennemi, il le frappe violemment de son bec. Si l'oiseau de proie fait des efforts pour reprendre le dessus, le corbeau en fait de nouveaux pour conserver son avantage ; et ils s'élèvent quelquefois si haut, qu'on les perd absolument de vue, jusqu'à ce que, excédés de fatigue, l'un ou l'autre, ou tous les deux, se laissent tomber du haut des airs.

Il paraît assez avéré que cet oiseau vit quelquefois un siècle et davantage : on en a vu, dans plusieurs villes de France, qui avaient atteint cet âge; et, dans tous les pays et tous les temps, il a passé pour un oiseau très vivace : mais il s'en faut bien que le terme de l'âge adulte, dans cette espèce, soit retardé en proportion de la durée totale de la vie; car sur la fin du premier été, lorsque toute la famille vole de compagnie, il est difficile de distinguer à la taille les vieux d'avec les jeunes.

De ce que le corbeau a le vol élevé, et de ce qu'il s'accommode à toutes les températures, comme chacun sait, il s'ensuit que le monde entier lui est ouvert et qu'il ne doit être exclu d'aucune région. En effet, il est répandu depuis le cercle polaire jusqu'au cap de Bonne-Espérance et à l'île de Madagascar, plus ou moins abondamment, selon que chaque pays fournit plus ou moins de nourriture, et des rochers qui soient plus ou moins à son gré.

Son plumage n'est pas le même dans tous les pays. Indépendamment des causes particulières qui peuvent en altérer la couleur ou la faire varier du noir au brun, et même au jaune, il subit encore plus ou moins les influences du climat : il est quelquefois blanc en Norvège et en Islande, où il y a aussi des corbeaux tout à fait noirs, et en assez grand nombre. D'un autre côté, on en trouve de blancs au centre de la France et de l'Allemagne, dans les nids où il y en a aussi de noirs. Au reste, les variations dans le plumage d'un oiseau aussi généralement, aussi profondément noir que le corbeau, variations produites par la seule différence de l'âge, du climat, ou par d'autres causes purement accidentelles, sont une nouvelle preuve ajoutée à tant d'autres, que la couleur ne fit jamais un caractère constant, et que dans aucun cas elle ne doit être regardée comme un attribut essentiel.

On a tiré parti de l'appétit de la pie pour la chair vivante en la dressant à la chasse comme on y dresse les corbeaux. L'hiver elle vole par troupe, et s'approche d'autant plus des lieux habités, qu'elle y trouve plus de ressources pour vivre et que la rigueur de la saison lui rend ces ressources plus nécessaires. Elle s'accoutume aisément à la vue de l'homme; elle devient bientôt familière dans la maison, et finit par se rendre la maîtresse. J'en connais une qui passe les jours et les nuits au milieu d'une troupe de chats, et qui sait leur en imposer.

Elle jase à peu près comme la corneille, et apprend aussi à contrefaire la voix des autres animaux et la parole de l'homme. On en cite une qui imitait parfaitement le cri du veau, du chevreau, de la brebis, et même le flageolet du berger, et une autre qui répétait en entier une fanfare de trompette. M. Willughby en a vu plusieurs qui prononçaient des phrases entières. *Margot* est le nom qu'on a coutume de lui donner, parce que c'est celui qu'elle prononce le plus volontiers ou le plus facilement; et Pline assure que cet oiseau se plaît beaucoup à ce genre d'imitation, qu'il s'attache à bien articuler les mots qu'il a appris, qu'il cherche longtemps ceux qui lui ont échappé, qu'il fait éclater sa joie lorsqu'il les a retrouvés, et qu'il se laisse quelquefois mourir de dépit lorsque sa recherche est vaine, ou que sa langue se refuse à la prononciation de quelque mot nouveau.

Enfin on prend la pie dans les mêmes pièges et de la même manière que la corneille, et l'on a reconnu en elle les mêmes mauvaises habitudes, celles de voler et de faire des provisions, habitudes presque toujours inséparables dans les différentes espèces d'animaux. On croit aussi qu'elle annonce la pluie lorsqu'elle jase plus qu'à l'ordinaire. D'un autre côté, elle s'éloigne du genre des corbeaux et des corneilles par un assez grand nombre de différences.

Elle est beaucoup plus petite, et même plus que les choucas, et ne pèse que huit à neuf onces. Elle a les ailes plus courtes et la queue plus longue à proportion; par conséquent, son vol est beaucoup moins élevé et moins soutenu : aussi n'entreprend-elle point de grands voyages; elles ne fait guère que voltiger d'arbre en arbre, de clocher en clocher; car, pour l'action de voler, il s'en faut bien que la longueur de la queue compense la brièveté des ailes. Lorsqu'elle est posée à terre, elle est toujours en action, et fait autant de sauts que de pas : elle a aussi dans la queue un mouvement brusque et presque continuel, comme la lavandière. En général, elle montre plus d'inquiétude et d'activité que les corneilles, plus de malice et de penchant à une sorte de moquerie Elle met aussi plus de combinaisons et plus d'art dans la construction de son nid.

Elle multiplie ses précautions en raison de sa tendresse et des dangers de ce qu'elle aime : elle place son nid au haut des plus grands arbres, ou du moins sur de hauts buissons, et n'oublie rien pour le rendre solide et sûr; aidée de son mâle, elle le fortifie extérieurement avec des bûchettes flexibles et du mortier de terre gâchée; elle le recouvre en entier d'une enveloppe à claire-voie, d'une espèce d'abatis de petites branches épineuses et bien entrelacées, elle n'y laisse d'ouverture que dans le côté le mieux défendu, le moins accessible, et seulement ce qu'il en faut pour qu'elle puisse entrer et sortir. Sa prévoyance industrieuse ne se borne pas à la sûreté, elle s'étend encore à la commodité; car elle garnit le fond du nid d'une espèce de matelas orbiculaire, pour que ses petits soient plus mollement et plus chaudement; et quoique ce matelas, qui est le nid véritable, n'ait environ que six pouces de diamètre, la masse entière, en y comprenant les ouvrages extérieurs et l'enveloppe épineuse, a au moins deux pieds en tous sens.

Tant de précautions ne suffisent point encore à sa tendresse, ou, si l'on veut, à sa défiance; elle a continuellement l'œil au guet sur ce qui se passe au dehors. Voit-elle approcher une corneille, elle vole aussitôt à sa rencontre, la harcèle et la poursuit sans relâche et avec de grands cris, jusqu'à ce qu'elle soit venue à bout de l'écarter. Si c'est un ennemi plus respectable, un faucon, un aigle, la crainte ne la retient point, et elle ose encore l'attaquer avec une témérité qui n'est pas toujours heureuse : cependant il faut avouer que sa conduite est quelquefois plus réfléchie, s'il est vrai ce qu'on dit, que, lorsqu'elle a vu un homme observer trop curieusement son nid, elle transporte ses œufs ailleurs, soit entre ses doigts, soit d'une manière encore plus incroyable.

LES CHOUCAS

Ces oiseaux ont avec les corneilles plus de traits de conformité que de traits de dissemblance. Ils vivent tous deux d'insectes, de grains, de fruits, et même de chair, quoique très rarement; mais ils ne touchent point aux voiries, et ils n'ont pas l'habitude de se tenir sur les côtes pour se rassasier de poissons morts et autres cadavres rejetés par la mer; ils se rapprochent par l'habitude

Le choucas.

qu'ils ont d'aller à la chasse aux œufs de perdrix, et d'en détruire une grande quantité.

Nous n'avons en France que deux choucas. L'un, à qui je conserve le nom de *choucas* proprement dit, est de la grosseur d'un pigeon; il a l'iris blanchâtre, quelques traits blancs sous la gorge, quelques points de même couleur autour des narines, du cendré sur la partie postérieure de la tête et du cou : tout le reste est noir; mais cette couleur est plus foncée sur les parties supérieures, avec des reflets tantôt violets et tantôt verts.

Le *chouc*. L'autre espèce du pays, à laquelle je donne le nom de *chouc* d'après son nom anglais, ne diffère du précédent qu'en ce qu'il est un peu plus petit et peut-être moins connu, qu'il a l'iris bleuâtre comme le freux, que la couleur dominante de son plumage est le noir, sans aucun mélange de cendré, et qu'on lui remarque des points blancs autour des yeux. Du reste, ce sont les mêmes mœurs, les mêmes habitudes, et même port, même conformation, même cri, mêmes pieds, même bec, et l'on ne peut guère douter que ces deux races n'appartiennent à la même espèce.

LE GEAI

Les geais sont fort pétulants de leur nature, ils ont les sensations vives, les mouvements brusques; et, dans leurs fréquents accès de colère, ils s'emportent et oublient le soin de leur propre conservation, au point de se prendre quelquefois la tête entre deux branches, et ils meurent ainsi suspendus en l'air : leur agitation perpétuelle prend encore un nouveau degré de violence lorsqu'ils se sentent gênés, et c'est la raison pourquoi ils deviennent tout à fait méconnaissables en cage, ne pouvant y conserver la beauté de leurs

Le geai.

plumes, qui sont bientôt cassées, usées, déchirées, flétries par un frottement continuel.

Leur cri ordinaire est très désagréable, et ils le font entendre souvent; ils ont aussi de la disposition à contrefaire celui de plusieurs oiseaux qui ne chantent pas mieux, tels que la crécerelle, le chat-huant, etc. S'ils aperçoivent dans les bois un renard, ou quelque autre animal de rapine, ils jettent un certain cri très perçant, comme pour s'appeler les uns les autres, et on les voit en peu de temps rassemblés en force, et se croyant en état d'en imposer par le nombre, ou du moins par le bruit. Cet instinct qu'ont les geais de se rappeler, de se réunir à la voix de l'un d'eux, et leur violente antipathie contre la chouette, offrent plus d'un moyen pour les attirer dans les pièges, et il ne se passe guère de pipée sans qu'on en prenne plusieurs; car, étant plus pétulants que la pie, il s'en faut bien qu'ils soient aussi défiants et aussi rusés. Ils n'ont pas non plus le cri naturel si varié, quoiqu'ils paraissent n'avoir pas moins de flexibilité dans le gosier, ni moins de disposition à imiter tous les sons, tous les bruits, tous les cris d'animaux qu'ils entendent habituellement, et même la parole humaine. Le mot *richard* est celui, dit-on, qu'ils articulent le plus facilement. Ils ont aussi, comme la pie et toute la famille des choucas, des corneilles ou des corbeaux, l'habitude d'enfouir leurs provisions superflues, et celle de dérober tout ce qu'ils peuvent emporter; mais ils ne se souviennent pas toujours de l'endroit où ils ont enterré leur trésor; ou bien, selon l'instinct commun à tous les avares, ils sentent plus la crainte de le diminuer que le désir d'en faire usage, en sorte qu'au printemps suivant, les glands et les noisettes qu'ils avaient cachés et peut-être oubliés, venant à germer en terre et pousser des feuilles au dehors, décèlent ces amas inutiles, et les indiquent, quoique un peu tard, à qui en saura mieux jouir.

Dans l'état de domesticité, auquel ils se façonnent aisément, ils s'accoutument à toutes sortes de nourritures, et vivent ainsi huit à dix ans; dans l'état sauvage, ils se nourrissent non seulement de glands et de noisettes, mais de châtaignes, de pois, de fèves, de sorbes, de groseilles, de cerises, de framboises, etc. Ils dévorent aussi les petits des autres oiseaux, quand ils peuvent les surprendre dans le nid en l'absence des vieux, et quelquefois les vieux, lorsqu'ils les trouvent pris au lacet, et, dans cette circonstance, ils vont, suivant leur coutume, avec si peu de précautions qu'ils se prennent quelquefois eux-mêmes, et dédommagent ainsi l'oiseleur du tort qu'ils ont fait à sa chasse; car sa chair, quoique peu délicate, est mangeable, surtout si on la fait bouillir d'abord, et ensuite rôtir : on dit que de cette manière elle approche de celle de l'oie rôtie.

L'OISEAU DE PARADIS

Si quelque chose pouvait donner une apparence de probabilité à la fable du vol perpétuel de l'oiseau de paradis, c'est sa grande légèreté produite par la quantité et l'étendue considérable de ses plumes; car, outre celles qu'ont ordinairement les oiseaux, il en a beaucoup d'autres et de très longues, qui prennent naissance de chaque côté des flancs, entre l'aile et la cuisse, et qui, se prolongeant bien au delà de la queue véritable, et se confondant, pour ainsi dire, avec elle, lui font une espèce de fausse queue à laquelle plusieurs observateurs se sont mépris. Ces plumes *subalaires* sont celles que les naturalistes nomment *décomposées :* elles sont très légères en elles-mêmes, et forment par leur réunion un tout encore plus léger, un volume presque sans masse et comme aérien, très capable d'augmenter la grosseur apparente de l'oiseau, de diminuer sa pesanteur spécifique, et de l'aider à se soutenir dans l'air, mais qui doit aussi quelquefois mettre obstacle à la vitesse du vol et nuire à sa direction, pour peu que le vent soit contraire; aussi a-t-on remarqué que les oiseaux de paradis cherchent à se mettre à l'abri des grands vents, et choisissent pour leur séjour ordinaire les contrées qui y sont le moins exposées.

On fait grand cas de ces plumes dans les Indes, et elles y sont fort recherchées. Il n'y a guère qu'un siècle qu'on les employait aussi en Europe aux mêmes usages que celles de l'autruche; et il faut convenir qu'elles sont très propres, soit par leur légèreté, soit par leur éclat, à l'ornement et à la parure; mais les prêtres du pays leur attribuent je ne sais quelles vertus miraculeuses qui leur donnent un nouveau prix aux yeux du vulgaire, et qui ont valu à l'oiseau auquel elles appartiennent le nom d'*oiseau de Dieu*.

Ce qu'il y a de plus remarquable après cela dans l'oiseau de paradis, ce sont les deux longs filets qui naissent au-dessus de la queue véritable, et qui s'étendent plus d'un pied au delà de la fausse queue formée par les plumes *subalaires*. Ces filets ne sont effectivement des filets que dans leur partie intermédiaire : encore cette partie elle-même est-elle garnie de petites barbes très

L'oiseau de paradis.

courtes, ou plutôt de naissances de barbes; au lieu que ces mêmes filets sont revêtus, vers leur origine et vers leur extrémité, de barbes d'une longueur ordinaire. Celles de l'extrémité sont plus courtes dans la femelle, et c'est, suivant M. Brisson, la seule différence qui la distingue du mâle.

L'attachement exclusif de l'oiseau de paradis pour les contrées où croissent les épiceries donne lieu de croire qu'il rencontre sur ces arbres aromatiques la nourriture qui lui convient le mieux; du moins est-il certain qu'il ne vit pas uniquement de la rosée. J. Otton-Helbigius, qui a voyagé aux Indes, nous apprend qu'il se nourrit de baies rouges que produit un arbre fort élevé. Linnæus dit qu'il fait sa proie des grands papillons, et Bontius, qu'il donne quelquefois la chasse aux petits oiseaux et les mange. Les bois sont sa demeure ordinaire; il se perche sur les arbres, où les Indiens l'attendent cachés dans les huttes légères qu'ils savent attacher aux branches, et d'où ils les tirent avec des flèches de roseau. Son vol ressemble à celui de l'hirondelle, ce qui lui a fait donner le nom d'*hirondelle de Ternate;* d'autres disent qu'il a, en effet, la forme de l'hirondelle, mais qu'il a le vol plus élevé, et qu'on le voit toujours au haut de l'air.

L'ÉTOURNEAU

Il est peu d'oiseaux aussi généralement connu que celui-ci, surtout dans nos climats tempérés; car, outre qu'il passe toute l'année dans le canton qui l'a vu naître, sans jamais voyager au loin, la facilité qu'on trouve à le priver et à lui

L'étourneau.

donner une sorte d'éducation fait qu'on en nourrit beaucoup en cage, et qu'on est dans le cas de les voir souvent et de fort près; en sorte qu'on a des occasions sans nombre d'observer leurs habitudes et d'étudier leurs mœurs, dans l'état de domesticité comme dans l'état de nature.

Les merles sont de tous les oiseaux ceux avec qui l'étourneau a le plus de rapports; les jeunes de l'une et de l'autre espèce se ressemblent même si parfaitement, qu'on a peine à les distinguer. Mais lorsque avec le temps ils ont pris leur forme décidée, leurs traits caractéristiques, on reconnaît que l'étourneau diffère du merle par les mouchetures et les reflets de son plumage, par la conformation de son bec, plus obtus, plus plat et sans échancrure vers la pointe, par celle de sa tête, aussi plus aplatie, etc. Mais une autre différence fort remarquable, et qui tient à une cause plus profonde, c'est que l'espèce de l'étourneau est une espèce isolée dans notre Europe, au lieu que les espèces de merles y paraissent fort multipliées.

Les uns et les autres se ressemblent encore en ce qu'ils ne changent point de domicile pendant l'hiver : seulement ils choisissent, dans le canton où ils sont établis, les endroits les mieux exposés et qui sont le plus à portée des fontaines chaudes; avec cette différence que les merles vivent alors solitairement, ou plutôt qu'ils continuent à vivre seuls ou presque seuls, comme ils font le reste de l'année; au lieu que les étourneaux n'ont pas plus tôt fini leur couvée, qu'ils se rassemblent en troupes très nombreuses : ces troupes ont une manière de voler qui leur est propre, et semblent soumises à une tactique uniforme et régulière, telle que serait une troupe disciplinée obéissant avec précision à la voix d'un seul chef. C'est à la voix de l'instinct que les étourneaux obéissent, et leur instinct les porte à se rapprocher toujours du centre du peloton; tandis que la rapidité de leur vol les emporte sans cesse au delà; en sorte que cette multitude d'oiseaux ainsi réunis par une tendance commune vers le même point, allant et venant sans cesse, circulant et se croisant en tous sens, forme une espèce de tourbillon fort agité, dont la masse entière, sans suivre de direction certaine, paraît avoir un mouvement général de révolution sur elle-même, résultant des mouvements particuliers de circulation propre à chacune de ses parties, et dans lequel le centre tendant perpétuellement à se développer, mais sans cesse pressé, repoussé par l'effort contraire des lignes environnantes qui pèsent sur lui, est constamment plus serré qu'aucune de ces lignes, lesquelles le sont elles-mêmes d'autant plus qu'elles sont plus voisines du centre.

Les étourneaux vivent de limaces, de vermisseaux, de scarabées ; surtout de ces jolis scarabées d'un beau vert bronzé luisant, avec des reflets rougeâtres, qu'on trouve au mois de juin sur les fleurs et principalement sur les roses; ils se nourrissent aussi de blé, de sarrasin, de mil, de panis, de chènevis, de graines de sureau, d'olives, de cerises, de raisins, etc. On prétend que cette dernière nourriture est celle qui corrige le mieux l'amertume naturelle de leur chair, et que les cerises sont celles pour laquelle ils montrent un appétit de préférence.

Ces oiseaux vivent sept à huit ans, et même plus, dans l'état de domesticité. Les sauvages ne se prennent point à la pipée, parce qu'ils n'accourent point à l'appeau, c'est-à-dire au cri de la chouette. Mais, outre la ressource des ficelles engluées et des nasses dont j'ai parlé plus haut, on a trouvé moyen d'en prendre des couvées entières à la fois, en attachant aux murailles et sur les arbres où ils ont coutume de nicher des pots de terre cuite, d'une forme commode, et que ces oiseaux préfèrent souvent aux trous d'arbres pour y faire leur ponte. On en prend aussi beaucoup au lacet et à la pantière.

LE TROUPIALE

Ce qu'il y a de plus remarquable dans l'extérieur de cet oiseau, c'est son long bec pointu, les plumes étroites de sa gorge, et la grande variété de son plumage : on n'y compte cependant que trois couleurs, le jaune orangé, le noir et le blanc; mais ces couleurs semblent se multiplier par leurs interruptions réciproques et par l'art de leur distribution. Le noir est répandu sur la tête, la partie antérieure du cou, le milieu du dos, la queue et les ailes; le jaune orangé occupe les intervalles et tout le dessous du corps; il reparaît encore dans l'iris

Le troupiale.

et sur la partie antérieure des ailes; le noir qui règne sur le tout est interrompu par deux taches blanches oblongues, dont l'une est située à l'endroit des couvertures de ces mêmes ailes, et l'autre à l'endroit de leurs pennes moyennes.

Les pieds et les ongles sont tantôt noirs et tantôt plombés : le bec ne paraît pas non plus avoir de couleur constante; car il a été observé gris-blanc dans les uns, brun cendré dessus et bleu dessous dans les autres, et enfin, dans d'autres, noir dessus et brun dessous.

LE SIFFLEUR

Cet oiseau est brun par-dessus, excepté les environs du croupion et les petites couvertures des ailes, qui sont d'un jaune verdâtre comme tout le dessous du corps; mais cette dernière couleur est plus rembrunie sous la gorge, et elle est variée de roux sur le cou et la poitrine; les grandes couvertures et les pennes des ailes, ainsi que les douze pennes de la queue, sont bordées de jaune. Mais, pour avoir une idée juste du plumage du siffleur, il faut supposer une teinte olive plus ou moins forte, répandue sur toutes ces différentes couleurs sans exception; d'où il résulte que, pour caractériser cet oiseau par la couleur dominante de son plumage, il eût fallu choisir l'olive, et non pas le vert, comme a fait M. Brisson.

Le siffleur.

Le siffleur est de la grosseur du pinson; il a environ sept pouces de longueur et dix à onze pouces de vol; la queue, qui est étagée, a trois pouces, et le bec neuf à dix lignes.

LE LORIOT

Les loriots font leur nid sur des arbres élevés, quoique souvent à une hauteur fort médiocre; ils le façonnent avec une singulière industrie, et bien différemment de ce que font les merles, quoiqu'on ait placé ces deux espèces dans le même genre. Ils l'attachent ordinairement à la bifurcation d'une petite branche, et ils enlacent autour des deux rameaux qui forment cette bifurcation de longs brins de paille ou de chanvre, dont les uns allant droit d'un rameau à l'autre forment le bord du nid par devant, et les autres pénétrant dans le tissu du nid, ou passant par-dessous et revenant se rouler sur le rameau opposé, donnent la solidité à l'ouvrage. Ces longs brins de chanvre ou de paille qui prennent le nid par-dessous en sont l'enveloppe extérieure; le matelas intérieur, destiné à recevoir les œufs, ce tissu de petites tiges de *gramen*, dont les épis sont ramenés sur la partie convexe, et paraissent si peu dans la partie concave qu'on a pris plus d'une fois ces tiges pour des fibres de racines; enfin, entre le matelas intérieur et l'enveloppe extérieure, il y a une quantité assez considérable de mousse, de lichen et d'autres matières semblables, qui servent, pour ainsi dire, d'ouate intermédiaire, et rendent le nid plus impénétrable au dehors, et tout à la fois plus mollet au dedans. Ce nid étant ainsi préparé, la femelle y dépose quatre ou cinq œufs, dont le fond blanc sale est semé de quelques petites taches bien tranchées, d'un brun presque noir, et plus fréquentes sur le gros bout que partout ailleurs : elle les couve avec assiduité l'espace d'environ trois semaines; et lorsque les petits sont éclos, non seulement elle leur continue

Le loriot.

ses soins affectionnés pendant très longtemps, mais elle les défend contre leurs ennemis, et même contre l'homme, avec plus d'intrépidité qu'on n'en attendrait d'un si petit oiseau. On a vu le père et la mère s'élancer courageusement sur ceux qui leur enlevaient leur couvée, et, ce qui est encore plus rare, on a vu la mère, prise avec le nid, continuer de couver ses œufs en cage, et mourir sur ses œufs.

Le loriot est à peu près de la grosseur du merle; il a neuf à dix pouces de longueur, seize pouces de vol, la queue d'environ trois pouces et demi, et le bec de quatorze lignes. Le mâle est d'un beau jaune sur tout le corps, le cou et la tête, à l'exception d'un trait noir qui va de l'œil à l'angle de l'ouverture du bec. Les ailes sont noires, à quelques taches jaunes près, qui terminent la plupart des grandes pennes et quelques-unes de leurs couvertures; la queue est aussi mi-partie de jaune et de noir, de façon que le noir règne sur ce qui paraît des deux pennes du milieu, et que le jaune gagne toujours de plus en plus sur les pennes latérales, à commencer de l'extrémité de celles qui suivent immédiatement les deux du milieu; mais il s'en faut bien que le plumage soit le même dans les deux sexes; presque tout ce qui est d'un noir décidé dans le mâle n'est que brun dans la femelle, avec une teinte verdâtre, et presque tout ce qui est d'un si beau jaune dans celui-là est dans celle-ci olivâtre, ou jaune pâle, ou blanc olivâtre sur la tête et le dessus du corps, blanc sale varié de traits bruns sous le corps, blanc à l'extrémité de la plupart des pennes des ailes, et jaune pâle à l'extrémité de leurs couvertures; il n'y a de vrai jaune qu'au bout de la queue et sur ses couvertures inférieures. J'ai observé de plus dans une femelle un petit espace derrière l'œil qui était sans plume et de couleur ardoisé clair.

Lorsqu'ils arrivent au printemps, ils font la guerre aux insectes, et vivent de scarabées, de chenilles, de vermisseaux, en un mot, de ce qu'ils peuvent attraper; mais leur nourriture de choix, celle dont ils sont le plus avides, ce sont les cerises, les figues, les baies de sorbier, les pois, etc. Il ne faut que deux de ces oiseaux pour dévaster en un jour un cerisier bien garni, parce qu'ils ne font que becqueter les cerises les unes après les autres, et n'entament que la partie la plus mûre.

Les loriots ne sont point faciles à élever ni à apprivoiser. On les prend à la pipée, à l'abreuvoir, et avec différentes sortes de filets.

LA GRIVE

Cette espèce est fort commune en certains cantons de la Bourgogne, où les gens de la campagne la connaissent sous les noms de *grivette* et de *mauviette*. Elle arrive ordinairement chaque année à peu près au temps des vendanges, et semble être attirée par la maturité des raisins, et c'est pour cela sans doute qu'on lui a donné le nom de *grive de vigne;* elle disparaît aux gelées, et se remontre aux mois de mars et d'avril, pour disparaître encore au mois de mai. Chemin faisant, la troupe perd toujours quelques traineurs qui ne peuvent suivre, ou qui, plus pressés que les autres par les douces influences du printemps, s'arrêtent dans les forêts qui se trouvent sur leur passage pour y faire leur ponte. C'est par cette raison qu'il reste toujours quelques grives dans nos bois, où elles font leurs nids sur les pommiers et les poiriers sauvages, et même sur les genévriers et dans les buissons, comme on l'a observé en Silésie et en Angleterre. Quelquefois elles l'attachent contre le tronc d'un gros arbre à dix ou onze pieds de hauteur; et dans sa construction elles emploient par préférence le bois pourri et vermoulu.

Chaque couvée va séparément sous la conduite des père et mère. Quelquefois plusieurs couvées se rencontrent dans les bois : on pourrait penser, à les voir ainsi rassemblées, qu'elles vont par troupes nombreuses; mais leurs réunions sont fortuites, momentanées; bientôt on les voit se diviser en autant de petits pelotons qu'il y avait de familles réunies, et même se disperser absolument lorsque les petits sont assez forts pour aller seuls.

Quoique la grive ait l'œil perçant, et qu'elle sache fort bien se sauver de ses ennemis déclarés et se garantir des dangers manifestes, elle est peu rusée au fond, et n'est point en garde contre les dangers moins apparents : elle se prend facilement soit à la pipée, soit au lacet, mais moins cependant que le mauvis. Il y a des cantons en Pologne où on en prend une si grande quantité, qu'on en exporte de petits bateaux chargés. C'est un oiseau des bois, et c'est dans les bois qu'on peut lui tendre des pièges avec succès; on le trouve très rarement dans les plaines, et lors même que ces grives se jettent aux vignes, elles se retirent habituellement dans les taillis voisins le soir et dans le chaud du

La grive.

jour, en sorte que, pour faire de bonnes chasses, il faut choisir son temps, c'est-à-dire le matin à la sortie, le soir à la rentrée, et encore l'heure de la journée où la chaleur est la plus forte. Quelquefois elles s'enivrent à manger les raisins mûrs, et c'est alors que tous les pièges sont bons.

LE MOQUEUR

Nous trouvons dans cet oiseau singulier une exception frappante à une observation générale faite sur les oiseaux du nouveau monde. Presque tous les voyageurs s'accordent à dire qu'autant les couleurs de leur plumage sont vives, riches, éclatantes, autant le son de leur voix est aigre, rauque, monotone, en un mot, désagréable. Celui-ci est, au contraire, si l'on en croit Fernandès, Nieremberg et les Américains, le chantre le plus excellent parmi tous les volatiles de l'univers, sans même en excepter le rossignol; car il charme, comme lui, par les accents flatteurs de son ramage, et de plus il amuse par le talent inné qu'il a de contrefaire le chant ou plutôt le cri des autres oiseaux; et c'est de là sans doute que lui est venu le nom de *moqueur :* cependant, bien loin de rendre ridicules ces chants étrangers qu'il répète, il paraît ne les imiter que pour les embellir; on croirait qu'en s'appropriant ainsi tous les sons qui frappent ses oreilles, il ne cherche qu'à enrichir et à perfectionner son propre chant, et qu'à exercer de toutes les manières possibles son infatigable gosier : aussi les sauvages lui ont-ils donné le nom de *cencontlatolli,* qui veut dire *quatre cents langues,* et les savants celui de *polyglotte,* qui signifie à peu près la même chose. Non seulement le moqueur chante bien et avec goût, mais il chante avec action, avec âme, ou plutôt son chant n'est que l'expression de ses affections intérieures; il s'anime de sa propre voix, et l'accompagne par des

Le moqueur.

mouvements cadencés, toujours assortis à l'inépuisable variété de ses phrases naturelles et acquises. Son prélude ordinaire est de s'élever d'abord peu à peu les ailes étendues, de retomber ensuite la tête en bas, au même point d'où il était parti; et ce n'est qu'après avoir continué quelque temps ce bizarre exercice, que commence l'accord de ses mouvements divers, ou, si l'on veut, de sa danse, avec les différents caractères de son chant. Exécute-t-il avec sa voix des roulements vifs et légers, son vol décrit en même temps dans l'air une multitude de ces cercles qui se croisent; on le voit suivre en serpentant les tours et retours d'une ligne tortueuse, sur laquelle il monte, descend, et remonte sans cesse. Son gosier forme-t-il une cadence brillante et bien battue, il l'accompagne d'un battement d'ailes également vif et précipité. Se livre-t-il à la volubilité des arpèges et des batteries, il les exécute une seconde fois par les bonds multipliés d'un vol inégal et sautillant. Donne-t-il essor à sa voix dans ses tenues si expressives où les sons, d'abord pleins et éclatants, se dégradent ensuite par nuances, et semblent enfin s'éteindre tout à fait et se perdre dans un silence qui a son charme comme la plus belle mélodie, on le voit en même temps planer moelleusement au-dessus de son arbre, ralentir encore par degré les ondulations imperceptibles de ses ailes, et rester enfin immobile et comme suspendu au milieu des airs.

Il s'en faut bien que le plumage de ce rossignol d'Amérique réponde à la beauté de son chant; les couleurs en sont très communes et n'ont ni éclat ni variété. Le dessus du corps est gris-brun plus ou moins foncé, le dessus des ailes et de la queue est encore plus brun : seulement ce brun est égayé, 1° sur les ailes, par une marque blanche qui les traverse obliquement vers le milieu de leur longueur, et quelquefois par de petites mouchetures blanches qui se trouvent à la partie antérieure; 2° sur la queue, par une bordure de même couleur blanche; enfin, sur la tête, par un cercle encore de même couleur, qui lui forme une espèce de couronne, et qui, se prolongeant sur les yeux, lui dessine comme deux sourcils assez marqués.

Il se trouve à la Caroline, à la Jamaïque, à la Nouvelle-Espagne, etc. En général, il se plaît dans les pays chauds, et subsiste dans les tempérés; à la Jamaïque, il est fort commun dans les savanes des contrées où il y a beaucoup de bois. Ils se perche sur les plus hautes branches, et c'est de là qu'il fait entendre sa voix. Il niche souvent sur les ébéniers. Ses œufs sont tachetés de brun. Il vit de cerises, de baies d'aubépine et de cornouiller, et même d'insectes; sa chair passe pour un fort bon manger. Il n'est pas facile de l'élever en cage; cependant on en vient à bout lorsqu'on sait s'y prendre, et l'on jouit une partie de l'année de l'agrément de son ramage; mais il faut pour cela se conformer à ses goûts, à son instinct, à ses besoins; il faut, à force de bons traitements, lui faire oublier son esclavage, ou plutôt sa liberté. Au demeurant, c'est un oiseau assez familier, qui semble aimer l'homme, s'approche des habitations, et vient se percher jusque sur les cheminées.

LE MERLE

Le mâle adulte, dans cette espèce, est encore plus noir que le corbeau; il est d'un noir plus décidé, plus pur, moins altéré par des reflets : excepté le bec, le tour des yeux, le talon et la plante du pied, qu'il a plus ou moins jaunes, il est noir partout et dans tous ses aspects; aussi les Anglais l'appellent-ils *l'oiseau noir* par excellence. La femelle, au contraire, n'a point de noir décidé dans tout son plumage, mais différentes nuances de brun mêlées de roux et de gris; son bec ne jaunit que rarement, elle ne chante pas non plus comme le mâle, et tout cela a donné lieu de la prendre pour un oiseau d'une autre espèce.

Les merles ne s'éloignent pas seulement du genre des grives par la couleur du plumage et par la différente livrée du mâle et de la femelle, mais encore par leur cri, que tout le monde connaît, et par quelques-unes de leurs habitudes. Ils ne voyagent ni ne vont en troupes comme les grives, et néanmoins, quoique plus sauvages entre eux, ils le sont moins à l'égard de l'homme; car nous les apprivoisons plus aisément que les grives, et ils ne se tiennent pas si loin des lieux habités. Au reste, ils passent communément pour être très fins, parce qu'ayant la vue perçante, ils découvrent les chasseurs de fort loin, et se laissent approcher difficilement; mais, en les étudiant de plus près, on reconnaît qu'ils sont plus inquiets que rusés, plus peureux que défiants, puisqu'ils se laissent prendre aux gluaux, aux lacets, et à toutes sortes de pièges, pourvu que la main qui les a tendus sache se rendre invisible.

Lorsqu'ils sont enfermés avec d'autres oiseaux plus faibles, leur inquiétude naturelle se change en pétulance; ils poursuivent, ils tourmentent continuellement leurs compagnons d'esclavage, et, par cette raison, on ne doit pas les admettre dans les volières où l'on veut rassembler et conserver plusieurs espèces de petits oiseaux.

Le merle.

On peut, si l'on veut, en élever à cause de leur chant, non pas de leur chant naturel, qui n'est guère supportable qu'en pleine campagne; mais à cause de la facilité qu'ils ont de le perfectionner, de retenir les airs qu'on leur apprend, d'imiter différents bruits, différents sons d'instruments, et même de contrefaire la voix humaine.

Ces oiseaux ne changent point de contrée pendant l'hiver; mais ils choisissent, dans la contrée qu'ils habitent, l'asile qui leur convient le mieux pendant cette saison rigoureuse : ce sont ordinairement les bois les plus épais, surtout ceux où il y a des fontaines chaudes et qui sont peuplés d'arbres toujours verts, tels que picéas, sapins, lauriers, myrtes, cyprès, genévriers, sur lesquels ils trouvent plus de ressources, soit pour se mettre à l'abri des frimas, soit pour vivre; aussi viennent-ils quelquefois les chercher jusque dans nos jardins, et l'on pourrait soupçonner que les pays où l'on ne voit pas de merles en hiver sont ceux où il ne se trouve point de ces sortes d'arbres ni de fontaines chaudes.

Les merles sauvages se nourrissent outre cela de toutes sortes de baies, de fruits et d'insectes; et comme il n'est point de pays si dépourvu qui ne présente quelqu'une de ces nourritures, et que d'ailleurs le merle est un oiseau qui s'accommode à tous les climats, il n'est non plus guère de pays où cet oiseau ne se trouve, au nord et au midi, dans le vieux et dans le nouveau continent, mais plus ou moins différent de lui-même, selon qu'il a reçu plus ou moins fortement l'empreinte du climat où il est fixé.

LE GROS-BEC

Le gros-bec est un oiseau qui appartient à notre climat tempéré depuis l'Espagne et l'Italie jusqu'en Suède. L'espèce, quoique assez sédentaire, n'est

Le gros-bec.

pas nombreuse. On voit toute l'année cet oiseau dans quelques-unes de nos provinces de France, où il ne disparaît que pour très peu de temps pendant les hivers les plus rudes; l'été, il habite ordinairement les bois, quelquefois les vergers, et vient autour des hameaux et des fermes en hiver. C'est un animal silencieux, dont on entend rarement la voix, et qui n'a ni chant ni même aucun ramage décidé. Il semble qu'il n'ait pas l'organe de l'ouïe aussi parfait que les autres oiseaux, et qu'il n'ait guère plus d'oreille que de voix; car il ne vient point à l'appeau, et, quoique habitant des bois, on n'en prend pas à la pipée. Gesner et la plupart des naturalistes après lui ont dit que la chair de cet oiseau est bonne à manger; j'en ai voulu goûter, et je ne l'ai trouvée ni savoureuse ni succulente.

J'ai remarqué qu'en Bourgogne il y a moins de ces oiseaux en hiver qu'en été, et qu'il en arrive un assez grand nombre vers le 10 avril; ils volent par petites troupes, et vont en arrivant se percher dans des taillis. Ils nichent dans les arbres, et établissent ordinairement leur nid à dix ou douze pieds de hauteur, à l'insertion des grosses branches contre le tronc; ils le composent, comme les tourterelles, avec des bûchettes de bois sec, et quelques petites racines pour les entrelacer. Ils pondent communément cinq œufs bleuâtres tachetés de brun. On peut croire qu'ils ne produisent qu'une fois l'année, puisque l'espèce en est si peu nombreuse. Ils nourrissent leurs petits d'insectes, de chrysalides, etc.; et lorsqu'on veut les dénicher, ils les défendent courageusement et mordent bien serré. Leur bec épais et fort leur sert à briser les noyaux et autres corps durs; et quoiqu'ils soient granivores, ils mangent aussi beaucoup d'insectes. J'en ai nourri longtemps dans des volières : ils refusent la viande et mangent de tout le reste assez volontiers. Il faut les tenir dans une cage particulière : car, sans paraître hargneux et sans mot dire, ils tuent les oiseaux (plus faibles qu'eux) avec lesquels ils se trouvent enfermés; ils les attaquent, non en les frappant de la pointe du bec, mais en pinçant la peau et emportant la pièce. En liberté, ils vivent de toutes sortes de grains, de noyaux ou plutôt d'amandes de fruits. Les loriots mangent la chair des cerises, et les gros-becs cassent les noyaux et en mangent l'amande. Ils vivent aussi de graines de sapin, de pin, de hêtre, etc.

LE BEC-CROISÉ

L'espèce du bec-croisé est très voisine de celle du gros-bec; ce sont des oiseaux de même grandeur, de même figure, ayant tous deux le même naturel, les mêmes appétits, et ne différant l'un de l'autre que par une espèce de difformité qui se trouve dans le bec; et cette difformité du bec-croisé, qui seule distingue cet oiseau du gros-bec, le sépare aussi de tous les autres oiseaux, car il est l'unique qui ait ce caractère ou plutôt ce défaut; et la preuve que c'est plutôt un défaut, une erreur de nature qu'un de ses traits constants, c'est que le type en est ici variable, tandis que partout ailleurs il est fixe, et que toutes les productions suivent une loi déterminée dans le développement et une règle invariable dans leur position, au lieu que le bec de cet oiseau se trouve croisé tantôt à gauche et tantôt à droite dans différents individus; et comme nous ne devons supposer à la nature que des vues fixes et des projets certains, invariables dans leur exécution, j'aime mieux attribuer cette différence de position à l'usage que cet oiseau fait de son bec, qui serait toujours croisé du même côté, si de certains individus ne se donnaient pas l'habitude de prendre leur nourriture à gauche au lieu de la prendre à droite, comme, dans l'espèce humaine, on voit des personnes se servir de la main gauche de préférence à la main droite. L'ambiguïté de position dans le bec de cet oiseau est encore accompagnée d'un autre défaut qui ne peut que lui être très incommode : c'est un excès d'accroissement dans chaque mandibule du bec : les deux pointes ne pouvant se rencontrer, l'oiseau ne peut ni becqueter, ni prendre de petits grains, ni saisir sa nourriture autrement que de côté : et c'est par cette raison que, s'il a commencé à la prendre à droite, le bec se trouve croisé à gauche, et *vice versa*.

Mais comme il n'existe rien qui n'ait des rapports et ne puisse par conséquent avoir quelque usage, et que tout être sentant tire parti même de ses défauts, ce bec difforme, crochu en haut et en bas, courbé par ses extrémités en deux sens opposés, paraît fait exprès pour détacher et enlever les écailles des pommes de pin et tirer la graine qui se trouve placée sous chaque écaille; c'est de ces graines que cet oiseau fait sa principale nourriture : il place le crochet inférieur de son bec au-dessous de l'écaille pour la soulever, et il la sépare avec le crochet supérieur; on lui verra exécuter cette manœuvre en suspendant dans sa cage une pomme de pin mûre. Ce bec crochu est encore utile à l'oiseau pour grimper; on le voit s'en servir avec adresse, lorsqu'il est en cage, pour monter jusqu'au haut des juchoirs : il monte aussi tout autour de la cage à peu près

Le bec-croisé.

comme le perroquet; ce qui, joint à la beauté de ses couleurs, l'a fait appeler par quelques-uns le *perroquet d'Allemagne*.

Le bec-croisé est l'un des oiseaux dont les couleurs sont les plus sujettes à varier : à peine trouve-t-on dans un grand nombre deux individus semblables; car non seulement les couleurs varient par les teintes, mais encore par leur position et dans le même individu, pour ainsi dire, dans toutes les saisons et dans tous les âges.

Cet oiseau, qui a tant de rapports avec le gros-bec, lui ressemble encore par son peu de génie : il est plus bête que les autres oiseaux; on l'approche aisément, on le tire sans qu'il fuie, on le prend quelquefois à la main, et comme il est aussi peu agile que peu défiant, il est la victime de tous les oiseaux de proie.

Il est muet pendant l'été, et sa voix, qui est fort peu de chose, ne se fait entendre qu'en hiver. Il n'a nulle impatience dans la captivité; il vit longtemps en cage : on le nourrit avec du chènevis écrasé ; mais cette nourriture contribue à lui faire perdre plus promptement son rouge. Au reste on prétend qu'en été sa chair est assez bonne à manger.

LE MOINEAU, LE PINSON

Dans quelque contrée que le moineau habite, on ne le trouve jamais dans les lieux déserts, ni même dans ceux qui sont éloignés du séjour de l'homme ; les moineaux sont, comme les rats, attachés à nos habitations : ils ne se plaisent ni dans les bois ni dans les vastes campagnes ; on a même remarqué qu'il y en a plus dans les villes que dans les villages, et qu'on n'en voit pas dans les hameaux et dans les fermes qui sont au milieu des forêts ; ils suivent la société pour vivre à ses dépens : comme ils sont paresseux et gourmands, c'est sur des provisions toutes faites, c'est-à-dire sur le bien d'autrui qu'ils prennent leur subsistance ; nos granges et nos greniers, nos basses-cours, nos colombiers, tous les lieux en un mot où nous rassemblons ou distribuons des grains sont les lieux qu'ils fréquentent de préférence ; et comme ils sont aussi voraces que nombreux, ils ne laissent pas de faire plus de tort que leur espèce ne vaut ; car leur plume ne sert à rien, leur chair n'est pas bonne à manger, leur voix blesse l'oreille, leur familiarité est incommode, leur pétulance grossière est à charge ; ce sont de ces gens que l'on retrouve partout et dont on n'a que faire, si propres à donner de l'humeur que dans certains endroits on les a frappés de proscription, en mettant à prix leur vie.

Et ce qui les rendra éternellement incommodes, c'est non seulement leur très nombreuse multiplication, mais encore leur défiance, leur finesse, leurs ruses et leur opiniâtreté à ne pas désemparer des lieux qui leur conviennent. Ils sont fins, peu craintifs, difficiles à tromper ; ils reconnaissent aisément les pièges qu'on leur tend ; ils impatientent ceux qui veulent se donner la peine de les prendre. Il faut pour cela tendre un filet d'avance, et attendre plusieurs heures, souvent en vain ; et il n'y a guère que dans les saisons de disette et dans les temps de neige où cette chasse puisse avoir du succès ; ce qui néanmoins ne peut faire une diminution sensible sur une espèce qui se multiplie trois fois par an. Leur nid est composé de foin au dehors et de plumes au dedans. Si vous le détruisez, en vingt-quatre heures ils en font un autre ; si vous jetez leurs œufs, qui sont communément au nombre de cinq ou six, et souvent davantage, huit ou dix jours après ils en pondent de nouveaux ; si vous les tirez sur les arbres ou sur les toits, ils ne s'en recèlent que mieux dans vos greniers.

Il faut à peu près vingt litres de blé par an pour nourrir un couple de moineaux ; des personnes qui en avaient gardé dans des cages m'en ont assuré. Que l'on juge par leur nombre de la déprédation que ces oiseaux font de nos grains ; car, quoiqu'ils nourrissent leurs petits d'insectes dans le premier âge, et qu'ils en mangent eux-mêmes en assez grande quantité, leur principale nourriture est notre meilleur grain. Ils suivent le laboureur dans les temps des semailles, les moissonneurs pendant celui de la récolte, les batteurs dans les granges, la fermière lorsqu'elle jette le grain à ses volailles ; ils le cherchent dans le colombier et jusque dans le jabot des jeunes pigeons, qu'ils percent pour l'en tirer : ils mangent aussi les mouches à miel, et détruisent ainsi de préférence les seuls insectes qui nous soient utiles; enfin ils sont si malfaisants, si incommodes, qu'il serait à désirer qu'on trouvât quelque moyen de les détruire.

Comme ces oiseaux sont robustes, on les élève facilement dans des cages : ils y vivent plusieurs années. Lorsqu'ils sont pris jeunes, ils ont assez de docilité pour obéir à la voix, s'instruire et retenir quelque chose du chant des

1. Le pinson. — 2. Le moineau.

oiseaux auprès desquels on les met. Naturellement familiers, ils le deviennent encore davantage dans la captivité; cependant ce naturel familier ne les porte pas à vivre ensemble dans l'état de liberté. Ils sont assez solitaires, et c'est peut-être là l'origine de leur nom. Comme ils ne quittent jamais notre climat et qu'ils sont toujours autour de nos maisons, il est aisé de les observer et de reconnaître qu'ils vont ordinairement seuls ou par couple. Il y a cependant deux temps de l'année où ils se rassemblent, non pour voler en troupe, mais pour se réunir et piailler tous ensemble, l'automne sur les saules le long des rivières, et le printemps sur les picéas ou autres arbres verts : c'est le soir qu'ils s'assemblent et, dans la bonne saison, ils passent la nuit sur les arbres; mais en hiver ils sont souvent seuls ou avec leurs femelles dans un trou de muraille, ou sous les tuiles de nos toits, et ce n'est que quand le froid est très violent qu'on en trouve quelquefois cinq ou six dans le même gîte, où probablement ils ne se mettent ensemble que pour se tenir chauds.

Ces oiseaux nichent ordinairement sous les tuiles, dans les chéneaux, dans les trous de murailles, ou dans les pots qu'on leur offre, et souvent aussi dans les puits et sur les tablettes des fenêtres dont les vitrages sont défendus par des persiennes à claire-voie; néanmoins il y en a quelques-uns qui font leur nid sur les arbres : l'on m'a rapporté de ces nids de moineaux pris sur de grands noyers et sur des saules très élevés; ils les placent au sommet de ces arbres et les construisent avec les mêmes matériaux, c'est-à-dire avec du foin en dehors et de la plume en dedans : mais ce qu'il y a de singulier, c'est qu'ils y ajoutent une espèce de calotte par-dessus, qui couvre le nid, en sorte que l'eau de la pluie ne peut y pénétrer, et ils laissent une ouverture pour entrer au-dessous de cette calotte, tandis que, quand ils établissent leur nid dans des trous ou dans les lieux couverts, ils se dispensent avec raison de faire cette calotte, qui devient inutile, puisqu'il est à couvert. L'instinct se manifeste donc ici par un sentiment presque raisonné, et qui suppose au moins la comparaison de deux petites idées. Il se trouve aussi des moineaux plus paresseux, mais en même temps plus hardis que les autres, qui ne se donnent pas la peine de construire un nid, et qui chassent du leur les hirondelles à cul blanc; quelquefois ils battent les pigeons, les font sortir de leur boulin, et s'y établissent à leur pl. ce.

Il y a, comme on voit, dans ce petit peuple, diversité de mœurs, et par conséquent un instinct plus varié, plus perfectionné que dans la plupart des autres oiseaux, et cela vient sans doute de ce qu'ils fréquentent la société : ils sont à demi domestiques sans être assujettis ni moins indépendants; ils en tirent tout ce qui leur convient sans rien y mettre du leur, et ils acquièrent cette finesse, cette circonspection d'instinct qui se marque par la variété de leurs habitudes relatives aux situations, aux temps et aux autres circonstances.

Le pinson a beaucoup de force dans le bec : il sait très bien s'en servir pour se faire craindre des autres petits oiseaux, comme aussi pour pincer jusqu'au sang les personnes qui le tiennent ou qui veulent le prendre; et c'est pour cela que, suivant plusieurs auteurs, il a reçu le nom de *pinson*. Mais l'habitude de pincer n'est rien moins que propre à cette espèce, et même elle lui est commune, non seulement avec beaucoup d'autres espèces d'oiseaux, mais avec beaucoup d'animaux de classes toutes différentes.

Les pinsons ne s'en vont pas tous en automne; il y en a toujours un assez grand nombre qui restent l'hiver avec nous : je dis avec nous, car la plupart s'approchent, en effet, des lieux habités, et viennent jusque dans nos basses-cours, où ils trouvent une subsistance plus facile; ce sont de petits parasites qui nous recherchent pour vivre à nos dépens, et qui ne nous dédommagent par rien d'agréable : jamais on ne les entend chanter dans cette saison, à moins qu'il n'y ait de beaux jours; mais ce ne sont que des moments, et des moments fort rares : le reste du temps ils se cachent dans des haies fourrées, sur des chênes qui n'ont pas encore perdu leurs feuilles, sur des arbres toujours verts, quelquefois même dans des trous de rocher, où ils meurent lorsque la saison est trop rude.

Le pinson est un oiseau très vif; on le voit toujours en mouvement; et cela, joint à la gaieté de son chant, a donné lieu sans doute à la façon de parler proverbiale, *gai comme pinson.* Il commence à chanter de fort bonne heure au printemps, et plusieurs jours avant le rossignol ; il finit vers le solstice d'été. Son chant a paru assez intéressant pour qu'on l'analysât; on y a distingué un prélude, un roulement, une finale; on a donné des noms particuliers à chaque reprise, on les a presque notées; et les plus grands connaisseurs de ces petites choses s'accordent à dire que la dernière reprise est la plus agréable. Quelques personnes trouvent son ramage trop fort, trop *mordant;* mais il n'est trop fort que parce que nos organes sont trop faibles, ou plutôt parce que nous l'entendons de trop près et dans des appartements trop résonnants, où le son direct est exagéré, gâté par les sons réfléchis : la nature a fait les pinsons pour être les chantres des bois; allons donc dans les bois pour juger leur chant, et surtout pour en jouir. Si l'on met un jeune pinson pris au nid sous la leçon d'un serin, d'un rossignol, etc., il se rendra propre le chant de ses maîtres : on en a vu plus d'un exemple; mais on n'a point vu d'oiseaux de cette espèce qui eussent appris à siffler des airs de notre musique : ils ne savent pas s'éloigner de la nature jusqu'à ce point.

Ces oiseaux font un nid bien rond et solidement tissu : il semble qu'ils n'aient pas moins d'adresse que de force dans le bec. Ils posent ce nid sur les arbres ou les arbustes les plus touffus; ils le font quelquefois jusque dans nos jardins, sur les arbres fruitiers; mais ils le cachent avec tant de soin que souvent on a de la peine à l'apercevoir, quoiqu'on en soit fort près : ils le construisent de mousse blanche et de petites racines en dehors; de laine, de crins, de fil d'araignée et de plumes en dedans. La femelle pond cinq ou six œufs gris rougeâtres, semés de taches noirâtres, plus fréquentes au gros bout. Le mâle ne la quitte point tandis qu'elle couve, surtout la nuit : il se tient toujours fort près du nid ; et le jour, s'il s'éloigne un peu, c'est pour aller à la provision.

Les pères et mères nourrissent leurs petits de chenilles et d'insectes, ils en mangent eux-mêmes; mais ils vivent plus communément de petites graines, de celles d'épines blanches, de pavots, de bardane, de rosier, surtout de faîne, de navette et de chènevis ; ils se nourrissent aussi de blé et d'avoine, dont ils savent fort bien casser les grains pour en tirer la substance farineuse. Quoiqu'ils soient d'un naturel un peu rétif, on vient à bout de les former au petit exercice de la galère, comme les chardonnerets : ils apprennent à se servir de leur bec et de leurs pieds pour faire monter le seau dont ils ont besoin.

Le pinson est plus souvent posé que perché : il ne marche point en sautillant; mais il coule légèrement sur la terre, et va sans cesse ramassant quelque chose. Son vol est inégal ; mais lorsqu'on attaque son nid, il plane au-dessus en criant.

LE SERIN DES CANARIES

Si le rossignol est le chantre des bois, le serin est le musicien de la chambre : le premier tient tout de la nature, le second participe à nos arts. Avec moins de force d'organe, moins d'étendue dans la voix, moins de variété dans les sons, le serin a plus d'oreille, plus de facilité d'imitation, plus de mémoire ; et, comme la différence du caractère (surtout dans les animaux) tient de très près à celle qui se trouve entre leurs sens, le serin, dont l'ouïe est plus attentive, plus susceptible de recevoir et de conserver les impressions étrangères, devient aussi plus sociable, plus doux, plus familier : il est capable de connaissance et même d'attachement, ses caresses sont aimables, ses petits dépits innocents, et sa colère ne blesse ni n'offense. Ses habitudes naturelles le rapprochent encore de nous : il se nourrit de graines comme nos autres oiseaux domestiques; on l'élève plus aisément que le rossignol, qui ne vit que de chair et d'insectes, et qu'on ne peut nourrir que de mets préparés. Son éducation plus facile est aussi plus heureuse; on l'élève avec plaisir parce qu'on l'instruit avec succès; il

Le serin.

quitte la mélodie de son chant naturel pour se prêter à l'harmonie de nos voix et de nos instruments; il applaudit, il accompagne, et nous rend au delà de ce qu'on peut lui donner.

Le rossignol, plus fier de son talent, semble vouloir le conserver dans toute sa pureté; au moins paraît-il faire assez peu de cas des nôtres : ce n'est qu'avec peine qu'on lui apprend à répéter quelques-unes de nos chansons. Le serin peut parler et siffler; le rossignol méprise la parole autant que le sifflet; et revient sans cesse à son brillant ramage. Son gosier, toujours nouveau, est un chef-d'œuvre de la nature, auquel l'art humain ne peut rien changer, rien ajouter; celui du serin est un modèle de grâces d'une trempe moins ferme, que nous pouvons modifier. L'un a donc bien plus de part que l'autre aux agréments de la société; le serin chante en tout temps, il nous récrée dans les jours les plus sombres. Il contribue même à notre bonheur; car il fait l'amusement de toutes les jeunes personnes, les délices des recluses, il charme au moins les ennuis du cloître, porte la gaieté dans les âmes innocentes et captives.

C'est dans le climat heureux des Hespérides que cet oiseau charmant semble avoir pris naissance, ou du moins avoir acquis toutes ses perfections; car nous connaissons en Italie une espèce de serin plus petite que celle des Canaries, et en Provence une autre espèce presque aussi grande; toutes deux plus agrestes, et qu'on peut regarder comme les tiges sauvages d'une race civilisée.

LA LINOTTE

Il est peu d'oiseaux aussi communs que la linotte; mais il en est peut-être encore moins qui réunissent autant de qualités : ramage agréable, couleurs

La linotte.

distinguées, naturel docile et susceptible d'attachement; tout lui a été donné, tout ce qui peut attirer l'attention de l'homme et contribuer à ses plaisirs. Il était difficile avec cela que cet oiseau conservât sa liberté; mais il était encore plus difficile qu'au sein de la servitude où nous l'avons réduit il conservât ses avantages naturels dans toute leur pureté. En effet, la belle couleur rouge dont la nature a décoré sa tête et sa poitrine, et qui, dans l'état de liberté, brille d'un éclat durable, s'efface par degrés et s'éteint bientôt dans nos cages et nos volières : il en reste à peine quelques vestiges obscurs après la première mue.

A l'égard de son chant, nous le dénaturons : nous substituons aux ondulations libres et variées que lui inspire le printemps les phrases contraintes d'un chant apprêté qu'il ne répète qu'imparfaitement, et où l'on ne retrouve ni les agréments de l'art ni le charme de la nature. On est parvenu aussi à lui apprendre à parler différentes langues, c'est-à-dire à siffler quelques mots italiens, français, anglais, etc., quelquefois même à les prononcer assez franchement. Plusieurs curieux ont fait exprès le voyage de Londres à Kensington pour avoir la satisfaction d'entendre la linotte d'un apothicaire, qui articulait ces mots : *pretty boy:* c'était tout son ramage, et même tout son cri, parce qu'ayant été enlevée du nid deux ou trois jours après qu'elle était éclose, elle n'avait pas eu le temps d'écouter, de retenir le chant de ses père et mère, et que, dans le moment où elle commençait à donner de l'attention aux sons, les sons articulés de *pretty boy* furent apparemment les seuls qui frappèrent son oreille, les seuls qu'elle apprit à imiter. Ce fait, joint à plusieurs autres, prouve assez bien, ce me semble, l'opinion de M. Draines Barrington, que les oiseaux n'ont point de chant inné, et que le ramage propre aux diverses espèces d'oiseaux, et ses variétés, ont eu à peu près la même origine que les langues des différents peuples et leurs dialectes divers. M. Barrington avertit que dans les expériences de ce genre il s'est servi de préférence du jeune linot mâle, âgé d'environ trois semaines, et commençant à avoir des ailes, non seulement à cause de sa grande docilité et de son talent pour l'imitation, mais encore à cause de la facilité de distinguer dans cette espèce le jeune mâle de la jeune femelle, le mâle ayant le côté extérieur de quelques-unes des pennes de l'aile blanc jusqu'à la côte, et la femelle l'ayant seulement bordé de cette couleur.

Il résulte des expériences de ce savant que les jeunes linots élevés par différentes espèces d'alouettes, et même par une linotte d'Afrique appelée *vengoline*, avaient pris non le chant de leur père, mais celui de leur institutrice : seulement quelques-uns d'entre eux avaient conservé ce qu'il nomme le *petit cri d'appel*, propre à leur espèce, et commun au mâle et à la femelle, qu'ils avaient pu entendre de leurs père et mère avant d'en être séparés.

La linotte fait souvent son nid dans les vignes; c'est de là que lui est venu le nom de *linotte de vigne :* quelquefois elle le pose à terre; mais plus fréquemment elle l'attache entre deux perches ou au cep même : elle le fait aussi sur les genévriers, les groseilliers, les noisetiers, dans les jeunes taillis, etc. On m'a apporté un grand nombre de ces nids dans le mois de mai, quelques-uns dans le mois de juillet, et un seul dans le mois de septembre : ils sont tous composés de petites racines, de petites feuilles, et de mousse au dehors, d'un peu de plumes, de crins, et de beaucoup de laine au dedans.

LE CHARDONNERET, LE BOUVREUIL

Beauté de plumage, douceur dans la voix, finesse de l'instinct, adresse singulière, docilité à l'épreuve, ce charmant petit oiseau réunit tout, et il ne lui manque que d'être rare et de venir d'un pays éloigné pour être estimé ce qu'il vaut. Le rouge cramoisi, le noir velouté, le blanc, le jaune doré, sont les principales couleurs qu'on voit briller sur son plumage, et le mélange bien entendu de teintes plus douces ou plus sombres leur donne encore plus d'éclat; tous les yeux en ont été frappés également.

Lorsque ses ailes sont dans leur état de repos, chacune représente une suite de points blancs d'autant plus apparents qu'ils se trouvent sur un fond noir; ce sont autant de petites taches blanches qui terminent toutes les pennes de l'aile, excepté les deux ou trois premières. Les pennes de la queue sont d'un noir encore plus foncé, les six intermédiaires sont terminées de blanc, et les deux dernières ont de chaque côté, sur leurs barbes intérieures, une tache blanche ovale très remarquable. Au reste, tous ces points blancs ne sont pas toujours en même nombre, ni distribués de la même manière; et il faut avouer qu'en général le plumage des chardonnerets est fort variable. La femelle a moins de rouge que le mâle, et n'a point du tout de noir. Les jeunes ne prennent leur beau rouge que la seconde année; dans les premiers temps, leurs couleurs sont ternes, indécises, et c'est pour cela qu'on les appelle *grisets* : cependant le jaune des ailes paraît de très bonne heure, ainsi que les taches blanches des pennes de la queue; mais ces taches sont d'un blanc moins pur.

Les mâles ont un ramage très agréable et très connu; ils commencent à le faire entendre vers les premiers jours du mois de mars, et ils continuent pendant la belle saison; ils se conservent même l'hiver dans les poêles où ils trouvent la température du printemps.

Ces oiseaux sont, avec les pinsons, ceux qui savent le mieux construire leur nid, en rendre le tissu plus solide, lui donner une forme plus arrondie, je dirais volontiers plus élégante : les matériaux qu'ils emploient sont, pour le dehors, la mousse fine, les lichens, l'hépatique, les joncs, les petites racines, la bourre des chardons, tout cela entrelacé avec beaucoup d'art; et pour l'intérieur, l'herbe sèche, le crin, la laine et le duvet. Ils les posent sur les arbres; et par préférence sur les pruniers et noyers; ils choisissent d'ordinaire les branches faibles et qui ont beaucoup de mouvement : quelquefois ils nichent dans les taillis, d'autres fois dans les buissons épineux; et l'on prétend que les jeunes chardonnerets qui proviennent de ces dernières nichées ont le plumage un peu plus rembruni, mais qu'ils sont plus gais et chantent mieux que les autres.

Ces oiseaux ont beaucoup d'attachement pour leurs petits; ils les nourrissent avec des chenilles et d'autres insectes; et si on les prend tous à la fois et qu'on les renferme dans la même cage, ils continueront d'en avoir soin. Il est vrai que, de quatre jeunes chardonnerets que j'ai fait ainsi nourrir en cage par leurs père et mère prisonniers, aucun n'a vécu plus d'un mois. J'ai attribué cela à la nourriture, qui ne pouvait être aussi bien choisie qu'elle l'est dans l'état de liberté, et non à un prétendu désespoir héroïque qui porte, dit-on, les chardonnerets à faire mourir leurs petits lorsqu'ils ont perdu l'espoir de les rendre à la liberté pour laquelle ils étaient nés.

Le chardonneret a le vol bas, mais suivi et filé comme celui de la linotte, et non pas bondissant et sautillant comme celui du moineau. C'est un oiseau actif et laborieux; s'il n'a quelques têtes de pavot, de chanvre ou de chardons à éplucher pour le tenir en action, il portera et rapportera sans cesse tout ce qu'il trouvera dans sa cage.

On ne croirait pas qu'avec tant de vivacité et de pétulance les chardonnerets fussent si doux et même si dociles. Ils vivent en paix les uns avec les autres, ils se recherchent, se donnent des marques d'amitié en toute saison, et n'ont guère de querelles que pour leur nourriture. Ils sont moins pacifiques à l'égard des autres espèces; ils battent les serins et les linottes; mais ils sont battus à leur tour par les mésanges. Ils ont le singulier instinct de vouloir toujours se coucher au plus haut de la volière, et l'on sent bien que c'est une occasion de rixe lorsque d'autres oiseaux ne veulent point leur céder la place.

A l'égard de la docilité du chardonneret, elle est connue : on lui apprend, sans beaucoup de peine, à exécuter divers mouvements avec précision, à faire le mort, à mettre le feu à un pétard, à tirer de petits seaux qui contiennent son boire et son manger; mais, pour lui apprendre ce dernier exercice, il faut savoir l'*habiller*. Son habillement consiste dans une petite bande de cuir doux de deux lignes de large, percée de quatre trous par lesquels on fait passer les ailes et les pieds, et dont les deux bouts, se rejoignant sous le ventre, sont maintenus par un anneau auquel s'attache la chaîne du petit galérien. Dans la solitude où il se trouve, il prend plaisir à se regarder dans le miroir de sa galère, croyant

1. Le bouvreuil. — 2. Le chardonneret.

voir un autre oiseau de son espèce : et ce besoin de société paraît chez lui aller de front avec ceux de première nécessité : on le voit souvent prendre son chènevis grain à grain, et l'aller manger au miroir, croyant sans doute le manger en compagnie.

L'automne, les chardonnerets commencent à se rassembler : on en prend beaucoup en cette saison parmi les oiseaux de passage qui fourragent les jardins; leur vivacité naturelle les précipite dans tous les pièges; mais, pour faire de bonnes chasses, il faut avoir un mâle qui soit bien en train de chanter. Au reste, ils ne se prennent point à la pipée, et ils savent échapper à l'oiseau de proie, en se réfugiant dans les buissons. L'hiver, ils vont par troupes fort nombreuses, au point qu'on peut en tuer sept ou huit d'un seul coup de fusil : ils s'approchent des grands chemins, à portée des lieux où croissent les chardons, la chicorée sauvage : ils savent fort bien en éplucher la graine, ainsi que les nids de chenilles, en faisant tomber la neige.

La nature a bien traité le bouvreuil; car elle lui a donné un beau plumage et une belle voix. Le plumage a toute sa beauté d'abord après la première mue; mais la voix a besoin des secours de l'art pour acquérir sa perfection. Un bouvreuil qui n'a pas eu de leçons n'a que trois cris, tous fort peu agréables : le premier, je veux dire celui par lequel il débute ordinairement, est une espèce de coup de sifflet; il n'en fait d'abord entendre qu'un seul, puis deux de suite, puis trois et quatre, etc. Le son du sifflet est pur; et quand l'oiseau s'anime, il semble articuler cette syllabe répétée, *tui, tui, tui,* et ses sons ont plus de force. Ensuite il fait entendre un ramage plus suivi, mais plus grave, presque enroué, et dégénérant en fausset. Enfin dans les intervalles il a un petit cri intérieur, sec et coupé, fort aigu, mais en même temps fort doux, et si doux qu'à peine on l'entend. Il exécute ce son, fort ressemblant à celui d'un ventriloque, sans aucun mouvement apparent du bec ni du gosier, mais seulement avec un mouvement sensible dans les muscles de l'abdomen.

Tel est le chant du bouvreuil de la nature, c'est-à-dire du bouvreuil sauvage, abandonné à lui-même, et n'ayant eu d'autre modèle que ses père et mère aussi sauvages que lui; mais lorsque l'homme daigne se charger de son éducation, lorsqu'il veut lui donner des leçons de goût, lui faire entendre avec méthode des sons plus beaux, plus moelleux, mieux filés, l'oiseau docile, soit mâle, soit femelle, non seulement les imite avec justesse, mais quelquefois les perfectionne et surpasse son maître, sans oublier pour cela son ramage naturel. Il apprend aussi à parler sans beaucoup de peine, et à donner à ses petites phrases un accent pénétrant, une expression intéressante, qui ferait presque soupçonner en lui une âme sensible, et qui peut bien nous tromper dans le disciple, puisqu'elle nous trompe si souvent dans l'instituteur.

Au reste, le bouvreuil est très capable d'attachement personnel, et même d'un attachement très fort et très durable : on en a vu d'apprivoisés s'échapper de la volière, vivre en liberté dans les bois pendant l'espace d'une année, et, au bout de ce temps, reconnaître la voix de la personne qui les avait élevés, et revenir à elle pour ne la plus abandonner; on en a vu d'autres qui, ayant été forcés de quitter leur premier maître, se sont laissés mourir de regret. Ces oiseaux se souviennent fort bien et quelquefois trop bien de ce qui leur a nui : un d'eux ayant été jeté par terre avec sa cage par des gens de la plus vile populace, n'en parut pas fort incommodé d'abord; mais dans la suite on s'aperçut qu'il tombait en convulsion toutes les fois qu'il voyait des gens mal vêtus, et il mourut dans un de ces accès, huit mois après le premier événement.

Les bouvreuils passent la belle saison dans les bois ou sur les montagnes; ils y font leur nid sur les buissons, à cinq ou six pieds de haut, et quelquefois plus bas. Le nid est de mousse en dehors, et de matières plus mollettes en dedans; il a, dit-on, son ouverture du côté le moins exposé au mauvais vent : la femelle y pond de quatre à six œufs, d'un blanc sale, un peu bleuâtre, environnés, près du gros bout, d'une zone formée par des taches de deux couleurs, les unes d'un violet éteint, les autres d'un noir bien tranché.

Ils se nourrissent en été de toutes sortes de graines, de baies, d'insectes, de prunelles, et l'hiver, de grains de genièvre, des bourgeons du tremble, de l'aune, du chêne, des arbres fruitiers, du marsaule, etc., d'où leur est venu le nom d'*ébourgeonneux*. On les entend, pendant cette saison, siffler, se répondre et égayer par leur chant, quoique un peu triste, le silence encore plus triste qui règne alors dans la nature.

Ces oiseaux passent, auprès de quelques personnes, pour être attentifs et réfléchis; du moins ils ont l'air pensant, et, à juger par la facilité qu'ils ont d'apprendre, on ne peut nier qu'ils ne soient capables d'attention jusqu'à un certain point; mais aussi, à juger par la facilité avec laquelle ils se laissent approcher et se prennent dans les différents pièges, on ne peut s'empêcher d'avouer que leur attention est souvent en défaut.

Ils sont de la grosseur de notre moineau, et pèsent environ une once. Ils ont le dessus de la tête, le tour du bec et la naissance de la gorge, d'un beau noir lustré, qui s'étend plus ou moins, soit en avant, soit en arrière; le devant du cou, la poitrine et le haut du ventre, d'un beau rouge; le bas-ventre et les couvertures inférieures de la queue et des ailes, blancs; le dessus du cou, le dos et les scapulaires, cendrés; le croupion blanc; les couvertures supérieures et les pennes de la queue, d'un beau noir tirant sur le violet, et une tache blanchâtre sur la penne la plus extérieure; les pennes des ailes, d'un cendré noirâtre, d'autant plus foncé qu'elles sont plus voisines du corps; la dernière de toutes, rouge en dehors; les grandes couvertures des ailes, d'un beau noir changeant, terminées de gris-clair rougeâtre; les moyennes cendrées; les petites d'un cendré noirâtre, bordé de rougeâtre; l'iris noisette, le bec noirâtre et les pieds bruns.

L'ORTOLAN

L'ortolan, lorsqu'il est gras, est un morceau très fin et très recherché. A la vérité, ces oiseaux ne sont pas toujours gras lorsqu'on les prend; mais il y a une méthode assez sûre pour les engraisser. On les met dans une chambre parfaitement obscure, c'est-à-dire dans laquelle le jour extérieur ne puisse pénétrer; on l'éclaire avec des lanternes entretenues sans interruption, afin que les ortolans ne puissent point distinguer le jour de la nuit; on les laisse courir dans cette chambre, où l'on a soin de répandre une quantité suffisante d'avoine et de millet : avec ce régime, ils engraissent extraordinairement, et finiraient par mourir de gras-fondure si l'on ne prévenait cet accident en les tuant à propos. Lorsque le moment a été bien choisi, ce sont de petits pelotons de graisse, et d'une graisse délicate, appétissante, exquise; mais elle pèche par son abondance même, et l'on ne peut en manger beaucoup : la nature, toujours sage, semble avoir mis le dégoût à côté de l'excès, afin de nous sauver de notre intempérance. On ne peut nier que la délicatesse de leur chair, ou plutôt de leur graisse, n'ait plus contribué à leur célébrité que la beauté de leur ramage : cependant, lorsqu'on les tient en cage, ils chantent au printemps, et chantent la nuit comme le jour.

Ces oiseaux arrivent ordinairement avec les hirondelles ou à peu près, et ils accompagnent les cailles ou les précèdent de fort peu de temps. Ils viennent de la basse Provence, et remontent jusqu'en Bourgogne, surtout dans les cantons les plus chauds où il y a des vignes; ils ne touchent cependant point aux raisins, mais ils mangent les insectes qui courent sur les pampres et sur les tiges de la vigne. Ils font leurs nids sur les ceps, et les construisent assez négligemment, à peu près comme ceux des alouettes : la femelle y dépose quatre ou cinq œufs grisâtres et fait ordinairement deux pontes par an. Dans d'autres pays, tels que la Lorraine, ils font leurs nids à terre, et par préférence dans les blés.

Le mâle a la gorge jaunâtre, bordée de cendré; le tour des yeux du même

L'ortolan.

jaunâtre; la poitrine, le ventre et les flancs, roux avec quelques mouchetures, d'où lui est venu le nom italien *tordino;* les couvertures inférieures de la queue de la même couleur, mais plus claire; la tête et le cou cendré olivâtre; le dessus du corps varié d'un marron brun et de noirâtre; le croupion et les couvertures supérieures de la queue d'un marron brun uniforme; les pennes de l'aile noirâtres, les grandes bordées extérieurement de gris, les moyennes de roux; leurs couvertures supérieures variées de brun et de roux; les inférieures d'un jaune soufre; les pennes de la queue noirâtres bordées de roux; les deux plus extérieures bordées de blanc; enfin le bec et les pieds jaunâtres.

La femelle a un peu plus de cendré sur la tête et sur le cou, et n'a pas de tache jaune au-dessous de l'œil : en général le plumage de l'ortolan est sujet à beaucoup de variétés.

L'ALOUETTE

Lorsque l'alouette est libre, elle commence à chanter dès les premiers jours du printemps; elle continue pendant toute la belle saison : le matin et le soir sont les temps de la journée où elle se fait le plus entendre, et le milieu du jour celui où on l'entend le moins. Elle est du petit nombre des oiseaux qui chantent en volant : plus elle s'élève, plus elle force la voix; et souvent elle la force à un tel point que, quoiqu'elle se soutienne au haut des airs et à perte de vue, on

L'alouette.

l'entend encore assez distinctement, soit que ce chant ne soit qu'un simple accent d'amour ou de gaieté, soit que ces petits oiseaux ne chantent ainsi en volant que par une sorte d'émulation ou pour se rappeler entre eux. Un oiseau de proie qui compte sur sa force et médite le carnage doit aller seul, et garder dans sa marche un silence farouche, de peur que le moindre cri ne fût pour ses pareils un avertissement de venir partager sa proie, et pour les oiseaux faibles un signal de se tenir sur leurs gardes : c'est à ceux-ci à se rassembler, à sortir, à s'appuyer les uns les autres, et à se rendre ou du moins à se croire forts par leur réunion. Au reste, l'alouette chante rarement à terre, où néanmoins elle se tient toujours lorsqu'elle ne vole point; car elle ne se perche jamais sur les arbres, et on doit la compter parmi les oiseaux pulvérateurs : aussi ceux qui la tiennent en cage ont-ils grand soin d'y mettre dans un coin une couche assez épaisse de sablon où elle puisse se poudrer à son aise, et trouver du soulagement contre la vermine qui la tourmente; ils y ajoutent du gazon frais souvent renouvelé, et ils ont l'attention que la cage soit un peu spacieuse.

Leur manière de voler est de s'élever presque perpendiculairement et par reprises, et de se soutenir à une grande hauteur, d'où, comme je l'ai dit, elles savent très bien se faire entendre; elles descendent, au contraire, en filant pour se poser à terre, excepté lorsqu'elles sont menacées par l'oiseau de proie ou attirées par une compagne chérie : car, dans ces deux cas, elles se précipitent comme une pierre qui tombe.

Tout le monde connaît les différents pièges dont on se sert ordinairement pour prendre les alouettes, tels que collets, traîneaux, lacets, pantières; mais il en est un qu'on y emploie plus communément, et qui en a tiré sa dénomination de *filet d'alouette*. Pour réussir à cette chasse, il faut une matinée fraîche, un beau soleil, un miroir tournant sur son pivot, et une ou deux alouettes vivantes qui rappellent les autres : car on ne sait pas encore imiter leur chant d'assez près pour les tromper; c'est par cette raison que les oiseleurs disent qu'elles ne suivent pas l'appeau, mais elles paraissent attirées plus sensiblement par le jeu du miroir : non qu'elles cherchent à se mirer, comme on les en a accusées d'après l'instinct qui leur est commun avec tous les oiseaux de volière, de chanter devant une glace avec un redoublement de vivacité et d'émulation, mais parce que les éclairs de lumière que jette de toutes parts ce miroir en mouvement excitent leur curiosité, ou parce qu'elles croient cette lumière renvoyée par la surface mobile des eaux vives qu'elles recherchent dans cette saison; aussi en prend-on tous les ans des quantités considérables pendant l'hiver aux environs des fontaines chaudes où j'ai dit qu'elles se rassemblaient.

LE ROSSIGNOL, LA BERGERONNETTE

Il n'est point d'homme bien organisé à qui ce nom ne rappelle quelqu'une de ces belles nuits de printemps, où le ciel étant serein, l'air calme, toute la nature en silence, et, pour ainsi dire, attentive, il a écouté avec ravissement le ramage de ce chantre des forêts. On pourrait citer quelques autres oiseaux chanteurs dont la voix le dispute, à certains égards, à celle du rossignol. Les alouettes, le serin, le pinson, les fauvettes, la linotte, le chardonneret, le merle commun, le merle solitaire, le moqueur d'Amérique, se font écouter avec plaisir lorsque le rossignol se tait : les uns ont d'aussi beaux sons, les autres ont le timbre aussi pur et plus doux, d'autres ont des tours de gosier aussi flatteurs; mais il n'en est pas un seul que le rossignol n'efface par la réunion complète de ses talents divers et par la prodigieuse variété de son ramage; en sorte que la chanson de chacun de ces oiseaux, prise dans toute son étendue, n'est qu'un couplet de celle du rossignol. Le rossignol charme toujours et ne se répète jamais, du moins jamais servilement : s'il redit quelque passage, ce passage est animé d'un accent nouveau, embelli par de nouveaux agréments; il réussit dans tous les genres; il rend toutes les expressions, il saisit tous les caractères, et de plus il sait en augmenter l'effet par les contrastes.

Ce coryphée du printemps se prépare-t-il à chanter l'hymne de la nature, il commence par un prélude timide, par des tons faibles, presque indécis, comme s'il voulait essayer son instrument et intéresser ceux qui l'écoutent. Mais ensuite, prenant de l'assurance, il s'anime par degrés, il s'échauffe, et bientôt il déploie dans leur plénitude toutes les ressources de son incomparable organe : coups de gosiers éclatants; batteries vives et légères; fusées de chant, où la netteté est égale à la volubilité; murmure intérieur et sourd qui n'est point appréciable à l'oreille, mais très propre à augmenter l'éclat des tons appréciables; roulades précipitées, brillantes et rapides, articulées avec force et même avec une dureté de bon goût; accents plaintifs cadencés avec mollesse; sons filés sans art, mais enflés avec âme; sons enchanteurs et pénétrants.

1. Le rossignol. — 2. La bergeronnette.

Au reste, une des raisons pourquoi le chant du rossignol est plus remarqué et produit plus d'effet, c'est, comme dit très bien M. Barrington, parce que, chantant la nuit, qui est le temps le plus favorable, chantant seul, sa voix a tout son éclat et n'est offusquée par aucune autre voix. Il efface tous les autres oiseaux, suivant le même M. Barrington, par ses sons moelleux et flûtés, et par la durée non interrompue de son ramage, qu'il soutient quelquefois pendant vingt secondes. Le même observateur a compté dans ce ramage seize reprises différentes bien déterminées par leurs premières et dernières notes, et dont l'oiseau sait varier avec goût les notes intermédiaires. Enfin il s'est assuré que la sphère que remplit la voix d'un rossignol n'a pas moins d'un mille de diamètre, surtout lorsque l'air est calme; ce qui égale au moins la portée de la voix humaine.

Il est étonnant qu'un si petit oiseau, qui ne pèse pas une demi-once, ait tant de force dans les organes de la voix; aussi M. Hunter a-t-il observé que les muscles du larynx, ou, si l'on veut, du gosier, étaient plus forts à proportion dans cette espèce que dans toute autre, et même plus forts dans le mâle, qui chante, que dans la femelle, qui ne chante point.

Passé le mois de juin, le rossignol ne chante plus, et il ne lui reste qu'un cri rauque, une sorte de croassement, où l'on ne reconnaît point du tout la mélodieuse Philomèle; et il n'est pas surprenant qu'autrefois en Italie on lui donnât un autre nom dans cette circonstance; c'est, en effet, un autre oiseau, un oiseau absolument différent, du moins quant à la voix, et même un peu quant aux couleurs du plumage.

Comme il n'est pas donné à tout le monde de s'approprier le chant du rossignol par une imitation fidèle, et que tout le monde est curieux d'en jouir, plusieurs ont tâché de se l'approprier d'une manière plus simple, je veux dire en se rendant maîtres du rossignol lui-même, et le réduisant à l'état de domesticité : mais c'est un domestique d'une humeur difficile, et dont on ne tire le service désiré qu'en ménageant son caractère. L'amour et la gaieté ne se commandent pas, encore moins les chants qu'ils inspirent. Si l'on veut faire chanter le rossignol captif, il faut le bien traiter dans sa prison; il faut en peindre les murs de la couleur de ses bosquets, l'environner, l'ombrager de feuillages, étendre de la mousse sous ses pieds, le garantir du froid et des visites importunes; lui donner une nourriture abondante et qui lui plaise : en un mot, il faut lui faire illusion sur sa captivité, et tâcher de la rendre aussi douce que la liberté, s'il était possible. A ces conditions, le rossignol chantera dans sa cage.

Cet oiseau est capable, à la longue, de s'attacher à la personne qui a soin de lui : lorsqu'une fois la connaissance est faite, il distingue son pas avant de la voir, il la salue d'avance par un cri de joie; et, s'il est en mue, on le voit se fatiguer en efforts inutiles pour chanter, et suppléer par la gaieté de ses mouvements, par l'âme qu'il met dans ses regards, à l'expression que son gosier lui refuse. Lorsqu'il perd sa bienfaitrice, il meurt quelquefois de regret; s'il survit, il lui faut longtemps pour s'accoutumer à une autre : il s'attache fortement, parce qu'il s'attache difficilement, comme font tous les caractères timides et sauvages.

L'espèce d'affection que les bergeronnettes marquent pour les troupeaux; leur habitude à les suivre dans la prairie; leur manière de voltiger, de se promener au milieu du bétail paissant, de s'y mêler sans crainte, jusqu'à se poser quelquefois sur le dos des vaches et des moutons; leur air de familiarité avec le berger, qu'elles précèdent, qu'elles accompagnent sans défiance et sans danger, qu'elles avertissent de l'approche du loup ou de l'oiseau de proie, leur ont fait donner un nom approprié, pour ainsi dire, à cette vie pastorale. Compagne d'hommes innocents et paisibles, la bergeronnette semble avoir pour notre espèce ce penchant qui rapprocherait de nous la plupart des animaux, s'ils n'étaient repoussés par notre barbarie, et écartés par la crainte de devenir nos victimes. Dans la bergeronnette, l'affection est plus forte que la peur : il n'est point d'oiseau libre dans les champs qui se montre aussi privé, qui fuie moins et moins loin, qui soit aussi confiant, qui se laisse approcher de plus près, qui revienne plutôt à portée des armes du chasseur, qu'elle n'a pas l'air de redouter, puisqu'elle ne sait pas même fuir.

La bergeronnette, si volontiers amie de l'homme, ne se plie point à devenir son esclave; elle meurt dans la prison de la cage; elle aime la société et craint l'étroite captivité : mais, laissée libre dans un appartement en hiver, elle y vit, donnant la chasse aux mouches et ramassant les mies de pain qu'on lui jette. Quelquefois les navigateurs la voient arriver sur leur bord, entrer dans le vaisseau, se familiariser, les suivre dans leur voyage, et ne les quitter qu'à leur débarquement, si pourtant ces faits ne doivent pas plutôt s'attribuer à la lavandière, plus grande voyageuse que la bergeronnette, et sujette dans ses traversées à s'égarer sur les mers.

La fauvette.

LA FAUVETTE

Le triste hiver, saison de mort, est le temps du sommeil ou plutôt de la torpeur de la nature : les insectes sans vie, les reptiles sans mouvement, les végétaux sans verdure et sans accroissement, tous les habitants de l'air détruits ou relégués, ceux des eaux renfermés dans des prisons de glace, et la plupart des animaux terrestres confinés dans les cavernes, les antres et les terriers, tout nous présente les images de la langueur et de la dépopulation. Mais le retour des oiseaux au printemps est le premier signal et la douce annonce du réveil de la nature vivante; et les feuillages renaissants, et les bocages revêtus de leur nouvelle parure, sembleraient moins frais et moins touchants sans les nouveaux hôtes qui viennent les animer.

De ces hôtes des bois les fauvettes sont les plus nombreuses, comme les plus aimables : vives, agiles, légères et sans cesse remuées, tous leurs mouvements ont l'air du sentiment; tous leurs accents, le ton de la joie. Ces jolis oiseaux arrivent au moment où les arbres développent leurs feuilles et commencent à laisser épanouir leurs fleurs; ils se dispersent dans toute l'étendue de nos campagnes : les uns viennent habiter nos jardins, d'autres préfèrent les avenues et les bosquets; plusieurs espèces s'enfoncent dans les grands bois, et quelques-unes se cachent au milieu des roseaux. Ainsi les fauvettes remplissent tous les lieux de la terre, et les animent par les mouvements et les accents de leur tendre gaieté.

A ce mérite de grâces naturelles nous voudrions réunir celui de la beauté; mais en leur donnant tant de qualités aimables, la nature semble avoir oublié de parer leur plumage. Il est obscur et terne : excepté deux ou trois espèces qui sont légèrement tachetées, toutes les autres n'ont que des teintes plus ou moins sombres de blanchâtre, de gris et de roussâtre.

La fauvette est d'un caractère craintif; elle fuit devant des oiseaux tout aussi faibles qu'elle, et fuit encore plus vite et avec plus de raison devant la pie-grièche, sa redoutable ennemie : mais, l'instant du péril passé, tout est oublié; et le moment d'après, notre fauvette reprend sa gaieté, ses mouvements et son chant. C'est des rameaux les plus touffus qu'elle le fait entendre; elle s'y tient ordinairement couverte, ne se montre que par instant au bord des buissons, et rentre vite à l'intérieur, surtout pendant la chaleur du jour. Le matin on la voit recueillir la rosée, et, après ces courtes pluies qui tombent dans les jours d'été, courir sur les feuilles mouillées, et se baigner dans les gouttes qu'elle secoue du feuillage.

LE ROITELET, LE GRIMPEREAU

Le roitelet est si petit, qu'il passe à travers les mailles des filets ordinaires, qu'il s'échappe facilement de toutes les cages, et que lorsqu'on le lâche dans une chambre que l'on croit bien fermée, il disparaît au bout d'un certain temps, et se fond en quelque sorte, sans qu'on en puisse trouver la moindre trace; il ne faut, pour le laisser passer, qu'une issue presque invisible. Lorsqu'il vient dans nos jardins, il se glisse subtilement dans les charmilles : et comment ne le perdrait-on pas bientôt de vue? la plus petite feuille suffit pour le cacher. Si l'on veut se donner le plaisir de le tirer, le plomb le plus menu serait trop fort; on ne doit y employer que du sable très fin, surtout si l'on se propose d'avoir sa dépouille bien conservée. Lorsqu'on est parvenu à le prendre, soit aux gluaux, soit avec le trébuchet des mésanges, ou bien avec un filet assez fin, on craint de trop presser dans ses doigts un oiseau si délicat; mais comme il n'est pas moins vif, il est déjà loin qu'on croit le tenir encore. Son cri aigu et perçant est celui de la sauterelle, qu'il ne surpasse pas de beaucoup en grosseur.

La femelle pond six ou sept œufs, qui ne sont guère plus gros que des pois, dans un petit nid fait en boule creuse, tissu solidement de mousse et de toile d'araignée, garni en dedans du duvet le plus doux, et dont l'ouverture est dans le flanc ; elle l'établit le plus souvent dans les forêts, et quelquefois dans les ifs et les charmilles de nos jardins, ou sur des pins à portée de nos maisons.

Les plus petits insectes font la nourriture ordinaire de ces très petits oiseaux : l'été, ils les attrapent lestement en volant; l'hiver, ils les cherchent dans leurs retraites, où ils sont engourdis, demi-morts, et quelquefois morts tout à fait. Ils s'accommodent aussi de leur larve et de toutes sortes de vermisseaux. Ils

Le grimpereau.

sont si habiles à trouver et à saisir cette proie, et ils en sont si friands, qu'ils s'en gorgent quelquefois jusqu'à étouffer. Ils mangent pendant l'été de petites baies, de petites graines, telles que celles du fenouil. Enfin on les voit aussi fouiller le terreau qui se trouve dans les vieux saules, et d'où ils savent apparemment tirer quelque parcelle de nourriture.

L'extrême mobilité est l'apanage ordinaire de l'extrême petitesse. Le grimpereau et presque aussi petit que le roitelet, et, comme lui, presque toujours en mouvement; mais tout son mouvement, toute son action porte, pour ainsi dire, sur le même point. Il reste toute l'année dans le pays qui l'a vu naître; un trou d'arbre est son habitation ordinaire; c'est de là qu'il va à la chasse des insectes de l'écorce et de la mousse; c'est aussi le lieu où la femelle fait sa ponte et couve ses œufs. Leur poids ordinaire est de cinq drachmes; ils paraissent un peu plus gros qu'ils ne sont en effet, parce que leurs plumes, au lieu d'être couchées régulièrement les unes sur les autres, sont le plus souvent hérissées et en désordre, et que d'ailleurs ces plumes sont fort longues.

Le grimpereau a la gorge d'un blanc pur, mais qui prend communément une teinte roussâtre, toujours plus foncée sur les flancs et les parties qui s'éloignent de la gorge (quelquefois tout le dessous du corps est blanc); le dessus varié de roux, de blanc et de noirâtre; ces différentes couleurs plus ou moins pures, plus ou moins foncées; la tête d'une teinte plus rembrunie; le tour des yeux et les sourcils blancs; le croupion roux; les pennes des ailes brunes, les trois premières bordées de gris; les quatorze suivantes marquées d'une tache blanchâtre, d'où résulte sur l'aile une bande transversale de cette couleur; les trois dernières marquées vers le bout d'une tache noirâtre entre deux blanches; le bec brun dessus, blanchâtre dessous; les pieds gris, le fond des plumes cendré foncé.

LES MÉSANGES

Tous les oiseaux de cette famille sont faibles en apparence, parce qu'ils sont très petits; mais ils sont en même temps vifs, agissants et courageux : on les voit sans cesse en mouvement; sans cesse ils voltigent d'arbre en arbre; ils sautent de branche en branche; ils grimpent sur l'écorce; ils gravissent contre les murailles; ils s'accrochent, se suspendent de toutes les manières, souvent même la tête en bas, afin de pouvoir fouiller dans toutes les petites fentes, et y chercher les vers, les insectes ou les œufs; ils vivent aussi de graines, mais au lieu de les casser dans leur bec, comme font les linottes et les chardonnerets, presque toutes les mésanges les tiennent assujetties sous leurs petites serres, et les percent à coups de bec; elles percent de même les noisettes, les amandes, etc. Si on leur suspend une noix au bout d'un fil, elles s'accrocheront à cette noix et en suivront les oscillations ou balancements, sans lâcher prise, sans cesser de la becqueter. On a remarqué qu'elles ont les muscles du cou très robustes et le crâne très épais; ce qui explique une partie de leurs manœuvres : mais, pour les expliquer toutes, il faut supposer qu'elles ont aussi beaucoup de force dans les muscles des pieds et des doigts.

Durant la mauvaise saison, et même au commencement du printemps, elles vivent de quelques graines sèches, de quelques dépouilles d'insectes qu'elles trouvent en furetant sur les arbres; elles pincent aussi les boutons naissants et s'accommodent des œufs de chenilles, notamment de ceux que l'on voit autour des petites branches, rangés comme une suite d'anneaux ou de tours de spirale : enfin elles cherchent dans la campagne de petits oiseaux morts; et si elles en trouvent de vivants affaiblis par la maladie, embarrassés dans des pièges, en un mot, sur qui elles aient de l'avantage, fussent-ils de leur espèce, elles leur percent le crâne et se nourrissent de leur cervelle : et cette cruauté n'est pas toujours justifiée par le besoin, puisqu'elles se la permettent lors même qu'elle leur est inutile : par exemple dans une volière où elles ont en abondance la nourriture qui leur convient.

Elles pondent jusqu'à dix-huit ou vingt œufs, plus ou moins : les unes dans des trous d'arbres, se servant de leur bec pour arrondir, lisser, façonner ces trous à l'intérieur, et leur donner une forme convenable à leur destination; les autres dans des nids en boule, et d'un volume très disproportionné à la taille d'un si petit oiseau. Il semble qu'elles aient compté leurs œufs avant de les pondre : il semble aussi qu'elles aient une tendresse anticipée pour les petits qui en doivent éclore : cela paraît aux précautions affectionnées qu'elles prennent dans la construction du nid, à l'attention prévoyante qu'ont certaines espèces de le suspendre au bout d'une branche, au choix recherché des matériaux qu'elles y emploient, tels qu'herbes menues, petites racines, mousse, fil, crin, laine, coton, plume, duvet, etc. Elles viennent à bout de procurer la subsistance à leur nombreuse famille; ce qui suppose non seulement un zèle,

La mésange.

une activité infatigables, mais beaucoup d'adresse et d'habileté dans leur chasse : souvent on les voit revenir au nid ayant des chenilles au bec. Si d'autres oiseaux attaquent leur géniture, elles la défendent avec intrépidité, fondent sur l'ennemi, et à force de courage font respecter la faiblesse.

L'OISEAU-MOUCHE

De tous les êtres animés, voici le plus élégant pour la forme, et le plus brillant pour les couleurs. Les pierres et les métaux polis par notre art ne sont pas comparables à ce bijou de la nature; elle l'a placé dans l'ordre des oiseaux au dernier degré de grandeur : *maxime miranda in minimis*. Son chef-d'œuvre est le petit oiseau-mouche; elle l'a comblé de tous les dons qu'elle n'a fait que partager aux autres oiseaux : légèreté, rapidité, prestesse, grâce et riche parure, tout appartient à ce petit favori. L'émeraude, le rubis, la topaze, brillent sur ses habits; il ne les souille jamais de la poussière de la terre, et, dans sa vie tout aérienne, on le voit à peine toucher le gazon par instants; il est toujours en l'air, volant de fleurs en fleurs : il a leur fraîcheur comme il a leur éclat; il vit de leur nectar, et n'habite que les climats où sans cesse elles se renouvellent.

C'est dans les contrées les plus chaudes du nouveau monde que se trouvent toutes les espèces d'oiseaux-mouches. Elles sont assez nombreuses et paraissent confinées entre les deux tropiques; car ceux qui s'avancent en été dans les zones tempérées n'y font qu'un court séjour; ils semblent suivre le soleil, s'avancer,

L'oiseau-mouche.

se retirer avec lui, et voler sur l'aile des zéphyrs à la suite d'un printemps éternel. Rien n'égale la vivacité de ces petits oiseaux, si ce n'est leur courage ou plutôt leur audace : on les voit poursuivre avec furie des oiseaux vingt fois plus gros qu'eux, s'attacher à leur corps, et, se laissant emporter par leur vol, le becqueter à coups redoublés, jusqu'à ce qu'ils aient assouvi leur petite colère; quelquefois même ils se livrent entre eux de très vifs combats. L'impatience paraît être leur âme; s'ils s'approchent d'une fleur, et qu'ils la trouvent fanée, ils lui arrachent les pétales avec une précipitation qui marque leur dépit. Ils n'ont point d'autre voix qu'un petit cri, *screp, screp,* fréquent et répété. Ils le font entendre dans les bois dès l'aurore, jusqu'à ce qu'aux premiers rayons du soleil tous prennent l'essor et se dispersent dans les campagnes.

Le nid qu'ils construisent répond à la délicatesse de leur corps; il est fait d'un coton fin ou d'une bourre soyeuse recueillie sur des fleurs; ce nid est fortement tissu et de la consistance d'une peau douce et épaisse. La femelle se charge de l'ouvrage, et laisse au mâle le soin d'apporter les matériaux : on la voit empressés à ce travail chéri, chercher, choisir, employer brin à brin les fibres propres à former le tissu de ce doux berceau de sa progéniture; elle en polit les bords avec sa gorge, le dedans avec sa queue; elle le revêt à l'extérieur de petits morceaux d'écorce de gommiers, qu'elle colle alentour pour le défendre des injures de l'air, autant que pour le rendre plus solide : le tout est attaché à deux feuilles ou à un seul brin d'oranger, de citronnier, ou quelquefois à un fétu qui pend de la couverture de quelque case. Ce nid n'est pas plus gros que la moitié d'un abricot, et fait de même en demi-coupe : on y trouve deux œufs tout blancs et pas plus gros que de petits pois; le mâle et la femelle les couvent tour à tour pendant douze jours; les petits éclosent au treizième jour, et ne sont pas alors plus gros que des mouches.

On conçoit aisément qu'il est comme impossible d'élever ces petits volatiles; ceux qu'on a essayé de nourrir avec des sirops ont dépéri dans quelques semaines. Ces aliments, quoique légers, sont encore bien différents du nectar délicat qu'ils recueillent en toute liberté sur les fleurs; et peut-être aurait-on mieux réussi en leur offrant du miel.

La manière de les abattre est de les tirer avec du sable ou à la sarbacane. Ils sont si peu défiants, qu'ils se laissent approcher jusqu'à cinq ou six pas. On peut encore les prendre en se plaçant dans un buisson fleuri, une verge enduite d'une gomme gluante à la main; on en touche aisément le petit oiseau lorsqu'il bourdonne devant une fleur. Il meurt aussitôt qu'il est pris, et sert après sa mort à parer les jeunes Indiennes, qui portent en pendants d'oreilles deux de ces charmants oiseaux. Les Péruviens avaient l'art de composer avec leurs plumes des tableaux, dont les anciennes relations ne cessent de vanter la beauté.

LE COLIBRI

La nature, en prodiguant tant de beautés à l'oiseau-mouche, n'a pas oublié le colibri, son voisin et son proche parent; elle l'a produit dans le même climat, et formé sur le même modèle. Aussi brillant, aussi léger que l'oiseau-mouche, et vivant comme lui sur les fleurs, le colibri est paré de même de tout ce que les plus riches couleurs ont d'éclatant, de moelleux, de suave; et ce que nous avons dit de la beauté de l'oiseau-mouche, de sa vivacité, de son vol bourdonnant et rapide, de sa constance à visiter les fleurs, de sa manière de nicher et de vivre, doit s'appliquer également au colibri : un même instinct anime ces deux charmants oiseaux; et comme ils se ressemblent presque en tout, souvent on les a confondus sous un même nom.

Tous les naturalistes attribuent avec raison aux colibris et aux oiseaux-mouches la même manière de vivre, et l'on a également contredit leur opinion sur ces deux points; mais les mêmes raisons que nous avons déjà déduites nous y font tenir, et la ressemblance de ces deux oiseaux en tout le reste garantit le témoignage des auteurs qui leur attribuent le même genre de vie.

Il n'est pas plus facile d'élever les petits du colibri que ceux de l'oiseau-mouche; aussi délicats, ils périssent de même en captivité. On a vu le père et la mère, par audace de tendresse, venir jusque dans les mains du ravisseur porter de la nourriture à leurs petits.

Le colibri.

LES PERROQUETS

Les animaux que l'homme a le plus admirés sont ceux qui lui ont paru participer à sa nature; il s'est émerveillé toutes les fois qu'il en a vu quelques-uns faire ou contrefaire des actions humaines : le singe, par la ressemblance des formes extérieures, et le perroquet, par l'imitation de la parole, lui ont paru des êtres privilégiés, intermédiaires entre l'homme et la brute : faux jugement produit par la premère apparence, mais bientôt détruit par l'examen et la réflexion. Les sauvages, très insensibles au grand spectacle de la nature, très indifférents pour toutes ses merveilles, n'ont été saisis d'étonnement qu'à la vue des perroquets et des singes; ce sont les seuls animaux qui aient fixé leur stupide attention. Ils arrêtent leurs canots pendant des heures entières pour considérer les cabrioles du sapajou, et les perroquets sont les seuls oiseaux qu'ils se fassent un plaisir de nourrir, d'élever, et qu'ils aient pris la peine de chercher à perfectionner; car ils ont trouvé le petit art, encore inconnu parmi nous, de varier et de rendre plus riches les belles couleurs qui parent le plumage de ces oiseaux.

Les Grecs ne connurent d'abord qu'une espèce de perroquet, ou plutôt de perruche, c'est celle que nous nommons aujourd'hui ***grande perruche à collier,*** qui se trouve dans le continent de l'Inde. Les premiers de ces oiseaux furent apportés de l'île Taprobane, en Grèce, par Onésicrite, commandant de la flotte d'Alexandre : ils y étaient si nouveaux et si rares qu'Aristote lui-même ne paraît pas en avoir vu, et semble n'en parler que par relation. Mais la beauté de ces

Les perroquets.

oiseaux et leur talent d'imiter la parole en firent bientôt un objet de luxe chez les Romains; le sévère Caton leur en a fait un reproche. Ils logeaient cet oiseau dans des cages d'argent, d'écaille et d'ivoire, et le prix d'un perroquet fut quelquefois plus grand chez eux que celui d'un esclave.

On ne connaissait de perroquets à Rome que ceux qui venaient des Indes, jusqu'au temps de Néron, où des émissaires de ce prince en trouvèrent dans une île du Nil, entre Syène et Méroé, ce qui revient à la limite de vingt-quatre à vingt-cinq degrés que nous avons posée pour ces oiseaux, et qu'il ne paraît pas qu'ils aient passée. Au reste, Pline nous apprend que le nom ***psittacus,*** donné par les Latins au perroquet, vient de son nom indien ***psittace*** ou ***sittace.***

Les Portugais, qui les premiers ont doublé le cap de Bonne-Espérance et reconnu les côtes d'Afrique, trouvèrent les deux côtes de Guinée et toutes les îles de l'océan Indien peuplées, comme le continent, de diverses espèces de perroquets, toutes inconnues à l'Europe, et en si grand nombre qu'à Calicut, au Bengale et sur les côtes de l'Afrique, les Indiens et les nègres étaient obligés de se tenir dans leurs champs de maïs et de riz vers le temps de la maturité, pour en éloigner ces oiseaux, qui viennent les dévaster.

Cette grande multitude de perroquets, dans toutes les régions qu'ils habitent, semble prouver qu'ils réitèrent leurs pontes, puisque chacune est assez peu nombreuse : mais rien n'égale la variété d'espèces d'oiseaux de ce genre qui s'offrirent aux navigateurs sur toutes les plages méridionales du nouveau monde lorsqu'ils en firent la découverte; plusieurs îles reçurent le nom d'*îles des Perroquets.* Ce furent les seuls animaux que Colomb trouva dans la première où il aborda; et ces oiseaux servirent d'objets d'échange dans le premier commerce qu'eurent les Européens avec les Américains. Enfin on apporta des perroquets d'Amérique et d'Afrique en si grand nombre que le perroquet des anciens fut oublié.

Le coucou.

LE COUCOU

Dès le temps d'Aristote on disait communément que jamais personne n'avait vu la couvée du coucou : on savait dès lors que cet oiseau pond comme les autres, mais qu'il ne fait point de nid; on savait qu'il dépose ses œufs ou son œuf (car il est rare qu'il en dépose deux au même endroit) dans les nids des autres oiseaux, plus petits ou plus grands, tels que les fauvettes, les verdiers, les alouettes, les ramiers, etc.; qu'il mange souvent les œufs qu'il y trouve;

qu'il laisse à l'étrangère le soin de couver, nourrir, élever sa géniture; que cette étrangère, et nommément la fauvette, s'acquitte fidèlement de tous ces soins, et avec tant de succès que ses élèves deviennent très gras, sont alors un morceau succulent : on savait que leur plumage change beaucoup lorsqu'ils arrivent à l'âge adulte; on savait enfin que les coucous commencent à paraître et à se faire entendre dès les premiers jours du printemps, qu'ils ont l'air faible en arrivant, qu'ils se taisent pendant la canicule; et l'on disait que certaine espèce faisait sa ponte dans des trous de rochers escarpés.

Voilà les principaux faits de l'histoire du coucou; ils étaient connus il y a deux mille ans, et les siècles postérieurs n'y ont rien ajouté; quelques-uns même de ces faits étaient tombés dans l'oubli, notamment leur ponte dans des trous de rochers. On n'a pas ajouté foi davantage aux fables qui se débitent depuis le même temps à peu près sur cet oiseau singulier : le faux a ses limites ainsi que le vrai; l'un et l'autre est bientôt épuisé sur tout sujet qui a une grande célébrité, et dont par conséquent on s'occupe beaucoup.

La huppe.

LA HUPPE

Un auteur de réputation en ornithologie (Belon) a dit que cet oiseau avait pris son nom de la grande et belle huppe qu'il porte sur la tête; il aurait dit tout le contraire s'il eût fait attention que le nom latin de ce même oiseau, *upupa*, d'où s'est évidemment formé son nom français, est non seulement plus ancien de quelques siècles que le mot générique *huppe*, qui signifie dans notre langue une touffe de plumes dont certaines espèces d'oiseaux ont la tête surmontée, mais encore plus ancien que notre langue elle-même, laquelle a adopté le nom propre de l'espèce dont il s'agit ici, pour exprimer en général son attribut le plus remarquable.

La nourriture la plus ordinaire de la huppe dans l'état de liberté, ce sont les insectes en général, et surtout les insectes terrestres, parce qu'elle se tient beaucoup plus sur la terre que perchée sur les arbres. J'appelle insectes terrestres ceux qui passent leur vie, ou du moins quelques périodes de leur vie, soit dans la terre, soit à sa surface; tels sont les scarabées, les fourmis, les vers, les demoiselles, les abeilles sauvages, plusieurs espèces de chenilles, etc. : c'est le véritable appât qui, en tout pays, attire la huppe dans les terrains humides, où son bec long et menu peut facilement pénétrer, et celui qui, en Égypte, la détermine, ainsi que beaucoup d'autres oiseaux, à régler sa marche sur la retraite des eaux du Nil, et à s'avancer constamment à la suite de ce fleuve; car, à mesure qu'il rentre dans ses bords, il laisse successivement à découvert des plaines engraissées d'un limon que le soleil échauffe, et qui fourmillent bientôt d'une quantité innombrable d'insectes de toute espèce : aussi les huppes de passage sont-elles alors très grasses et très bonnes à manger.

L'engoulevent.

L'ENGOULEVENT

Lorsqu'il s'agit de nommer un animal, ou, ce qui revient presque au même, de lui choisir un nom parmi tous les noms qui ont été donnés, il faut, ce me semble, préférer celui qui présente une idée plus juste de la nature, des propriétés, des habitudes de cet animal, et surtout rejeter impitoyablement ceux qui tendent à accréditer de fausses idées et à perpétuer des erreurs. C'est en partant de ce principe que j'ai rejeté les noms de *tette-chèvre*, de *crapaud-volant*, de *grand merle*, de *corbeau de nuit* et d'*hirondelle à queue carrée*, donnés par le peuple ou par les savants à l'oiseau dont il s'agit ici. Le premier de ces noms a rapport à une tradition fort ancienne à la vérité, mais encore plus suspecte : car il est aussi difficile de supposer à un oiseau l'instinct de teter une chèvre que de supposer à une chèvre la complaisance de se laisser teter par un oiseau. Il faut que ce soit le nom de *crapaud-volant*, donné à cet oiseau, qui lui ait fait attribuer une habitude dont on soupçonne les crapauds, et peut-être avec un peu plus de fondement.

Enfin j'ai conservé à cet oiseau le nom d'*engoulevent* qu'on lui donne dans plusieurs provinces, parce que ce nom, quoique un peu vulgaire, peint assez bien l'oiseau lorsque, les ailes déployées, l'œil hagard et le gosier ouvert de toute sa largeur, il vole avec un bourdonnement sourd à la rencontre des insectes dont il fait sa proie, et qu'il semble *engouler* par aspiration.

L'engoulevent se nourrit, en effet, d'insectes, et surtout d'insectes de nuit; car il ne prend son essor et ne commence sa chasse que lorsque le soleil est peu élevé sur l'horizon; ou s'il la commence au milieu du jour, c'est lorsque le temps est nébuleux : dans une belle journée, il ne part que lorsqu'il y est forcé, et dans ce cas son vol est bas et peu soutenu; il a les yeux si sensibles que le grand jour l'éblouit plus qu'il ne l'éclaire, et qu'il ne peut bien voir qu'avec une lumière affaiblie; mais encore lui en faut-il un peu, et l'on se tromperait fort si l'on se persuadait qu'il voit et qu'il vole lorsque l'obscurité est totale. Il est dans le cas des autres oiseaux nocturnes : tous sont, au fond, des oiseaux de crépuscule plutôt que des oiseaux de nuit.

Celui-ci n'a pas besoin de fermer le bec pour arrêter les insectes qui y sont entraînés; l'intérieur de ce bec est enduit d'une espèce de glu qui paraît filer de la partie supérieure, et qui suffit pour retenir toutes les phalènes et même les scarabées dont les ailes s'y engagent.

L'HIRONDELLE, LE MARTINET

L'hirondelle est domestique par instinct; elle recherche la société de l'homme par choix; elle la préfère, malgré ses inconvénients, à toute autre société. Elle niche dans nos cheminées, et jusque dans l'intérieur de nos maisons, surtout de celles où il y a peu de mouvement et de bruit : la foule n'est point la société. Lorsque les maisons sont trop bien closes, et que les cheminées sont fermées par le haut, comme elles le sont à Nantua et dans les pays de montagne, à cause de l'abondance des neiges et des pluies, elle change de logement sans changer d'inclinations; elle se réfugie sous les avant-toits et y construit son nid; mais jamais elle ne l'établit volontairement loin de l'homme; et toutes les fois qu'un voyageur égaré aperçoit dans l'air quelques-uns de ces oiseaux, il peut les regarder comme de bon augure, et qui lui annoncent infailliblement quelque habitation prochaine.

L'hirondelle de cheminée est la première qui paraisse dans nos climats; c'est ordinairement peu après l'équinoxe du printemps. Elle arrive plus tôt dans les contrées plus méridionales et plus tard dans les pays du nord. Mais, quelque douce que soit la température du mois de février et du commencement de mars, quelque froide que soit celle de la fin de mars et du commencement d'avril, elle ne paraît guère dans chaque pays qu'à l'époque ordinaire.

Il semble que l'homme devrait accueillir, bien traiter, un oiseau qui lui annonce la belle saison, et qui d'ailleurs lui rend des services réels; il semble au moins que ses services devraient faire sa sûreté personnelle, et cela a lieu à l'égard du plus grand nombre des hommes, qui le protègent quelquefois jusqu'à la superstition : mais il s'en trouve trop souvent qui se font un amusement inhumain de le tuer à coups de fusil, sans autre motif que celui d'exercer ou de perfectionner leur adresse sur un but très inconstant, très mobile, par conséquent très difficile à atteindre; et ce qu'il a de singulier, c'est que ces oiseaux innocents paraissent plutôt attirés qu'effrayés par les coups de fusil, et qu'ils ne peuvent se résoudre à fuir l'homme, lors même qu'il leur fait une guerre si cruelle et si ridicule. Elle est plus que ridicule, cette guerre; car elle est contraire aux intérêts de celui qui la fait, par cela seul que les hirondelles nous délivrent du fléau des cousins, des charançons et de plusieurs autres insectes destructeurs de nos potagers, de nos moissons, de nos forêts, et que ces insectes se multiplient dans un pays, et nos pertes avec eux, en même proportion que le nombre des hirondelles et autres insectivores y diminue.

L'expérience de Frisch, et quelques autres semblables, prouvent que les mêmes hirondelles reviennent aux mêmes endroits; elles n'arrivent que pour faire leur ponte, et se mettent tout de suite à l'ouvrage. Elles construisent chaque année un nouveau nid, et l'établissent au-dessus de celui de l'année précédente, si le local le permet. J'en ai trouvé dans un tuyau de cheminé qui étaient ainsi construits par étages; j'en comptai jusqu'à quatre les uns sur les autres, tous quatre égaux entre eux, maçonnés de terre gâchée avec de la paille et du crin. Il y en avait de deux formes différentes : les plus grands représentaient un demi-cylindre creux, ouvert par le dessus, d'environ un pied de hauteur; ils occupaient le milieu des parois de la cheminée; les plus petits occupaient les angles, et ne formaient que le quart d'un cylindre ou même d'un cône renversé. Le premier nid, qui était le plus bas, avait son fond maçonné comme le reste; mais ceux des étages supérieurs n'étaient séparés des inférieurs que par leur matelas composé de paille, d'herbe sèche et de plumes. Au reste, parmi les petits nids des angles, je n'en ai trouvé que deux qui fussent par étages; je crois que c'étaient les nids des jeunes : ils n'étaient pas si bien faits que les grands.

Lorsque les petits sont éclos, les père et mère leur portent sans cesse à manger, et ont grand soin d'entretenir la propreté du nid, jusqu'à ce que les petits, devenus plus forts, sachent s'arranger de manière à leur épargner cette peine. Mais ce qui est le plus intéressant, c'est de voir les vieux donner aux jeunes les premières leçons de voler, en les animant de la voix, leur présentant d'un peu loin la nourriture, et s'éloignant encore à mesure qu'ils s'avancent pour la recevoir, les poussant doucement et non sans quelque inquiétude, hors du nid, jouant devant eux et avec eux dans l'air, comme pour leur offrir un secours toujours présent, et accompagnant leur action d'un gazouillement si expressif qu'on croirait en entendre le sens. Si l'on joint à cela ce que dit Boerhave d'un de ces oiseaux, qui, étant allé à la provision, et trouvant à son retour la maison où était son nid embrasée, se jeta au travers des flammes pour porter nourriture et secours à ses petits, on jugera avec quelle passion les hirondelles aiment leur géniture.

J'ai dit que ces oiseaux vivaient d'insectes ailés, qu'ils happent en volant;

mais comme ces insectes ont le vol plus ou moins élevé, selon qu'il fait plus ou moins chaud, il arrive que, lorsque le froid ou la pluie les rabat près de terre, et les empêche même de faire usage de leurs ailes, nos oiseaux rasent la terre et cherchent ces insectes sur les tiges des plantes, sur l'herbe des prairies, et jusque sur le pavé de nos rues; ils rasent aussi les eaux et s'y plongent quelquefois à demi, en poursuivant les insectes aquatiques, et, dans les grandes disettes, ils vont disputer aux araignées leur proie jusqu'au milieu de leurs toiles, et finissent par les dévorer elles-mêmes. Dans tous les cas, c'est la marche du gibier qui détermine celle du chasseur. On trouve dans leur estomac des débris

1. Martinet. — 2. Hirondelle.

de mouches, de cigales, de scarabées, de papillons, et même de petites pierres; ce qui prouve qu'elles ne prennent pas toujours les insectes en volant, et qu'elles les saisissent quelquefois étant posées. En effet, quoique les hirondelles de cheminée passent la plus grande partie de leur vie dans l'air, elles se posent assez souvent sur les toits, les cheminées, les barres de fer, et même à terre et sur les arbres. Dans notre climat, elles passent souvent les nuits, vers la fin de l'été, perchées sur des aunes au bord des rivières, et c'est alors qu'on les prend en grand nombre et qu'on les mange en certains pays : elles choisissent les branches les plus basses et qui se trouvent au-dessous des berges et bien à l'abri du vent. On a remarqué que les branches qu'elles adoptent pour y passer ainsi la nuit meurent et se dessèchent.

On s'est quelquefois servi, et l'on pourrait encore se servir avec le même succès, de ces oiseaux pour faire savoir très promptement des nouvelles intéressantes; il ne s'agit que d'avoir une couveuse prise sur ses œufs dans l'endroit même où l'on veut envoyer l'avis, et de la lâcher avec un fil à la patte, noué d'un certain nombre de nœuds, teint d'une certaine couleur, d'après ce qui aura été convenu; cette bonne mère prendra aussitôt son essor vers le pays où est sa couvée, et portera avec une célérité incroyable les avis qui lui auront été confiés.

Les martinets sont de véritables hirondelles, et, à bien des égards, plus hirondelles, si j'ose ainsi parler, que les hirondelles mêmes; car non seulement ils ont les principaux attributs qui caractérisent ce genre, mais ils les ont à l'excès : leur cou, leur bec et leurs pieds sont courts, leur tête et leur gosier plus larges, leurs ailes plus longues; ils ont le vol plus élevé, plus rapide que ces oiseaux qui volent déjà si légèrement. Ils volent par nécessité, car d'eux-mêmes ils ne se posent jamais à terre; et lorsqu'ils y tombent par quelque accident, ils ne se relèvent que très difficilement dans un terrain plat; à peine peuvent-ils, en se traînant sur une petite motte, en grimpant sur une taupinière ou sur une pierre, prendre leurs avantages assez pour mettre en jeu leurs longues ailes.

La terre n'est donc pour eux qu'un vaste écueil, et ils sont obligés d'éviter cet écueil avec le plus grand soin. Ils n'ont guère que deux manières d'être, le mouvement violent ou le repos absolu; s'agiter avec effort dans le vague de l'air, ou rester blottis dans leur trou, voilà leur vie; le seul état intermédiaire qu'ils connaissent, c'est de s'accrocher aux murailles et aux troncs d'arbres tout près de leur trou, et de se traîner ensuite dans l'intérieur de ce trou en rampant, en s'aidant de leur bec et de tous les points d'appui qu'ils peuvent se faire. Ordinairement ils y entrent de plein vol; et après avoir passé et repassé devant plus de cent fois, ils s'y élancent tout à coup d'une telle vitesse qu'on les perd de vuè sans savoir où ils sont allés : on serait presque tenté de croire qu'ils deviennent invisibles.

Ces oiseaux sont assez sociables entre eux; mais ils ne le sont point du tout avec les autres espèces d'hirondelles, avec lesquelles ils ne vont jamais de compagnie : aussi en diffèrent-ils pour les mœurs et le naturel. On dit qu'ils ont peu d'instinct : ils en ont cependant assez pour loger dans nos bâtiments sans se mettre sous notre dépendance, pour préférer un logement sûr à un logement plus commode ou plus agréable. Ce logement, du moins dans nos villes, c'est un trou de muraille dont le fond est plus large que l'entrée; le plus élevé est celui qu'ils aiment le mieux, parce que son élévation fait leur sûreté ; ils le vont chercher jusque dans les clochers et les plus hautes tours, quelquefois sous les arches des ponts, où il est moins élevé, mais où apparemment ils le croient mieux caché; d'autres fois dans des arbres creux, ou enfin dans des berges escarpées à côté des martins-pêcheurs, des guêpiers et des hirondelles de rivage. Lorsqu'ils ont adopté un de ces trous, ils y reviennent tous les ans, et savent bien le reconnaître quoiqu'il n'ait rien de remarquable. On les soupçonne, avec beaucoup de vraisemblance, de s'emparer quelquefois des nids des moineaux, mais quand à leur retour ils trouvent les moineaux en possession du leur, ils viennent à bout de se le faire rendre sans beaucoup de bruit.

Les martinets sont de tous les oiseaux de passage ceux qui, dans notre pays, arrivent les derniers et s'en vont les premiers. D'ordinaire ils commencent à paraître sur la fin d'avril ou au commencement de mai, et ils nous quittent avant la fin de juillet.

LE PIC VERT

Le pic vert est le plus connu des pics, et le plus commun dans nos bois. Il arrive au printemps et fait retentir l'air de ses cris aigus et durs, *tiacacan, tiacacan,* que l'on entend de loin, et qu'il jette surtout en volant par élans et par bonds. Il plonge, se relève, et trace en l'air des arcs ondulés, ce qui n'empêche pas qu'il ne s'y soutienne assez longtemps; et quoiqu'il ne s'élève qu'à une petite hauteur, il franchit d'assez grands intervalles de terres découvertes pour passer d'une forêt à une autre.

Le pic vert se tient à terre plus souvent que les autres pics, surtout près des

Le pic vert.

fourmilières, où l'on est assez sûr de le trouver, et même de le prendre avec des lacets. Il attend les fourmis au passage, couchant sa longue langue dans le petit sentier qu'elles ont coutume de tracer et de suivre à la file; et lorsqu'il sent sa langue couverte de ces insectes, il la retire pour les avaler; mais si les fourmis ne sont pas assez en mouvement, et lorsque le froid les tient encore renfermées, il va sur la fourmilière, l'ouvre avec les pieds et le bec, et, s'établissant au milieu de la brèche qu'il vient de faire, il les saisit à son aise, et avale aussi leurs chrysalides.

Dans tous les autres temps, il grimpe contre les arbres, qu'il attaque et, qu'il frappe à coups de bec redoublés : travaillant avec la plus grande activité, il dépouille souvent les arbres secs de toute leur écorce; on entend de loin ses coups de bec et l'on peut les compter. Comme il est paresseux pour tout autre mouvement, il se laisse aisément approcher, et ne sait se dérober au chasseur qu'en tournant autour de la branche, et se tenant sur la face opposée. On a dit qu'après quelques coups de bec, il va de l'autre côté de l'arbre pour voir s'il l'a percé; mais c'est plutôt pour recueillir sur l'écorce les insectes qu'il a réveillés et mis en mouvement, et ce qui paraît encore plus certain, c'est que le son rendu par la partie du bois qu'il frappe, semble lui faire connaître les endroits creux où se nichent les vers qu'il recherche, ou bien une cavité dans laquelle il puisse se loger lui-même et disposer son nid.

C'est au cœur d'un arbre vermoulu qu'il le place, à quinze ou vingt pieds au-dessus de terre, et plus souvent dans les arbres de bois tendre, comme trembles ou marsauts, que dans les chênes. Le mâle et la femelle travaillent incessamment, et tour à tour, à percer la partie vive de l'arbre, jusqu'à ce qu'ils rencontrent le centre carié; ils le vident et le creusent, rejetant au dehors avec les pieds les copeaux et la poussière du bois. Ils rendent quelquefois leur trou si oblique et si profond, que la lumière du jour ne peut y arriver. Ils y nourrissent leurs petits à l'aveugle. La ponte est ordinairement de cinq œufs, qui sont verdâtres, avec de petites taches noires. Les jeunes pics commencent à grimper tout petits, avant de pouvoir voler. Le mâle et la femelle ne se quittent guère, se couchent de bonne heure, avant les autres oiseaux, et restent dans leur trou jusqu'au jour.

LE MARTIN-PÊCHEUR

Le nom de *martin-pêcheur* vient de *martinet-pêcheur,* qui était l'ancienne dénomination française de cet oiseau, dont le vol ressemble à celui de l'hirondelle-martinet, lorsqu'elle file près de terre ou sur les eaux. Son nom ancien, *alcyon,* était bien plus noble, et on aurait dû le lui conserver : car il n'y eut pas de nom plus célèbre chez les Grecs : ils appelaient *alcyoniens* les jours de calme vers le solstice, où l'air et la mer sont tranquilles, jours précieux aux navigateurs, durant lesquels les routes de la mer sont aussi sûres que celles de la terre : ces mêmes jours étaient aussi le temps donné à l'alcyon pour élever ses petits.

C'est le plus bel oiseau de nos climats, et il n'y en a aucun en Europe qu'on puisse comparer au martin-pêcheur pour la netteté, la richesse et l'éclat des couleurs : elles ont la nuance de l'arc-en-ciel, le brillant de l'émail, le lustre de la soie : tout le milieu du dos, avec le dessus de la queue, est d'un bleu clair et brillant, qui, aux rayons du soleil, a le jeu du saphir et l'œil de la turquoise; le vert se mêle sur les ailes au bleu, et la plupart des plumes y sont terminées et ponctuées par une teinte d'aigue-marine; la tête et le dessus du cou sont pointillés de taches plus claires sur un fond d'azur. Gesner compare le jaune-rouge ardent qui colore la poitrine au rouge enflammé d'un charbon. Il semble que le martin-pêcheur se soit échappé de ces climats où le soleil verse, avec les flots d'une lumière plus pure, tous les trésors des plus riches couleurs.

Son vol est rapide et filé; il suit ordinairement les contours des ruisseaux en rasant la surface de l'eau. Il crie en volant *ki, ki, ki, ki,* d'une voix perçante et qui fait retentir les rivages; il a, dans le printemps, un autre chant, qu'on ne laisse pas d'entendre malgré le murmure des flots et le bruit des cascades. Il est très sauvage et part de loin; il se tient sur une branche avancée au-dessus de l'eau pour pêcher; il reste immobile, et épie souvent deux heures entières le moment du passage d'un petit poisson; il fond sur cette proie en se laissant tomber dans l'eau, où il reste plusieurs secondes; il en sort avec le poisson au bec, qu'il porte ensuite sur la terre, contre laquelle il le bat pour le tuer avant de l'avaler.

Au défaut de branches avancées sur l'eau, le martin-pêcheur se pose sur quelque pierre voisine du rivage, ou même sur le gravier; mais au moment qu'il aperçoit un petit poisson, il fait un bond de douze ou quinze pieds, et se laisse tomber à plomb de cette hauteur. Souvent aussi on le voit s'arrêter dans son vol rapide, demeurer immobile et se soutenir au même lieu pendant plusieurs secondes; c'est son manège d'hiver, lorsque les eaux troubles ou les glaces épaisses le forcent de quitter les rivières, et le réduisent aux petits ruisseaux d'eau : à chaque pause, il reste comme suspendu à la hauteur de quinze

Le martin-pêcheur.

ou vingt pieds; et lorsqu'il veut changer de place, il se rabaisse et ne vole pas à plus d'un pied de hauteur sur l'eau; il se relève ensuite et s'arrête de nouveau. Cet exercice réitéré et presque continuel démontre que cet oiseau plonge pour de bien petits objets, poissons ou insectes, et souvent en vain; car il parcourt de cette manière des demi-lieues de chemin.

Il est singulier qu'un oiseau qui vole avec tant de vitesse et de continuité n'ait pas les ailes amples : elles sont, au contraire, fort petites à proportion de sa grosseur, d'où l'on peut juger de la force des muscles qui les meuvent; car il n'y a peut-être point d'oiseau qui ait les mouvements aussi prompts et le vol aussi rapide : il part comme un trait d'arbalète; s'il laisse tomber un poisson de la branche où il s'est perché, souvent il reprend sa proie avant qu'elle ait touché terre. Comme il ne se pose guère que sur des branches sèches, on a dit qu'il faisait sécher le bois sur lequel il s'arrête.

LES OISEAUX AQUATIQUES

Les oiseaux d'eau sont les seuls qui réunissent à la jouissance de l'air et de la terre la possession de la mer; de nombreuses espèces, toutes très multipliées, en peuplent les rivages et les plaines; ils voguent sur les flots avec autant d'aisance et plus de sécurité qu'ils ne volent dans leur élément naturel; partout ils trouvent une subsistance abondante, une proie qui ne peut les fuir; et, pour la saisir, les uns fendent les ondes et s'y plongent, d'autres ne font que les effleurer en rasant leur surface par un vol rapide ou mesuré sur la distance et la quantité des victimes. Tous s'établissent dans cet élément mobile comme dans un domicile fixe; ils s'y rassemblent en grande société, et vivent tranquillement au milieu des orages; ils semblent même se jouer avec les vagues, lutter contre les vents, s'exposer aux tempêtes sans les redouter ni subir de naufrage.

Ils ne quittent qu'avec peine ce domicile de choix, et seulement dans le temps que le soin de leur progéniture, en les attachant au rivage, ne leur permet plus de fréquenter la mer que par instants; car, dès que leurs petits sont éclos, ils les conduisent à ce séjour chéri, que ceux-ci chériront bientôt eux-mêmes, comme plus convenable à leur nature que celui de la terre. En effet, ils peuvent y rester autant qu'il leur plaît, sans être pénétrés de l'humidité et sans rien perdre de leur agilité, puisque leur corps, mollement porté, se repose même en nageant, et reprend bientôt les forces épuisées par le vol. La longue obscurité des nuits, ou la continuité des tourmentes, sont les seules contrariétés qu'ils éprouvent et qui les obligent à quitter la mer par intervalles. Ils servent alors d'avant-coureurs ou plutôt de signaux aux voyageurs, en leur annonçant que les terres sont prochaines. Néanmoins cet indice est souvent incertain; plusieurs de ces oiseaux se portent en mer quelquefois si loin, que M. Cook conseille de ne point regarder leur apparition comme une indication certaine du voisinage de la terre, et tout ce que l'on peut conclure de l'observation des navigateurs, c'est que la plupart de ces oiseaux ne retournent pas chaque nuit au rivage, et quand il leur faut, pour le trajet ou le retour, quelques points de repos, ils les trouvent sur les écueils, ou même les prennent sur les eaux de la mer.

La forme du corps et des membres de ces oiseaux indique assez qu'ils sont navigateurs-nés et habitants naturels de l'élément liquide : leur corps est arqué et bombé comme la carène d'un vaisseau, et c'est peut-être sur cette figure que l'homme a tracé celle de ses premiers navires; leur cou, relevé sur une poitrine saillante, en représente assez bien la proue; leur queue, courte et toute rassemblée en un seul faisceau, sert de gouvernail; leurs pieds larges et palmés font l'office de véritables rames; le duvet épais et lustré d'huile qui revêt tout le corps est un goudron naturel qui le rend impénétrable à l'humidité, en même temps qu'il le fait flotter plus légèrement à la surface des eaux. Et ceci n'est encore qu'un aperçu des facultés que la nature a données à ces oiseaux pour la navigation; leurs habitudes naturelles sont conformes à ces facultés; leurs mœurs y sont assorties : ils ne se plaisent nulle part autant que sur l'eau; ils semblent craindre de se poser par terre; la moindre aspérité du sol blesse leurs pieds, ramollis par l'habitude de ne presser qu'une surface humide : enfin l'eau est pour eux un lieu de repos et de plaisir où tous leurs mouvements s'exécutent avec facilité, où toutes leurs fonctions se font avec aisance, où leurs différentes évolutions se tracent avec grâce. Voyez ces cygnes nager avec mollesse ou cingler sur l'onde avec majesté : ils s'y jouent, s'ébattent, y plongent, et reparaissent avec les mouvements les plus agréables et les plus douces ondulations : aussi le cygne est-il l'emblème de la grâce, premier trait qui nous frappe, même avant ceux de la beauté.

La vie de l'oiseau aquatique est donc plus paisible et moins pénible que celle de la plupart des autres oiseaux ; il emploie beaucoup moins de force pour nager que les autres n'en dépensent pour voler. L'élément qu'il habite lui offre à chaque instant sa subsistance : il la rencontre plus qu'il ne la cherche, et souvent le mouvement de l'onde l'amène à sa portée; il la prend sans fatigue, comme il l'a trouvée sans peine ni travail, et cette vie plus douce lui donne en même temps des mœurs plus innocentes et des habitudes pacifiques. Chaque espèce se rassemble par le sentiment d'un amour mutuel; nul des oiseaux n'attaque son semblable; nul ne fait sa victime d'aucun autre oiseau; et dans cette grande et tranquille nation on ne voit pas le plus fort inquiéter le plus faible : bien differents de ces tyrans de l'air et de la terre qui ne parcourent leur empire que pour le dévaster, et qui, toujours en guerre avec leurs semblables, ne cherchent qu'à les détruire, le peuple ailé des eaux, partout en paix avec lui-même, ne s'est jamais souillé du sang de son espèce ; respectant même le genre entier des oiseaux, il se contente d'une chair moins noble, et n'emploie sa force et ses armes que contre le genre abject des reptiles et le genre muet des poissons. Néanmoins la plupart de ces oiseaux ont, avec une grande véhémence d'appétit, les moyens d'y satisfaire; plusieurs espèces, comme celle du harle, du crevan, du tadorne, etc., ont les bords intérieurs du bec armés de dentelures assez tranchantes pour que la proie saisie ne puisse s'échapper; presque tous sont plus voraces que les oiseaux terrestres; il faut avouer qu'il y en a quelques-uns, tels que les canards, mouettes, etc., dont le goût est si peu délicat qu'ils dévorent avec avidité la chair morte et les entrailles de tous les animaux.

LA CIGOGNE, LA GRUE

Entre les oiseaux terrestres, qui peuplent les campagnes, et les oiseaux navigateurs à pieds palmés, qui reposent sur les eaux, on trouve la grande tribu des oiseaux de rivage, dont les pieds sans membranes, ne pouvant avoir un appui sur les eaux, doivent encore porter sur la terre, et dont le long bec, enté sur un long cou, s'étend en avant pour chercher la pâture sous l'élément liquide. Dans les nombreuses familles de ce peuple amphibie des rivages de la mer et des fleuves, celle de la cigogne, plus célébrée qu'aucune autre, se présente la première. Elle est composée de deux espèces qui ne diffèrent que par la couleur; car du reste il semble que, sous la même forme et d'après le même dessin, la nature ait produit deux fois le même oiseau, l'un blanc et l'autre noir. Cette différence, tout le reste étant semblable, pourrait être comptée pour rien, s'il n'y avait pas entre ces deux mêmes oiseaux différence d'instinct et diversité de mœurs. La cigogne noire cherche les lieux déserts, se perche dans les bois, fréquente les marécages écartés, et niche dans l'épaisseur des forêts. La cigogne blanche choisit, au contraire, nos habitations pour domicile; elle s'établit sur les tours, les cheminées et les combles des édifices : amie de l'homme, elle en partage le séjour et même le domaine; elle pêche dans nos rivières, chasse jusque dans nos jardins, se place au milieu des villes, sans s'effrayer de leur tumulte, et partout, hôte respecté et bienvenu, elle paye par des services le tribut qu'elle doit à la société; plus civilisée, elle est aussi plus féconde, plus nombreuse et plus généralement répandue que la cigogne noire, qui paraît confinée dans certains pays, et toujours dans les lieux solitaires.

La cigogne a le vol puissant et soutenu, comme tous les oiseaux qui ont des ailes très amples et la queue courte; elle porte en volant la tête raide en avant, et les pattes étendues en arrière comme pour lui servir de gouvernail; elle s'élève fort haut, et fait de très longs voyages, même dans les saisons orageuses. On voit les cigognes arriver en Allemagne vers le 8 ou le 10 mai; elles devancent ce temps dans nos provinces. Gesner dit qu'elles précèdent les hirondelles, et qu'elles viennent en Suisse vers le mois d'avril, et quelquefois plus tôt; elles arrivent en Alsace au mois de mars, et même dès la fin de février.

Dans l'attitude du repos, la cigogne se tient sur un pied, le cou replié, la tête en arrière et couchée sur l'épaule; elle guette les mouvements de quelques reptiles, qu'elle fixe d'un œil perçant; les grenouilles, les lézards, les couleuvres et les petits poissons sont la proie qu'elle va cherchant dans les marais, ou sur les bords des eaux, ou dans les vallées humides.

La cigogne est d'un naturel assez doux; elle n'est ni défiante ni sauvage, et peut se priver aisément et s'accoutumer à rester dans nos jardins, qu'elle purge d'insectes et de reptiles. Il semble qu'elle ait l'idée de la propreté; car elle cherche les endroits écartés pour rendre ses excréments. Elle a presque toujours l'air triste et la contenance morne : cependant elle ne laisse pas de se livrer à une certaine gaieté, quand elle y est excitée par l'exemple; car elle se prête au badinage des enfants, en sautant et jouant avec eux. En domesticité, elle vit longtemps et supporte la rigueur de nos hivers.

Chez les anciens, ce fut un crime de donner la mort à une cigogne, ennemie des espèces nuisibles. En Thessalie, il y eut peine de mort pour le meurtre d'un de ces oiseaux, tant ils étaient précieux à ce pays, qu'ils purgeaient des serpents. Dans le Levant, on conserve encore une partie de ce respect pour la cigogne. On ne la mangeait pas chez les Romains : un homme qui, par un luxe bizarre, s'en fit servir une, en fut puni par les railleries du peuple. Au reste, la chair n'en est pas assez bonne pour être recherchée, et cet oiseau, né notre ami et presque notre domestique, n'est pas fait pour être notre victime.

De tous les oiseaux voyageurs, c'est la grue qui entreprend et exécute les courses les plus lointaines et les plus hardies. Originaire du Nord, elle visite les régions tempérées et s'avance dans celles du Midi. On la voit en Suède, en Écosse, aux îles Orcades, dans la Podolie, la Volhynie, la Lithuanie et dans toute l'Europe septentrionale. En automne, elle vient s'abattre sur nos plaines marécageuses et nos terres ensemencées; puis elle se hâte de passer dans les climats plus méridionaux, d'où, revenant avec le printemps, on la voit s'enfoncer de nouveau dans le Nord, et parcourir ainsi un cercle de voyages avec le cercle des saisons.

Les grues portent leur vol très haut et se mettent en ordre pour voyager; elles forment un triangle à peu près isocèle, comme pour fendre l'air plus aisément. Quand le vent se renforce et menace de les rompre, elles se resserrent en cercle; ce qu'elles font aussi quand l'aigle les attaque. Leur passage se fait le plus souvent dans la nuit; mais leur voix éclatante avertit de leur marche. Dans ce vol de nuit, le chef fait entendre fréquemment une voix de réclame pour avertir de la route qu'il tient; elle est répétée par toute la troupe, ou chacune répond comme pour faire connaître qu'elle suit et garde sa ligne.

Le vol de la grue est toujours soutenu, quoique marqué par diverses inflexions; ses vols différents ont été observés comme des présages des changements du ciel et de la température : sagacité que l'on peut bien accorder à un

La grue, la cigogne.

oiseau qui, par la hauteur où il s'élève dans la région de l'air, est en état d'en découvrir ou sentir de plus loin que nous les mouvements et les altérations. Les cris des grues dans le jour indiquent la pluie; les clameurs plus bruyantes et comme tumultueuses annoncent la tempête : si le matin et le soir on les voit s'élever et voler paisiblement en troupes, c'est un signe de sérénité; au contraire, si elles pressentent l'orage, elles baissent leur vol et s'abattent sur terre.

La grue, comme tous les grands oiseaux, excepté ceux de proie, a quelque peine à prendre son essor; elle court quelques pas, ouvre ses ailes, s'élève peu d'abord, jusqu'à ce que, étendant son vol, elle déploie une aile puissante et rapide.

Nous avons dit que les oiseaux, ayant le tissu des os moins serré que les animaux quadrupèdes, vivaient à proportion plus longtemps. La grue nous en fournit un exemple : plusieurs auteurs ont fait mention de sa longue vie. La grue du philosophe Leonicus Thomæus dans Paul Jove est fameuse ; il l'a nourrie pendant quarante ans, et l'on dit qu'ils moururent ensemble.

Quoique la grue soit granivore, comme la conformation de son ventricule paraît l'indiquer, et qu'elle n'arrive ordinairement sur les terres qu'après qu'elles sont ensemencées, pour y chercher les grains que la herse n'a pas couverts, elle préfère néanmoins les insectes, les vers, les reptiles, et c'est par cette raison qu'elle fréquente les terres marécageuses, dont elle tire la plus grande partie de sa subsistance.

LE HÉRON

Le bonheur n'est pas également départi à tous les êtres sensibles : celui de l'homme vient de la douceur de son âme et du bon emploi de ses qualités morales ; le bien-être des animaux ne dépend, au contraire, que des facultés physiques et de l'exercice de leurs forces corporelles. Mais si la nature s'indigne du partage injuste que la société fait du bonheur parmi les hommes, elle-même, dans sa marche rapide, paraît avoir négligé certains animaux, qui, par imperfection d'organes, sont condamnés à endurer la souffrance, et destinés à éprouver la pénurie : enfants disgraciés, nés dans le dénuement pour vivre dans la privation, leurs jours pénibles se consument dans les inquiétudes d'un besoin toujours renaissant : souffrir et patienter sont souvent leurs seules ressources ; et cette peine intérieure trace sa triste empreinte jusque sur leur figure et ne leur laisse aucune des grâces dont la nature anime tous les êtres heureux. Le héron nous présente l'image de cette vie de souffrance, d'anxiété, d'indigence ; n'ayant que l'embuscade pour tout moyen d'industrie, il passe des heures, des jours entiers à la même place, immobile au point de laisser douter si c'est un être animé. Lorsqu'on l'observe avec une lunette (car il se laisse rarement approcher), il paraît comme endormi, posé sur une pierre, le corps presque droit et sur un pied, le cou replié le long de la poitrine et du ventre, la tête et le bec couchés entre les épaules, qui se haussent et excèdent de beaucoup la poitrine ; et s'il change d'attitude, c'est pour en prendre une encore plus contrainte en se mettant en mouvement : il entre dans l'eau jusqu'au-dessous du genou, la tête entre les jambes pour guetter au passage une grenouille, un poisson. Mais, réduit à attendre que sa proie vienne s'offrir à lui, et n'ayant qu'un instant pour la saisir, il doit subir de longs jeûnes, et quelquefois périr d'inanition ; car il n'a pas l'instinct, lorsque l'eau est couverte de glace, d'aller chercher à vivre dans les climats plus tempérés ; et c'est mal à propos que quelques naturalistes l'ont rangé parmi les oiseaux de passage qui reviennent au printemps dans les lieux qu'ils ont quittés l'hiver, puisque nous voyons ici des hérons dans toutes les saisons, et même pendant les froids les plus rigoureux et les plus longs : forcés alors de quitter les marais et les rivières gelées, ils se tiennent sur des ruisseaux et près des sources chaudes, et c'est dans ce temps qu'ils sont le plus en mouvement, et où ils font d'assez grandes traversées pour changer de station, mais toujours dans la même contrée. Ils semblent donc se multiplier à mesure que le froid augmente, et ils paraissent supporter également et la faim et le froid ; ils ne résistent et ne durent qu'à force de patience et de sobriété ; mais ces froides vertus sont ordinairement accompagnées du dégoût de la vie.

Lorsqu'on prend un héron, on peut le garder quinze jours sans le voir chercher ni prendre aucune nourriture; il rejette même celle qu'on tente de lui faire avaler : sa mélancolie naturelle, augmentée sans doute par la captivité, l'emporte sur l'instinct de la conservation, sentiment que la nature imprime le premier dans le cœur de tous les êtres animés; l'apathique héron semble se consumer sans languir; il périt sans se plaindre et sans apparence de regret.

Dans les plus mauvais temps, il se tient isolé, découvert, posé sur un pieu ou sur une pierre, au bord d'un ruisseau, sur une hutte, au milieu d'une prairie inondée : tandis que les autres oiseaux cherchent l'abri des feuillages, que, dans les mêmes lieux, le râle se met à couvert dans l'épaisseur des herbes, et

Le héron.

le butor au milieu des roseaux, notre héron misérable reste exposé à toutes les injures de l'air et à la plus grande rigueur des frimas.

Le héron ajoute encore aux malheurs de sa chétive vie le mal de la crainte et de la défiance : il paraît s'inquiéter et s'alarmer de tout; il fuit l'homme de très loin : souvent assailli par l'aigle et le faucon, il n'élude leur attaque qu'en s'élevant au haut des airs et s'efforçant de gagner le dessus; on le voit se perdre avec eux dans la région des nuages. C'était assez que la nature eût rendu ces ennemis trop redoutables pour le malheureux héron, sans y ajouter l'art d'aigrir leur instinct et d'aiguiser leur antipathie. Mais la chasse du héron était autrefois parmi nous le vol le plus brillant de la fauconnerie; il faisait le divertissement des princes, qui se réservaient comme gibier d'honneur la mauvaise chair de cet oiseau, qualifiée *viande royale*, et servie comme un mets de parade dans les banquets.

Le héron prend beaucoup de grenouilles; il les avale tout entières. On le reconnaît à ses excréments, qui en offrent les os non brisés et enveloppés d'une espèce de mucilage visqueux de couleur verte, forme apparemment de la peau des grenouilles réduite en colle. Ces excréments ont, comme ceux des oiseaux d'eau en général, une qualité brûlante pour les herbes. Dans la disette il avale quelques petites plantes, telles que la lentille d'eau; mais sa nourriture ordinaire est le poisson. Il en prend assez de petits, et il lui faut supposer le coup de bec sûr et prompt pour atteindre et frapper une proie qui passe comme un trait; pour les poissons un peu gros, Willoughby dit, avec toute sorte de vraisemblance, qu'il en pique et en blesse beaucoup plus qu'il n'en tire de l'eau. En hiver, lorsque tout est glacé et qu'il est réduit aux fontaines chaudes, il va tâtant de son pied dans la vase, et palpe ainsi sa proie, grenouille ou poisson.

La spatule.

LA SPATULE

Quoique cet oiseau soit d'une figure très caractérisée, et même singulière, les nomenclateurs n'ont pas laissé de le confondre, sous des dénominations impropres et étrangères, avec des oiseaux tout différents. Le nom de *spatule* est celui que nous avons adopté parce qu'il a été reçu, ou son équivalent, dans la plupart des langues, et qu'il caractérise la forme extraordinaire du bec de cet oiseau. Ce bec, aplati dans toute sa longueur, s'élargit, en effet, vers l'extrémité en manière de spatule, et se termine en deux plaques arrondies, trois fois aussi larges que le corps même : configuration d'après laquelle Klein donne à cet oiseau le surnom de *anomaloroster*. Ce bec, anormal en effet par sa forme, l'est encore par sa substance, qui n'est pas ferme, mais flexible comme du cuir, et qui par conséquent est très peu propre à l'action que Cicéron et Pline lui attribuent, en appliquant mal à propos à la spatule ce qu'Aristote a dit, avec beaucoup de vérité, du pélican, savoir, qu'il fond sur les oiseaux plongeurs, et leur fait relâcher leur proie en les mordant fortement par la tête.

La spatule habite les bords de la mer, et ne se trouve que rarement dans l'intérieur des terres, si ce n'est sur quelques lacs et passagèrement aux bords des rivières; elle préfère les côtes marécageuses; on la voit sur celles du Poitou, de Bretagne, de la Picardie et de la Hollande : quelques endroits sont même renommés par l'affluence des spatules, qui s'y rassemblent avec d'autres espèces aquatiques : tels sont les marais de *Sevenhuis*, près de Leyde.

Ces oiseaux font leur nid à la sommité des grands arbres voisins des côtes de la mer et le construisent de bûchettes; ils produisent trois ou quatre petits; ils font grand bruit sur ces arbres dans le temps des nichées, et y reviennent régulièrement tous les soirs se percher pour dormir.

M. Ballon a observé sur cinq spatules que toutes avaient le sac rempli de chevrettes, de petits poissons et d'insectes d'eau ; et comme leur langue est presque nulle et que leur bec n'est ni tranchant ni garni de dentelures, il paraît qu'elles ne peuvent guère saisir ni avaler des anguilles ou autres poissons qui se défendent, et qu'elles ne vivent que de très petits animaux, ce qui les oblige à chercher continuellement leur nourriture.

Il y a apparence que ces oiseaux font, dans certaines circonstances, le même claquement que les cigognes avec leur bec; car M. Ballon, en ayant blessé un, observa qu'il faisait ce bruit de claquement et qu'il l'exécutait en faisant mouvoir très vite et successivement les deux pièces de son bec, quoique ce bec soit si faible, qu'il ne peut serrer le doigt que mollement.

LA BÉCASSE

La bécasse est peut-être de tous les oiseaux de passage celui dont les chasseurs font le plus de cas, tant à cause de l'excellence de sa chair que de la facilité qu'ils trouvent à se saisir de ce bon oiseau stupide, qui arrive dans nos bois vers le milieu d'octobre, en même temps que les grives. La bécasse vient donc, dans cette saison de chasse abondante, augmenter encore la quantité du bon gibier : elle descend alors des hautes montagnes où elle habite pendant l'été et d'où les premiers frimas déterminent son départ et nous l'amènent; car ses voyages ne se font qu'en hauteur dans la région de l'air, et non en longueur, comme se font les migrations des oiseaux qui voyagent de contrée en contrée. C'est du sommet des Pyrénées et des Alpes, où elle passe l'été, qu'elle descend aux premières neiges qui tombent sur ces hauteurs dès le commencement d'octobre, pour venir dans les bois des collines inférieures et jusque dans nos plaines.

Les bécasses arrivent la nuit et quelquefois le jour, par un temps sombre, toujours une à une ou deux ensemble, et jamais en troupes. Elles s'abattent dans les grandes haies, dans les taillis, dans les futaies, et préfèrent les bois où il y a beaucoup de terreau et de feuilles tombées : elles s'y tiennent retirées et tapies tout le jour, et tellement cachées qu'il faut des chiens pour les faire lever, et souvent elles partent sous les pieds du chasseur. Elles quittent ces endroits fourrés et le fort du bois à l'entrée de la nuit, pour se rendre dans les clairières en suivant les sentiers; elles cherchent les terres molles, les pâquis humides, la rive du bois et les petites mares, où elles vont pour se laver le bec et les pieds, qu'elles se sont remplis de terre en cherchant leur nourriture. Toutes ont les mêmes allures, et l'on peut dire en général que les bécasses sont des oiseaux sans caractères, et dont les habitudes individuelles dépendent toutes de celles de l'espèce entière.

La bécasse bat des ailes avec bruit en partant : elle file assez droit dans une futaie; mais dans le taillis elle est obligée de faire souvent le crochet. Elle plonge en volant derrière les buissons pour se dérober à l'œil du chasseur. Son vol, quoique rapide, n'est ni élevé ni longtemps soutenu; elle s'abat avec tant de promptitude qu'elle semble tomber comme une masse abandonnée à toute sa

La bécasse.

pesanteur. Peu d'instants après sa chute elle court avec vitesse; mais bientôt elle s'arrête, élève la tête, regarde de tous côtés pour se rassurer avant d'enfoncer son bec dans la terre. Pline compare avec raison la bécasse à la perdrix pour la célérité de sa course : car elle se dérobe de même, et lorsqu'on croit la trouver où elle s'est abattue, elle a déjà piété et fui à une grande distance.

Il paraît que cet oiseau, avec de grands yeux, ne voit bien qu'au crépuscule, et qu'il paraît offensé d'une lumière plus forte : c'est ce que semblent prouver ses allures et ses mouvements, qui ne sont jamais si vifs qu'à la nuit tombante et à l'aube du jour; et ce désir de changer de lieu avant le lever et après le coucher du soleil est si pressant et si profond, qu'on a vu des bécasses renfermées dans une chambre prendre régulièrement un essort de vol tous les matins et tous les soirs, tandis que, pendant le jour et la nuit, elles ne faisaient que piéter sans s'élancer ni s'élever; et apparemment les bécasses dans les bois restent tranquilles quand la nuit est obscure; mais quand il y a clair de lune, elles se promènent en cherchant leur nourriture : aussi les chasseurs nomment la pleine lune de novembre la *lune des bécasses,* parce que c'est alors qu'on en prend en grand nombre.

La bécasse ne se nourrit que de vers; elle fouille dans la terre molle des petits marais et des environs des sources, sur les pâquis fangeux et dans les prés humides qui bordent les bois. Elle ne gratte point la terre avec les pieds; elle détourne seulement les feuilles avec son bec, les jetant brusquement à droite et à gauche. Il paraît qu'elle cherche et discerne sa nourriture par l'odorat plutôt que par les yeux, qu'elle a mauvais; mais la nature semble lui avoir donné dans l'extrémité du bec un organe de plus et un sens particulier approprié à son genre de vie; la pointe en est charnue plutôt que cornée, et paraît susceptible d'une espèce de tact propre à démêler l'aliment convenable dans la terre fangeuse ; ce privilège d'organisation a de même été donné aux bécassines, et apparemment aussi aux chevaliers, aux barges et autres oiseaux qui fouillent la terre humide pour trouver leur pâture.

Le vanneau.

LE VANNEAU

Le vanneau paraît avoir tiré son nom, dans notre langue et en latin moderne, du bruit que font ses ailes en volant, et qui est assez semblable au van qu'on agite pour purger le blé. Les vanneaux arrivent dans nos prairies en grandes troupes au commencement de mars, ou même dès la fin de février, après le dernier dégel et par le vent du sud. On les voit alors se jeter dans les blés verts, et couvrir le matin les prairies marécageuses pour y chercher les vers, qu'ils font sortir de terre par une singulière adresse. Le vanneau qui rencontre un de ces petits tas de terre en boulettes ou chapelets que le ver a rejeté en se vidant, le débarrasse d'abord légèrement; et, ayant mis le trou à découvert, il frappe à côté la terre de son pied, et reste l'œil attentif et le corps immobile : cette légère commotion suffit pour faire sortir le ver, qui, dès qu'il se montre, est enlevé d'un coup de bec. Le soir venu, ces oiseaux ont un autre manège : ils courent dans l'herbe et sentent sous leurs pieds les vers qui sortent à la fraîcheur : ils font ainsi une ample pâture et vont ensuite se laver les pieds et le bec dans les petites mares ou dans les ruisseaux.

Ces oiseaux se laissent difficilement approcher et semblent distinguer de très loin le chasseur. On peut les joindre de plus près lorsqu'il fait un grand vent, car alors ils ont peine à prendre leur essor. Quand ils sont attroupés et prêts à s'élever ensemble, tous agitent leurs ailes par un mouvement égal, et comme elles sont doublées de blanc et qu'ils sont fort près les uns des autres, le terrain couvert par leur multitude, et que l'on voyait noir, paraît blanc tout d'un coup.

LE PLUVIER

L'instinct social n'est pas donné à toutes les espèces d'oiseaux; mais dans celles où il se manifeste il est plus grand, plus décidé que dans les autres animaux. Non seulement leurs attroupements sont plus nombreux et leur réunion plus constante que celle des quadrupèdes, mais il me semble que ce n'est qu'aux oiseaux seuls qu'appartient cette communauté de goûts, de projets, de plaisirs, et cette union de volonté qui fait le lien de l'attachement mutuel et le motif de la liaison générale. Cette supériorité d'instinct social dans les oiseaux suppose d'abord une nombreuse multiplication, et vient ensuite de ce qu'ils ont plus de moyens et de facilité de se rapprocher, de se rejoindre, de demeurer et voyager ensemble : ce qui les met à portée de s'entendre et de se communiquer assez d'intelligence pour connaître les premières lois de la société, qui, dans toute espèce d'êtres, ne peut s'établir que sur un plan dirigé par des vues concertées. C'est cette intelligence qui produit entre les individus l'affection, la confiance, et les douces habitudes de l'union, de la paix et de tous les biens qu'elle procure.

En effet, si nous considérons les sociétés libres ou forcées des animaux quadrupèdes, soit qu'ils se réunissent furtivement et à l'écart dans l'état sauvage, soit qu'ils se trouvent rassemblés avec indifférence ou regret sous l'empire de l'homme et attroupés en domestiques ou en esclaves, nous ne pourrons les comparer aux grandes sociétés des oiseaux formées par un pur instinct, entretenues par goût, par affection, sous les auspices de la pleine liberté. Nous avons vu les pigeons chérir leur commun domicile, et s'y plaire d'autant plus qu'ils sont plus nombreux; nous voyons les cailles se rassembler, se reconnaître, donner et suivre l'avis général du départ; nous savons que les oiseaux gallinacés ont, même dans l'état sauvage, des habitudes sociales que la domesticité n'a fait que seconder, sans contraindre leur nature; enfin nous voyons tous les oiseaux qui sont écartés dans les bois, ou dispersés dans les champs, s'attrouper à l'arrière-saison, et, après avoir égayé de leurs jeux les derniers beaux jours de l'automne, partir de concert pour aller chercher ensemble des climats plus heureux et des hivers plus tempérés; et tout cela s'exécute indépendamment de l'homme, quoique à l'entour de lui, et sans qu'il puisse y mettre obstacle, au lieu qu'il anéantit ou contraint toute société, toute volonté commune, dans les animaux quadrupèdes : en les désunissant, il les a dispersés. La marmotte, sociale par instinct, se trouve reléguée, solitaire, à la cime des montagnes; le castor, encore plus aimant, plus uni, et presque policé, a été repoussé dans le fond des déserts. L'homme a détruit ou prévenu toute société entre les animaux; il a éteint celle du cheval, en soumettant l'espèce entière au frein; il a gêné celle même de l'éléphant, malgré la puissance et la force de ce géant des animaux, malgré son refus constant de produire en domesticité. Les oiseaux seuls ont échappé à la domination du tyran; il n'a rien pu sur leur société, qui est aussi libre que l'empire de l'air; toutes ses atteintes ne peuvent porter que sur la vie des individus : il en diminue le nombre; mais l'espèce ne souffre que de cet échec, et ne perd ni la liberté, ni son instinct, ni ses mœurs. Il y a

Le pluvier.

même des oiseaux que nous ne connaissons que par les effets de cet instinct social et que nous ne voyons que dans les moments de l'attroupement général et de leur réunion en grande compagnie. Telle est en général la société de la plupart des oiseaux d'eau, et en particulier celle des pluviers.

Ils paraissent en troupes nombreuses dans nos provinces de France pendant les pluies d'automne, et c'est de leur arrivée dans les saisons des pluies qu'on les a nommés *pluviers*. Ils fréquentent, comme les vanneaux, les fonds humides et les terres limoneuses, où ils cherchent les vers et les insectes. Ils vont à l'eau le matin pour se laver le bec et les pieds, qu'ils se sont remplis de terre en la fouillant, et cette habitude leur est commune avec les bécasses, les vanneaux, les courlis, et plusieurs autres oiseaux qui se nourrissent de vers. Ils frappent la terre avec leurs pieds pour les faire sortir, et ils les saisissent souvent même avant qu'ils soient hors de leur retraite. Quoique les pluviers soient ordinairement fort gras, on leur trouve les intestins si vides qu'on a imaginé qu'ils pouvaient vivre d'air; mais apparemment la substance fondante du ver se tourne toute en nourriture et donne peu d'excréments. D'ailleurs ils paraissent capables de supporter un long jeûne. Schwenckfeld dit avoir gardé un de ces oiseaux quatorze jours, qui, pendant tout ce temps, n'avala que de l'eau et quelques grains de sable.

A terre, ces oiseaux courent beaucoup et très vite; ils demeurent attroupés tout le jour et ne se séparent que pour passer la nuit. Ils se dispersent le soir sur un certain espace où chacun gîte à part; mais, dès le point du jour, le premier éveillé ou le plus soucieux, celui que les oiseleurs nomment *l'appelant*, mais qui est peut-être la sentinelle, jette le cri de réclame, *hui*, *hieu*, *huit*, et dans l'instant tous les autres répondent à cet appel.

C'est au pluvier doré, comme représentant la famille entière des pluviers, qu'il faut rapporter ce que nous venons de dire de leurs habitudes naturelles; mais cette famille est composée d'un grand nombre d'espèces.

Le râle.

LE RALE

Dans les prairies humides, dès que l'herbe est haute et jusqu'au temps de la récolte, il sort des endroits les plus touffus de l'herbage une voix rauque ou plutôt un cri bref, aigre et sec, *crek*, *crek*, *crek*, assez semblable au cri que l'on exciterait en passant et en appuyant fortement le doigt sur les dents d'un gros peigne, et lorsqu'on s'avance vers cette voix elle s'éloigne, et on l'entend venir de cinquante pas plus loin : c'est le râle de terre qui jette ce cri, que l'on prendrait de loin pour le croassement d'un reptile. Cet oiseau fuit rarement au vol, mais presque toujours en marchant avec vitesse, et, passant à travers le plus touffu des herbes, il y laisse une trace remarquable. On commence à l'entendre vers le 10 ou le 12 de mai, dans le même temps que les cailles, qu'il semble accompagner en tout temps, car il arrive et repart avec elles.

Cette circonstance, jointe à ce que les râles et les cailles habitent également les prairies, qu'il y vit seul, et qu'il est beaucoup moins commun et un peu plus gros que la caille, a fait imaginer qu'il se mettait à la tête de leurs bandes comme conducteur ou comme chef de leur voyage, et c'est ce qui lui a fait donner le nom de *roi des cailles;* mais il diffère de ces oiseaux par les caractères de conformation, qui tous lui sont communs avec les autres râles et en général avec les oiseaux de marais, comme Aristote l'a fort bien remarqué. La plus grande ressemblance que le râle ait avec la caille est dans le plumage, qui néanmoins est plus brun et plus doré. Le fauve domine sur les ailes; le noirâtre et le roussâtre forment les couleurs du corps; elles sont tracées sur les flancs par lignes transversales, et toutes sont plus pâles dans la femelle, qui est aussi un peu moins grosse que le mâle.

Lorsque le chien rencontre un râle, on peut le reconnaître à la vivacité de sa quête, au nombre de faux arrêts, à l'opiniâtreté avec laquelle l'oiseau tient et se laisse quelquefois serrer de si près qu'il se fait prendre : souvent il s'arrête dans sa fuite et se blottit; de sorte que le chien, emporté par son ardeur, passe par-dessus et perd sa trace; le râle, dit-on, profite de cet instant d'erreur pour revenir sur sa voie et donner le change. Il ne part qu'à la dernière extrémité et s'élève assez haut avant de filer : il vole pesamment et ne va jamais loin. On en voit ordinairement la remise; mais c'est inutilement qu'on va le chercher, car l'oiseau a déjà fait plus de cent pas lorsque le chasseur y arrive. Il sait donc suppléer par la rapidité de sa marche à la lenteur de son vol : aussi se sert-il beaucoup plus de ses pieds que de ses ailes, et, toujours couvert sous les herbes, il exécute à la course tous ses petits voyages et ses croisières multipliées dans les prés et les champs. Mais quand arrive le temps du grand voyage, il trouve, comme la caille, des forces inconnues pour fournir au mouvement de sa longue traversée : il prend son essor la nuit; et, secondé d'un vent propice, il se porte dans nos provinces méridionales, d'où il tente le passage de la Méditerranée. Plusieurs périssent dans cette première traite ainsi que dans la seconde pour le retour, où l'on a remarqué que ces oiseaux sont moins nombreux qu'à leur départ.

LA POULE D'EAU

La nature passe par nuances de la forme du râle à celle de la poule d'eau, qui a de même le corps comprimé par les côtés, le bec d'une figure semblable; mais plus accourci, et plus approchant par là du bec des gallinacés. La poule d'eau a aussi le front dénué de plumes et recouvert d'une membrane épaisse, caractère dont certaines espèces de râles présentent les vestiges. Elle vole aussi les pieds pendants; enfin elle a les doigts allongés comme le râle, mais garnis dans toute leur longueur d'un corps membraneux, nuance par laquelle se marque le passage des oiseaux fissipèdes, dont les doigts sont nus et séparés, aux oiseaux palmipèdes, qui les ont garnis et joints par une membrane tendue de l'un à l'autre doigt; passage dont nous avons vu l'ébauche dans la plupart des oiseaux de rivage, qui ont ce rudiment de membrane, tantôt entre les doigts, tantôt entre deux seulement, l'extérieur et celui du milieu.

Les habitudes de la poule d'eau répondent à sa conformation : elle va à l'eau plus que le râle, sans cependant y nager beaucoup, si ce n'est pour traverser d'un bord à l'autre; cachée durant la plus grande partie du jour dans les roseaux, ou sous les racines des aunes, des saules et des osiers, ce n'est que sur le soir qu'on la voit se promener sur l'eau ; elle fréquente moins les marécages et les marais que les rivières et les étangs. Son nid, posé tout au bord de l'eau, est construit d'un assez gros amas de débris de roseaux et de joncs entrelacés; la mère quitte son nid tous les soirs, et couvre ses œufs auparavant avec des brins de joncs et d'herbes; dès que les petits sont éclos, ils courent comme ceux du râle, et suivent de même leur mère, qui les mène à l'eau ; c'est à cette faculté naturelle que se rapporte sans doute le soin de prévoyance que le père et la mère montrent en plaçant leur nid toujours très près des eaux. Au reste, la mère conduit et cache si bien sa petite famille, qu'il est très difficile de la lui

La poule d'eau.

enlever pendant le très petit temps qu'elle la soigne; car bientôt ces jeunes oiseaux, devenus assez forts pour se pourvoir d'eux-mêmes, laissent à leur mère féconde le temps de produire et d'élever une famille cadette, et même l'on assure qu'il y a souvent trois pontes dans un an.

Les poules d'eau quittent en octobre les pays froids et les montagnes, et passent tout l'hiver dans nos provinces tempérées, où on les trouve près des sources et sur les eaux vives qui ne gèlent pas. Ainsi la poule d'eau n'est pas précisément un oiseau de passage, puisqu'on la voit toute l'année dans différentes contrées, et que tous ses voyages paraissent se borner des montagnes à la plaine et de la plaine aux montagnes.

LE GRÈBE

Le grèbe est bien connu par ces beaux manchons d'un blanc argenté, qui ont avec la moelleuse épaisseur du duvet, le ressort de la plume et le lustre de la soie. Son plumage sans apprêt, et en particulier celui de la poitrine, est, en effet, un beau duvet très serré, très ferme et bien peigné, et dont les brins lustrés se couchent et se joignent de manière à ne former qu'une surface glacée, luisante, et aussi impénétrable au froid de l'air qu'à l'humidité de l'eau. Ce vêtement à toute épreuve était nécessaire au grèbe, qui, dans tous les plus rigoureux hivers, se tient constamment sur les eaux comme nos plongeons, avec lesquels on

1. Le grèbe cornu. — 2. L'aningha.

l'a souvent confondu sous le nom commun de *colymbus,* qui, par son étymologie, convient également à des oiseaux habiles à plonger et à nager entre deux eaux.

Par sa conformation, le grèbe ne peut être qu'un habitant des eaux : ses jambes, placées tout à fait en arrière et presque enfoncées dans le ventre, ne laissent paraître que des pieds en forme de rames dont la position et le mouvement naturel sont de se jeter en dehors et ne peuvent soutenir à terre le corps de l'oiseau que quand il se tient droit à plomb. Dans cette position on conçoit que le battement des ailes ne peut, au lieu de l'élever en l'air, que le renverser en avant, les jambes ne pouvant seconder l'impulsion que le corps reçoit des ailes : ce n'est que par un grand effort qu'il prend son vol à terre; et, comme s'il sentait combien il y est étranger, on a remarqué qu'il cherche à l'éviter, et que pour n'y être point poussé il nage toujours contre le vent; et lorsque par malheur la vague le porte sur le rivage, il y reste en se débattant, et faisant des pieds et des ailes des efforts presque toujours inutiles pour s'élever dans l'air ou retourner à l'eau. On le prend donc souvent à la main, malgré les violents coups de bec dont il se défend. Mais son agilité dans l'eau est aussi grande que son impuissance sur terre; il nage, plonge, fend l'onde et court à sa surface en effleurant les vagues avec une surprenante rapidité; on prétend même que ses mouvements ne sont jamais plus vifs, plus prompts et plus rapides que lorsqu'il est sous l'eau; il y poursuit les poissons jusqu'à une très grande profondeur; les pêcheurs le prennent souvent dans leurs filets; il descend plus bas que les macreuses, qui ne se prennent que sur les bancs de coquillages découverts au reflux, tandis que le grèbe se prend en mer pleine, souvent à plus de vingt pieds de profondeur.

Ces oiseaux sont communément fort gras; non seulement ils se nourrissent de petits poissons, mais ils mangent de l'algue et d'autres herbes, et avalent du limon. On trouve aussi assez souvent des plumes blanches dans leur estomac, non qu'ils dévorent des oiseaux, mais apparemment parce qu'ils prennent la plume qui se joue sur l'eau pour un petit poisson. Au reste, il est à croire que les grèbes vomissent, comme le cormoran, les restes de la digestion; du moins trouve-t-on au fond de leur sac des arêtes pelotonnées et sans altération.

Le plongeon.

LE PLONGEON

Quoique beaucoup d'oiseaux aquatiques aient l'habitude de plonger, même jusqu'au fond de l'eau, en poursuivant leur proie, on a donné de préférence le nom de *plongeon* à une petite famille particulière de ces oiseaux plongeurs, qui diffère des autres en ce qu'ils ont le bec droit et pointu, et les trois doigts antérieurs joints ensemble par une membrane entière, qui jette un rebord le long du doigt intérieur, duquel néanmoins le postérieur est séparé. Les plongeons ont de plus les ongles petits et pointus, la queue très courte et presque nulle, les pieds très plats et placés tout à fait à l'arrière du corps, enfin la jambe cachée dans l'abdomen, disposition très propre à l'action de nager, mais très contraire à celle de marcher : en effet, les plongeons, comme les grèbes, sont obligés sur terre à se tenir debout dans une situation droite et presque perpendiculaire, sans pouvoir maintenir l'équilibre dans leurs mouvements, au lieu qu'ils se meuvent dans l'eau d'une manière si preste et si prompte, qu'ils évitent les balles en plongeant à l'éclair du feu, au même instant que le coup part : aussi les bons chasseurs, pour tirer ces oiseaux, adaptent à leur fusil un morceau de carton qui, en laissant la mire libre, dérobe l'éclair de l'amorce à l'œil de l'oiseau.

LE PÉLICAN

Le pélican égale ou même surpasse en grandeur le cygne, et ce serait le plus grand des oiseaux si l'albatros n'était pas plus épais, et si le flamant n'avait pas les jambes beaucoup plus hautes. Le pélican les a, au contraire, très basses, tandis que ses ailes sont si largement étendues, que l'envergure en est de onze ou douze pieds. Il se soutient donc très aisément et très longtemps dans l'air; il s'y balance avec légèreté, et ne change de place que pour tomber à plomb sur sa proie, qui ne peut échapper, car la violence du choc et la grande étendue des ailes qui frappent et couvrent la surface de l'eau la font bouillonner, tournoyer, et étourdissent en même temps le poisson, qui dès lors ne peut fuir. C'est de cette manière que les pélicans pêchent lorsqu'ils sont seuls, mais en troupe ils savent varier leurs manœuvres et agir de concert : on les voit se disposer en ligne et nager de compagnie en formant un grand cercle, qu'ils resserrent peu à peu pour y enfermer le poisson, et se partager la capture à leur aise.

Ces oiseaux prennent pour pêcher les heures du matin et du soir où le poisson est le plus en mouvement, et choisissent les lieux où il est le plus abondant : c'est un spectacle de les voir raser l'eau, s'élever de quelques piques au-dessus, et tomber le cou raide et leur sac à demi plein, puis, se relevant avec effort, retomber de nouveau, et continuer ce manège jusqu'à ce que cette large besace soit entièrement remplie ; ils vont alors manger et digérer à l'aise sur quelque pointe de rocher, où ils restent en repos et comme assoupis jusqu'au soir.

Il me paraît qu'il serait possible de tirer parti de cet instinct du pélican, qui n'avale pas sa proie d'abord, mais l'accumule en provision, et qu'on pourrait en faire, comme du cormoran, un pêcheur domestique, et l'on assure que les Chinois y ont réussi. Labat raconte aussi que des sauvages avaient dressé un pélican qu'ils envoyaient le matin après l'avoir rougi de rocou, et qui le soir revenait au carbet le sac plein de poissons qu'ils lui faisaient dégorger.

Le pélican pêche en eau douce comme en mer, et dès lors on ne doit pas être surpris de le trouver sur les grandes rivières; mais il est singulier qu'il ne s'en tienne pas aux terres basses et humides arrosées par de grandes rivières, et qu'il fréquente aussi les pays les plus secs, comme l'Arabie et la Perse, où il est connu sous le nom de *porteur d'eau* (*tacab*). On a observé que, comme il est obligé d'éloigner son nid des eaux trop fréquentées par les caravanes, il porte de très loin l'eau douce dans son sac à ses petits. Les bons musulmans disent très religieusement que Dieu a ordonné à cet oiseau de fréquenter le désert pour abreuver au besoin les pèlerins qui vont à la Mecque, comme autrefois il envoya le corbeau qui nourrit Élie dans la solitude. Aussi les Égyptiens, en faisant allusion à la manière dont ce grand oiseau garde l'eau dans sa poche, l'ont surnommé le *chameau de la rivière*.

Le nid du pélican se trouve communément au bord des eaux; il le pose à plate

Le pélican.

terre, et c'est par erreur et en confondant, à ce qu'il paraît, la spatule avec le pélican, que M. Salerne dit qu'il niche sur les arbres. Il est vrai qu'il s'y perche malgré sa pesanteur et ses larges pieds palmés; et cette habitude, qui nous eût moins étonné dans les pélicans d'Amérique, parce que plusieurs oiseaux d'eau y perchent, se trouve également dans les pélicans d'Afrique et d'autres parties de notre continent.

Du reste, cet oiseau, aussi vorace que grand déprédateur, engloutit dans une seule pêche autant de poisson qu'il en faudrait pour le repas de six hommes. Il avale aisément un poisson de sept à huit livres; on assure qu'il mange aussi des rats et d'autres petits animaux. Pison dit avoir vu avaler un petit chat vivant par un pélican si familier qu'il venait au marché, où les pêcheurs se hâtaient de lier son sac, sans quoi il leur enlevait subtilement quelque pièce de poisson.

LE CORMORAN

Le cormoran est un assez grand oiseau à pieds palmés, aussi bon plongeur que nageur, et grand destructeur de poisson. Il est à peu près de la grandeur de l'oie, mais d'une taille moins fournie, plutôt mince qu'épaisse, et allongée par une grande queue plus étalée que ne l'est communément celle des oiseaux d'eau.

Le cormoran.

Le cormoran est d'une telle adresse à pêcher, et d'une si grande voracité, que, quand il se jette sur un étang, il y fait seul plus de dégât qu'une troupe entière d'autres oiseaux pêcheurs. Heureusement il se tient presque toujours au bord de la mer, et il est rare de le trouver dans les contrées qui en sont éloignées. Comme il peut rester longtemps plongé et qu'il nage sous l'eau avec la rapidité d'un trait, sa proie ne lui échappe guère, et il revient presque toujours sur l'eau avec un poisson en travers de son bec. Pour l'avaler, il fait un singulier manège : il jette en l'air son poisson, et il a l'adresse de le recevoir la tête la première, de manière que les nageoires se couchent au passage du gosier, tandis que la peau membraneuse qui garnit le dessous du bec prête et s'étend autant qu'il est nécessaire pour admettre et laisser passer le corps entier du poisson, qui souvent est fort gros en comparaison du cou de l'oiseau.

Dans quelques pays, comme à la Chine, et autrefois en Angleterre, on a su mettre à profit le talent du cormoran pour la pêche, et en faire, pour ainsi dire, un pêcheur domestique, en lui bouclant d'un anneau le bas du cou pour l'empêcher d'avaler sa proie, et l'accoutumant à revenir à son maître en rapportant le poisson qu'il porte dans le bec. On voit sur les rivières de la Chine des cormorans ainsi bouclés, perchés sur l'avant des bateaux, s'élancer et plonger au signal qu'on donne en frappant sur l'eau un coup de rame, et revenir bientôt en rapportant leur proie, qu'on leur ôte du bec. Cet exercice se continue jusqu'à ce que le maître, content de la pêche de son oiseau, lui délie le cou et lui permette d'aller pêcher pour son propre compte.

La faim seule donne de l'activité au cormoran: il devient paresseux et lourd dès qu'il est rassasié; aussi prend-il beaucoup de graisse, et quoiqu'il ait une odeur très forte, et que sa chair soit de mauvais goût, elle n'est pas toujours dédaignée par les matelots, pour qui le rafraîchissement le plus simple ou le plus grossier est souvent plus délicieux que les mets les plus fins ne le sont pour notre délicatesse.

LE FOU, LA FRÉGATE

Dans tous les êtres bien organisés, l'instinct se marque par des habitudes suivies, qui toutes tendent à leur conservation; ce sentiment les avertit et leur apprend à fuir ce qui peut nuire, comme à chercher ce qui peut servir au maintien de leur existence et même aux aisances de la vie. Les oiseaux dont nous allons parler semblent n'avoir reçu de la nature que la moitié de cet instinct; grands et forts, armés d'un bec robuste, pourvus de longues ailes et de pieds entièrement et largement palmés, ils ont tous les attributs nécessaires à l'exercice de leurs facultés, soit dans l'air ou dans l'eau. Ils ont donc tout ce qu'il faut pour agir et pour vivre, et cependant ils semblent ignorer ce qu'il faut faire ou ne pas faire pour éviter de mourir; répandus d'un bout du monde à l'autre, et des mers du nord à celles du midi, nulle part ils n'ont appris à connaître leur plus dangereux ennemi : l'aspect de l'homme ne les effraye ni ne les intimide; ils se laissent prendre non seulement sur les vergues des navires en mer, mais à terre, sur les îlots et les côtes, où on les tue à coups de bâton et en grand nombre sans que la troupe stupide sache fuir ni prendre son essor, ni même se détourner des chasseurs, qui les assomment l'un après l'autre et jusqu'au dernier. Cette indifférence au péril ne vient ni de fermeté ni de courage, puisqu'ils ne savent ni résister ni se défendre, et encore moins attaquer, quoiqu'ils en aient tous les moyens, tant par la force de leur corps que par celle de leurs armes. Ce n'est donc que par imbécillité qu'ils ne se défendent pas; et, de quelque cause qu'elle provienne, ces oiseaux sont plutôt stupides que fous; car on ne peut donner à la plus étrange privation d'instinct un nom qui ne convient tout au plus qu'à l'abus qu'on en fait.

Mais comme toutes les facultés intérieures et les qualités morales des animaux résultent de leur constitution, on doit attribuer à quelque cause physique cette incroyable inertie qui produit l'abandon de soi-même, et il paraît que cette cause consiste dans la difficulté que ces oiseaux ont à mettre en mouvement leurs trop longues ailes; impuissance peut-être assez grande pour qu'il en résulte cette pesanteur qui les retient sans mouvement dans le temps même du plus pressant danger, et jusque sous les coups dont on les frappe.

Cependant, lorsqu'ils échappent à la main de l'homme, il semble que leur manque de courage les livre à un autre ennemi qui ne cesse de les tourmenter; cet ennemi est l'oiseau appelé la *frégate :* elle fond sur les fous dès qu'elle les aperçoit, les poursuit sans relâche, et les force, à coups d'ailes et de bec, à lui

Combat de la frégate et du fou.

livrer leur proie, qu'elle saisit et avale à l'instant; car ces fous imbéciles et lâches ne manquent pas de rendre gorge à la première attaque, et vont ensuite chercher une autre proie, qu'ils perdent souvent de nouveau par la même piraterie de cet oiseau frégate.

Ces oiseaux jettent un cri fort, qui participe de ceux du corbeau et de l'oie; et c'est surtout quand la frégate les poursuit qu'ils font entendre ce cri, ou lorsque étant rassemblés ils sont saisis de quelque frayeur subite.

Le meilleur voilier, le plus vite de nos vaisseaux, la frégate, a donné son nom à l'oiseau qui vole le plus rapidement et le plus constamment sur les mers. La frégate est, en effet, de tous ces navigateurs ailés celui dont le vol est le plus fier, le plus puissant et le plus étendu : balancé sur des ailes d'une prodigieuse longueur, se soutenant sans mouvement sensible, cet oiseau semble nager paisiblement dans l'air tranquille pour attendre l'instant de fondre sur sa proie avec la rapidité d'un trait; et lorsque les airs sont agités par la tempête, légère comme le vent, la frégate s'élève jusqu'aux nues, et va chercher le calme en s'élançant au-dessus des orages. Elle voyage en tous sens, en hauteur comme en étendue; elle se porte au large à plusieurs centaines de lieues, et fournit tout d'un vol ces traites immenses auxquelles la durée du jour ne suffit pas; elle continue sa route dans les ténèbres de la nuit, et ne s'arrête sur la mer que dans les lieux qui lui offrent une pâture abondante.

Les poissons qui voyagent en troupes dans les hautes mers, comme les poissons volants, fuient par colonnes et s'élancent en l'air pour échapper aux bonites, aux dorades qui les poursuivent, mais n'échappent point à nos frégates. Ce sont ces mêmes poissons qui les attirent au large. Elles discernent de très loin les endroits où passent leurs troupes en colonnes, qui sont quelquefois si serrées qu'ils font bruire les eaux et blanchir la surface de la mer : les frégates fondent alors du haut des airs, et fléchissant leur vol de manière à raser l'eau sans la toucher; elles enlèvent en passant le poisson, qu'elles saisissent avec le bec, les griffes, et souvent avec les deux à la fois, selon qu'il se présente, soit en nageant sur la surface de l'eau, ou bondissant dans l'air.

Ce n'est qu'entre les tropiques, ou un peu au delà, que l'on rencontre la frégate dans les mers des deux mondes. Elle exerce sur les oiseaux de la zone torride une espèce d'empire; elle en force plusieurs, particulièrement les fous, à lui servir comme de pourvoyeurs; les frappant d'un coup d'aile, ou les pinçant de son bec crochu, elle leur fait dégorger le poisson qu'ils avaient avalé, et s'en saisit avant qu'il soit tombé. Ces hostilités lui ont fait donner par les navigateurs le surnom de *guerrier,* qu'elle mérite à plus d'un titre, car son audace la porte à braver l'homme même. « En débarquant à l'île de l'Ascension, dit M. le vicomte de Querhoent, nous fûmes entourés d'une nuée de frégates. D'un coup de canne j'en terrassai une qui voulait me prendre un poisson que je tenais à la main; en même temps plusieurs volaient à quelques pieds au-dessus de la chaudière qui bouillait à terre pour enlever la viande, quoiqu'une partie de l'équipage fût alentour. »

Cette témérité de la frégate tient autant à la force de ses armes et à la fierté de son vol qu'à sa voracité. Elle est, en effet, armée en guerre : des serres perçantes, un bec terminé par un croc très aigu; les pieds courts et robustes, recouverts de plumes comme ceux des oiseaux de proie; le vol rapide, la vue perçante : tous ces attributs semblent lui donner quelques rapports avec l'aigle, et en faire de même le tyran de l'air au-dessus des mers. Mais, du reste, la frégate par sa conformation tient beaucoup à l'élément de l'eau; et quoiqu'on ne la voie presque jamais nager, elle a cependant les quatre doigts engagés dans une membrane échancrée; et par cette union de tous les doigts elle se rapproche du genre du cormoran, du fou, du pélican, que l'on doit regarder comme de parfaits palmipèdes. D'ailleurs, le bec de la frégate, très propre à la proie puisqu'il est terminé par une pointe perçante et recourbée, diffère néanmoins essentiellement du bec des oiseaux de proie terrestres, parce qu'il est très long, un peu concave dans sa partie supérieure, et que le croc, placé tout à la pointe, semble faire une pièce détachée, comme dans le bec des fous, auquel celui de la frégate ressemble par ses sutures et par le défaut de narines apparentes.

LES GOÉLANDS ET LES MOUETTES

Tous ces oiseaux, goélands et mouettes, sont également voraces et criards : on peut dire que ce sont les vautours de la mer; ils la nettoient des cadavres de toute espèce qui flottent à sa surface, ou qui sont rejetés sur les rivages : aussi lâches que gourmands, ils n'attaquent que les animaux faibles, et ne s'acharnent que sur les corps morts. Leur port ignoble, leurs cris importuns, leur bec tranchant et crochu présentent les images désagréables d'oiseaux sanguinaires et

Goéland et mouette.

bassement cruels : aussi les voit-on se battre avec acharnement entre eux pour la curée; et même, lorsqu'ils sont renfermés et que la captivité aigrit encore leur humeur féroce, ils se blessent sans motif apparent, et le premier dont le sang coule devient la victime des autres; car alors leur fureur s'accroît et ils mettent en pièce le malheureux qu'ils avaient blessé sans raison. Cet excès de cruauté ne se manifeste guère que dans les grandes espèces; mais toutes, grandes et petites, étant en liberté, s'épient, se guettent sans cesse pour se piller et se dérober réciproquement la nourriture ou la proie. Tout convient à leur voracité;

le poisson frais ou gâté, la chair sanglante, récente ou corrompue; les écailles, les os même, tout se digère ou se consume dans leur estomac; ils avalent l'amorce et l'hameçon; ils se précipitent avec tant de violence qu'ils s'enferrent eux-mêmes sur une pointe que le pêcheur place sur le hareng ou la pélamide qu'il leur offre en appât, et cette manière n'est pas la seule dont on puisse les leurrer.

Ils se tiennent en troupes sur les rivages de la mer; souvent on les voit couvrir de leur multitude les écueils et les falaises, qu'ils font retentir de leurs cris importuns, et sur lesquels ils semblent fourmiller, les uns prenant leur vol, les autres s'ébattant pour se reposer, et toujours en très grand nombre. En général, il n'est point d'oiseaux plus communs sur les côtes, et l'on en rencontre en mer jusqu'à cent lieues de distance. Ils fréquentent les îles et les contrées voisines de la mer dans tous les climats; les navigateurs les ont trouvés partout. Les plus grandes espèces paraissent attachées aux côtes des mers du nord. On raconte que les goélands des îles Féroé sont si forts et si voraces, qu'ils mettent souvent en pièce des agneaux dont ils emportent des lambeaux dans leurs nids. Dans les mers glaciales on les voit se réunir en grand nombre sur les cadavres des baleines; ils se tiennent sur ces masses de corruption sans en craindre l'infection; ils y assouvissent à l'aise toute leur voracité, et en tirent en même temps l'ample pâture qu'exige la gourmandise innée de leurs petits. Ces animaux déposent à milliers leurs œufs et leurs nids jusque sur les terres glacées des deux zones polaires; ils ne les quittent pas en hiver, et semblent être attachés au climat où ils se trouvent et peu sensibles au changement de toute température.

LE CYGNE

Dans toute société, soit des animaux, soit des hommes, la violence fit les tyrans; la douce autorité fait les rois. Le lion et le tigre sur la terre, l'aigle et le vautour dans les airs, ne règnent que par la guerre, ne dominent que par l'abus de la force et par la cruauté, au lieu que le cygne règne sur les eaux à tous les titres qui fondent un empire de paix, la grandeur, la majesté, la douceur : avec des puissances, des forces, du courage, et la volonté de n'en pas abuser, et de ne les employer que pour la défense, il sait combattre et vaincre sans jamais attaquer : roi paisible des oiseaux d'eau, il brave les tyrans de l'air; il attend l'aigle sans le provoquer, sans le craindre; il repousse ses assauts en opposant à ses armes la résistance de ses plumes et les coups précipités d'une aile vigoureuse qui lui sert d'égide, et souvent la victoire couronne ses efforts. Au reste, il n'a que ce fier ennemi; tous les oiseaux de mer le respectent, et il est en paix avec la nature : il vit en ami plutôt qu'en roi au milieu des nombreuses peuplades des oiseaux aquatiques, qui toutes semblent se ranger sous sa loi; il n'est que le chef, le premier habitant d'une république tranquille, où les citoyens n'ont rien à craindre d'un maître qui ne demande qu'autant qu'il leur accorde, et ne veut que calme et liberté.

Les grâces de la figure, la beauté de la forme, répondent dans le cygne à la douceur du naturel; il plaît à tous les yeux; il décore, il embellit tous les lieux qu'il fréquente; on l'aime, on l'applaudit, on l'admire. Nulle espèce ne le mérite mieux : la nature, en effet, n'a répandu sur aucune autant de ces grâces nobles et douces qui nous rappellent l'idée de ses plus charmants ouvrages; coupe de corps élégante, formes arrondies, gracieux contours, blancheur éclatante et pure, mouvements flexibles et ressentis; attitudes tantôt animées, tantôt laissées dans un mol abandon : tout dans le cygne respire l'enchantement que nous font éprouver les grâces et la beauté.

A sa noble aisance, à la facilité, à la liberté de ses mouvements sur l'eau, on doit le reconnaître non seulement comme le premier des navigateurs ailés, mais comme le plus beau modèle que la nature nous ait offert pour l'art de la navigation. Son cou élevé et sa poitrine relevée et arrondie semblent, en effet, figurer la proue d'un navire fendant l'onde; son large estomac en représente la carène; son corps penché en avant pour cingler se redresse en arrière et se relève en poupe; la queue est un vrai gouvernail; les pieds sont de larges rames, et ses grandes ailes demi-ouvertes au vent et doucement enflées sont les voiles qui poussent le vaisseau vivant, navire et pilote à la fois.

Fier de sa noblesse, jaloux de sa beauté, le cygne semble faire parade de tous ses avantages; il a l'air de chercher à recueillir des suffrages, à captiver les regards; et il les captive en effet, soit que, voguant en troupe, on voie de loin, au milieu des grandes eaux, cingler la flotte ailée, soit que, s'en détachant et s'approchant du rivage aux signaux qui l'appellent, il vienne se faire admirer de plus près en étalant ses beautés, et développant ses grâces par mille mouvements doux, ondulants et suaves.

Aux avantages de la nature, le cygne réunit ceux de la liberté; il n'est pas du nombre de ces esclaves que nous puissions contraindre ou enfermer : libre sur nos eaux, il n'y séjourne, ne s'établit qu'en y jouissant d'assez d'indépendance pour exclure tout sentiment de servitude et de captivité; il veut à son gré parcourir les eaux, débarquer au rivage, s'éloigner au large, ou venir, longeant la rive, s'abriter sur les bords, se cacher dans les joncs, s'enfoncer dans les anses les plus écartées, puis, quittant la solitude, revenir à la société et jouir du plaisir qu'il paraît prendre et goûter en s'approchant de l'homme, pourvu qu'il trouve en nous ses hôtes et ses amis, et non ses maîtres et ses tyrans.

Tous les observateurs s'accordent à lui donner une très longue vie; quelques-uns même en ont porté la durée jusqu'à trois cents ans, ce qui sans doute est fort exagéré; mais Willoughby, ayant vu une oie qui, par preuve certaine, avait vécu cent ans, n'hésite pas à conclure de cet exemple que la vie du cygne peut et doit être plus longue, tant parce qu'il est plus grand que parce qu'il faut plus de temps pour faire éclore ses œufs, l'incubation dans les oiseaux répondant au temps de la gestation dans les animaux, et ayant peut-être quelque rapport au temps de l'accroissement du corps, auquel est proportionnée la durée de la vie. Or le cygne est plus de deux ans à croître, et c'est beaucoup; car, dans les oiseaux, le développement entier du corps est bien plus prompt que dans les animaux quadrupèdes.

Les anciens ne s'étaient pas contentés de faire du cygne un chantre merveilleux; seul entre tous les êtres qui frémissent à l'approche de leur destruction, il chantait encore au moment de son agonie, et préludait par des sons harmonieux à son dernier soupir. C'était, disaient-ils, près d'expirer, et faisant à la vie un adieu triste et tendre, que le cygne rendait ces accents si doux et si touchants, et qui, pareils à un léger et douloureux murmure, d'une voix basse, plaintive et lugubre, formaient son chant funèbre. On entendait ce chant lorsqu'au lever de l'aurore les vents et les flots étaient calmés ; on avait même vu des cygnes expirant en musique et chantant leurs hymnes funéraires. Nulle fiction en histoire naturelle, nulle fable chez les anciens n'a été plus célébrée, plus répétée, plus

Cygne à tête et cou noirs.

accréditée ; elle s'est emparée de l'imagination vive et sensible des Grecs : poètes, orateurs, philosophes même l'ont adoptée comme une vérité trop agréable pour vouloir en douter. Il faut bien leur pardonner leurs fables, elles étaient aimables et touchantes ; elles valaient bien de tristes, d'arides vérités : c'étaient de doux emblèmes pour les âmes sensibles. Les cygnes sans doute ne chantent point leur mort ; mais toujours, en parlant du dernier essor et des derniers élans d'un beau génie prêt à s'éteindre, on rappellera avec sentiment cette expression touchante : *C'est le chant du cygne.*

L'OIE

Dans chaque genre les espèces premières ont emporté tous nos éloges, et n'ont laissé aux espèces secondes que le mépris tiré de leur comparaison. L'oie, par rapport au cygne, est dans le même cas que l'âne vis-à-vis du cheval : tous deux ne sont pas prisés à leur juste valeur; le premier degré d'infériorité paraissant être une vraie dégradation, et rappelant en même temps l'idée d'un modèle plus parfait, n'offre, au lieu des attributs réels de l'espèce secondaire, que des con-

L'oie.

trastes désavantageux avec l'espèce première. Éloignant donc pour un moment la trop noble image du cygne, nous trouverons que l'oie est encore, dans le peuple de la basse-cour un habitant de distinction. Sa corpulence, son port droit, sa démarche grave, son plumage net et lustré, et son naturel social qui la rend susceptible d'un fort attachement et d'une longue reconnaissance, enfin sa vigilance très anciennement célébrée, tout concourt à nous présenter l'oie comme l'un des plus intéressants et même des plus utiles de nos oiseaux domestiques; car indépendamment de la bonne qualité de sa chair et de sa graisse, dont aucun autre oiseau n'est plus abondamment pourvu, l'oie nous fournit cette plume délicate sur laquelle la mollesse se plaît à reposer, et cette autre plume, instrument de nos pensées, et avec laquelle nous écrivons ici son éloge.

On peut nourrir l'oie à peu de frais, et l'élever sans beaucoup de soin : elle s'accommode à la vie commune des volailles, et souffre d'être rerfermée avec elles dans la même basse-cour, quoique cette manière de vivre et cette contrainte surtout soient peu convenables à sa nature; car il faut, pour qu'elle se développe en entier et pour former de grands troupeaux d'oies, que leur habitation soit à portée des eaux et des rivages, environnée de grèves spacieuses et de gazons ou terres vagues, sur lesquelles ces oiseaux puissent paître et s'ébattre en liberté. On leur a interdit l'entrée des prairies, parce que leur fiente brûle les bonnes herbes, et qu'ils les fauchent jusqu'à terre avec le bec; et c'est par la même raison qu'on les écarte aussi très soigneusement des blés verts, et qu'on ne leur laisse les champs libres qu'après la récolte.

Quoique la marche de l'oie paraisse lente, oblique et pesante, on ne laisse pas d'en conduire des troupeaux fort loin, à petites journées. Pline dit que, de son temps, on les amenait du fond des Gaules à Rome, et que, dans ces longues marches, les plus fatiguées se mettent aux premiers rangs, comme pour être soutenues et poussées par la masse de la troupe. Rassemblées encore de plus près pour passer la nuit, le bruit le plus léger les éveille; et toutes ensemble crient; elles jettent aussi de grands cris lorsqu'on leur présente de la nourriture, au lieu qu'on rend le chien muet en lui offrant cet appât; ce qui a fait dire à Columelle que les oies étaient les meilleures et les plus sûres gardiennes de la ferme, et Végèce n'hésite pas de les donner pour la plus vigilante sentinelle que l'on puisse poser dans une ville assiégée. Tout le monde sait qu'au Capitole elles avertirent les Romains de l'assaut que tentaient les Gaulois, et que ce fut le salut de Rome; aussi le censeur fixait-il chaque année une somme pour l'entretien des oies, tandis que, le même jour, on fouettait des chiens dans une place publique, comme pour les punir de leur coupable silence dans un moment aussi critique.

L'EIDER, LE CANARD

C'est cet oiseau qui donne ce duvet si doux, si chaud et si léger, connu sous le nom d'*eider-don* ou *duvet d'eider,* dont on a fait ensuite *édredon,* ou par corruption *aigle-don;* sur quoi l'on a faussement imaginé que c'était d'une espèce d'aigle que se tirait cette plume délicate et précieuse. L'eider n'est point un aigle, mais une espèce d'oie des mers du nord qui ne paraît pas dans nos contrées, et qui ne descend guère plus bas que vers les côtes de l'Écosse.

L'eider est à peu près gros comme l'oie. Dans le mâle, les couleurs principales du plumage sont le blanc et le noir; et par une disposition contraire à celle qui s'observe dans la plupart des oiseaux, dont généralement les couleurs sont plus foncées en dessus qu'en dessous du corps, l'eider a le dos blanc et le ventre noir ou d'un brun noirâtre; le haut de la tête, ainsi que les pennes de la queue et des ailes, sont de cette même couleur, à l'exception des plumes les plus voisines du corps, qui sont blanches. On voit au bas de la nuque du cou une large plaque verdâtre, et le blanc de la poitrine est lavé d'une teinte briquetée ou vineuse. La femelle est moins grande que le mâle, et tout son plumage est uniformément teint de roussâtre et de noirâtre par lignes transversales et ondulantes sur un fond gris-brun. Dans les deux sexes on remarque des échancrures en petites plumes rases comme du velours, qui s'étendent du front sur les deux côtés du bec et presque jusque sous les narines.

Le duvet de l'eider est très estimé, et sur les lieux mêmes, en Norvège et en Islande, il se vend très cher. Cette plume est si élastique et si légère que deux ou trois livres, en la pressant et la réduisant en une pelote à tenir dans la main, vont se dilater jusqu'à remplir et renfler le couvre-pied d'un grand lit.

Le meilleur duvet, que l'on nomme *duvet vif,* est celui que l'eider s'arrache pour garnir son nid, et que l'on recueille dans ce nid même; car, outre que l'on se fait scrupule de tuer un oiseau aussi utile, le duvet pris sur son corps mort est moins bon que celui qui se ramasse dans les nids, soit que, dans la saison

Le canard eider.

de la nichée, ce duvet s'arrache dans toute sa perfection, soit qu'en effet l'oiseau ne s'arrache que le duvet le plus fin et le plus délicat, qui est celui qui couvre l'estomac et le ventre.

Il faut avoir attention de ne le chercher et ramasser dans les nids qu'après quelques jours de temps sec et sans pluie; il ne faut point chasser aussi brusquement ces oiseaux de leur nid, parce que la frayeur leur fait lâcher la fiente, dont souvent le duvet est souillé, et, pour le purger de cette ordure, on l'étend sur un crible à cordes tendues, qui, frappées d'une baguette, laissent tomber tout ce qui est pesant, et font rejaillir cette plume légère.

L'eider plonge très profondément à la poursuite des poissons; il se repaît aussi de moules et d'autres coquillages, et se montre très avide des boyaux de poisson que les pêcheurs jettent de leurs barques. Ces oiseaux tiennent la mer tout l'hiver, même vers le Groënland, cherchant les lieux de la côte où il y a le moins de glaces, et ne revenant à terre que le soir, ou lorsqu'il doit y avoir une tempête, que leur fuite à la côte durant le jour présage, dit-on, infailliblement.

L'espèce du canard et celle de l'oie sont partagées en deux grandes tribus ou races distinctes, dont l'une, depuis longtemps privée, se propage dans nos basses-cours en y formant une des plus utiles et des plus nombreuses familles de nos volailles; et l'autre, sans doute encore plus étendue, nous fuit constamment, se tient sur les eaux, ne fait, pour ainsi dire, que passer et repasser en hiver dans nos contrées, et s'enfonce au printemps dans les régions du nord pour y nicher sur les terres les plus éloignées de l'empire de l'homme.

C'est vers le 15 d'octobre que paraissent en France les premiers canards; leurs bandes, d'abord petites et peu fréquentes, sont suivies en nombre par d'autres plus nombreuses. On reconnaît ces oiseaux, dans leur vol élevé, aux lignes inclinées et aux triangles réguliers que leur troupe trace par sa disposition dans l'air; et lorsqu'ils sont tous arrivés des régions du nord, on les voit continuellement voler et se porter d'un étang, d'une rivière à une autre; c'est alors que les chasseurs en font de nombreuses captures, soit à la quête du jour et à l'embuscade du soir, soit aux différents pièges et aux grands filets.

Partout on a cherché à priver, à s'approprier une espèce aussi utile que l'est celle de notre canard, et non seulement cette espèce est devenue commune, mais quelques autres espèces étrangères, et dans l'origine également sauvages, se sont multipliées en domesticité, et ont donné de nouvelles races privées; et par exemple celle du canard musqué, par le double produit de sa plume et de sa chair, et par la facilité de son éducation, est devenue une des volailles les plus utiles et une des plus répandues dans le nouveau monde.

Pour élever des canards avec fruit et en former de grandes peuplades qui prospèrent, il faut, comme pour les oies, les établir dans un lieu voisin des eaux, et où des rives spacieuses et libres en gazons et en grèves leur offrent de quoi paître, se reposer et s'ébattre. Ce n'est pas qu'on ne voie fréquemment des canards renfermés et tenus à sec dans l'enceinte des basses-cours; mais ce genre de vie est contraire à leur nature; ils ne font ordinairement que dépérir et dégénérer dans cette captivité; leurs plumes se froissent et se rouillent; leurs pieds s'offensent sur le gravier; leur bec se fêle par des frottements réitérés; tout est lésé, blessé; parce que tout est contraint, et des canards ainsi nourris ne pourront jamais donner ni un aussi beau duvet ni une aussi forte race que ceux qui jouissent d'une partie de leur liberté, et peuvent vivre dans leur élément : ainsi, lorsque le lieu ne fournit pas naturellement quelque courant ou nappe d'eau, il faut y creuser une mare dans laquelle les canards puissent barboter, nager, se laver et se plonger, exercices absolument nécessaires à leur vigueur et même à leur santé. Les anciens, qui traitaient avec plus d'attention que nous les objets intéressants de l'économie rurale et de la vie champêtre, ces Romains qui d'une main remportaient des trophées et de l'autre conduisaient la charrue, nous ont ici laissé, comme en bien d'autres choses, des instructions utiles.

Pour tout homme, philosophe ou non, qui aime à la campagne ce qui en fait le charme, c'est-à-dire le mouvement, la vie, et le bruit de la nature, le chant des oiseaux, le cri des volailles, variés par le fréquent et bruyant *kan-kan* des canards, n'offensent point l'oreille, et ne font qu'animer, égayer davantage le séjour champêtre; c'est le clairon, c'est la trompette parmi les flûtes et les hautbois; c'est la musique du régiment rustique.

Et ce sont, comme dans une espèce bien connue, les femelles qui font le plus de bruit et sont les plus loquaces; leur voix est plus haute, plus forte, et plus susceptible d'inflexions que celle du mâle, qui est monotone, et dont le son est toujours enroué. On a aussi remarqué que la femelle ne gratte point la terre comme la poule, et que néanmoins elle gratte dans l'eau peu profonde pour déchausser les racines ou pour déterrer les insectes et les coquillages.

Le bec du canard, comme dans le cygne et dans toutes les espèces d'oies, est large, épais, dentelé par les bords, garni intérieurement d'une espèce de palais charnu, rempli d'une langue épaisse, et terminé à sa pointe par un onglet corné de substance plus dure que le reste du bec. Tous ces oiseaux ont aussi la queue très courte, les jambes placées fort en arrière et presque engagées dans l'abdomen. De cette position des jambes résulte la difficulté de marcher et de garder l'équilibre sur terre; ce qui leur donne des mouvements mal dirigés, une démarche chancelante, un air lourd qu'on prend pour de la stupidité, tandis qu'on reconnaît, au contraire, par la facilité de leurs mouvements dans l'eau, la force, la finesse, et même la subtilité de leur instinct.

La chair du canard est, dit-on, pesante et échauffante; cependant on en fait grand usage, et l'on sait que la chair du canard sauvage est plus fine et de bien meilleur goût que celle du canard domestique. Les anciens le savaient comme nous; car l'on trouve dans Apicius jusqu'à quatre différentes manières de l'assaisonner. Nos Apicius modernes n'ont pas dégénéré, et un pâté de canard d'Amiens est un morceau connu de tous les gourmets du royaume.

LA SARCELLE

Sa figure est celle d'un petit canard, et sa grosseur celle d'une perdrix. Le plumage du mâle, avec des couleurs moins brillantes que celles du canard, n'en est pas moins riche en reflets agréables, qu'il ne serait guère possible de rendre par une description. Le devant du corps présente un beau plastron tissu de noir sur gris, et comme maillé par petits carrés tronqués, renfermés dans de plus grands, tous disposés avec tant de netteté et d'élégance, qu'il en résulte l'effet le plus piquant. Les côtés du cou et des joues, jusque sous les yeux, sont ouvragés de petits traits blancs, vermiculés sur un fond roux. Le dessus de la tête est noir, ainsi que la gorge; mais un long trait blanc, prenant sur l'œil, va tomber au-dessous de la nuque. Des plumes longues et taillées en pointe couvrent les épaules et retombent sur l'aile en rubans blancs et noirs; les couvertures qui tapissent les ailes sont ornées d'un petit miroir vert; les flancs et le croupion présentent des hachures de gris noirâtre sur gris blanc, et sont mouchetés aussi agréablement que le reste du corps.

La parure de la femelle est bien plus simple: vêtue partout de gris et de gris-brun, à peine remarque-t-on quelques ombres d'ondes et de festons sur sa robe: il n'y a point de noir sur la gorge comme dans le mâle. La femelle ne fait guère son nid dans nos provinces, et presque tous ces oiseaux nous quittent avant le 15 ou le 20 avril : ils volent par bandes dans le temps de leurs voyages, mais sans garder, comme les canards, d'ordre régulier; ils prennent leur essor de dessus l'eau et s'envolent avec beaucoup de légèreté. Ils ne plongent pas souvent, et trouvent à la surface de l'eau et vers ses bords la nourriture qui leur convient : les mouches et les graines des plantes aquatiques sont les aliments qu'ils choisissent de préférence.

La sarcelle.

LES PÉTRELS

De tous les oiseaux qui fréquentent les hautes mers, les pétrels sont les plus marins : du moins ils paraissent être les plus étrangers à la terre, les plus hardis à se porter au loin, à s'écarter et même à s'égarer sur le vaste Océan ; car ils se livrent avec autant de confiance que d'audace au mouvement des flots, à l'agitation des vents, et paraissent braver les orages. Quelque loin que les navigateurs se soient portés, quelque avant qu'ils aient pénétré, soit du côté des pôles, soit dans les autres zones, ils ont trouvé ces oiseaux, qui semblaient les attendre, et même les devancer sur les parages les plus lointains et les plus orageux ; partout ils les ont vus se jouer avec sécurité, et même avec gaieté, sur cet élément terrible dans sa fureur, et devant lequel l'homme le plus intrépide est forcé de pâlir, comme si la nature l'attendait là pour lui faire avouer combien l'instinct et les forces qu'elle a départis aux êtres qui nous sont inférieurs, ne laissent pas d'être au-dessus des puissances combinées de notre raison et de notre art.

Pourvus de longues ailes, munis de pieds palmés, les pétrels ajoutent à l'aisance et à la légèreté du vol, à la facilité de nager, la singulière faculté de courir et de marcher sur l'eau en effleurant les ondes par le mouvement d'un transport rapide, dans lequel le corps est horizontalement soutenu et balancé par les ailes, et où les pieds frappent alternativement et précipitamment la surface de l'eau. C'est de cette marche sur l'eau que vient le nom de *pétrel;* il est formé de *Peter* (Pierre) ou de *Petrill* (Pierrot ou petit Pierre), que les matelots anglais ont imposé à ces oiseaux, en les voyant courir sur l'eau comme l'apôtre saint Pierre y marchait.

Tous ces oiseaux, soit pétrels soit puffins, paraissent avoir un même instinct et des habitudes communes pour faire leurs nichées. Ils n'habitent la terre que

Les pétrels.

dans ce temps, qui est assez court; et, comme s'ils sentaient combien ce séjour leur est étranger, ils se cachent ou plutôt ils s'enfouissent dans des trous sous les rochers au bord de la mer. Ils font entendre du fond de ces trous leur voix désagréable, que l'on prendrait le plus souvent pour le coassement d'un reptile. Leur ponte n'est pas nombreuse. Ils nourrissent et engraissent leurs petits en leur dégorgeant dans le bec la substance à demi digérée et déjà réduite en huile des poissons dont ils font leur principale et peut-être leur unique nourriture. Mais une particularité dont il est très bon que les dénicheurs de ces oiseaux soient avertis, c'est que, quand on les attaque, la peur ou l'espoir de se défendre leur fait rendre l'huile dont ils ont l'estomac rempli : ils la lancent au visage et aux yeux du chasseur; et, comme leurs nids sont le plus souvent situés sur des côtes escarpées, dans des fentes de rochers, à une grande hauteur, l'ignorance de ce fait a coûté la vie à quelques observateurs.

L'ALBATROS

Voici le plus grand des oiseaux d'eau, sans même en excepter le cygne, et, quoique moins grand que le pélican et le flamant, il a le corps bien plus épais, le cou et les jambes moins allongés et mieux proportionnés. Indépendamment de sa très forte taille, l'albatros est encore remarquable par plusieurs autres attributs qui le distinguent de toutes les autres espèces d'oiseaux; il n'habite

L'albatros.

que les mers australes, et se trouve dans toute leur étendue, depuis la pointe de l'Afrique jusqu'à celle de l'Amérique et de la Nouvelle-Hollande. On ne l'a jamais vu dans les mers de l'hémisphère boréal, non plus que les manchots et quelques autres qui paraissent être attachés à cette partie maritime du globe, où l'homme ne peut guère les inquiéter, où même ils sont demeurés très longtemps inconnus : c'est au delà du cap de Bonne-Espérance, vers le sud, qu'on a vu les premiers albatros; et ce n'est que de nos jours qu'on les a reconnus assez distinctement pour en indiquer les variétés, qui, dans cette grosse espèce, semblent être plus nombreuses que dans les autres espèce majeures des oiseaux et de tous les animaux.

La très forte corpulence de l'albatros lui a fait donner le nom de *mouton du Cap,* parce qu'en effet il est presque de la grosseur d'un mouton. Le fond de son plumage est d'un blanc gris-brun sur le manteau, avec de petites hachures noires au dos et sur les ailes, où ces hachures se multiplient et s'épaississent en mouchetures : une partie des grandes pennes de l'aile et l'extrémité de la queue sont noires. La tête est grosse et de forme arrondie. Le bec est d'une structure semblable à celle du bec de la frégate, du fou et du cormoran; il est de même composé de plusieurs pièces qui semblent articulées et jointes par des sutures, avec un croc surajouté, et le bout de la partie inférieure ouvert en gouttière et comme tronqué : ce que ce bec, très grand et très fort, a encore de remarquable, et en quoi il se rapproche de celui des pétrels, c'est que les narines en sont ouvertes en forme de petits rouleaux ou étuis couchés vers la racine du bec, dans une rainure qui de chaque côté le sillonne dans toute sa longueur; il est d'un blanc jaunâtre, du moins dans l'oiseau mort. Les pieds, qui sont épais et robustes, ne portent que trois doigts engagés par une large membrane, qui borde encore le dehors de chaque doigt externe. La longueur du corps est de près de trois pieds, l'envergure au moins de dix, et, suivant la remarque d'Edwards, la longueur du premier os de l'aile est égale à la longueur du corps entier.

Avec cette force de corps et ces armes, l'albatros semblerait devoir être un oiseau guerrier : cependant on ne nous dit pas qu'il attaque les autres oiseaux qui croisent avec lui sur ces vastes mers; il paraît même n'être que sur la défensive avec les mouettes, qui, toujours hargneuses et voraces, l'inquiètent et le harcèlent : il n'attaque pas même les grands poissons, et, selon M. Forster, il ne vit guère que de petits animaux marins, et surtout de poissons mous et de zoophytes mucilagineux, qui flottent en quantité sur ces mers australes; il se repaît aussi d'œufs et de frai de poisson que les courants charrient, et dont il y a quelquefois des amas d'une grande étendue.

LE MACAREUX

LE PINGUIN, LE MANCHOT

Le bec, cet organe principal des oiseaux et duquel dépend l'exercice de leurs forces, de leur industrie, et de la plupart de leurs facultés; le bec, qui est à la fois pour eux la bouche et la main, l'arme pour attaquer, l'instrument pour saisir, doit par conséquent être la partie de leur corps dont la conformation influe le plus sur leur instinct et décide la nécessité de la plupart de leurs habitudes; et si ces habitudes sont infiniment variées dans les innombrables peuplades du genre volatile, si leurs différentes inclinations les dispersent dans l'air, sur la terre et les eaux, c'est que la nature a de même varié à l'infini et dessiné sous tous les contours possibles le trait du bec.

Le macareux n'a pas plus d'ailes que le guillemot, et dans ses petits vols courts et rasants il s'aide du mouvement rapide de ses pieds, avec lesquels il ne fait qu'effleurer la surface de l'eau; et c'est ce qui a fait dire que pour se soutenir il la frappait sans cesse de ses ailes. Les pennes en sont très courtes, ainsi que celles de la queue; et le plumage de tout le corps est plutôt un duvet qu'une véritable plume. Quant à ses couleurs, qu'on se figure, dit Gesner, un oiseau habillé d'une robe blanche avec un froc ou manteau noir et un capuchon de cette même couleur, comme le sont certains moines, et on aura le portrait du macareux, que par cette raison, ajoute-t-il, j'ai surnommé le petit moine, *fratercula.*

Ce petit moine marin vit de langoustes, de chevrettes, d'étoiles, d'araignées de mer et de divers petits poissons et coquillages, qu'il saisit en plongeant dans l'eau, sous laquelle il se retire volontiers, et qui lui sert d'abri dans le danger :

1. Le pinguin impenne. — 2. Le pinguin commun. — 3. Le macareux commun.

on prétend même qu'il entraîne le corbeau, son ennemi, sous l'eau; et cet acte de force ou d'adresse paraît être au-dessus des forces de son corps, dont la grosseur n'est tout au plus qu'égale à celle d'un pigeon. On ne peut attribuer cet effort qu'à la puissance de ses armes; en effet, son bec est très offensif par le tranchant de ses lames et par le croc qui le termine.

Ces oiseaux ne font point de nid; la femelle pond sur la terre nue, et dans les trous, qu'ils savent creuser et agrandir. La ponte n'est jamais, dit-on, que d'un seul œuf très gros, fort, pointu par un bout, et de couleur grise ou roussâtre. Les petits qui ne sont point assez forts pour suivre la troupe au départ d'automne sont abandonnés, et peut-être périssent-ils. Cependant ces oiseaux, à leur retour au printemps, ne remontent pas absolument tous jusqu'aux pointes les plus avancées vers le nord ; de petites troupes s'arrêtent en différentes îles ou îlots le long des côtes de l'Angleterre; et l'on en trouve avec des guillemots et des pinguins sur ces rochers nommés par les Anglais *the Needles* (les Aiguilles) à la pointe occidentale de l'île de Wight. M. Edwards passa plusieurs jours aux environs de ces rochers pour observer et décrire ces oiseaux.

L'oiseau sans aile est sans doute le moins oiseau qu'il soit possible ; l'imagination ne sépare pas volontiers l'idée du vol du nom d'oiseau : néanmoins le vol n'est qu'un attribut et non pas une propriété essentielle, puisqu'il existe des quadrupèdes avec des ailes et des oiseaux qui n'en ont point. Il semble donc qu'en ôtant les ailes à l'oiseau, c'est en faire une espèce de monstre produit par une erreur ou un oubli de la nature; mais ce qui nous paraît être un dérangement dans ses plans ou une interruption dans sa marche en est pour elle l'ordre et la suite, et sert à remplir ses vues dans toute leur étendue : comme elle prive le quadrupède de pieds, elle prive l'oiseau d'ailes; et, ce qu'il y a de remarquable, elle paraît avoir commencé dans les oiseaux de terre, comme elle finit dans les oiseaux d'eau, par cette même défectuosité. L'autruche est, pour ainsi dire, sans ailes; le casoar en est absolument privé, il est couvert de poils et non de plumes; et ces deux grands oiseaux semblent à plusieurs égards s'approcher des animaux terrestres, tandis que les pinguins et les manchots paraissent faire la nuance entre les oiseaux et les poissons. En effet, ils ont au lieu d'ailes de petits ailerons que l'on dirait couverts d'écailles plutôt que de plumes, et qui leur servent de nageoires, avec un gros corps uni et cylindrique, à l'arrière duquel sont attachées deux larges rames plutôt que deux pieds : l'impossibilité

Le grand manchot.

d'avancer loin sur la terre, la fatigue même de s'y tenir autrement que couchés, le besoin, l'habitude d'être presque toujours en mer, tout semble rappeler au genre de vie des animaux aquatiques ces oiseaux informes, étrangers aux régions de l'air, qu'ils ne peuvent fréquenter, presque également bannis de celles de la terre, et qui paraissent uniquement appartenir à l'élément des eaux.

Ainsi, entre chacune de ces grandes familles, entre les quadrupèdes, les oiseaux, les poissons, la nature a ménagé des points d'union, des lignes de prolongement par lesquelles tout s'approche, tout se lie, tout se tient; elle envoie la chauve-souris voleter parmi les oiseaux, tandis qu'elle emprisonne le tatou sous le têt d'un crustacé: elle a construit le moule du cétacé sur le modèle du quadrupède, dont elle a seulement tronqué la forme dans le morse, le phoque, qui, de la terre où ils naissent, se plongent dans l'onde, et vont se rejoindre à ces mêmes cétacés, comme pour démontrer la parenté universelle de toutes les générations sorties du sein de la mère commune. Enfin elle a produit des oiseaux qui, moins oiseaux par le vol que le poisson volant, sont aussi poissons que lui par l'instinct et par la manière de vivre : telles sont les deux familles des pinguins et des manchots, qu'on doit néanmoins séparer l'une de l'autre, comme elles le sont, en effet, dans la nature, non seulement par la conformation, mais par la différence des climats.

C'est au manchot qu'on peut spécialement donner le nom d'*oiseau sans ailes;* et même, s'en tenant au premier coup d'œil, on pourrait aussi l'appeler l'*oiseau sans plumes*. En effet, non seulement ses ailerons pendants semblent couverts d'écailles, mais tout son corps n'est revêtu que d'un duvet pressé, offrant toute l'apparence d'un poil serré et ras, sortant par pinceaux courts de petits tuyaux luisants, et qui forment comme un cotte de mailles impénétrable à l'eau.

Au contraire, le pinguin du nord a le corps revêtu de véritables plumes, courtes, à la vérité, et surtout infiniment courtes aux ailes, mais qui offrent sans équivoque l'apparence de la plume, et non celle de poil, de duvet ni d'écaille.

Les pinguins, comme les manchots, se tiennent presque continuellement à la mer, et ne viennent guère à terre que pour nicher ou se reposer en se couchant à plat, la marche et même la position debout leur étant également pénible, quoique leurs pieds soient un peu plus élevés et placés un peu moins à l'arrière du corps que dans les manchots.

Enfin les rapports dans le naturel, le genre de vie et la conformation mutilée et tronquée, sont tels entre ces deux familles, malgré les différences caractéristiques qui les séparent, qu'on voit suffisamment que la nature, en les produisant, paraît avoir voulu rejeter aux deux extrémités du globe les deux extrêmes des formes du genre volatile, de même qu'elle y reléguait ces grands amphibies, extrêmes du genre des quadrupèdes, les phoques et les morses : formes imparfaites et tronquées, incapables de figurer avec des modèles plus parfaits au milieu du tableau, et rejetées dans le lointain sur les confins du monde.

QUADRUPÈDES OVIPARES

LA TORTUE

La plupart des tortues retirent quand elles veulent leur tête, leurs pattes et leur queue sous l'enveloppe dure et osseuse qui les revêt par-dessus et par-dessous, et dont les ouvertures sont assez étroites pour que les serres des oiseaux voraces ou les dents des quadrupèdes carnassiers n'y pénètrent que difficilement. Demeurant immobiles dans cette position de défense, elles peuvent quelquefois recevoir sans crainte comme sans danger les attaques des animaux qui cherchent à en faire leur proie. Ce ne sont plus des êtres sensibles qui opposent la force à la force, qui souffrent toujours par la résistance et qui sont plus ou moins blessés par leur victoire même; mais, ne présentant que leur épaisse enveloppe, c'est en quelque sorte contre une couverture insensible que sont dirigées les armes de leurs ennemis; les coups qui les menacent ne tombent, pour ainsi dire, que sur la pierre, et elles sont alors aussi à l'abri sous leur bouclier naturel qu'elles pourraient l'être dans le creux profond et inaccessible d'une roche dure. Lorsque les tortues veulent ou marcher ou nager, elles sont obligées d'étendre leur tête, leur cou et leurs pattes, qui paraissent à l'extérieur, et ces divers membres, ainsi que la queue, le devant et le derrière du corps, sont couverts d'une peau qui s'attache au-dessous des bords de la carapace et du plastron, qui forme plusieurs plis lorsque les pattes et la tête sont retirées, qui est assez lâche pour se prêter à leurs divers mouvements d'extension, et qui est garnie de petites écailles comme celle des lézards, des serpents et des poissons, avec lesquels elle donne aux tortues un trait de ressemblance.

Un des plus beaux présents que la nature ait faits aux habitants des contrées équatoriales, une des productions les plus utiles qu'elle ait déposées sur les confins de la terre et des eaux, est la grande tortue de mer, à laquelle on a donné le nom de *tortue franche*. L'homme emploierait avec bien moins d'avantage le grand art de la navigation, si, vers les rives éloignées où ses désirs l'appellent, il ne trouvait dans une nourriture aussi agréable qu'abondante un remède assuré contre les suites funestes d'un long séjour dans un espace resserré, et au milieu des substances à demi putréfiées que la chaleur et l'humidité ne cessent d'altérer. Cet aliment précieux lui est fourni par les tortues franches, et elles lui sont d'autant plus utiles qu'elles habitent surtout ces contrées ardentes où une chaleur plus ou moins vive accélère le développement de tous les germes de corruption.

On les rencontre, en effet, en très grand nombre sur les côtes des îles et des continents situés sous la zone torride, tant dans l'ancien que dans le nouveau monde. Les bas-fonds qui bordent ces îles et ces continents sont revêtus d'une grande quantité d'algues et d'autres plantes que la mer couvre de ses ondes; mais qui sont assez près de la surface des eaux pour qu'on puisse les distinguer facilement lorsque le temps est calme. C'est sur cette espèce de prairie que l'on voit les tortues franches se promener paisiblement. Elles se nourrissent de l'herbe de ces pâturages. Elles ont quelquefois six ou sept pieds de longueur, à

La tortue.

compter depuis le bout du museau jusqu'à l'extrémité de la queue, sur trois ou quatre de largeur, et quatre pieds ou environ d'épaisseur dans l'endroit le plus gros du corps : elles pèsent alors près de huit cents livres.

Elles sont en si grand nombre, qu'on serait tenté de les regarder comme une espèce de troupeau rassemblé à dessein pour la nourriture et le soulagement des navigateurs qui abordent auprès de ces bas-fonds, et les troupeaux marins qu'elles forment le cèdent d'autant moins à ceux qui paissent l'herbe de la surface du globe, qu'ils joignent à un goût exquis et à une chair succulente et substantielle une vertu des plus actives et des plus salutaires.

LE CROCODILE

La forme générale du crocodile est assez semblable, en grand, à celle des autres lézards. Mais, si nous voulons saisir les caractères qui lui sont particuliers, nous trouverons que sa tête est allongée, aplatie et fortement ridée, le museau gros et un peu arrondi; au-dessus est un espace rond, rempli d'une substance noirâtre, molle et spongieuse, où sont placées les ouvertures des narines; leur forme est celle d'un croissant et leurs pointes sont tournées en arrière. La gueule s'ouvre jusqu'au delà des oreilles. Les mâchoires ont quelquefois plusieurs pieds de longueur : l'inférieure est terminée de chaque côté par une ligne droite, mais la supérieure est comme festonnée; elle s'élargit vers le gosier de manière à déborder de chaque côté la mâchoire de dessous; elle se rétrécit ensuite, et la laisse dépasser jusqu'au museau, où elle s'élargit de nouveau, et enferme, pour ainsi dire, la mâchoire inférieure.

La nature a pourvu à la sûreté des crocodiles en les revêtant d'une armure presque impénétrable. Tout leur corps est couvert d'écailles, excepté le sommet de la tête, où la peau est collée immédiatement sur l'os; celles qui couvrent les flancs, les pattes et la plus grande partie du cou, sont presque rondes, de grandeurs différentes, et distribuées irrégulièrement; celles qui défendent le dos et le dessus de la queue sont carrées et forment des bandes transversales. Il ne faut donc pas, pour blesser le crocodile, le frapper de derrière en avant, comme si les écailles se recouvraient les unes les autres, mais dans les jointures des bandes qui ne présentent que la peau.

La couleur des crocodiles tire sur le jaune verdâtre, plus ou moins nuancé d'un vert faible, par taches et par bandes, ce qui représente assez bien la couleur du bronze un peu rouillé. Le dessous du corps, de la queue et des pieds, ainsi que la face intérieure des pattes, sont d'un blanc jaunâtre. On a prétendu que le nom de ces grands animaux venait de la ressemblance de leur couleur avec celle du safran, en latin *crocus,* et en grec κρόκος. On a écrit aussi qu'il venait de κρόκος et de δειλός, qui signifie *timide,* parce qu'on a cru qu'ils avaient horreur du safran. Aristote paraît penser que les crocodiles sont noirs. Il y en a, en effet, de très bruns sur la rivière du Sénégal; mais ce grand philosophe ne devait pas les connaître.

La taille des crocodiles varie suivant la température des diverses contrées dans lesquelles on les trouve. La longueur des plus grands ne dépasse guère vingt-cinq ou vingt-six pieds dans les climats qui leur conviennent le mieux; il paraît même que dans certaines contrées qui leur sont moins favorables, comme les côtes de la Guyane, leur longueur ordinaire ne s'étend pas au delà de treize ou quatorze pieds. Un individu de cette longueur, dont la peau est conservée au cabinet du roi, a plus de quatre pieds de circonférence dans l'endroit le plus gros du corps; ce qui suppose une circonférence de huit pieds dans les plus grands crocodiles.

Le crocodile fréquente de préférence les rives des grands fleuves dont les eaux surmontent souvent leurs bords, et qui, couvertes d'une vase limoneuse, offrent en grande abondance les testacés, les vers, les grenouilles, les lézards dont il se nourrit. Il se plaît surtout dans l'Amérique méridionale, au milieu des lacs marécageux et des savanes noyées. Catesby, dans son *Histoire naturelle de la Caroline,* nous représente les bords fangeux, baignés par les eaux salées, comme couverts de forêts épaisses d'arbres des banians, parmi lesquelles les crocodiles vont se cacher. Les plus petits s'enfoncent dans des buissons épais, où les plus grands ne peuvent pénétrer, et où ils sont à couvert de leurs dents meurtrières. Ces bois aquatiques sont remplis de poissons destructeurs et d'autres animaux qui se dévorent les uns les autres : on y rencontre aussi de grandes tortues; mais elles sont le plus souvent la proie de ces poissons carnassiers, qui, à leur tour, servent d'aliment aux crocodiles, plus puissants qu'eux tous. Ces forêts noyées présentent les débris de cette sorte de carnage, et l'on y voit flotter les restes de carcasses d'animaux à demi dévorés.

C'est dans ces terrains fangeux que, couvert de boue et ressemblant à un arbre renversé, il attend immobile, et avec la patience que doit lui donner la froideur de son sang, le moment favorable de saisir sa proie. Sa couleur, sa forme allongée, son silence, trompent les poissons, les oiseaux de mer, les tortues, dont il est très avide. Il s'élance aussi sur les béliers, les cochons, et même sur les bœufs. Lorsqu'il nage en suivant le cours de quelque grand fleuve, il arrive souvent qu'il n'élève au-dessus de l'eau que la partie supérieure de sa

Le crocodile.

tête. Dans cette attitude, qui lui laisse la liberté des yeux, il cherche à surprendre les grands animaux qui s'approchent de l'une ou de l'autre rive, et lorsqu'il en voit quelqu'un qui vient pour y boire, il plonge, il va jusqu'à lui en nageant entre deux eaux, le saisit par les jambes et l'entraîne au large pour l'y noyer. Si la faim le presse, il dévore aussi les hommes, et particulièrement les nègres, sur lesquels on a écrit qu'il se jette de préférence.

Les très grands crocodiles surtout, ayant besoin de plus d'aliments, pouvant être aperçus et évités plus facilement par les petits animaux, doivent éprouver plus souvent et plus violemment le tourment de la faim, et par conséquent être quelquefois très dangereux, principalement dans l'eau. C'est, en effet, dans cet élément que le crocodile jouit de toute sa force, et qu'il se remue avec agilité, malgré sa lourde masse, en faisant souvent entendre une espèce de murmure sourd et confus. S'il a de la peine à se tourner avec promptitude, à cause de la longueur de son corps, c'est toujours avec la plus grande vitesse qu'il fend l'eau devant lui pour se précipiter sur sa proie; il la renverse d'un coup de sa queue raboteuse, la saisit avec ses griffes, la déchire ou la partage en deux avec ses dents fortes et pointues, et l'engloutit dans une gueule énorme, qui s'ouvre jusqu'au delà des oreilles pour la recevoir. Lorsqu'il est à terre; il est plus embarrassé dans ses mouvements, et par conséquent moins à craindre pour les animaux qu'il poursuit; mais, quoique moins agile que dans l'eau, il avance très vite quand le chemin est droit et le terrain uni : aussi, lorsqu'on veut lui échapper, doit-on se détourner sans cesse. On dit qu'il y a des gens assez hardis pour aller en nageant jusque sous le crocodile lui percer la peau du ventre, qui est presque le seul endroit où le fer puisse pénétrer.

Mais l'homme n'est pas le seul ennemi que le crocodile ait à craindre : les tigres en font leur proie; l'hippopotame le poursuit, et il est pour lui d'autant plus dangereux qu'il peut le suivre avec acharnement jusqu'au fond de la mer. Les couguars, quoique plus faibles que les tigres, détruisent aussi un grand nombre de crocodiles. Ils attaquent les jeunes caïmans; ils les attendent en embuscade sur le bord des grands fleuves, les saisissent au moment qu'ils montrent la tête hors de l'eau, et les dévorent. Mais lorsqu'ils en rencontrent de gros et de forts, ils sont attaqués à leur tour; en vain ils enfoncent leurs griffes dans les yeux du crocodile, cet énorme lézard, plus vigoureux qu'eux, les entraîne au fond de l'eau.

LE LÉZARD

Le lézard gris paraît être le plus doux, le plus innocent et l'un des plus utiles des lézards. Ce joli petit animal, si commun dans le pays où nous écrivons, et avec lequel tant de personnes ont joué dans leur enfance, n'a pas reçu de la nature un vêtement aussi éclatant que plusieurs autres quadrupèdes ovipares; mais elle lui a donné une parure élégante : sa petite taille est svelte, son mouvement agile, sa course si prompte, qu'il échappe à l'œil aussi rapidement que l'oiseau qui vole. Il aime à recevoir la chaleur du soleil; ayant besoin d'une température douce, il cherche les abris; et lorsque, dans un beau jour de printemps, une lumière pure éclaire vivement un gazon en pente, ou une muraille qui augmente la chaleur en la réfléchissant, on le voit s'étendre sur ce mur ou sur l'herbe nouvelle avec une espèce de volupté. Il se pénètre avec délices de cette chaleur bienfaisante; il marque son plaisir par de molles ondulations de sa queue déliée; il fait briller ses yeux vifs et animés; il se précipite comme un trait pour saisir une petite proie, ou pour trouver un abri plus commode.

Bien loin de s'enfuir à l'approche de l'homme, il paraît le regarder avec complaisance; mais au moindre bruit qui l'effraye, à la chute d'une seule feuille, il se roule, tombe et demeure pendant quelques instants comme étourdi par sa chute : ou bien il s'élance, disparaît, se trouble, revient, se cache de nouveau, reparaît encore, décrit en un instant plusieurs circuits tortueux que l'œil a de la peine à suivre, se replie plusieurs fois sur lui-même, et se retire enfin dans quelque asile jusqu'à ce que sa crainte soit dissipée.

Le tabac en poudre est presque toujours mortel pour le lézard gris : si l'on en met dans sa bouche, il tombe en convulsions, et le plus souvent il meurt bientôt après. Utile autant qu'agréable, il se nourrit de mouches, de grillons, de sauterelles, de vers de terre, de presque tous les insectes qui détruisent nos fruits et nos grains, aussi serait-il très avantageux que l'espèce en fût plus multipliée : à mesure que le nombre des lézards gris s'accroîtrait, nous verrions diminuer les ennemis de nos jardins; ce serait alors qu'on aurait raison de les regarder, ainsi que certains Indiens les considèrent, comme des animaux d'heureux augure, et comme des signes assurés d'une bonne fortune.

La nature, en formant le lézard vert, paraît avoir suivi les mêmes proportions que pour le lézard gris; mais elle a travaillé d'après un module plus con-

Le lézard.

sidérable; elle n'a fait, pour ainsi dire, qu'agrandir le lézard gris, et le revêtir d'une parure plus belle.

C'est dans les premiers jours du printemps que le lézard vert brille de tout son éclat, lorsque, ayant quitté sa vieille peau, il expose au soleil son corps émaillé des plus vives couleurs. Les rayons qui rejaillissent de dessus ses écailles les dorent par reflets ondoyants : elles étincellent du feu de l'émeraude; et si elles ne sont pas diaphanes comme les cristaux, la réflexion d'un beau ciel qui se peint sur ces lames luisantes et polies compense l'effet de la transparence par un nouveau jeu de lumière. L'œil ne cesse d'être réjoui par le vert qu'offre le lézard dont nous écrivons l'histoire; il se remplit, pour ainsi dire, de son éclat, sans jamais en être ébloui. Autant la couleur de cet animal attire la vue par la beauté de ses reflets, autant elle l'attache par leur douceur : on dirait qu'elle se répand sur l'air qui l'environne, et qu'en s'y dégradant par des nuances insensibles, elle se fond de manière à ne jamais blesser, et à toujours enchanter par une variété agréable, séduisant également soit qu'elle resplendisse avec mollesse au milieu des grands flots de lumière, ou que, ne renvoyant qu'une faible clarté, elle présente des teintes aussi suaves que délicates.

La beauté du lézard vert fixe les regards de tous ceux qui l'aperçoivent; mais il semble rendre attention pour attention : il s'arrête lorsqu'il voit l'homme; on dirait qu'il l'observe avec complaisance, et qu'au milieu des forêts qu'il habite il a une sorte de plaisir à faire briller à ses yeux ses couleurs dorées, comme dans nos jardins le paon étale avec orgueil l'émail de ses belles plumes. Les lézards verts jouent avec les enfants, ainsi que les gris; lorsqu'ils sont pris et qu'on les excite les uns contre les autres, ils s'attaquent et se mordent quelquefois avec acharnement.

Plus fort que le lézard gris, le vert se bat contre les serpents : il est rarement vainqueur. L'agitation qu'il éprouve, le bruit qu'il fait lorsqu'il en voit approcher ne viennent que de sa crainte; mais on s'est plu à tout ennoblir dans cet être distingué par la beauté de ses couleurs : on a regardé ses mouvements comme une marque d'attention et d'attachement, et l'on a dit qu'il avertissait l'homme de la présence des serpents qui pouvaient lui nuire. Il recherche les vers et les insectes; il se jette avec une sorte d'avidité sur la salive qu'on vient de cracher, et Gesner a vu un lézard vert boire de l'urine des enfants. Il se nourrit aussi d'œufs de petits oiseaux, qu'il va chercher au haut des arbres, où il grimpe avec assez de vitesse.

Quoique plus bas sur ses pattes que le lézard gris, il court cependant avec agilité, et part avec assez de promptitude pour donner un premier mouvement de surprise et d'effroi, lorsqu'il s'élance au milieu des broussailles ou des feuilles sèches. Il saute très haut, et comme il est plus fort, il est aussi plus hardi que le lézard gris : il se défend contre les chiens qui l'attaquent. L'habitude de saisir par l'endroit le plus sensible, et par conséquent par les narines, les diverses espèces de serpents avec lesquels il est souvent en guerre, fait qu'il se jette au museau des chiens, et les y mord avec tant d'obstination qu'il se laisse emporter et même tuer plutôt que de desserrer les dents; mais il paraît qu'il ne faut point le regarder comme venimeux, au moins dans les pays tempérés, et qu'on lui a attribué faussement des blessures mortelles ou dangereuses.

LE CAMÉLÉON

Le nom de caméléon est fameux. On l'emploie métaphoriquement, depuis longtemps, pour désigner la vile flatterie. Peu de gens savent cependant que le caméléon est un lézard, et moins de personnes encore connaissent les traits qu'il présente et les qualités qui le distinguent. On a dit que le caméléon changeait souvent de forme, qu'il n'avait point de couleur en propre, qu'il prenait celle de tous les objets dont il approchait, qu'il en était par là une sorte de miroir fidèle, qu'il ne se nourrissait que d'air. Les anciens se sont plu à le répéter; ils ont cru voir dans cet être qui n'était pas le caméléon, mais un animal fantastique produit et embelli par l'erreur, une image ressemblante de plusieurs de ceux qui fréquentent les cours : ils s'en sont servis comme d'un objet de comparaison pour peindre ces hommes bas et rampants qui, n'ayant jamais d'avis à eux, sachant se plier à toutes les formes, embrasser toutes les opinions, ne se repaissent que de fumée et de vains projets.

Lorsque nous aurons écarté les qualités fabuleuses attribuées au caméléon, et lorsque nous l'aurons vu tel qu'il est, on devra le regarder encore comme un des animaux les plus intéressants aux yeux des naturalistes, par la singulière conformation de ses diverses parties, par des habitudes remarquables qui en dépendent, et même par des propriétés qui ne sont pas très différentes de celles qu'on lui a faussement attribuées.

Il n'a reçu presque aucune arme pour se défendre : ne marchant que très lentement, ne pouvant point échapper par la fuite à la poursuite de ses ennemis,

Le caméléon.

il est la proie de presque tous les animaux qui cherchent à le dévorer : il doit par conséquent être très timide, se troubler aisément, éprouver souvent des agitations intérieures plus ou moins considérables. On croyait, du temps de Pline, qu'aucun animal n'était aussi craintif que le caméléon, et que c'était à cause de sa crainte habituelle qu'il changeait souvent de couleur. Ce trouble et cette crainte peuvent, en effet, se manifester par les taches dont il paraît tout d'un coup couvert à l'approche des objets nouveaux. La crainte, la colère et la chaleur qu'éprouve le caméléon, nous paraissent donc les causes des diverses couleurs qu'il présente, et qui ont été le sujet de tant de fables.

LA SALAMANDRE

Nous avons déjà vu des propriétés aussi absurdes qu'imaginaires accordées à plusieurs espèces de ces quadrupèdes ovipares, mais nous voici maintenant à l'histoire d'un lézard pour lequel l'imagination de l'homme s'est surpassée ; on lui a attribué la plus merveilleuse de toutes les propriétés. Tandis que les corps les plus durs ne peuvent échapper à la force de l'élément du feu, on a voulu qu'un petit lézard, non seulement ne fût pas consumé par les flammes, mais parvînt même à les éteindre; et comme les fables agréables s'accréditent aisément, l'on s'est empressé d'accueillir celle d'un petit animal si privilégié, si supérieur à l'agent le plus actif de la nature, et qui devait fournir tant d'objets de comparaison à la poésie.

Il a fallu que des physiciens, que des philosophes prissent la peine de prouver par le fait ce que la raison seule aurait dû démontrer, et ce n'est que lorsque les lumières de la science ont été répandues qu'on a cessé de croire à la propriété de la salamandre.

Ce lézard, qui se trouve dans tant de pays de l'ancien monde, et même à de

La salamandre.

très hautes latitudes, a été cependant très peu observé, parce qu'on le voit rarement hors de son trou, et parce qu'il a, pendant longtemps, inspiré une assez grande frayeur.

Il semble que l'on ne peut accorder à un être une qualité chimérique sans lui refuser en même temps une qualité réelle. On a regardé la froide salamandre comme un animal doué du pouvoir miraculeux de résister aux flammes, et même de les éteindre; mais en même temps on l'a rabaissé autant qu'on l'avait élevé par ce privilège unique. On en a fait le plus funeste des animaux. Les anciens, et même Pline, l'ont dévouée à une sorte d'anathème, en la considérant comme celui dont le poison était le plus dangereux ; ils ont écrit qu'en infectant de son venin presque tous les végétaux d'une vaste contrée, elle pouvait donner la mort à des nations entières. Les modernes ont aussi cru pendant longtemps au poison de la salamandre; on a dit que sa morsure était mortelle comme celle de la vipère; on a cherché et prescrit des remèdes contre son venin : mais enfin on a eu recours aux observations, par lesquelles on aurait dû commencer. Le fameux Bacon avait voulu engager les physiciens à s'assurer de l'existence du venin de la salamandre; Gesner prouva par expérience qu'elle ne mordait point, de quelque manière qu'on cherchât à l'irriter; Wurfbainius fit voir qu'on pouvait impunément la toucher, ainsi que boire de l'eau des fontaines qu'elle habite. M. de Maupertuis s'est aussi occupé de ce lézard : en recherchant ce que pouvait être son prétendu poison, il a démontré par l'expérience l'action des flammes sur la salamandre, comme sur les autres animaux; il a remarqué qu'à peine elle est sur le feu, qu'elle paraît couverte de gouttes de son lait, qui, raréfié par la chaleur, s'échappe par tous les pores de la peau, sort en plus grande quantité sur la tête, ainsi que sur les mamelons, et se durcit sur-le-champ. Mais on n'a certainement pas besoin de dire que ce lait n'est jamais assez abondant pour éteindre le moindre feu. M. de Maupertuis, dans le cours de ses expériences, irrita en vain plusieurs salamandres ; jamais aucune n'ouvrit la bouche, il fallut la leur ouvrir par force.

LA GRENOUILLE

C'est un grand malheur qu'une grande ressemblance avec des êtres ignobles! Les grenouilles communes sont en apparence si conformes aux crapauds, qu'on ne peut aisément se représenter les unes sans penser aux autres; on est tenté de les comprendre tous dans la disgrâce à laquelle les crapauds ont été condamnés, et de rapporter aux premières les habitudes basses, les qualités dégoûtantes, les propriétés dangereuses des seconds. Nous aurons peut-être bien de la peine de donner à la grenouille commune la place qu'elle doit occuper dans l'esprit des lecteurs, comme dans la nature; mais il n'en est pas moins vrai que s'il n'avait point existé de crapauds, si l'on n'avait jamais eu devant les yeux ce vilain objet de comparaison, qui enlaidit par sa ressemblance autant qu'il salit par son approche, la grenouille nous paraîtrait aussi agréable par sa conformation que distinguée par ses qualités, et intéressante par les phénomènes qu'elle présente dans les diverses époques de sa vie : nous la verrions comme un animal utile dont nous n'avons rien à craindre, dont l'instinct est épuré, et qui, joignant à une forme svelte des membres déliés et souples, est paré des couleurs qui plaisent le plus à la vue, et présente des nuances d'autant plus vives qu'une enveloppe visqueuse enduit sa peau et lui sert de vernis.

Lorsque les grenouilles communes sont hors de l'eau, bien loin d'avoir la face contre terre, et d'être bassement accroupies dans la fange comme les crapauds, elles ne vont que par sauts très élevés; leurs pattes de derrière, en se pliant et en se débandant ensuite, leur servent de ressort, et elles y ont assez de force pour s'élancer souvent jusqu'à la hauteur de quelques pieds.

On dirait qu'elles cherchent l'élément de l'air comme le plus pur; et lorsqu'elles se reposent à terre, c'est toujours la tête haute, leur corps relevé sur les pattes de devant et appuyé sur les pattes de derrière; ce qui donne bien plutôt l'attitude droite d'un animal dont l'instinct a une certaine noblesse, que la position basse et horizontale d'un vil reptile.

La grenouille commune est si élastique et si sensible dans tous ses points, qu'on ne peut la toucher et surtout la prendre par ses pattes de derrière, sans que tout de suite son dos se courbe avec vitesse, et que toute sa surface montre, pour ainsi dire, les mouvements prompts d'un animal agile qui cherche à s'échapper.

Si les grenouilles doivent tenir un rang distingué parmi les quadrupèdes ovipares, ce n'est pas par leur voix : autant elles peuvent plaire par l'agilité de leurs mouvements et la beauté de leurs couleurs, autant elles importunent par

La grenouille.

leurs aigres coassements. Les mâles sont surtout ceux qui font le plus de bruit. Les femelles n'ont qu'un grognement assez sourd, qu'elles font entendre en enflant leur gorge : mais lorsque les mâles coassent, ils gonflent de chaque côté du cou deux vessies qui, en se remplissant d'air et en devenant pour eux comme deux instruments retentissants, augmentent le volume de leur voix. La nature, qui n'a pas voulu en faire les musiciens de nos campagnes, n'a donné à ces instruments que de la force, et les sons que forment les grenouilles mâles, sans être plus agréables, sont seulement entendus de plus loin que ceux de leurs femelles.

Ils sont seulement plus propres à troubler ce calme des belles nuits de l'été, ce silence enchanteur qui règne dans une verte prairie, sur le bord d'un ruisseau tranquille, lorsque la lune éclaire de sa lumière paisible cet asile champêtre, où tout goûterait les charmes de la fraîcheur, du repos, du parfum des fleurs, et où tous les sens seraient tenus dans une douce extase, si celui de l'ouïe n'était si désagréablement ébranlé par des cris aussi aigres que forts, et de rudes coassements sans cesse renouvelés.

Les grenouilles sont dévorées par les serpents d'eau, les anguilles, les brochets, les taupes, les putois, les loups, les oiseaux d'eau et de rivage, etc. Comme elles fournissent un aliment utile, et que même certaines parties de leur corps forment un mets très agréable, on les recherche avec soin. On a plusieurs manières de les pêcher : on les prend avec des filets à la clarté des flambeaux, qui les effrayent et les rendent souvent comme immobiles; ou bien on les pêche à la ligne avec des hameçons qu'on garnit de vers, d'insectes, ou simplement d'un morceau d'étoffe rouge ou couleur de chair : car les grenouilles sont goulues; elles saisissent avidement et retiennent avec obstination tout ce qu'on leur présente.

LE CRAPAUD

Depuis longtemps l'opinion a flétri cet animal dégoûtant, dont l'approche révolte tous les sens. L'espèce d'horreur avec laquelle on le découvre est produite même par l'image que le souvenir en retrace : beaucoup de gens ne se le représentent qu'en éprouvant une sorte de frémissement, et les personnes qui ont le tempérament faible et les nerfs délicats, ne peuvent en fixer l'idée sans croire sentir dans leurs veines le froid glacial que l'on a dit accompagner l'attouchement du crapaud : tout en est vilain, jusqu'à son nom, qui est devenu le signe d'une basse difformité. Et que l'on ne croie pas que ce soit d'après les conventions arbitraires qu'on le regarde comme un des êtres les plus défavorablement traités : il paraît vicié dans toutes ses parties. S'il a des pattes, elles n'élèvent pas son corps disproportionné au-dessus de la fange qu'il habite. S'il a des yeux, ce n'est point, en quelque sorte, pour recevoir une lumière qu'il fuit. Mangeant des herbes puantes ou vénéneuses, caché dans la vase, tapi sous un tas de pierres, retiré dans des trous de rocher, sale dans son habitation, dégoûtant par ses habitudes, difforme dans son corps, obscur dans ses couleurs, infect par son haleine, ne se soulevant qu'avec peine, ouvrant, lorsqu'on l'attaque, une gueule hideuse, n'ayant pour toute puissance qu'une grande résistance aux coups qui le frappent, que l'inertie de la matière, que l'opiniâtreté d'un être stupide, n'employant d'autre arme qu'une liqueur fétide qu'il lance, que paraît-il avoir de bon, si ce n'est de chercher, pour ainsi dire, à se dérober à tous les yeux en fuyant la lumière du jour.

Cet être ignoble occupe cependant une assez grande place dans le plan de la nature; elle l'a répandu avec bien plus de profusion que beaucoup d'objets chéris de sa complaisance maternelle. Il semble, au physique comme au moral, que ce qui est le plus mauvais est le plus facile à produire; et, d'un autre côté, on dirait que la nature a voulu, par ce frappant contraste, relever la beauté de ses autres ouvrages.

On a prétendu que sa vie ordinaire n'était que de quinze à seize ans : mais sur quoi l'a-t-on fondé? avait-on suivi avec soin le même crapaud dans ses retraites écartées? avait-on recueilli un assez grand nombre d'observations pour reconnaître la durée ordinaire de la vie des crapauds, indépendamment de tout accident et du défaut de nourriture?

Nous avons, au contraire, un fait bien constaté, par lequel un crapaud a vécu plus de trente-six ans ; mais la manière dont il a passé sa longue vie va bien étonner : elle prouve jusqu'à quel point la domesticité peut influer sur quelque animal que ce soit, et surtout sur les êtres dont la nature est plus susceptible d'altération, et dans lesquels des ressorts moins compliqués peuvent plus aisément, sans se rompre ou se désunir, être pliés dans de nouveaux sens. Ce crapaud a vécu presque toujours dans une maison où il a été, pour ainsi dire, élevé

1. Crapaud agua. — Crapaud pipa.

et apprivoisé. Comme on ne lui avait jamais fait de mal, il ne s'irritait point lorsqu'on le touchait ; il devint l'objet d'une curiosité générale, et des dames mêmes demandèrent à voir le crapaud familier. Il vécut plus de trente-six ans dans cette espèce de domesticité ; et il aurait vécu plus de temps peut-être si un corbeau apprivoisé comme lui ne l'eût attaqué à l'entrée de son trou, et ne lui eût crevé un œil, malgré tous les efforts qu'on fit pour le sauver. Il ne put plus attraper sa proie avec la même facilité, parce qu'il ne pouvait juger avec la même justesse de sa véritable place : aussi périt-il de langueur au bout d'un an.

SERPENTS

DE LA NATURE DES SERPENTS

A la suite des nombreuses espèces des quadrupèdes et des oiseaux, se présente l'ordre des serpents, ordre remarquable en ce qu'au premier coup d'œil les animaux qui le composent paraissent privés de tout moyen de se mouvoir, et uniquement destinés à vivre sur la place où le hasard les fait naître. Peu d'animaux cependant ont les mouvements aussi prompts et se transportent avec autant de vitesse que le serpent; il égale presque par sa rapidité une flèche tirée par un bras vigoureux, lorsqu'il s'élance sur sa proie ou qu'il fuit devant son ennemi : chacune de ses parties devient alors comme un ressort qui se débande avec violence; il ne semble toucher à la terre que pour en rejaillir, et, pour ainsi dire, sans cesse repoussé par les corps sur lesquels il s'appuie, on dirait qu'il nage au milieu de l'air en rasant la surface du terrain qu'il parcourt. S'il veut s'élever encore davantage, il le dispute à plusieurs espèces d'oiseaux par la facilité avec laquelle il parvient jusqu'au plus haut des arbres, autour desquels il roule et déroule son corps avec tant de promptitude que l'œil a de la peine à le suivre. Souvent même, lorsqu'il ne change pas encore de place, mais qu'il est prêt à s'élancer, et qu'il est agité par quelque affection vive, il n'appuie contre terre que sa queue, qu'il replie en contours sinueux; il redresse avec fierté sa tête; il redresse avec vitesse le devant de son corps, et, le retenant dans une attitude droite et perpendiculaire, bien loin de paraître uniquement destiné à ramper, il offre l'image de la force, du courage, et d'une sorte d'empire.

Il en est des serpents comme de plusieurs autres ordres d'animaux : ceux qui sont très grands sont rarement plusieurs ensemble. Il leur faut trop de place pour se mouvoir, trop d'espace pour chasser; doués de plus de force et d'armes plus puissantes, ils doivent s'inspirer mutuellement plus de crainte. Mais ceux qui ne parviennent pas à une longueur très considérable, et qui n'excèdent pas sept ou huit pieds de long, habitent souvent en très grand nombre, non seulement sur le même rivage ou dans la même forêt, suivant qu'ils se nourrissent d'animaux aquatiques ou de ceux des bois, mais dans le même asile souterrain; c'est dans des cavernes profondes qu'on les rencontre quelquefois entassés, pour ainsi dire, les uns contre les autres, repliés et entrelacés de telle sorte qu'on croirait voir des serpents à plusieurs têtes. Lorsqu'on parvient dans ces antres ténébreux, on n'entend d'abord que le petit bruit qu'ils peuvent faire au milieu des feuilles sèches, ou sur le gravier, en se tournant et en se retournant, parce que, naturellement paisibles, lorsqu'on ne les attaque point, ils ne cherchent alors qu'à se cacher davantage, ou continuent sans crainte leurs mouvements accoutumés : mais si on les effraye ou les irrite par un séjour trop long dans leurs repaires, on entend autour de soi leurs sifflements aigus; et si l'on peut apercevoir les objet à l'aide de la faible clarté qui parvient dans la caverne, on voit un grand nombre de têtes se dresser au-dessus de plusieurs corps écailleux, entortillés et pressés les uns contre les autres, et tous les serpents faire briller leurs yeux et agiter avec vitesse leur langue déliée.

Telle est l'espèce de société dont ces animaux sont susceptibles; mais, dépourvus de mains et de pieds, ne pouvant rien porter qu'avec leur gueule, ils sont plusieurs ensemble sans que leur union produise jamais aucun ouvrage combiné, sans que leurs efforts particuliers tendent à un résultat commun, sans qu'ils cherchent à rendre leur retraite plus commode; et peut-être est-ce par une suite de ce défaut de concert dans leurs mouvements qu'on ne les voit point se réunir contre les ennemis qui les attaquent, ni chasser en commun une proie dont ils viendraient plus aisément à bout par le nombre.

Ils éprouvent, pendant l'hiver des latitudes élevées, un engourdissement plus ou moins profond, plus ou moins long, suivant la rigueur ou la durée du froid : ce ne sont guère que les petites espèces qui tombent dans cette torpeur, parce que les très grands serpents vivent dans la zone torride, où les saisons ne sont jamais assez froides pour diminuer leur mouvement vital au point de les engourdir.

Ils sortent de leur sommeil annuel lorsque les premiers jours chauds du printemps se font ressentir; mais ce qui peut paraître singulier, c'est qu'ainsi que les quadrupèdes ovipares, et presque tous les animaux qui passent le temps du froid dans un état de torpeur, ils se réveillent de leur sommeil lorsque la température est encore moins chaude que celle qui n'a pas suffi, vers la fin de l'automne, pour les tenir en activité. On a observé que ces divers animaux se retiraient souvent, pendant l'automne, dans leurs asiles d'hiver, et s'y engourdissaient à une température égale à celle qui les animait au printemps.

Quelque temps après que les serpents sont sortis de leur torpeur, ils se dépouillent comme les quadrupèdes ovipares, et revêtent une peau nouvelle; ils se tiennent de même plus ou moins cachés pendant que cette nouvelle peau n'est pas encore endurcie: mais le temps de leur dépouillement doit varier suivant les espèces, la température du climat et celle de la saison. C'est même dans les serpents que les anciens ont principalement observé le dépouillement annuel; comme leur imagination riante et féconde se plaisait à tout embellir, ils ont regardé cette opération comme une sorte de rajeunissement, comme le signe d'une nouvelle existence, comme un dépouillement de la vieillesse, et une réparation de tous les effets de l'âge : ils ont consacré cette idée par plusieurs proverbes, et supposant que le serpent reprenait chaque année des forces nouvelles avec sa nouvelle parure, qu'il jouissait d'une jeunesse qui s'étendait autant que sa vie, et que cette vie elle-même était très longue, ils se sont déterminés d'autant plus aisément à le regarder comme le symbole de l'éternité, que plusieurs de leurs idées astronomiques et religieuses se liaient avec ces idées physiques.

Si les sifflements des très grands serpents étaient entendus de loin comme les cris des tigres, des aigles, des vautours, etc., ils serviraient à garantir de l'approche dangereuse de ces énormes reptiles : mais ils sont bien moins forts que les rugissements des grands quadrupèdes carnassiers et des oiseaux de proie. La masse seule de ces grands serpents les trahit et les empêche de cacher leur poursuite : on s'aperçoit facilement de leur approche, dans les endroits qui ne sont pas couverts de bois, par le mouvement des hautes herbes qui s'agitent et se courbent sous leur poids; et on les voit aussi quelquefois de loin repliés sur eux-mêmes, et présentant ainsi un cercle assez vaste et assez élevé.

Crotale et boa constrictor.

Soit qu'ils recherchent naturellement l'humidité, ou que l'expérience leur ait appris que le bord des eaux, dans les contrées torrides, était toujours fréquenté par les animaux dont ils font leur proie, et qu'ils peuvent y trouver en abondance et sans la peine de la recherche l'aliment qu'ils préfèrent, c'est auprès des mares, des fontaines ou des bords des fleuves qu'ils choisissent leur repaire. C'est là que sous le soleil ardent des contrées équatoriales, et, par exemple, au milieu des déserts sablonneux de l'Afrique, ils attendent que la chaleur du midi amène au bord des eaux les gazelles, les antilopes, les chevrotains, qui, consumés par la soif, excédés de fatigue et souvent de disette au milieu de ces terres desséchées et dépouillées de verdure, viennent leur livrer une proie facile à vaincre. Les tigres et les autres animaux moins altérés d'eau que de sang viennent aussi sur ces rives, plutôt pour y saisir leurs victimes que pour y étancher leur soif. Attaqués souvent par les énormes serpents, ils les attaquent eux-mêmes. C'est surtout au moment où la chaleur de ces contrées est rendue plus dévorante par l'approche d'un orage qui fait briller les foudres et entendre ses affreux roulements, et où l'action du fluide électrique répandu dans l'atmosphère donne en quelque sorte une nouvelle vie aux reptiles, que, tourmentés par une faim extrême, animés par toute l'ardeur d'un sable brûlant et d'un ciel qui paraît s'allumer, environnés de feu, et le lançant, pour ainsi dire, eux-mêmes par leurs yeux étincelants, le serpent et le tigre se disputent avec le plus d'acharnement l'empire de ces bords si souvent ensanglantés. Des voyageurs disent avoir vu ce spectacle terrible; ils ont vu un tigre furieux, et dont les rugissements portaient au loin l'épouvante, saisir avec ses griffes, déchirer avec ses dents, faire couler le sang d'un serpent démesuré, qui, roulant son corps gigantesque, et sifflant de douleur et de rage, serrait le tigre dans ses contours multipliés, le couvrait de son écume rougie, l'étouffait sous son poids, et faisait craquer ses os au milieu de tous ses ressorts tendus avec force; mais les efforts du tigre furent vains, ses armes furent impuissantes et il expira au milieu des replis de l'énorme reptile qui le tenait enchaîné.

Et que l'on ne soit pas étonné de la grande puissance des serpents : si les animaux carnassiers ont tant de force dans leurs mâchoires, quoique la longueur de ces mâchoires n'excède guère un pied, et qu'ils n'agissent que par ce levier unique, quels effets ne doivent pas produire dans les serpents un très grand nombre de leviers composés des os, des vertèbres et des côtes, et qui, par l'articulation de ces mêmes vertèbres, peuvent s'appliquer avec facilité aux corps que les serpents veulent saisir et écraser.

LA VIPÈRE

Parmi les espèces dont le venin est plus ou moins funeste, une des plus anciennement et des mieux connues est la vipère commune. Elle est, en effet, très multipliée en Europe; elle habite autour de nous, elle infeste nos bois et souvent nos demeures : aussi a-t-elle inspiré depuis longtemps une grande crainte. La vipère commune est aussi petite, aussi faible, aussi innocente en apparence, que son venin est dangereux. Paraissant avoir reçu la plus petite part des propriétés brillantes que nous avons reconnues en général dans l'ordre des serpents, n'ayant ni couleurs agréables, ni proportions très déliées, ni mouvements agiles, elle serait presque ignorée sans le poison funeste qu'elle distille. Sa longueur totale est communément de deux pieds; celle de la queue de trois ou quatre pouces, et ordinairement cette partie du corps est plus longue et plus grosse dans le mâle que dans la femelle. Sa couleur est d'un gris cendré; et le long de son dos, depuis la tête jusqu'à l'extrémité de la queue, s'étend une sorte de chaîne composée de taches noirâtres de forme irrégulière, et qui, en se réunissant en plusieurs endroits les unes aux autres, représentent fort bien une bande dentelée et sinuée en zigzag. On voit aussi de chaque côté du corps une petite rangée de taches noirâtres dont chacune correspond à l'angle rentrant de la bande en zigzag.

Le poison de la vipère est contenu dans une vésicule placée de chaque côté de la tête, au-dessous du muscle de la mâchoire supérieure : le mouvement du muscle pressant cette vésicule en fait sortir le venin, qui arrive par un conduit à la base de la dent, traverse la gaine qui l'enveloppe, entre dans la cavité de cette dent par le trou situé près de la base, en sort par celui qui est auprès de la pointe, et pénètre dans la blessure. Ce poison est la seule humeur malfaisante que renferme la vipère; et c'est en vain que l'on a prétendu que l'espèce de

La vipère.

bave qui couvre ses mâchoires lorsqu'elle est en fureur est un venin plus ou moins dangereux : l'expérience a démontré le contraire.

Quelque subtil que soit le poison de la vipère, il paraît qu'il n'a point d'effet sur les animaux qui n'ont point de sang; il paraît aussi qu'il ne peut pas donner la mort aux vipères elles-mêmes; à l'égard des animaux à sang chaud, la morsure de la vipère leur est d'autant moins funeste que leur grosseur est plus considérable, de telle sorte qu'on peut présumer qu'il n'est pas toujours mortel pour l'homme ni pour les grands quadrupèdes ou oiseaux. L'expérience a prouvé aussi qu'il est d'autant plus dangereux qu'il a été distillé en plus grande quantité dans les plaies par des morsures répétées. Le poison de la vipère est donc funeste en raison de sa quantité, de la chaleur du sang et de la petitesse de l'animal qui est mordu. Ne doit-il pas aussi être plus ou moins mortel suivant la chaleur de la saison, la température du climat, et l'état de la vipère, plus ou moins irritée, plus ou moins animée, plus ou moins pressée par la faim, etc.?

Elle a les yeux très vifs et garnis de paupières, ainsi que ceux des quadrupèdes ovipares; et, comme si elle sentait la puissance redoutable du venin qu'elle recèle, son regard paraît hardi; ses yeux brillent, surtout lorsqu'on l'irrite; et alors non seulement elle les anime, mais, ouvrant sa gueule, elle darde sa langue, qui est communément grise, fendue en deux, et composée de deux petits cylindres charnus adhérents l'un à l'autre jusque vers les deux tiers de leur longueur : l'animal l'agite avec tant de vitesse, qu'elle étincelle pour ainsi dire, et que la lumière qu'elle réfléchit la fait paraître comme une sorte de petit phosphore. On a regardé pendant longtemps cette langue comme une sorte de dard dont la vipère se servait pour percer sa proie; on a cru que c'était à l'extrémité de cette langue que résidait son venin, et on l'a comparée à une flèche empoisonnée. Cette erreur est fondée sur ce que toutes les fois que la vipère veut mordre, elle tire sa langue et la darde avec rapidité. Cet organe est enveloppé, d'un bout à l'autre, dans une espèce de fourreau qui ne contient aucun poison. Ce n'est qu'avec ses crochets que la vipère donne la mort, et sa langue ne lui sert qu'à retenir les insectes dont elle se nourrit quelquefois.

La vipère se nourrit de petits insectes qu'elle retient par le moyen de sa langue ainsi qu'un grand nombre d'autres serpents et plusieurs quadrupèdes ovipares; non seulement elle dévore des insectes plus gros, des buprestes, des cantharides et même ceux qui souvent sont très dangereux, tels que les scorpions, mais elle fait sa proie de petits lézards, de jeunes grenouilles et quelquefois de petits rats, de petites taupes, et d'assez gros crapauds, dont l'odeur ne la rebute pas, et dont l'espèce de venin ne paraît pas lui nuire. Elle peut passer un très long temps sans manger, et l'on a même écrit qu'elle pouvait vivre un an sans rien prendre. Ce fait est peut-être exagéré; mais du moins il est sûr qu'elle vit plusieurs mois privée de toute nourriture. M. Pennant en a gardé plusieurs renfermées dans une boîte pendant plus de six mois sans qu'on leur donnât aucun aliment, et cependant sans qu'elles parussent rien perdre de leur vivacité. Il semble même que, pendant cette longue diète, non seulement leurs fonctions vitales ne sont ni arrêtées ni suspendues, mais même qu'elles n'éprouvent pas une faim très pressante, puisqu'on a vu des vipères renfermées pendant plusieurs jours avec des souris ou des lézards tuer ces animaux sans chercher à s'en nourrir.

L'ASPIC

C'est en France, et particulièrement dans nos provinces septentrionales, qu'on trouve ce serpent. Plusieurs grands naturalistes ont écrit qu'il n'était point venimeux; mais les crochets mobiles, creux et percés dont nous avons vu sa mâchoire supérieure garnie, nous ont fait préférer l'opinion de M. Linné, qui le regarde comme contenant un poison très dangereux.

Il paraît que les anciens n'ont point connu l'aspic de nos contrées; car il ne faut pas le confondre avec une espèce de vipère désignée sous le nom de *vipère d'Égypte*, que les anciens nommaient aussi *aspic* et que la mort d'une grande reine a rendu fameuse. Afin d'empêcher qu'on ne prît le serpent dont il est ici question pour celui d'Égypte, nous n'aurions pas donné à ce reptile des provinces septentrionales le nom d'*aspic,* attribué par les anciens à une vipère venimeuse des environs d'Alexandrie, si tous les observateurs ne s'étaient accordés à le nommer ainsi.

L'aspic.

LE CÉRASTE

On a donné ce nom à un serpent venimeux d'Arabie, d'Afrique, et particulièrement d'Égypte, qui a été envoyé au cabinet du roi sous le nom de *vipère cornue;* il est très remarquable et très aisé à distinguer par deux espèces de petites cornes qui s'élèvent au-dessus des yeux. C'est apparemment cette conformation qui, jointe à sa qualité vénéneuse, et peut-être à ses habitudes naturelles, l'aura fait observer avec attention par les premiers Égyptiens, et les aura déterminés à faire placer de préférence son image parmi leurs diverses figures hiéroglyphiques. On le trouve gravé sur les monuments de la plus haute antiquité que le temps laisse encore subsister sur cette fameuse terre d'Égypte : on le voit représenté sur les obélisques, sur les colonnes des temples, au pied des statues, sur les murs des palais et jusque sur les momies. Un double intérêt anime donc la curiosité relativement au céraste. Une connaissance exacte de ses propriétés et de ses mœurs, non seulement doit être recherchée par le naturaliste, mais servirait peut-être à découvrir en partie le sens de cette langue religieuse et politique, qui nous transmettrait les antiques événements et les antiques opinions des célèbres et belles contrées de l'Orient. Si on ne peut pas encore exposer toutes les habitudes naturelles du céraste, faisons donc connaître exactement sa forme, et décrivons-le avec soin d'après les individus que nous avons examinés.

C'est principalement avec cette espèce de serpent que les Libyens connus sous le nom de *Psylles* prétendaient avoir le droit de jouer impunément, et dont ils assuraient qu'ils maîtrisaient à volonté et la force et le poison.

Les cérastes, ainsi que tous les reptiles, peuvent vivre très longtemps sans manger, plusieurs auteurs l'ont écrit, et l'on a même beaucoup exagéré ce fait,

Le céraste.

puisqu'on a cru qu'ils pouvaient vivre cinq ans sans prendre aucune nourriture.

Hérodote a parlé de serpents consacrés par les habitants de Thèbes à Jupiter, ou, pour mieux dire, à la divinité égyptienne qui répondait au Jupiter des Grecs; on les enterrait après leur mort dans le temple de ce dieu; et, suivant le père de l'histoire, ils avaient deux cornes, mais ne faisaient aucun mal à personne. Si Hérodote n'a point été trompé, on devrait les regarder comme d'une espèce différente de celle du céraste; mais il est assez vraisemblable qu'on l'avait mieux informé de la conformation que des qualités de ces serpents, qu'ils étaient venimeux comme le céraste, qu'ils appartenaient à la même espèce, et que la force de leur poison, qui avait dû paraître aux anciens donner la mort presque aussi promptement que la foudre du maître des dieux, avait peut-être été un motif de plus pour les consacrer à la divinité que l'on croyait lancer le tonnerre.

LE SERPENT A LUNETTES ou NAJA

La beauté des couleurs a été accordée à ce serpent, l'un des plus venimeux des contrées orientales. Bien loin que sa vue inspire de l'effroi à ceux qui ne connaissent pas l'activité de son poison, on le contemple avec une sorte de plaisir, on l'admire; et pendant que le brillant de ses écailles, ainsi que la vivacité des couleurs dont elles sont parées, attachent les regards, la forme singulière du reptile attire l'attention : on a même cru voir sur sa tête une ressemblance grossière avec les traits de l'homme; et voilà donc l'image la plus noble qui a pu paraître légèrement empreinte sur la figure d'un reptile venimeux. Ce contraste a dû plaire à l'imagination des Orientaux, toujours amis de l'extraordinaire; il a peut-être séduit les premiers voyageurs qui ont vu le serpent à lunettes, et ils ont peut-être éprouvé une sorte de satisfaction à retrouver quelques traits de la figure humaine sur un être aussi malfaisant, de même que les anciens poètes se sont presque tous accordés à donner ces mêmes traits augustes aux monstres terribles et fabuleux, enfants de leur génie et non de la nature.

Le naja est féroce; et pour peu qu'on diffère de prendre l'antidote de son venin, sa morsure est mortelle; l'on expire dans des convulsions, ou la partie mordue contracte une gangrène qu'il est presque impossible de guérir : aussi de tous les serpents est-ce celui que les Indiens, qui vont nu-pieds, redoutent le plus. Lorsque ce terrible reptile veut se jeter sur quelqu'un, il se redresse avec fierté, fait briller des yeux étincelants, étend ses membranes en signe de colère, ouvre la gueule, et s'élance avec rapidité en montrant la pointe acérée de ses crochets venimeux. Mais, malgré ses armes funestes, les jongleurs indiens sont parvenus à le dompter de manière à le faire servir de spectacle à un peuple crédule, de même que d'autres charlatans de l'Égypte moderne, à l'exemple de charlatans plus anciens de l'antique Égypte, des Psylles de Cyrène, et des Ophiogènes de Chypre, manient sans crainte, tourmentent impunément de grands serpents, peut-être même venimeux, les serrent fortement auprès du cou, évitent par là leur morsure, déchirent avec leurs dents et dévorent tout vivants ces énormes reptiles, qui, sifflant de rage et se repliant autour de leur corps, font de vains efforts pour leur échapper.

Ces Indiens, qui ont pu réduire les najas et se garantir de leur morsure, courent de ville en ville pour montrer leurs serpents à lunettes, qu'ils forcent, disent-ils, à danser. Le jongleur prend dans sa main une racine dont il prétend que la vertu le préserve de la morsure venimeuse du serpent, et tirant l'animal du vase dans lequel il le tient ordinairement renfermé, il l'irrite en lui présentant un bâton ou simplement le poing; le naja, se dressant aussitôt contre la main qui l'attaque, s'appuyant sur sa queue, élevant son corps, enflant son cou, ouvrant sa gueule, allongeant sa langue fourchue, s'agitant avec vivacité, faisant briller ses yeux et entendre son sifflement, commence une sorte de combat contre son maître, qui, entonnant alors une chanson, lui oppose son poing tantôt à droite, tantôt à gauche; l'animal, les yeux toujours fixés sur la main qui le menace, en suit tous les mouvements, balance sa tête et son corps sur sa queue, qui demeure immobile, et offre ainsi l'image d'une sorte de danse. Le naja peut soutenir cet exercice pendant un demi-quart d'heure; mais au moment que l'Indien s'aperçoit que, fatigué par ses mouvements et par sa situation verticale, le serpent est près de prendre la fuite, il interrompt son chant, le naja cesse sa danse, s'étend à terre, et son maître le remet dans son vase. Kæmpfer dit que lorsqu'un Indien veut dompter un naja et l'accoutumer à ce manège, il renverse le vase dans lequel il l'a tenu renfermé, va à la couleuvre avec un bâton, l'arrête dans sa fuite, et la provoque à un combat qu'elle commence souvent la première. Dans l'instant où elle veut s'élancer sur lui pour le mordre, il lui présente le vase et le lui oppose comme un bouclier contre lequel elle blesse ses narines, et qui la force à rejaillir en arrière. Il continue cette lutte pendant un quart d'heure ou une demi-heure, suivant que l'éducation de l'animal et plus ou moins avancée. La couleuvre, trompée dans ses attaques, est poussée contre le vase, cesse de s'élancer; mais, présentant toujours les dents et enflant toujours son cou, elle ne détourne pas

Le serpent à lunettes.

ses yeux ardents du bouclier qui lui nuit. Le maître, qui a grand soin de ne pas trop la fatiguer par cet exercice, de peur que, devenant trop timide, elle ne se refuse ensuite au combat, l'accoutume insensiblement à se dresser contre le vase et même contre son poing tout nu, à en suivre tous les mouvements avec sa tête superbement gonflée, mais sans jamais oser se jeter sur sa main de peur de se blesser; accompagnant d'une chanson le mouvement de son bras, et par conséquent celui du reptile qui l'imite, il donne à ce combat l'apparence d'une danse; et il en est donc de ce serpent funeste comme de presque tous les êtres dangereux qui répandent la terreur : la crainte seule peut les dompter.

LA VIPÈRE FER-DE-LANCE

Le fer-de-lance parvient ordinairement à la longueur de cinq ou six pieds; c'est un des plus grands serpents venimeux, et un de ceux dont le poison est le plus actif. Il tire son nom de la conformation particulière et très constante de sa tête. La vipère fer-de-lance a cette partie plus grosse que le corps, et remarquable par un espace presque triangulaire, dont les trois angles sont occupés par le museau et les deux yeux. Cet espace, relevé par ses bords antérieurs, représente un fer de lance large à sa base et un peu arrondi à son sommet.

Lorsque le fer-de-lance se jette sur l'animal qu'il veut mordre, il se replie en spirale, et, se servant de sa queue comme d'un point d'appui, il s'élance avec la vitesse d'une flèche; mais l'espace qu'il parcourt est ordinairement peu étendu. Ne jouissant pas de l'agilité des autres serpents, presque toujours assoupi, surtout lorsque la température devient un peu fraîche, il se tient caché sous des tas de feuilles, dans des troncs d'arbres pourris, et même dans des trous creusés en terre. Il est très rare qu'il pénètre dans les maisons de campagne, et on ne le

La vipère fer-de-lance.

trouve jamais dans celles des villes; mais il se retire souvent dans les plantations de cannes à sucre, où il est attiré par les rats, dont il se nourrit. Il ne blesse ordinairement que lorsqu'on le touche ou qu'on l'irrite; mais il ne mord jamais qu'avec une sorte de rage. On peut être averti de son approche par l'odeur fétide qu'il répand, et par le cri de certains oiseaux, tels que la gorge-blanche, qui, troublés apparemment par sa ressemblance avec les serpents qui les poursuivent sur les arbres et les y dévorent, se rassemblent et voltigent sans cesse autour de lui. Lorsqu'on est surpris par ce serpent, on peut lui présenter une branche d'arbre, un paquet de feuilles, ou tout autre objet qui captive son attention et donne le temps de s'armer; un coup suffit quelquefois pour lui donner la mort. Quand on lui a coupé la tête, le corps conserve pendant quelque temps un mouvement vermiculaire.

Le fer-de-lance se nourrit de lézards améiva, et même de rats, de volaille, de gibier et de chats. Sa gueule peut s'ouvrir d'une manière démesurée, et se dilater si considérablement, qu'on lui a vu avaler un cochon de lait; mais un serpent de cette espèce, ayant un jour dévoré un gros sarigue, enfla beaucoup et mourut. Lorsque la proie qu'il a saisie lui échappe, il en suit les traces en se traînant avec peine; cependant, comme il a les yeux et l'odorat excellents, il parvient d'autant plus aisément à l'atteindre qu'elle est bientôt abattue par la force du poison qu'il a distillé dans sa plaie. Il l'avale toujours en commençant par la tête, et lorsque cette proie est considérable, il reste souvent comme tendu et dans un état d'engourdissement qui le rend immobile jusqu'à ce que sa digestion soit avancée.

Il ne digère que lentement; et lorsqu'on tue un fer-de-lance quelque temps après qu'il a pris de la nourriture, il s'exhale de son corps une odeur fétide et insupportable. Quelque dégoût que doive inspirer ce serpent, des nègres et même des blancs, ont osé en manger, et ont trouvé que sa chair était un mets agréable. Cependant la mauvaise odeur dont elle est imprégnée lorsque l'animal est vivant doit se conserver après la mort de la vipère, de manière à rendre cette chair un aliment aussi rebutant que le venin du serpent est dangereux.

La tête triangulaire.

LA TÊTE TRIANGULAIRE

Cette couleuvre a beaucoup de rapports, par la disposition de ses couleurs avec la vipère commune; elle est verdâtre avec des taches de diverses figures sur la tête et sur le corps, où elles se réunissent pour former une bande irrégulière et longitudinale. Les grandes plaques qui revêtent son ventre, et qui sont au nombre de cent cinquante, sont d'une couleur foncée et bordée de blanchâtre. Elle a soixante et une paires de petites plaques sous la queue.

Nous avons tiré son nom de la forme de sa tête, qui paraît d'autant plus triangulaire que les deux extrémités des mâchoires supérieures forment, par derrière, deux pointes très saillantes. Cette vipère est armée de crochets creux et mobiles. Les écailles, semblables à celles du dos, garnissent le sommet de la tête; elles sont en losange et unies, au lieu d'être relevées par une arête, comme celles qui recouvrent le dos de la vipère commune. Le corps est très délié du côté de la tête.

LA COULEUVRE

Ce serpent est très commun dans plusieurs provinces de France, et surtout dans les méridionales; il en peuple les bois, les divers endroits retirés et humides. Il paraît confiné dans les pays tempérés de l'ancien continent; on ne l'a point encore trouvé dans les contrées très chaudes de l'ancien monde, non plus qu'en Amérique, et il ne doit point habiter dans le Nord puisque le célèbre naturaliste suédois n'en a point fait mention. Il est aussi innocent que la vipère est dangereuse : paré de couleurs plus vives que ce reptile funeste, doué d'une grandeur plus considérable, plus svelte dans ses proportions, plus agile dans ses mouvements, plus doux dans ses habitudes, n'ayant aucun venin à répandre, il devrait être vu avec autant de plaisir que la vipère avec effroi. Il n'a pas, comme les vipères, les dents crochues et mobiles; il ne vient pas au jour tout formé; et ce n'est que quelque temps après la ponte que les petits éclosent. Malgré toutes ces dissemblances qui le distinguent des vipères, le grand nombre des rapports extérieurs qui l'en approchent ont fait croire pendant longtemps qu'il était venimeux. Cette fausse idée a fait tourmenter cette innocente couleuvre; on l'a poursuivie comme un animal dangereux; et il n'est encore que peu de gens qui puissent la toucher sans crainte et même la regarder sans répugnance.

La couleuvre verte et jaune se tient presque toujours cachée, comme si les mauvais traitements qu'elle a si souvent reçus l'avaient rendue timide; elle cherche à fuir lorsqu'on la découvre; et non seulement on peut la saisir sans redouter un poison dont elle n'est jamais infectée, mais même sans éprouver d'autre résistance que quelques efforts qu'elle fait pour s'échapper. Bien plus, elle devient docile lorsqu'elle est prise; elle subit une sorte de domesticité, elle obéit aux divers mouvements qu'on veut lui faire suivre. On voit souvent des enfants prendre deux serpents de cette espèce, les attacher par la queue, et les contraindre aisément à ramper ainsi attelés, du côté où ils veulent les conduire. Elle se laisse entortiller autour des bras ou du cou, rouler en divers contours de spirale, tourner et retourner en différents sens, suspendre en différentes positions, sans donner aucun signe de mécontentement : elle paraît même avoir du plaisir à jouer ainsi avec ses maîtres; et comme sa douceur et son défaut de venin ne sont pas aussi bien reconnus qu'ils devraient l'être pour la tranquillité de ceux qui habitent la campagne, des charlatans se servent encore de ce serpent pour amuser et pour tromper le peuple, qui leur croit le pouvoir particulier de se faire obéir au moindre geste par un animal qu'il ne peut quelquefois regarder qu'en tremblant.

Un naturaliste très digne de foi a vu une couleuvre, qu'il a appelée *le serpent ordinaire de France,* tellement affectionnée à la maîtresse qui la nourrissait, que ce serpent se glissait souvent le long de ses bras, comme pour la caresser, se cachait sous ses vêtements, ou allait se reposer sur son sein. Sensible à la voix de celle qu'il paraissait chérir, il allait à elle lorsqu'elle l'appelait; il la suivait avec constance; il reconnaissait jusqu'à sa manière de rire; il se tournait vers

La couleuvre.

elle lorsqu'elle marchait, comme pour attendre son ordre. Ce même naturaliste a vu un jour la maîtresse de ce doux et familier serpent le jeter dans l'eau pendant qu'elle suivait, dans un bateau, le courant d'une grande rivière : le fidèle animal, toujours attentif à la voix de sa maîtresse chérie, nageait en suivant le bateau qui la portait; mais la marée étant entrée dans le fleuve, et les vagues contrariant les efforts du serpent, déjà lassé par ceux qu'il avait faits pour ne pas quitter le bateau de sa maîtresse, le malheureux animal fut bientôt submergé.

POISSONS

DE LA NATURE DES POISSONS

Transportons-nous sur les rivages des mers, sur les bords du principal empire de ces animaux trop peu connus encore. Choisissons, pour les mieux voir, pour mieux observer leurs mouvements, pour mieux juger de leurs habitudes, ces plages, pour ainsi dire privilégiées, où une température plus douce, où la réunion de plusieurs mers, où le voisinage des grands fleuves, où une sorte de mélange des eaux douces et des eaux salées, où des abris plus commodes, où des aliments plus convenables ou plus multipliés, attirent un plus grand nombre de poissons.

Dirigeons notre vue vers ce fluide qui couvre une si grande partie de la terre, il sera, si je puis parler ainsi, nouveau pour le naturaliste qui n'aura encore choisi pour objet de ses méditations que les animaux qui vivent sur la surface sèche du globe, ou s'élèvent dans l'atmosphère.

Deux fluides sont les seuls dans le sein desquels il ait été permis aux êtres organisés de vivre, de croître et de se reproduire : celui qui compose l'atmosphère et celui qui remplit les mers et les rivières. Les quadrupèdes, les oiseaux, les reptiles ne peuvent conserver leur vie que par le moyen du premier; le second est nécessaire à tous les genres de poissons. Mais il y a bien plus d'analogie, bien plus de rapports conservateurs entre l'eau et les poissons qu'entre l'air et les oiseaux ou les quadrupèdes. Combien de fois, dans le cours de cette histoire, ne serons-nous pas convaincus de cette vérité! et voilà pourquoi, indépendamment de toute autre cause, les poissons sont de tous les animaux à sang rouge ceux qui présentent dans leurs espèces le plus grand nombre d'individus, dans leurs couleurs l'éclat le plus vif et dans leur vie la plus longue durée.

En contemplant tout l'espace occupé par ce fluide au milieu duquel se meuvent les poissons, quelle étendue nos regards n'ont-ils pas à parcourir! Quelle immensité, depuis l'équateur jusqu'aux deux pôles de la terre, depuis la surface de l'Océan jusqu'à ses plus grandes profondeurs! Et indépendamment des vastes mers, combien de fleuves, de rivières, de ruisseaux, de fontaines, et, d'un autre côté, de lacs, de marais, d'étangs, de viviers, de mares même, qui renferment une quantité plus ou moins considérable des animaux que nous voulons examiner! Tous ces lacs, tous ces fleuves, toutes ces rivières, réunis à l'antique Océan, comme autant de parties d'un même tout, présentent autour du globe une surface bien plus étendue que les continents qu'ils arrosent, et déjà plus connue que ces mêmes continents, dont l'intérieur n'a répondu à la voix d'aucun observateur, pendant que des vaisseaux conduits par le génie et le courage ont sillonné toutes les plaines des mers non envahies par les glaces polaires.

De tous les animaux à sang rouge, les poissons sont donc ceux dont le domaine est le moins circonscrit. Mais que cette immensité, bien loin d'effrayer notre imagination, l'anime et l'encourage. Et qui peut le mieux élever nos pensées, vivifier notre intelligence, rendre le génie attentif, et le tenir dans cette sorte de contemplation religieuse, si propre à l'intuition de la vérité, que le spectacle si grand et si varié que présente le système des innombrables habitations des poissons? D'un côté des mers sans bornes, et immobiles dans un calme profond; de l'autre, des ondes livrées à toutes les agitations des courants et des marées; ici, les rayons ardents du soleil réfléchis sous toutes les couleurs par les eaux enflammées des mers équatoriales; là, des brumes épaisses reposant silencieusement sur des monts de glaces flottant au milieu des longues nuits hyperboréennes; tantôt la mer tranquille, doublant le nombre des étoiles pendant des nuits plus douces et sous un ciel plus serein; tantôt des nuages amoncelés, précédés par de noires ténèbres, précipités par la tempête, et lançant leurs foudres redoublés contre les énormes montagnes d'eau soulevées par les vents: plus loin, et sur les continents, des torrents furieux roulant de cataractes en cataractes, ou l'eau limpide d'une rivière argentée, amenée mollement, le long d'un rivage fleuri, vers un lac paisible que la lune éclaire de sa lumière blanchâtre. Sur les mers, grandeur, puissance, beauté, tout annonce la nature créatrice : tout la montre manifestant sa gloire et sa magnificence; sur les bords enchanteurs des lacs et des rivières, la nature créée se fait sentir avec ses charmes les plus doux; l'âme s'émeut; l'espérance s'échauffe; le souvenir l'anime par de tendres regrets, et la livre à cette affection si touchante, toujours si favorable aux heureuses inspirations. Ah! au milieu de ce que ce sentiment a de plus puissant, et de ce que le génie peut découvrir de plus grand et de plus sublime, comment n'être pas pénétré de cette force intérieure, de cet ardent amour de la science que les obstacles, les distances et le temps accroissent au lieu de les diminuer!

Ce domaine, dont les bornes sont si reculées, n'a été cependant accordé qu'aux poissons considérés comme ne formant qu'une seule classe. Si on les examine groupe par groupe, on verra que presque toutes les familles parmi les animaux paraissent préférer chacune un espace particulier plus ou moins étendu. Au premier coup d'œil on ne voit pas aisément comment les eaux peuvent présenter assez de diversité pour que les différents genres, et même quelquefois les différentes espèces de poissons soient retenus par une sorte d'attrait particulier dans une plage plutôt que dans une autre. Que l'on considère cependant que l'eau des mers, quoique bien moins inégalement chauffée aux différentes latitudes que l'air de l'atmosphère, offre des températures très variées, surtout auprès des rivages qui la bordent, et dont les uns, brûlés par un soleil très voisin, réfléchissent une chaleur ardente, pendant que d'autres sont couverts de neiges, de frimas et de glaces; que l'on se souvienne que les lacs, les fleuves et les rivières sont soumis à de bien plus grandes inégalités de chaleur et de froid; que l'on apprenne qu'il est de vastes réservoirs naturels auprès des sommets des plus hautes montagnes, et à plus de deux mille mètres au-dessus du niveau de la mer, où des poissons remontent par des rivières qui en découlent, et où ces mêmes animaux vivent, se multiplient et prospèrent; que l'on pense que les eaux de presque tous les lacs, des rivières et des fleuves sont très douces et légères, et celles des mers salées et pesantes; que l'on ajoute, en ne faisant plus d'attention à cette division de l'Océan et des fleuves, que les unes sont claires et limpides, pendant que les autres sont sales et limoneuses; que celles-ci sont entièrement calmes, tranquilles, et, pour ainsi dire, immobiles, tandis que celles-là sont agitées par des courants, bouleversées par des marais, précipitées en cascades, lancées en torrents, ou du moins entraînées avec des vitesses plus ou moins rapides et plus ou moins constantes; que l'on évalue ensuite tous les degrés que l'on peut compter dans la rapidité, dans la pureté, dans la douceur et dans la chaleur des eaux; et qu'accablé sous le nombre infini des produits que peuvent donner toutes les combinaisons dont ces quatre séries de nuances sont susceptibles, on ne demande plus comment les mers et les continents peuvent fournir aux poissons des habitations très variées et un très grand nombre de séjours de choix.

LA RAIE

C'est toujours au milieu des mers que les raies font leur séjour; mais, suivant les différentes époques de l'année, elles changent d'habitation au milieu des flots de l'Océan. Lorsque le temps de la fécondation est encore éloigné, et, par conséquent, pendant que la mauvaise saison règne encore, c'est dans les profondeurs des mers qu'elles se cachent, pour ainsi dire. C'est là que, souvent immobiles sur un fond de sable ou de vase, appliquant leur large corps sur le limon du fond des mers, se tenant en embuscade sous les algues et les autres plantes marines, dans les endroits assez voisins de la surface des eaux pour que la lumière du soleil puisse y parvenir et développer les germes de ces végétaux, elles méritent, loin des rivages, l'épithète de *pélagiennes* qui leur a été donnée par plusieurs naturalistes. Elles la méritent encore, cette dénomination de *pélagiennes,* lorsque, après avoir attendu inutilement dans leur retraite profonde l'arrivée des animaux dont elles se nourrissent, elles se traînent sur cette même vase qui les a quelquefois recouvertes en partie, sillonnent ce limon des mers, et étendent ainsi autour d'elles leurs embûches et leurs recherches. Elles méritent surtout ce nom d'habitantes de la haute mer, lorsque, pressées de plus en plus par la faim, ou effrayées par des troupes très nombreuses d'ennemis dangereux, ou agitées par quelque autre cause puissante, elles s'élèvent vers la surface des ondes, s'éloignent souvent de plus en plus des côtes, et, se livrant, au milieu des régions des tempêtes, à une fuite précipitée, mais le plus fréquemment à une poursuite obstinée et à une chasse terrible pour leur proie, elles affrontent les vents et les vagues en courroux, et, recourbant leur queue, remuant avec force leurs larges nageoires, relevant leur vaste corps au-dessus des ondes, et le laissant retomber de tout son poids, elles font jaillir au loin et avec bruit l'eau salée et écumante.

Mais lorsque le temps de donner le jour à leurs petits est ramené par le printemps, ou par le commencement de l'été, les mâles et les femelles se pressent autour des rochers qui bordent les rivages; et elles pourraient alors être comptées passagèrement parmi les poissons littoraux. Soit qu'elles cherchent ainsi auprès des côtes l'asile, le fond et la nourriture qui leur conviennent le mieux, ou soit qu'elles voguent loin de ces mêmes bords, elles attirent toujours l'attention des observateurs par la grande nappe d'eau qu'elles compriment et repoussent loin d'elles, et par l'espèce de tremblement qu'elles communiquent aux flots qui les environnent.

Presque aucun habitant des mers, si on en excepte les baleines, les autres

La raie.

cétacés, et quelques pleuronectes, ne présente, en effet, un corps aussi long, aussi large et aussi aplati, une surface aussi plane et aussi étendue. Tenant toujours déployées leurs nageoires pectorales, que l'on a comparées à de grandes ailes, se dirigeant au milieu des eaux par le moyen d'une queue très longue, très déliée et très mobile, poursuivant avec promptitude les poissons qu'elles recherchent, et fendant les eaux pour tomber à l'improviste sur les animaux qu'elles sont près d'atteindre, comme l'oiseau de proie se précipite du haut des airs, il n'est pas surprenant qu'elles aient été assimilées, dans le moment où elles cinglent avec vitesse près de la surface de l'Océan, à un très grand oiseau, à un aigle puissant, qui, les ailes étendues, parcourt rapidement les diverses régions de l'atmosphère. Les plus forts et les plus grands de presque tous les poissons, comme l'aigle est le plus grand et le plus fort des oiseaux, ne paraissant, en chassant les animaux marins plus faibles qu'elles, que céder à une nécessité impérieuse et au besoin de nourrir un corps volumineux, n'immolant pas de victimes à une cruauté inutile, douées d'ailleurs d'un instinct supérieur à celui des autres poissons osseux ou cartilagineux, les raies sont, en effet, les aigles de la mer; l'Océan est leur domaine, comme l'air est celui de l'aigle; et, de même que l'aigle, s'élançant dans les profondeurs de l'atmosphère, va chercher, sur des rochers déserts et sur des cimes escarpées, le repos après la victoire et la jouissance non troublée des fruits d'une chasse laborieuse, elles se plongent, après leurs courses et leurs combats, dans un des abîmes de la mer, et trouvent dans cette retraite écartée un asile sûr et la tranquille possession de leurs conquêtes. Il n'est donc pas surprenant que, dès le siècle d'Aristote, une espèce de raie ait reçu le nom d'*aigle marin,* que nous lui avons conservé.

LA TORPILLE

La forme, les habitudes, et une propriété remarquable de ce poisson, l'ont rendu depuis longtemps l'objet de l'attention des physiciens. Le vulgaire l'a admiré, redouté, métamorphosé dans un animal doué d'un pouvoir presque surnaturel; et la réputation de ses qualités vraies ou fausses s'est tellement répandue, même parmi les classes les moins instruites des différentes nations, que son nom est devenu populaire, et la nature de sa force le sujet de plusieurs adages. La tête de la torpille est beaucoup moins distinguée du corps proprement dit et des nageoires pectorales que celle de presque toutes les autres raies; et l'ensemble de son corps, si on retranchait la queue, ressemblerait assez bien à un cercle, ou, pour mieux dire, à un ovale dont on aurait supprimé un segment vers le milieu du bord antérieur.

Ses dents sont très courtes; la surface de son corps ne présente aucun piquant ni aiguillon. Petite, faible, indolente, sans armes, elle serait donc livrée sans défense aux voraces habitants des mers dont elle peuple les profondeurs ou dont elle habite les bords. Mais, indépendamment du soin qu'elle a de se tenir presque toujours cachée sous le sable ou sous la vase, soit lorsque la belle saison l'attire vers les côtes, soit lorsque le froid l'éloigne des rivages ou la repousse dans les abîmes de la haute mer, elle a reçu de la nature une faculté particulière bien supérieure à la force des dents, des dards et des autres armes dont elle aurait pu être pourvue : elle possède la puissance remarquable et redoutable de lancer, pour ainsi dire, la foudre; elle accumule dans son corps et en fait jaillir le fluide électrique avec la rapidité de l'éclair; elle imprime une commotion soudaine et paralysante au bras le plus robuste qui s'avance pour la saisir, à l'animal le plus terrible qui veut la dévorer; elle engourdit pour des instants assez longs les poissons les plus agiles dont elle cherche à se nourrir; elle frappe quelquefois ses coups invisibles à une distance assez grande, et par cette action prompte, et qu'elle peut souvent renouveler, annulant les mouvements de ceux qui l'attaquent et de ceux qui se défendent contre ses efforts, on croirait la voir réaliser au fond des eaux une partie de ces prodiges que la poésie et la Fable ont attribués aux fameuses enchanteresses dont elles avaient placé l'empire au milieu des flots, ou près des rivages.

Ce n'est pas seulement dans la Méditerranée, et dans la partie de l'Océan qui baigne les côtes de l'Europe, que l'on trouve la torpille; on rencontre aussi cette raie dans le golfe Persique, dans la mer Pacifique, dans celle des Indes, auprès du cap de Bonne-Espérance, et dans plusieurs autres mers.

La torpille.

LE REQUIN

Le requin va être, pour ainsi dire, le type de la famille entière; nous allons le considérer comme le squale par excellence, comme la mesure générale à laquelle se rapportent les autres espèces, et l'on verra aisément combien cette sorte de prééminence due à la supériorité de son volume, de sa force et de sa puissance, est d'ailleurs fondée sur le grand nombre d'observations dont la curiosité et la terreur qu'il inspire l'ont rendu dans tous les temps l'objet.

Ce formidable squale parvient jusqu'à une longueur de plus de dix mètres : il pèse quelquefois près de cinq cents kilogrammes; il s'en faut de beaucoup que l'on ait prouvé que l'on doit regarder comme exagéré l'assertion de ceux qui ont prétendu qu'on avait pêché un requin du poids de deux mille kilogrammes.

Mais la grandeur n'est pas son seul attribut : il a reçu aussi la force et des armes meurtrières, et féroce autant que vorace, impétueux dans ses mouvements, avide de sang et insatiable de proie, il est véritablement le tigre de la mer. Recherchant sans crainte tout ennemi, poursuivant avec plus d'obstination, attaquant avec plus de courage, combattant avec plus d'acharnement que les autres habitants des eaux; plus dangereux que plusieurs cétacés, qui presque toujours sont moins puissants que lui; inspirant même plus d'effroi que les baleines, qui, bien moins armées et douées d'appétits bien différents, ne provoquent presque jamais ni hommes ni grands animaux; rapide dans sa course, répandu sous tous les climats; ayant envahi, pour ainsi dire, toutes les mers; paraissant souvent au milieu des tempêtes; aperçu facilement, par l'éclat phosphorique dont il brille, au milieu des ombres des nuits les plus orageuses; menaçant de

Le requin.

sa gueule énorme et dévorante les infortunés navigateurs exposés aux horreurs du naufrage, leur fermant toute voie de salut, leur montrant en quelque sorte leur tombe ouverte, et plaçant sous leurs yeux le signal de la destruction, il n'est pas surprenant qu'il ait reçu le nom sinistre qu'il porte, et qui, réveillant tant d'idées lugubres, rappelle surtout la mort, dont il est le ministre. *Requin* est, en effet, une corruption de *requiem,* qui désigne depuis longtemps, en Europe, la mort et le repos éternel, et qui a dû être souvent, pour des passagers effrayés, l'expression de leur consternation à la vue d'un squale de plus de trente pieds de longueur, et des victimes déchirées ou englouties par ce tyran des ondes. Terrible encore lorsqu'on a pu parvenir à l'accabler de chaines, se débattant avec violence au milieu de ses liens; conservant une grande puissance lors même qu'il est déjà baigné dans son sang, et pouvant d'un seul coup de sa queue répandre le ravage autour de lui à l'instant même où il est près d'expirer, n'est-il pas le plus formidable de tous les animaux auxquels la nature n'a pas départi des armes empoisonnées? Le tigre le plus furieux au milieu des sables brûlants, le crocodile le plus fort sur les rivages équatoriaux, le serpent le plus démesuré dans les solitudes africaines, doivent-ils inspirer autant d'effroi qu'un énorme requin au milieu des vagues agitées?

L'ouverture de sa bouche, en forme de demi-cercle, est placée transversalement au-dessous de la tête et derrière les narines. Elle est très grande; et l'on pourra juger facilement de ses dimensions en sachant que nous avons reconnu, d'après plusieurs comparaisons, que le contour d'un côté de la mâchoire supérieure, mesuré depuis l'angle des deux mâchoires jusqu'au sommet de la mâchoire d'en haut, égale à peu près le onzième de la longueur totale de l'animal. Le contour de la mâchoire supérieure d'un requin de dix mètres est donc environ de deux mètres de longueur. Quelle immense ouverture! quel gouffre pour engloutir la proie du requin! et comme son gosier est d'un diamètre proportionné, on ne doit pas être étonné de lire dans Rondelet et dans d'autres auteurs que les grands requins peuvent avaler un homme tout entier, et que, lorsque ces squales sont morts et gisent sur le rivage, on voit quelquefois des chiens entrer dans leur gueule, dont quelque corps étranger retient les mâchoires écartées, et aller chercher jusque dans l'estomac les restes des aliments dévorés par l'énorme poisson.

Lorsque cette gueule est ouverte, on voit au delà des lèvres, qui sont étroites et de la consistance du cuir, des dents plates, triangulaires, dentelées sur leurs bords et blanches comme de l'ivoire. Chacun des bords de cette partie émaillée qui sont hors des gencives, a communément cinq centimètres de longueur dans les requins de trente pieds. Le nombre des dents augmente avec l'âge de l'animal. Lorsque le requin est encore très jeune, il n'en montre qu'un rang, dans lequel on n'aperçoit même quelquefois que de bien faibles dentelures; mais, à mesure qu'il se développe, il en présente un plus grand nombre de rangées; et lorsqu'il a atteint un degré plus avancé de son accroissement et qu'il est devenu adulte, sa gueule est armée, dans le haut comme dans le bas, de six rangs de ces dents fortes, dentelées, et si propres à déchirer ses victimes. Ces dents ne sont pas enfoncées dans des cavités solides; leurs racines sont uniquement logées dans des cellules membraneuses qui peuvent se prêter aux différents mouvements que les muscles placés autour de la base de la dent tendent à leur imprimer. Le requin, par le moyen de ces différents muscles, couche en arrière ou redresse à volonté les divers rangs de dents dont sa bouche est garnie; il peut même les mouvoir ensemble ainsi ou séparément; il peut même, selon les besoins qu'il éprouve, relever une portion d'un rang et en incliner une autre portion; et suivant qu'il lui est possible de n'employer qu'une partie de sa puissance, ou qu'il lui est nécessaire d'avoir recours à toutes ses armes, il ne montre qu'un ou deux rangs de ses dents meurtrières; ou, les mettant toutes en action, il menace et atteint sa proie de tous ses dards pointus et relevés.

LE MARTEAU

Il est peu de poissons aussi connus des marins et de tous ceux qui, sans oser se livrer aux hasards des tempêtes, ou sans pouvoir s'abandonner à un courage qui les porterait à les affronter, aiment à suivre par la pensée les hardis navigateurs dans leurs courses lointaines : toutes les mers sont habitées par le marteau. Sa conformation est frappante; elle le fait aisément distinguer de presque

Le marteau.

tous les autres poissons; et son souvenir est d'autant plus durable que sa voracité l'entraîne souvent autour des bâtiments, au milieu des rades, auprès des côtes, qu'il se montre fréquemment à la surface de l'eau, et que sa vue est toujours accompagnée du danger d'être la victime de sa férocité. Aussi n'est-il presque aucune relation de voyage sur mer qui ne fasse mention de l'apparition de quelque marteau, qui n'indique quelqu'une de ses habitudes redoutables.

Cette conformation singulière du marteau consiste principalement dans la très grande largeur de sa tête, qui s'étend de chaque côté, de manière à représenter un marteau dont le corps serait le manche; et de là vient le nom que nous avons cru devoir lui conserver. Cette figure, considérée dans un autre sens, et vue dans les moments où ce squale a la tête en bas et l'extrémité de la queue en haut, ressemble aussi à celle d'une balance ou à celle d'un niveau; et voilà pourquoi les noms de *niveau* et de *balance* ont été donnés au poisson que nous décrivons.

Le devant de cette tête, très étendue à droite et à gauche, est un peu festonné, mais assez légèrement et par portions assez grandes pour que cette partie, observée d'un peu loin, paraisse terminée par une ligne un peu droite; et le milieu de ce long marteau est un peu convexe par-dessus et par-dessous. Les yeux sont placés aux bouts de ce même marteau. Ils sont gros, saillants, et présentent dans leur iris une couleur d'or, que les appétits violents de l'animal changent souvent en rouge de sang. Pour peu que l'animal s'irrite, il tourne et anime d'une manière effrayante ses yeux qui s'enflamment.

Au-dessous de la tête, et près de l'endroit où le tronc commence, l'on voit une ouverture demi-circulaire : c'est celle de la bouche, qui est garnie, dans chaque mâchoire, de trois ou quatre rangs de dents larges, aiguës, et dentelées de deux côtés, et dans la cavité de laquelle on aperçoit une langue large, épaisse et assez semblable à la langue humaine.

Ce cartilagineux, dont la femelle donne ordinairement le jour à dix ou douze petits à la fois, parvient ordinairement à la longueur de plus de deux mètres et demi et au poids de cinq cents livres; mais il peut atteindre à une dimension et à un poids plus considérables. Sa hardiesse, sa voracité, son ardeur pour le sang, sont cependant bien au-dessus de sa taille : et si, malgré la faim dévorante qui l'excite et l'énergie qui l'anime, il cède en puissance aux grands requins, il les égale et peut-être les surpasse quelquefois en fureur.

LA SCIE

Le nom que les anciens et les modernes ont donné à cet animal indique l'arme terrible dont sa tête est pourvue, et qui seule le séparerait de toutes les espèces de poissons connues jusqu'à présent. Cette arme forte et redoutable consiste dans une prolongation du museau, qui, au lieu d'être arrondi ou de finir en pointe, se termine par une extension très ferme, très longue, très aplatie de haut en bas, et très étroite. Cette extension est composée d'une matière osseuse, ou, pour mieux dire, cartilagineuse et très dure. On peut la comparer à la lame d'une épée; et elle est recouverte d'une peau, dont la consistance est semblable à celle du cuir. Sa longueur est communément égale au tiers de la longueur totale de l'animal; sa largeur augmente en allant vers la tête, auprès de laquelle elle égale ordinairement le septième de la longueur de cette même arme, pendant qu'elle n'en est qu'un douzième à l'autre extrémité. Le bout de cette prolongation du museau ne présente cependant pas de pointe aiguë, mais un contour arrondi; et les deux côtés de cette espèce de lame montrent un nombre plus ou moins considérable de dents, ou appendices dentiformes très forts, très durs, très grands et très allongés. Ils font partie du cartilage très endurci qui compose cette prolongation; ils sont de même nature que ce cartilage, dans lequel ils ne sont pas enchâssés comme de véritables dents, mais dont ils dérivent comme des branches sortant d'un tronc; et, perçant le cuir qui enveloppe cette lame, ils paraissent nus à l'extérieur. La longueur de ces sortes de dents, qui sont assez séparées les unes des autres, égale souvent la moitié de la largeur de la lame, à laquelle elle donne la forme d'un long peigne garni de pointes des deux côtés, ou, pour mieux dire, du râteau dont les jardiniers et les agriculteurs se servent : aussi plusieurs naturalistes ont-ils nommé le squale scie *râteau* ou *porte-râteau*. Pendant que l'animal est encore enfermé dans son œuf, ou lorsqu'il n'en est sorti que depuis peu de temps; la lame cartilagineuse qui doit former son arme est molle, ainsi que les dents que produisent les découpures de cette lame, et qui sont, à cette époque de la vie du squale, cachées presque en entier sous le cuir. Au reste, le nombre des dents de cette scie varie dans les différents individus, et le plus souvent il y en a de vingt-cinq à trente de chaque côté.

La scie.

Les anciens naturalistes et quelques auteurs modernes ont placé la scie parmi les cétacés, que l'on a si souvent confondus avec les poissons, parce qu'ils habitent les uns et les autres au milieu des eaux.

Cette première erreur a fait supposer par ces mêmes auteurs, ainsi que par Pline, que la scie parvenait à la très grande longueur attribuée aux baleines, et l'on a écrit et répété que, dans les mers éloignées, elle avait quelquefois jusqu'à deux cents coudées de long. Quelle distance entre cette dimension et celle que l'observation a montrée dans les squales scies les plus developpés! On n'en a guère vu au delà de cinq mètres de longueur; mais comme tous les squales ont des muscles très forts, et que d'ailleurs une scie de quinze pieds a une arme longue de près de deux mètres, nous ne devons pas être surpris de voir les grands individus de l'espèce que nous examinons attaquer sans crainte et combattre avec avantage des habitants de la mer les plus dangereux par leur puissance. La scie ose même se mesurer avec la baleine mysticète, ou baleine franche, ou grande baleine; et, ce qui prouve quel pouvoir lui donne sa longue et dure épée, son audace va jusqu'à une sorte de haine implacable. Tous les pêcheurs qui fréquentent les mers du Nord assurent que, toutes les fois que ce squale rencontre une baleine, il lui livre un combat opiniâtre. La baleine tâche en vain de frapper son ennemi de sa queue, dont un seul coup suffirait pour le mettre à mort : le squale, réunissant l'agilité à la force, bondit, s'élance au-dessus de l'eau, échappe au coup, et retombant sur le cétacé, il lui enfonce dans le dos sa lame dentelée. La baleine, irritée de sa blessure, redouble ses efforts; mais souvent, les dents de la lame du squale pénétrant très avant dans son corps, elle perd la vie avec son sang avant d'avoir pu parvenir à frapper mortellement son ennemi, qui se dérobe trop rapidement à sa redoutable queue.

L'ange.

L'ANGE

De tous les squales connus, l'ange est celui qui a le plus de rapport avec les raies, et particulièrement avec la rhinobate. Non seulement il est, comme ces dernières, dénué de nageoires de l'anus et pourvu d'évents, mais encore il s'en rapproche par la forme de sa queue, par l'aplatissement de son corps et par la grande étendue des nageoires pectorales. Il s'en éloigne cependant par un autre caractère très sensible qui le lie, au contraire, avec le squale barbu, par la position de l'ouverture de la bouche, qui, au lieu d'être placée au-dessous du museau, en occupe l'extrémité. Cette ouverture, qui est d'ailleurs assez grande, forme une partie de la circonférence de la tête, qui est arrondie, aplatie, et plus large que le corps.

L'ange donne le jour à treize petits à la fois. Les grands individus de cette espèce ont communément près de trois mètres de longueur; mais les appétits de ce squale ne doivent pas être très violents, puisqu'il va quelquefois par troupes, et qu'il ne se nourrit guère que de petits poissons. Il les prend souvent en embuscade dans le fond de la mer, en s'y couvrant de vase, et en agitant ses barbillons, qui, passant au travers du limon, paraissent comme autant de vers aux petits poissons, et les attirent, pour ainsi dire, dans la gueule de l'ange.

Il habite dans l'Océan septentrional, aussi bien que dans la Méditerranée, sur plusieurs rivages de laquelle on emploie sa peau à polir des corps durs, à garnir des étuis, et à couvrir des fourreaux de sabre ou de cimeterre.

LE PÉGASE VOLANT

Presque tous les pégases ont leurs nageoires pectorales conformées et étendues de manière à les soutenir aisément et pendant un temps assez long, non seulement dans le sein des eaux, mais encore au milieu de l'air de l'atmosphère, qu'elles frappent avec force. Ce sont en quelque sorte des poissons ailés que l'on a bientôt voulu regarder comme les représentants des animaux terrestres qui possèdent également la faculté de s'élever au-dessus de la surface du globe. Une imagination riante les a particulièrement comparés à ce coursier fameux que l'antique mythologie plaça sur la double colline; elle leur en a donné le nom à jamais célèbre. Le souvenir de suppositions plus merveilleuses, d'images plus frappantes, de formes plus extraordinaires, de pouvoirs plus terribles, a vu, d'un autre côté, dans l'espèce de ces animaux qu'on a connue la première, un portrait assez ressemblant, quoique composé dans de très petites proportions, de cet être fabuleux qui, enfanté par le génie des premiers chantres des nations, adopté par l'ignorance, divinisé par la crainte, a traversé tous les âges et tous les peuples, toujours variant sa figure fantastique, toujours accroissant sa vaine grandeur, toujours ajoutant à sa puissance idéale, et vivra à jamais dans les productions immortelles de la céleste poésie. Ah! sans doute, ils sont bien légers ces rapports qu'on a voulu indiquer entre de faibles poissons volants découverts au milieu de l'océan des grandes Indes, et l'énorme dragon dont la peinture présentée par une main habile a si souvent effrayé l'enfance, charmé la jeunesse et intéressé l'âge mûr, et ce cheval ailé consacré au dieu des vers par les premiers poètes reconnaissants.

Comme tous les animaux de sa famille, le pégase dragon ne parvient guère qu'à un décimètre de longueur; il est donc bien éloigné d'avoir dans l'étendue de ses dimensions quelque trait de ressemblance avec les êtres poétiques dont il réunit les noms.

Il vit de petits vers marins, d'œufs de poissons, et des débris de substances organisées qu'il trouve dans la terre grasse du fond des mers.

Le volant habite, comme les autres pégases, dans les mers de l'Inde; mais il paraît qu'on le voit assez rarement aux environs de l'île de France, où Commerson n'a pu observer qu'un individu desséché de cette espèce, individu qui lui avait été donné par l'officier général Boùlocq.

Le Pégase spatule est d'un jaune foncé par-dessus, et d'un blanc assez pur par-dessous. Ses nageoires pectorales sont violettes; les autres sont brunes.

Le pégase volant.

Cet animal n'a été vu vivant que dans les mers des grandes Indes; et cependant, parmi les poissons pétrifiés qu'on trouve dans le mont Bolca, près de Vérone, on distingue très facilement des restes de ce pégase.

L'OPHISURE

Un des grands rapports qui lient ce poisson avec les véritables serpents consiste dans la forme déliée du bout de la queue, dénuée de nageoire, ainsi que l'extrémité de la queue des vrais reptiles. Nous avons cru devoir lui donner le nom d'*ophisure*, qui veut dire *queue de serpent*.

Je lui ai conservé de plus le nom d'*ophis*, qui, en grec, signifie *serpent*. Son ensemble a beaucoup de conformité avec celui des véritables reptiles; et sa manière de se mouvoir, sinueuse, vive et rapide, rapproche ses habitudes de celles de ces derniers animaux. Ils se contourne avec facilité; il se roule et déroule; et ces évolutions sont d'autant plus agréables à voir que ses proportions sont très sveltes et ses couleurs gracieuses. Le plus souvent son diamètre le plus grand n'est que la trentième ou même la quarantième partie de sa longueur totale, qui s'étend quelquefois au delà d'un mètre, et sa petite tête, son corps, sa queue, ainsi que sa longue et très basse nageoire dorsale, présentent sur un fond blanc ou blanchâtre plusieurs rangs longitudinaux de taches rondes ou ovales qui, par leur nuance foncée et leur demi-régularité, contrastent très bien avec la teinte du fond.

On voit des dents recourbées, non seulement le long des mâchoires, mais encore au palais. L'ophis habite dans les mers européennes.

L'ophisure.

LA MURÈNE ANGUILLE

Les murènes anguilles parviennent à une grandeur très considérable; il n'est pas très rare d'en trouver, en Angleterre ainsi qu'en Italie, du poids de huit à dix kilogrammes. En Albanie on en a vu dont on a comparé la grosseur à celle de la cuisse d'un homme; et des observateurs très dignes de foi ont assuré que, dans les lacs de la Prusse, on en avait pêché qui étaient longues de trois à quatre mètres. On a même écrit que le Gange en avait nourri de plus de dix mètres de longueur; mais ce ne peut être qu'une erreur, et l'on aura vraisemblablement donné le nom d'*anguille* à quelque grand serpent, à quelque boa devin que l'on aura aperçu de loin, nageant au-dessus de la surface du grand fleuve de l'Inde.

Avec de l'agilité, de la souplesse, de la force dans les muscles, de la grandeur dans les dimensions, il est facile à la murène que nous examinons de parcourir des espaces étendus, de surmonter plusieurs obstacles, de faire de grands voyages, de remonter contre des courants rapides. Aussi va-t-elle périodiquement tantôt des lacs ou des rivages voisins de la source des rivières vers les embouchures des fleuves, et tantôt de la mer vers les sources ou les lacs. Mais, dans ces migrations régulières, elles suit quelquefois un ordre différent de celui qu'observent la plupart des poissons voyageurs. Elle obéit aux mêmes lois; elle

Les murènes.

est régie de même par les mêmes causes. Mais tel est l'ensemble de ses organes extérieurs et de ceux que son intérieur renferme, que la température des eaux, la qualité des aliments, la tranquillité ou le tumulte des rivages, la pureté du fluide, exercent, dans certaines circonstances, sur ce poisson vif et sensible une action très différente de celle qu'ils font éprouver au plus grand nombre des autres poissons non sédentaires. Lorsque le printemps commence de régner, ces derniers remontent des embouchures des fleuves vers les points les plus élevés des rivières; quelques anguilles, au contraire, s'abandonnant au cours des eaux, vont des lacs dans les fleuves qui en sortent, et des fleuves vers les côtes maritimes.

Voici un trait fort remarquable dans l'histoire d'un poisson, et qui a été vu trop de fois pour qu'on en puisse douter. L'anguille, pour laquelle les petits vers des prés, et même quelques végétaux, comme, par exemple, les petits pois nouvellement semés, sont un aliment peut-être plus agréable encore que des œufs ou des poissons, sort de l'eau pour se procurer ce genre de nourriture. Elle rampe sur le rivage par un mécanisme semblable à celui qui la fait nager au milieu des fleuves; elle s'éloigne de l'eau à des distances assez considérables, exécutant avec son corps serpentiforme tous les mouvement qui donnent aux couleuvres la faculté de s'avancer ou de reculer; et après avoir fouillé dans la terre avec son museau pointu, pour se saisir des pois ou des petits vers, elle regagne en serpentant le lac ou la rivière dont elle était sortie, et vers lequel elle tend avec assez de vitesse lorsque le terrain ne lui oppose pas trop d'obstacles, c'est-à-dire de trop grandes inégalités.

L'ESPADON, L'ÉPÉE

Voici un de ces géants de la mer, de ces émules de plusieurs cétacés dont ils ont reçu le nom, de ces dominateurs de l'Océan qui réunissent une grande force à des dimensions très étendues. Au premier aspect, le xiphias espadon nous rappelle les grands acipensères, ou plutôt les énormes squales, et même le terrible requin. Il est l'analogue de ces derniers; il tient parmi les osseux une place semblable à celle que les squales occupent parmi les cartilagineux; il a reçu comme eux une grande taille, des muscles vigoureux, un corps agile, une arme redoutable, un courage intrépide, tous les attributs de la puissance; et cependant tels sont les résultats de la différence de ses armes à celles du requin et des autres squales, qu'abusant bien moins de son pouvoir, il ne porte pas sans cesse autour de lui, comme ces derniers, le carnage et la dévastation.

Lorsqu'il mesure ses forces contre les grands habitants des eaux, ce sont plutôt des ennemis dangereux pour lui qu'il repousse, que des victimes qu'il poursuit. Il se contente souvent, pour sa nourriture, d'algues et d'autres plantes marines, et bien loin d'attaquer et de chercher à dévorer les animaux de son espèce, il se plaît avec eux. On peut lui supposer une assez grande sensibilité; et si l'on doit comparer le requin au tigre, le xiphias peut être considéré comme l'analogue du lion.

Mais les effets de son organisation ne sont pas seuls remarquables; sa forme est aussi très digne d'attention. Sa tête surtout frappe par sa conformation singulière. Les deux os de la mâchoire supérieure se prolongent en avant, se réunissent, et s'étendent de manière que leur longueur égale à peu près le tiers de la longueur totale de l'animal. Dans cette prolongation, leur matière s'organise de manière à présenter un grand nombre de petits cylindres, ou plutôt de petits tubes longitudinaux; ils forment une lame étroite et plate, qui s'amincit et se rétrécit de plus en plus jusqu'à son extrémité, et dont les bords sont tranchants comme ceux d'un espadon ou d'un sabre antique.

La saveur agréable et la qualité très nourrissante de la chair de l'espadon font que dans plusieurs contrées on le pêche avec soin. Souvent la recherche qu'on fait de cet animal est d'autant plus infructueuse qu'avec son long sabre il déchire et met en mille pièces les filets par le moyen desquels on a voulu le saisir. Mais d'autres fois, et dans certains temps de l'année, des insectes aquatiques s'attachent à sa peau au-dessous de ses nageoires pectorales, ou dans d'autres endroits d'où il ne peut les faire tomber, malgré tous ses efforts; et quoiqu'il se frotte contre les algues, le sable ou les rochers, ils se cramponnent avec obstination, et le font souffrir si vivement, qu'agité, furieux, en délire comme le lion et les autres grands animaux terrestres sur lesquels se précipite la mouche du désert, il va au-devant des plus grands dangers, se jette au milieu des filets, s'élance sur le rivage, s'élève au-dessus de la surface de l'eau, et retombe jusque dans les barques des pêcheurs.

La description de l'épée n'a encore été publiée par aucun naturaliste. Nous n'avons vu de ce poisson que la partie antérieure de la tête; mais comme c'est dans cette portion du corps que sont placés les caractères distinctifs des xiphias, nous avons pu rapporter l'épée à ce genre; et comme d'ailleurs cette même

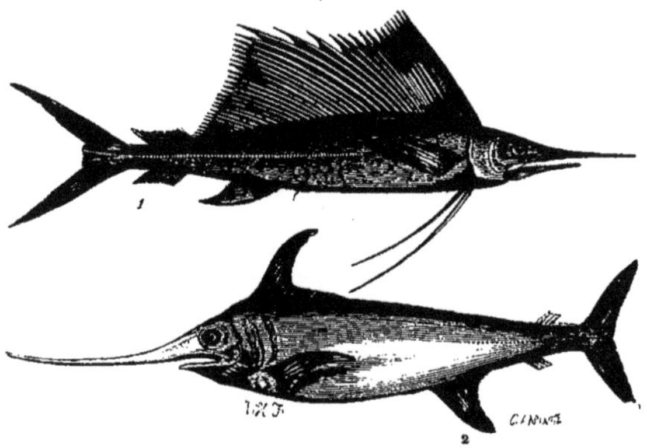

1. L'épée. — 2. L'espadon.

partie antérieure ne nous a pas seulement présenté les formes particulières à la famille dont nous nous occupons, mais nous a montré de plus des traits remarquables et très différents de ceux de l'espadon, nous avons dû séparer de cette dernière espèce l'animal auquel avait appartenu cette portion, et nous avons donné le nom d'*épée* à ce xiphias encore inconnu.

La lame de l'espadon est très mince; la défense de l'épée est presque aussi épaisse, ou, ce qui est ici la même chose, presque aussi haute que large. Il peut résulter de cette diversité dans la forme des armes une variété assez grande dans les habitudes, une espèce ayant reçu un glaive qui tranche et coupe, et l'autre espèce une épée qui perce et déchire.

LA BALEINE FRANCHE

En traitant de la baleine, nous ne voulons parler qu'à la raison; et cependant l'imagination sera émue par l'immensité des objets que nous exposerons.

Nous aurons sous les yeux le plus grand des animaux. La masse et la vitesse concourent à sa force, l'Océan lui a été donné pour empire, et en le créant la nature paraît avoir épuisé sa puissance merveilleuse.

Nous devons, en effet, rejeter parmi les fables l'existence de ce monstre hyperboréen, de ce redoutable habitant des mers, que des pêcheurs effrayés ont nommé ***kraken,*** et qui, long de plusieurs milliers de mètres, étendu comme un banc de sable, semblable à un amas de roches, colorant l'eau salée, attirant sa proie par le liquide abondant que répandaient ses pores, s'agitant en polype gigantesque, et relevant des bras nombreux comme autant de mâts démesurés, agissait de même qu'un volcan sous-marin, et entr'ouvrait, disait-on, son large dos, pour engloutir, ainsi que dans un abîme, des légions de poissons et de mollusques.

Mais, à la place de cette chimère, la baleine franche montre sur la surface des mers son énorme volume. Lorsque le temps ne manque pas à son développement, ses dimensions étonnent. On ne peut guère douter qu'on ne l'ait vue, à certaines époques et dans certaines mers, longue de près de cent mètres; et dès lors, pour avoir une idée distincte de sa grandeur, nous ne devons plus la comparer avec les plus colossaux des animaux terrestres. L'hippopotame, le rhinocéros, l'éléphant, ne peuvent pas nous servir de terme de comparaison. Nous ne trouvons pas non plus cette mesure dans ces arbres antiques dont nous admirons les cimes élevées; cette échelle est encore trop courte. Il faut que nous ayons recours à ces flèches élancées dans les airs, au-dessus de quelques temples gothiques; ou plutôt il faut que nous comparions la longueur de la baleine entièrement développée à la hauteur de ces monts qui forment les rives de tant de fleuves, lorsqu'ils ne coulent plus qu'à une petite distance de l'Océan, et particulièrement à celle des montagnes qui bordent les rivages de la Seine. En vain, par exemple, placerions-nous par la pensée, une grande baleine auprès d'une des tours du principal temple de Paris; en vain la dresserions-nous contre ce monument: un tiers de l'animal s'élèverait au-dessus du sommet de la tour.

Longtemps ce géant des géants a exercé sur son vaste empire une domination non combattue. Sans rival redoutable, sans besoins difficiles à satisfaire, sans appétits cruels, il régnait paisiblement sur la surface des mers dont les vents ne bouleversaient pas les flots, ou trouvait aisément, dans des baies entourées de rivages escarpés, un abri sûr contre la fureur des tempêtes.

Mais le pouvoir de l'homme a tout changé pour la baleine. L'art de la navigation a détruit la sécurité, diminué le domaine, altéré la destinée du plus grand des animaux. L'homme a su lui opposer un volume égal au sien, une force égale à la sienne. Il a construit, pour ainsi dire, une montagne flottante; il l'a animée en quelque sorte par son génie; il lui a donné la résistance des bois les plus compacts; il lui a imprimé la vitesse des vents, qu'il a su maîtriser par ses voiles; et la conduisant contre le colosse de l'Océan, il l'a contraint à fuir jusque vers les extrémités du monde.

C'est malgré lui néanmoins que l'homme a ainsi relégué la baleine. Il ne l'a pas attaquée pour l'éloigner de sa demeure, comme il en a écarté le tigre, le condor, le crocodile et le serpent devin : il l'a combattue pour la conquérir. Mais pour la vaincre il ne s'est pas contenté d'entreprises isolées et de combats partiels: il a médité de grands préparatifs, réuni de grands moyens, concerté de grands mouvements, combiné de grandes manœuvres; il a fait à la baleine une véritable guerre navale; et, la poursuivant avec ses flottes jusqu'au milieu des glaces polaires, il a ensanglanté cet empire du froid, comme il avait ensanglanté le reste de la terre; et les cris du carnage ont retenti dans ces montagnes flottantes, dans ces solitudes profondes, dans ces asiles redoutables des brumes, du silence et de la nuit.

En s'approchant de cette masse informe, on la voit en quelque sorte se changer en un tout mieux ordonné. On peut comparer ce gigantesque ensemble à une espèce de cylindre immense et irrégulier, dont le diamètre est égal, ou à peu près, au tiers de la longueur.

Le kraken.

La tête forme la partie antérieure de ce cylindre démesuré; son volume égale le quart et quelquefois le tiers du volume total de la baleine. Elle est convexe par-dessus, de manière à représenter une portion d'une large sphère. Vers le milieu de cette grande voûte, et un peu sur le derrière, s'élève une bosse sur laquelle sont placés les orifices des deux *évents*.

On donne ce nom d'*évents* à deux canaux qui partent du fond de la bouche, parcourent obliquement, et en se courbant, l'intérieur de la tête, et aboutissent vers le milieu de sa partie supérieure. Le diamètre de leur orifice extérieur est ordinairement le centième, ou environ, de la longueur totale de l'individu.

La baleine franche.

Ils servent à rejeter l'eau qui pénètre dans l'intérieur de la gueule de la baleine franche, ou à introduire jusqu'à son larynx, et par conséquent jusqu'à ses poumons, l'air nécessaire à la respiration de ce cétacé, lorsque ce grand mammifère nage à la surface de la mer, mais que sa tête est assez enfoncée dans l'eau pour qu'il ne puisse respirer l'air par la bouche sans aspirer en même temps une trop grande quantité de fluide aqueux.

La baleine fait sortir par ces évents un assez gros volume d'eau pour qu'un canot puisse en être bientôt rempli. Elle lance ce fluide avec tant de rapidité, particulièrement quand elle est animée par des affections vives, tourmentée par des blessures et irritée par la douleur, que le bruit de l'eau qui s'élève et retombe en colonnes ou se disperse en gouttes, effraye presque tous ceux qui l'entendent pour la première fois, et peut retentir fort loin si la mer est très calme. On a comparé ce bruit, ainsi que celui que produit l'aspiration de la baleine, au bruissement sourd et terrible d'un orage éloigné. On a écrit qu'on le distinguait d'aussi loin que le coup d'un gros canon. On a prétendu d'ailleurs que cette aspiration de l'air atmosphérique et ce double jet d'eau communiquaient à la surface de la mer un mouvement que l'on apercevait à une distance de plus de deux mille mètres. Et comment ces effets seraient-ils surprenants, s'il est vrai, comme on l'a assuré, que la baleine franche fait monter l'eau qui jaillit de ses évents jusqu'à plus de treize mètres de hauteur.

Une baleine franche peut peser plus de cent cinquante mille kilogrammes. Sa masse est donc égale à celle de cent rhinocéros, ou de cent hippopotames, ou de cent éléphants; elle est égale à celle de cent quinze millions de quelques-uns des quadrupèdes qui appartiennent à la famille des rongeurs et au genre des musaraignes. Il faut multiplier les nombres qui représentent cette masse par ceux qui désignent une vitesse suffisante pour faire parcourir à la baleine onze mètres par seconde. Il est évident que voilà une mesure de la force de la baleine. Quel choc ce cétacé doit produire!

Un boulet de quarante-huit a sans doute une vitesse cent fois plus grande; mais comme sa masse est au moins six mille fois plus petite, sa force n'est que la soixantième de celle de la baleine. Le choc de ce cétacé est donc égal à celui de soixante boulets de quarante-huit. Quelle terrible batterie! et cependant lorsqu'elle agite une grande partie de sa masse, lorsqu'elle fait vibrer sa queue, qu'elle lui imprime un mouvement bien supérieur à celui qui lui fait parcourir onze mètres par seconde, qu'elle lui donne, pour ainsi dire, la rapidité de l'éclair, quel violent coup de foudre elle doit frapper!

Est-on surpris maintenant que lorsque les bâtiments l'assiègent dans une baie, elle n'ait besoin que de plonger et de se relever avec violence au-dessous de ces vaisseaux pour les soulever, les culbuter, les couler à fond, disperser cette faible barrière, et cingler en vainqueur sur le vaste Océan?

Les avantages que l'on tire de la pêche des baleines franches ont facilement engagé, dans nos temps modernes, les peuples entreprenants et déjà familiarisés avec les navigations lointaines à chercher ces cétacés partout où ils ont espéré de les trouver. On les poursuit maintenant dans l'hémisphère austral comme dans l'hémisphère arctique, et dans le grand océan Boréal comme dans l'océan Atlantique septentrional; on les y pêche même, au moins très souvent, avec plus de facilité, avec moins de danger, avec moins de peine. On les atteint à une assez grande distance du cercle polaire pour n'avoir pas besoin de braver les rigueurs du froid ni les écueils de glace. Le capitaine Colnett trouva, par exemple, un grand nombre de ces animaux vers le quarantième degré de latitude australe, auprès de l'île de Mocha et des côtes occidentales du Chili; et à la même latitude, ainsi que dans le même hémisphère, et vers le trente-septième degré de longitude occidentale du méridien de Paris, il avait vu, peu de temps auparavant, de si grandes troupes de ces baleines qu'il les crut assez nombreuses pour fournir toute l'huile que pourrait emporter la moitié des vaisseaux baleiniers de Londres.

Cette multitude de baleines disparaîtra cependant dans l'hémisphère austral de même que dans le boréal. La plus grande des espèces s'éteindra comme tant d'autres. Découverte dans ses retraites les plus cachées, atteinte dans ses asiles

les plus reculés, vaincue par la force irrésistible de l'intelligence humaine, elle disparaîtra de dessus le globe; il ne restera pas même l'espérance de la retrouver dans quelque partie de la terre non encore visitée par des voyageurs civilisés, comme on peut avoir celle de découvrir dans les immenses solitudes du nouveau continent l'*éléphant de l'Ohio* et le *mégathérium*. Quelle portion de l'Océan n'aura pas été, en effet, traversée dans tous les sens? Quel rivage n'aura pas été reconnu? de quelles plages gelées les deux zones glaciales auraient-elles pu dérober les tristes bords? On ne verra plus que quelques restes de cette espèce gigantesque, ses débris deviendront une poussière que les vents disperseront; et elle ne subsistera que dans le souvenir des hommes et dans les tableaux du génie. Tout diminue et dépérit donc sur le globe. Quelle révolution en remontera les ressorts? La nature n'est immortelle que dans son ensemble, et si l'art de l'homme embellit et ranime quelques-uns de ses ouvrages, combien d'autres qu'il dégrade, mutile et anéantit!

LA BALEINOPTÈRE, LE NARVAL

De toutes les espèces de *baleines* ou de *baleinoptères* que nous connaissons, celle que nous allons décrire est la moins grande. Il paraît qu'elle ne parvient qu'à une longueur de huit ou neuf mètres. Un jeune individu pris aux environs de la rade de Cherbourg n'avait que quatre mètres deux tiers de longueur. Sa circonférence, à l'endroit le plus gros du corps, était à peine de trois mètres. La mâchoire supérieure était longue de près d'un mètre, et celle d'en bas, d'un mètre et un septième ou environ, ce qui s'accorde avec ce qu'on a écrit des dimensions ordinaires de la tête. Dans l'individu de cette espèce disséqué par le célèbre Hunter, la longueur de la tête égalait, en effet, le quart ou à peu près de sa longueur totale.

Si l'on considère la baleinoptère *museau-pointu* flottant sur son dos, on voit l'ensemble formé par le corps et la queue présenter une figure ovale très allongée. D'un côté cet ovale se termine par un cône très étroit, relevé longitudinalement en arête, et s'élargissant à son extrémité pour former la nageoire de la queue; de l'autre côté, et vers l'endroit où sont placés les bras, il est interrompu et se lie avec un autre ovale moins allongé, irrégulier, et qui compose le dessous de la tête.

Cette supériorité de légèreté que la baleinoptère museau-pointu peut donner à la tête rend raison en partie de la vitesse avec laquelle elle nage. On a observé, en effet, qu'elle voguait avec une rapidité extraordinaire. Elle poursuit avec tant de célérité les salmones arctiques et les autres poissons dont elle se nourrit, que, pressés par ce cétacé, et leur fuite n'étant pas assez prompte pour les dérober au colosse dont la gueule s'ouvre pour les engloutir, ils sautent et s'élancent au-dessus de la surface des mers; et cependant sa pesanteur spécifique est peu diminuée par sa graisse. Son lard est très compact, et fournit peu de substance huileuse.

Les Groënlandais, pour lesquels la chair de ce cétacé peut être un mets délicat, lui font souvent la chasse; mais si sa vitesse les empêche le plus souvent de l'approcher assez pour pouvoir le harponner, ils l'attaquent et parviennent à le tuer en lui lançant des dards.

Le narval est, à beaucoup d'égards, l'éléphant de la mer. Parmi tous les animaux que nous connaissons, eux seuls ont reçu ces dents si longues, si dures, si pointues, si propres à la défense et à l'attaque. Tous deux ont une grande masse, un grand volume, des muscles vigoureux, une peau épaisse. Mais les résultats de leur conformation sont bien différents : l'un, très doux par caractère, n'use de ses armes que pour se défendre, ne repousse que ceux qui le provoquent, ne perce que ceux qui l'attaquent, n'écrase que ceux qui lui résistent, ne poursuit et n'immole que ceux qui l'irritent; l'autre, impatient, pour ainsi dire, de toute supériorité, se précipite sur tout ce qui lui fait ombrage, se

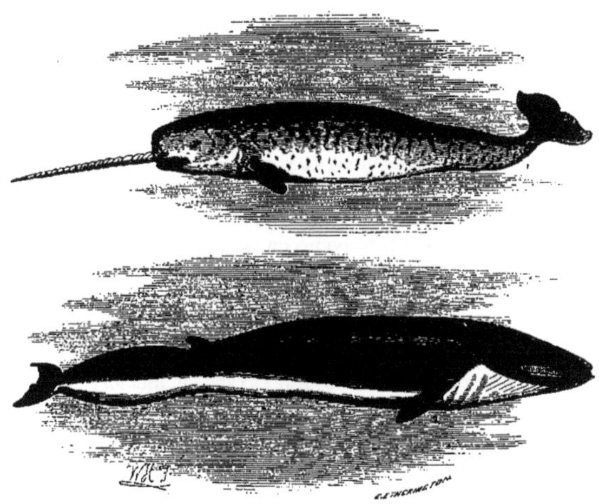

1. Le narval. — 2. La baleinoptère.

jette en furieux contre l'obstacle le plus insensible, affronte la puissance, brave le danger, recherche le carnage, attaque sans provocation, combat sans rivalité et tue sans besoin.

Et ce qui est très remarquable, c'est que l'éléphant vit au milieu d'une atmosphère perpétuellement embrasée par les rayons ardents du soleil des tropiques, et que le narval habite au milieu des glaces de l'océan Polaire, dans cet empire éternel du froid que la moitié de l'année voit envahi par les ténèbres.

Mais l'éléphant ne peut se nourrir que de végétaux; le narval a besoin d'une proie; et dès lors tout est expliqué.

Quelle arme qu'une défense très dure, très pointue et de cinq mètres de longueur! quelles blessures ne doit-elle pas faire, lorsqu'elle est mise en mouvement par un narval irrité!

Ce cétacé nage, en effet, avec une si grande vitesse, que le plus souvent il échappe à toute poursuite; et voilà pourquoi il est si rare de prendre un individu de cette espèce, quoiqu'elle soit assez nombreuse. Cette rapidité extraordinaire n'a pas toujours été reconnue, puisque Albert, et d'autres auteurs de son temps ou plus anciens, ont, au contraire, fait une mention expresse de la lenteur qu'on attribuait au narval. On la retrouve néanmoins non seulement dans la fuite de ce cétacé, mais encore dans ses mouvements particuliers et dans ses diverses évolutions; et quoique ses nageoires pectorales soient courtes et étroites, il s'en sert avec tant d'agilité, qu'il se tourne et retourne avec une célérité surprenante. Il n'est qu'un petit nombre de circonstances où les narvals n'usent pas de cette faculté remarquable. On ne les voit ordinairement s'avancer avec un peu de lenteur que lorsqu'ils forment une grande troupe; dans presque tous les autres moments, leur vélocité est d'autant plus effrayante qu'elle anime une grande masse. Ils ont depuis quatorze jusqu'à vingt mètres de longueur, et une épaisseur de plus de quatre mètres dans l'endroit le plus gros de leur corps; aussi a-t-on écrit depuis longtemps qu'ils pouvaient se précipiter, par exemple, contre une chaloupe, l'écarter, la briser, la faire voler en éclats, percer le bord des navires avec leurs défenses, les détruire ou les couler à fond. On a trouvé de leurs longues dents enfoncées très avant dans la carène d'un vaisseau par la violence du choc, qui les avait ensuite cassées plus ou moins près de leur base. Ces mêmes armes ont été également vues profondément plantées dans le corps de baleines franches. Ce n'est pas que nous pensions, avec quelques naturalistes, que les narvals aient une sorte de haine naturelle contre les baleines; mais on a écrit qu'ils étaient très avides de la langue de ces cétacés, comme les dauphins gladiateurs; qu'ils la dévoraient avec avidité, lorsque la mort ou la faiblesse de ces baleines leur permettait de l'arracher sans danger. Et d'ailleurs tant de causes peuvent allumer une ardeur passagère et une fureur aveugle contre toute espèce d'obstacles, même contre le plus irrésistible et contre l'animal le plus dangereux, dans un être moins grand, moins fort sans doute que la baleine franche, mais très vif, très agile, et armé d'une pique meurtrière! Comment cette lance si pointue, si longue, si droite, si dure, n'entrerait-elle pas assez avant dans le corps de la baleine pour y rester fortement attachée?

Et dès lors, quel habitant des mers pourrait ne pas craindre le narval? Non seulement avec ses dents il fait des blessures mortelles, mais il atteint son ennemi d'assez loin pour n'avoir point à redouter ses armes. Il fait pénétrer l'extrémité de sa défense jusqu'au cœur de son ennemi, pendant que sa tête en est encore éloignée de trois ou quatre mètres. Il redouble ses coups; il le perce, il le déchire, il lui arrache la vie, toujours hors de portée, toujours préservé de toute atteinte, toujours garanti par la distance. D'ailleurs, au lieu d'être réduit à frapper ses victimes, il en est qu'il écarte, soulève, enlève, lance avec ses dents, comme le bœuf avec ses cornes, le cerf avec ses bois, l'éléphant avec ses défenses.

On emploie la défense, ou, si l'on aime mieux, l'*ivoire* du narval, aux mêmes usages que l'ivoire de l'éléphant, et même avec plus d'avantage, parce que, plus dur et plus compact, il reçoit un plus beau poli et ne jaunit pas promptement. Les Groënlandais en font des flèches pour leurs chasses, et des pieux pour leurs cabanes.

Cet éléphant de mer, si supérieur à celui de la terre par sa masse, sa vitesse, sa force, et son égal par les armes, lui est-il comparable par son industrie et son instinct? Non, il n'a pas reçu cette trompe longue et flexible; cette main souple, déliée et délicate; ce siège unique de deux sens exquis, de l'odorat qui donne des sensations si vives, et du toucher qui les rectifie ; cet instrument d'adresse et de puissance, cet organe de sentiment et d'intelligence. Il faudrait bien plutôt le comparer au rhinocéros ou à l'hippopotame. Il est ce que serait l'éléphant si la nature le privait de sa trompe.

LE CACHALOT

Quel colosse nous avons encore sous les yeux ! Nous voyons un des géants de la mer, des dominateurs de l'Océan, des rivaux de la baleine franche. Moins

Le cachalot.

fort que le premier des cétacés, il a reçu des armes formidables, que la nature n'a pas données à la baleine. Des dents terribles par leur force et par leur nombre garnissent les deux côtés de la mâchoire inférieure. Son organisation intérieure, un peu différente de celle de la baleine, lui impose d'ailleurs le besoin d'une nourriture plus substantielle, que des légions d'animaux assez grands peuvent seuls lui fournir. Aussi ne règne-t-il pas sur les ondes en vainqueur pacifique comme la baleine ; il y exerce un empire redouté : il ne se contente pas de repousser l'ennemi qui l'attaque, de briser l'obstacle qui l'arrête, d'immoler l'audacieux qui le blesse ; il cherche sa proie, il poursuit ses victimes, il provoque au combat ; et s'il n'est pas aussi avide de sang et de carnage que plusieurs animaux féroces, s'il n'est pas le tigre de la mer, du moins n'est-il pas l'éléphant de l'Océan.

La mère montre pour son petit une affection plus grande encore que dans presque toutes les autres espèces de cétacés. C'est peut-être à un macrocéphale femelle qu'il faut rapporter le fait suivant, que l'on trouve dans la relation du voyage de Fr. Pyrard. Cet auteur raconte que, dans la mer du Brésil, un grand cétacé, voyant son petit pris par des pêcheurs, se jeta avec une telle furie contre leur barque qu'il la renversa, et précipita dans la mer son petit, qui par là fut délivré, et les pêcheurs, qui ne se sauvèrent qu'avec peine. Ce sentiment de la mère pour le jeune cétacé auquel elle a donné le jour se retrouve même dans presque tous les macrocéphales, pour les cachalots avec lesquels ils ont l'habitude de vivre. Nous lisons, dans la relation du voyage du capitaine Colnett, que lorsqu'on attaque une troupe de macrocéphales, ceux qui sont déjà pris sont bien moins à craindre pour les pêcheurs que leurs compagnons encore libres, lesquels, au lieu de plonger dans la mer ou de prendre la fuite, vont avec audace couper les cordes qui retiennent les premiers, repousser ou immoler leurs vainqueurs et leur rendre la liberté.

Mais les efforts des macrocéphales sont aussi vains que ceux de la baleine franche. Le génie de l'homme dominera toujours l'intelligence des animaux, et son art enchaînera la force des plus redoutables. On pêche avec succès les macrocéphales, non seulement dans notre hémisphère, mais dans l'hémisphère austral; et à mesure que d'illustres exemples et de grandes leçons apprennent aux navigateurs à faire avec facilité ce qui naguère était réservé à l'audace éclairée des Magellan, des Bougainville et des Cook, les stations et le nombre des pêcheurs de cachalots, ainsi que d'autres grands cétacés dont on recherche l'huile, les fanons, l'ambre et l'adipocire, se multiplient dans les deux océans. Ces pêcheries offrent de nouvelles sources de richesses et créent de nouvelles pépinières de marins pour les Anglais, et pour les Américains des États-Unis, ce peuple que la nature, la liberté et la philosophie appellent aux plus belles destinées, et qui l'emporte déjà sur tant d'autres nations par l'habileté et la hardiesse avec laquelle il parcourt la mer comme ses belles contrées, et recueille les trésors de l'Océan aussi facilement que les moissons de ses campagnes.

Les macrocéphales résistent plus longtemps que beaucoup d'autres cétacés aux blessures que leur font la lance et le harpon des pêcheurs. On ne leur arrache que difficilement la vie, et on assure qu'on a vu de ces cachalots respirer encore, quoique privés de parties considérables de leur corps, que le fer avait désorganisées au point de les faire tomber en putréfaction.

LE DAUPHIN VULGAIRE

LE MARSOUIN

Quel objet a dû frapper l'imagination plus que le dauphin? Lorsque l'homme parcourt le vaste domaine que son génie a conquis, il trouve le dauphin sur la surface de toutes les mers; il le rencontre et dans les climats heureux des zones tempérées, et sous le soleil brûlant des mers équatoriales, et dans les horribles vallées qui séparent ces énormes montagnes de glaces que le temps élève sur la surface de l'océan Polaire comme autant de monuments funéraires de la nature qui y expire: partout il le voit, léger dans ses mouvements, rapide dans sa natation, étonnant dans ses bonds, se plaire autour de lui, charmer par ses évolutions vives et folâtres l'ennui des calmes prolongés, animer les immenses solitudes de l'Océan, disparaître comme l'éclair, s'échapper comme l'oiseau qui fend l'air, reparaître, s'enfuir, se montrer de nouveau, se jouer avec les flots agités, braver les tempêtes, et ne redouter ni les éléments, ni la distance, ni les tyrans des mers.

Les formes générales du dauphin vulgaire sont plus agréables à la vue que celles de presque tous les autres cétacés; ses proportions sont moins éloignées de celles que nous regardons comme le type de la beauté. Sa tête, par exemple, montre, avec les autres parties de ce cétacé, des rapports de dimension beau-

1. Le marsouin. — 2. Le dauphin vulgaire.

coup plus analogues à ceux qui nous ont charmés dans les animaux que nous croyons les plus favorisés par la nature. Son ensemble est comme composé de deux cônes allongés presque égaux, et dont les bases sont appliquées l'une contre l'autre. La tête forme l'extrémité du cône antérieur; aucun enfoncement ne la sépare du corps proprement dit, et ne sert à la faire reconnaître; mais elle se termine par un museau très distinct du crâne, très avancé, très aplati de haut en bas, arrondi dans son contour de manière à présenter l'image d'une portion d'ovale, marqué à son origine par une sorte de pli, et comparé par plusieurs auteurs à un énorme *bec d'oie,* ou de *cygne,* dont ils lui ont même donné le nom.

Il ne suffit pas de faire observer la célérité de la natation du dauphin : remarquons encore la fréquence de ses évolutions. Elles sont séparées par des intervalles si courts, qu'on penserait que le repos lui est absolument inconnu; et les différentes impulsions qu'il se donne se succèdent avec tant de rapidité et produisent une si grande accélération de mouvement que, d'après Aristote, Pline, Rondelet, et d'autres auteurs, il s'élance quelquefois assez haut au-dessus de la surface de la mer pour sauter par-dessus les mâts des petits bâtiments. Aristote parle même de la manière dont ils courbent avec force leur corps, bandant, pour ainsi dire, leur queue comme un arc très grand et très puissant, et, la détendant ensuite contre les couches d'eau inférieures avec la promptitude de l'éclair, jaillissent en quelque sorte comme la flèche de cet arc, et nous présentent un emploi de moyens et des effets semblables à ceux que nous offrent les saumons et d'autres poissons qui franchissent, en remontant dans les fleuves, des digues très élevées.

C'est par un mécanisme semblable que le dauphin se précipite sur le rivage, lorsque, poursuivant une proie qui lui échappe, il se livre à des élans trop impétueux qui l'emportent au delà du but, ou lorsque, tourmenté par des insectes qui pénètrent dans les replis de sa peau et s'y attachent aux endroits les plus sensibles, il devient furieux, comme le lion sur lequel s'acharne la mouche du désert, et, aveuglé par sa propre rage, se tourne, se retourne, bondit et se précipite au hasard.

Lorsqu'il s'est jeté sur le rivage à une trop grande distance de l'eau pour que ses efforts puissent l'y ramener, il meurt au bout d'un temps plus ou moins long, comme les autres cétacés repoussés de la mer, et lancés sur la côte par la tempête ou par toute autre puissance. L'impossibilité de pourvoir à leur nourriture, les contusions et les blessures produites par la force du choc qu'ils éprouvent en tombant violemment sur le rivage, un dessèchement subit dans plusieurs de leurs organes, et plusieurs autres causes, concourent alors à terminer leur vie; mais il ne faut pas croire, avec les anciens naturalistes, que l'altération de leurs évents, dont l'orifice se dessèche, se resserre et se ferme, leur donne seule la mort, puisqu'ils peuvent, lorsqu'ils sont hors de l'eau, respirer très librement par l'ouverture de leur gueule.

Au reste, ces mouvements si souvent renouvelés que présentent les dauphins, ces bonds, ces sauts, ces circonvolutions, ces manœuvres, ces signes de force, de légèreté, et de l'adresse que la répétition des mêmes actes donne nécessairement, forment une sorte de spectacle d'autant plus agréable pour des navigateurs fatigués depuis longtemps de l'immense solitude et de la triste uniformité des mers, que la couleur des dauphins vulgaires est agréable à la vue. Cette couleur est ordinairement bleuâtre ou noirâtre, tant que l'animal est en vie et dans l'eau; mais elle est souvent relevée par la blancheur du ventre et celle de la poitrine.

On a dit qu'ils bondissaient sur la surface de la mer avec plus de force, de fréquence et d'agilité, lorsque la tempête menaçait, et même lorsque le vent devait succéder au calme. Plus on fera de progrès dans la physique, plus on s'apercevra que l'électricité de l'air est une des plus grandes causes de tous les changements que l'atmosphère éprouve. Or tout ce que nous avons déjà dit de l'organisation et des habitudes des dauphins doit nous faire présumer qu'ils doivent être très sensibles aux variations de l'électricité atmosphérique.

On a répété avec sensibilité l'histoire de Phalantée sauvé par un dauphin, après avoir fait naufrage près des côtes de l'Italie. On a honoré le dauphin comme un bienfaiteur de l'homme. On a conservé comme une allégorie touchante, comme un souvenir consolateur pour le génie malheureux, l'aventure d'Arion, qui, menacé de la mort par les féroces matelots du navire sur lequel il était monté, se précipita dans la mer, fut accueilli par un dauphin que le doux son de sa lyre avait attiré, et fut porté jusqu'au port voisin par cet animal attentif, sensible et reconnaissant.

Le marsouin ressemble beaucoup au dauphin vulgaire; il présente presque les mêmes traits; il est doué des mêmes qualités; il offre les mêmes attributs; il éprouve les mêmes affections; et cependant quelle différence dans leur fortune! Le dauphin a été divinisé, et le marsouin porte le nom de *pourceau de la mer*. Mais le marsouin a reçu son nom de marins et de pêcheurs grossiers : le dauphin a dû sa destinée au génie poétique de la Grèce si spirituelle; et les muses, qui seules accordent la gloire à l'homme, donnent seules de l'éclat aux autres ouvrages de la nature.

Il joue avec la mer furieuse. Pourrait-on être étonné qu'il s'ébatte sur l'Océan paisible, et qu'il se livre pendant le calme à tant de bonds, d'évolutions et de manœuvres? Ces mouvements, ces jeux, ces élans, sont d'autant plus variés que l'imitation, cette force qui a tant d'empire sur des êtres sensibles, les multiplie et les modifie.

Leurs courses ni leurs jeux ne sont pas toujours paisibles. Plusieurs des tyrans de l'Océan sont assez forts pour troubler leur tranquillité, et ils ont particulièrement tout à craindre du physétère microps, qui peut si aisément les poursuivre, les atteindre, les déchirer et les dévorer. Ils ont d'ailleurs pour ennemis un grand nombre de pêcheurs, des coups desquels ils ne peuvent se préserver, malgré la promptitude avec laquelle ils disparaissent sous l'eau pour éviter les traits, les harpons ou les balles. Les Hollandais, les Danois, et la plupart des marins de l'Europe, ne recherchent les marsouins que pour l'huile de ces cétacés; mais les Lapons et les Groënlandais se nourrissent de ces animaux. Les Groënlandais, par exemple, font bouillir ou rôtir la chair, après l'avoir laissée se corrompre en partie et perdre sa dureté; ils en mangent aussi les entrailles, la graisse, et même la peau. D'autres salent ou font fumer la chair des marsouins.

FIN

TABLE

OISEAUX

QUADRUPÈDES OVIPARES

SERPENTS

POISSONS

21203. — Tours, impr. Mame.

BIBLIOTHÈQUE DES FAMILLES ET DES MAISONS D'ÉDUCATION

FORMAT GRAND IN-8° — 1RE SÉRIE

VOLUMES ORNÉS DE NOMBREUSES GRAVURES SUR BOIS

ANTIQUAIRE (L'), de Walter Scott; adaptation par A.-J. Hubert.

A TRAVERS LE TYROL, par Jules Gourdault.

A TRAVERS LE ZANGUEBAR, par les PP. Baur et le Roy.

CASTEL-BLAIR, histoire d'une famille irlandaise, par Flora Shaw.

CHASSES DANS L'AMÉRIQUE DU NORD (LES), par B.-H. Révoil.

CRATÈRE (LE), de Fenimore Cooper; adaptation par A.-J. Hubert.

DERNIER DES MOHICANS (LE), de Fenimore Cooper; adaptation par A.-J. Hubert.

ESPAGNE (L'), par l'abbé Léon Godard; illustrations par Gustave Doré.

ESPION (L'), de Fenimore Cooper; adaptation par A.-J. Hubert.

FABIOLA, OU L'ÉGLISE DES CATACOMBES, par Son Éminence le cardinal Wiseman.

FRANCE COLONIALE ILLUSTRÉE (LA). Algérie, Tunisie, Congo, Madagascar, Tonkin et autres colonies françaises, par A.-M. G.

FRANCE ET SYRIE, SOUVENIRS DE GHAZIR ET DE BEYROUTH, par le R. P. Chopin.

HISTOIRE DE JÉSUS-CHRIST d'après les Évangiles et la tradition, par M. l'abbé J.-J. Bourassé.

HISTOIRE NATURELLE EXTRAITE DE BUFFON ET DE LACÉPÈDE.

IMITATION DE JÉSUS-CHRIST, par le R. P. de Gonnelieu. Dessins de L. Hallez.

IRLANDE (L'), depuis son origine jusqu'aux temps présents, par F. Ganneron.

ITINÉRAIRE DE PARIS A JÉRUSALEM, par le vicomte de Chateaubriand.

LAC ONTARIO (LE), de Fenimore Cooper; adaptation par A.-J. Hubert.

LEÇONS DE LA NATURE (LES), par L. Cousin-Despréaux.

LES PLUS BELLES CATHÉDRALES DE FRANCE, par M. l'abbé Bourassé.

MARTYRS (LES), par le vicomte de Chateaubriand.

MÉMOIRES D'UN GUIDE OCTOGÉNAIRE, par F.-A. Robischung.

ORPHELINE DES FAUCHETTES (L'), suivi de : L'ONCLE JACQUES et de LES ÉTAPES DE FRANCONNETTE, par Marguerite Levray.

PILOTE (LE), de Fenimore Cooper; adaptation par A.-J. Hubert.

PIRATES DE LA MER ROUGE (LES), Souvenirs de Voyage, par Karl May, traduit de l'allemand par J. de Rochay.

PRAIRIE (LA), de Fenimore Cooper; adaptation par A.-J. Hubert.

QUENTIN DURWARD, de Walter Scott; adaptation par A.-J. Hubert.

ROCHE-YVOIRE (LA), suivi de : SANS BERCAIL, par Marguerite Levray.

ROME, ses églises, ses monuments, par M. l'abbé Roland.

ROYAUME DE L'ÉLÉPHANT BLANC (LE), par Charles Bock; traduction par A. Tissot.

TUEUR DE DAIMS (LE), de Fenimore Cooper; adaptation par A.-J. Hubert.

UN TOUR EN SUISSE, par Jacques Duverney.

VIES DES SAINTS POUR TOUS LES JOURS DE L'ANNÉE; dessins de Rahoult.

VOYAGES DANS LE NORD DE L'EUROPE, par Jules Leclercq.

WAVERLEY, de Walter Scott; adaptation par A.-J. Hubert.

BIOGRAPHIES NATIONALES

BAYARD (HISTOIRE DE), par A. Prudhomme.

BLANCHE DE CASTILLE (HISTOIRE DE), par Jules-Stanislas Doinel.

COLBERT, ministre de Louis XIV (1661-1683), par Jules Gourdault.

FRANÇOIS DE LORRAINE (VIE DE), duc de Guise, par Ch. Cauvin.

GODEFROI DE BOUILLON, par Alphonse Vétault.

HENRI DE GUISE LE BALAFRÉ, par Ch. Cauvin.

JEANNE D'ARC, par Marius Sepet.

JEUNESSE DU GRAND CONDÉ (LA), par Jules Gourdault.

LOUVOIS, d'après sa correspondance, (1641-1691), par le général baron Ambert.

MARÉCHAL DE VAUBAN (LE), 16[illegible]-[illegible]07, par le général baron Ambert.

MARÉCHAL FABERT [illegible], par E. de Bouteiller, ancien député de Metz.

MONTMORENCY (LE CONNÉTABLE ANNE DE), 1492-1567, par le général baron Ambert.

RICHELIEU (LE CARDINAL DE), par Eugène de Monzie.

SAINT LOUIS, SON GOUVERNEMENT ET SA POLITIQUE, par Lecoy de la Marche.

SUGER, par Alphonse Vétault.

SULLY ET SON TEMPS, par Jules Gourdault.

TURENNE (HISTOIRE DE), maréchal de France, [illegible] L. Armagnac.

Tours. — Imprimerie Mame.